商務印書館
中國圖書館發展的推手

蔡佩玲 著

臺灣商務印書館

序

　　商務印書館在中國近代文化史上的成就與貢獻，是無庸置疑的。它的發展觸角除了一般我們熟知的出版事業之外，對於其他文化事業的發展，也是近年來許多研究商務印書館早年歷史者，爭相探究的對象。研究者經由不同的視角觀察，檢視商務印書館諸多豐碩且開風氣之先的成就，更能展現出商務印書館此一原崛起於民間的平凡小出版社，在 19 世紀 20 世紀初，東、西方文明劇烈沖擊與交融再生的風雲際會年代，竟造就出如此多元文化價值的可貴與不易。

　　本書是由圖書館史的觀點，透過對商務印書館自 1897 年創立以來的發展歷史，來探討它與中國近代由傳統藏書樓到新式圖書館事業發展，兩者之間綿密的互動與關聯。近代公共圖書館運動與全民社會運動提供了自學教育和意識覺醒的素養機會。圖書館運動和啓迪民智直接相關，在那個大時代的背景之下，商務印書館的先賢們，的確做了一些民族文化新教育的千秋大事。

　　我們追溯這段歷史，知道由早年僅供內部職工編輯書刊參考用的「編譯所圖書室」，演變成爲以保存國家文化爲使命，致力於蒐藏由藏書家散出古籍與地方志的「涵芬樓」，再進一步擴充成爲當時全國最大規模的公共圖書館－「東方圖書館」。這些看似屬於商務印書館內部的發展遞嬗，恰與清朝末年以來，從傳統藏書樓到新式圖書館的發展軌跡相互驗證，而商務印書館在圖書館事業的成就，又成爲此一時期發展軌跡具體實踐的最佳範例，例如「四角號碼」排序法、中外圖書統一分類法。但就另一層面而言，中國近代圖書館發展的諸多內涵與成就，又何嘗不是商務印書館在此一時代擔任重要推手，所造就所激盪而來的！

　　商務印書館在經營圖書館時所採行的諸多作法與規範，如開放供眾閱覽、採購兼顧文化保存及一般民眾所需之中外圖籍、推動並參與

圖書館專業人員養成教育、採行新式圖書館管理制度(書刊開架制度、書刊流通服務、巡迴文庫等)、改善館藏資源組織效益(訂定新式圖書分類法、索引檢字法、新式著者號等)、參與圖書館專業團體、出版圖書館學相關專書與研究論著等，均與中國新式圖書館的發展軌跡脈脈相連，並多所互勵互助，大有興起掃除百年積習，潛化中華文藝復興，再造並駕新文明之勢。

　　商務印書館之所以能稱之爲「中國圖書館發展的推手」，此誠如本書著者所歸納探討，主要在於它「推動圖書館學理論與實務」及編印發行「圖書館重要館藏來源」這兩方面貢獻。前者包括「出版圖書館學專業論著」、「訂定館藏組織管理規範」、「培育圖書館專業人才」及「製作圖書館用品與展覽」四項。其中我特別要提出來的是「訂定館藏組織管理規範」這一項。當時在商務印書館主事者王雲五先生的研發下，他發明訂定了「中外圖書統一分類法」、「中外著者統一排列法」及「四角號碼檢字法」三項與圖書館館藏組織有關的制度。這三項制度當時主要用於東方圖書館未開放前，用於整理東方圖書館數量龐大具中外語文且類型多元的館藏之用。當時王先生的睿智卓見，已看出一個成功的圖書館經營與服務，將所有館藏予以妥善的組織與管理，爲首要任務。「中外圖書統一分類法」用於將中外文館藏透過統一的分類法合併於一處，係將當時國外流行的「杜威十進分類法」與以改善而成。讓讀者即類以求書，能完整掌握中外文同類別館藏內容之全貌；「中外著者統一排列法」將中外著者透過統一的編號制度來編訂著者號，這也能將中外文圖書組織於一處；另由一本電碼書開始構想而成功的「四角號碼檢字法」更是王先生很重視的人生成就之一。當時研究中文檢字法的學者雖然很多，但均未能有具體的成就。四角號碼檢字法在運用上，不但作爲東方圖書館排列書名、著者、類別、譯者、叢書等三十餘萬張各式卡片時的依循，同時也用於商務印書館發行的諸多參考工具書如字典、辭典上，甚至將中國以音韻排序的《佩文韻府》以四角號碼檢字法重新排序發行，結果大大的提升了該項古書的使用效益。上述三項制度不但深刻的影響當時諸多圖書館採用，許多

參考工具書的編印發行，也均依循不悖。探析這些制度之所以能如此全面的影響當時的圖書館界、出版業界，甚至政府機關，獲致他們的肯定與大量採行，蔚為風潮，這與王雲五先生廓然大公放棄發明著作權利益，並透過商務印書館豐富的企業實力及出版品流通網諸多途徑，積極安排各種推廣教育活動有關。甚至到商務印書館正式遷臺成立臺灣商務印館後至民國六七十年的數十年間，許多臺灣地區的圖書館仍持續採行這些當年發明的館藏組織制度。且許多學術機構或出版單位所編印的重量級參考工具書，也仍然依循「四角號碼檢字法」來作為書後索引的編製方式。這三項與中國近代圖書館經營與工具書出版密切相關的制度，是因商務印書館而興起、發展與存在。撫今遙想，當年若不是上海淞滬之役的無情戰火摧殘，以及後來一連串無奈、混亂的時局干擾，以商務印書館諸君子在滬上的自強不息，所取得既有之成就與發展的企圖心，則中國近代的圖書館事業發展，甚至近代的文化史、教育史及出版史等各方面，絕對另有一番不同的卓然機會與成就。

商務印書館在半個世紀歲月中的各時期藏書樓或圖書館，均經營非常成功，甚至成為當時同期其他藏書單位或圖書館爭相仿效的典範，也是諸多學者或藏書家登樓拜觀的訪書聖地。探究其成功的原因很多，但前後期主事者－張元濟及王雲五兩位先生的浩然遠見與無私胸襟，絕對是重要的影響因素。他們兩人均以豐富的學識為基礎，不泥於舊思維、舊作法，而能與時俱進，在引進西方與日本等國家的圖書館管理新知的同時，更融通了中國圖書文獻的特色，自創出新的管理制度；對於這些新制度與新規範，更運用商務印書館廣大的行銷通路與教育社會網絡，不藏私的大加推廣，甚至出資辦理相關研習課程，來指導各地的圖書館管理人員學習。

儘管進入 21 世紀的圖書館面貌，已遠不同於上一世紀初商務印書館對圖書館事業的作為。當時商務印書館能成為中國圖書館事業發展的重要推手，廣受各方肯定與推崇，鑑古知今，對於現今致力於先進圖書館事業發展的圖書資訊學界，應仍有參考與醒思的面向。畢竟圖

書館的社會性知識管理價值與教化作用，在進入 21 世紀的數位 3D 時代，依然汲汲如故。近期我在國家圖書館積極推動的分級典藏與調度管理、書目骨幹核心計畫、新知傳播小組的設立及漢學書房等專案規畫的研擬與推動，其內涵就是擬從圖書館的各個面向——靈活館藏管理、分享資源組織的成果、提昇讀者服務的個人化與效益化、雙重活化虛擬實境的創新館舍空間，以及與其他學術機構或單位共同攜手，共享知識資源，海內海外各自發揮所長，這些作法就是希望能為國家圖書館重新定位，在既有的基礎上，融貫舊識、新知，再創新局與更大的社會價值。商務印書館的故事，對於當今的知識產業、知識社群和知識傳播，在紀念五四運動 90 週年的今天，仍是近代史臉龐上的深刻微笑。

　　本書是近年來對商務印書館的諸多研究中，唯一專注於探討商務印書館在圖書館事業的歷程、內涵、成果與影響的專書。本書作者自國立中央圖書館(本館自民國 85 年更名為「國家圖書館」)時期即進入本館工作，堅守崗位，迄今已逾 25 年。像這樣一本內容與中國近代圖書館發展史密切相關的專書，由這樣一位以圖書館工作為職志的資深圖書館員，經過長時期的仔細詳讀文卷，以及用心推敲箇中精髓，費時數年餘撰寫完成，更別具意義。我期勉她能持續不懈的努力，一本商務印書館的幾位先賢所執著的愛知精神，在圖書資訊學的領域範圍，有更多研究成果與貢獻。故謹樂為之序。

國家圖書館館長　顧　　敏

謹序於臺北　2009 年 9 月

自　序

　　自民國 73 年進入國立中央圖書館(國家圖書館的前稱)漢學研究中心聯絡組服務。初始雖屬兼職性質，但因工作性質與蒐集彙整海內文史學界的研究成果與動態密切相關，加以碩士論文以明末藏書家范欽的藏書樓「天一閣」研究為題，故舉凡屬傳統圖書館學範疇的藏書家、藏書樓、目錄學、版本學等，一直是我感興趣的主題與內容。當年除了天一閣研究之外，同校圖書館學研究所的前後期研究生，先後逐一針對中國明、清朝代的重要藏書家進行一系列碩士論文的發表。

　　在任職漢學研究中心聯絡組約十年後，我調任至本館閱覽組官書股服務，工作性質也較偏屬圖書資訊學領域。該期間也曾認真的著手蒐集文獻資料擬進行自行研究，但多項題目均因未能持續而中止。因仍無法忘情對藏書家研究的興趣，再蒙　師長的指導，故改以崛起於清末，迄今已有 110 年歷史的商務印書館為研究對象。當年碩士論文研究的「天一閣」為中國現存年代最早的藏書樓；而此次研究的「商務印書館」是中國現存歷史最悠久的出版機構。兩者在歷史發展的長河上，均是歷經戰亂、人禍等多重的波折與衝擊，但仍能屹立至今，卓然傲視，兩者在歷史意義上竟然如此相似與巧合。

　　對於商務印書館的研究，一開始並未訂定確切的研究主題方向。歷年來海峽兩岸甚至海外學者，對於商務印書館各面向的研究，已累積相當的成果，舉凡專書、文獻史料、學位論文及單篇期刊論文等；再加上早年留存的歷史文獻、著作的翻印出版，或紀念商務歷史的專書論文集等，數量亦豐。因此我在持續進行資料的蒐集、研讀與整理過程當中，更加體認到，商務印書館為近代中國最重要、且具有多方面影響力的出版機構，其值得研究的題目，非常豐富多元，遠超過我原先之預期與想像。屬於商務內部的發展細節已非常繁複且脈絡關

連，再加上當時與商務印書館有關係的人物：他們或曾任職商務印書館，或曾經是商務印書館的編輯、作者或讀者，或曾與商務印書館有圖書徵集往來者等等，幾乎涵蓋中國近代政治、經濟、教育或文化各界的所有名人，也因此在中國近代史上，商務印書館能具有如此多元且深遠的影響力。為了顧及研究主題範圍的適切性，我對研究題目的訂定，也經過數次的更易與調整。最後雖以商務印書館的圖書館事業為研究對象，但對於該項主題擬涵蓋的時期與範圍，甚至章節內容與排序，都經過一再的調整。

在研究商務印書館的過程中，雖然因公務與家務兩忙，僅能運用極少數的時間進行。但於字裏行間鑽研其中，都彷彿與商務印書館有著生息與共的深刻感受。尤其於閱讀商務印書館的重要領導人如夏瑞芳、張元濟及王雲五等諸君及商務人之所言所行時，經常深刻感佩於他們的寬廣胸襟與卓越識見。商務印書館在出版、文化、教育甚至圖書館事業上，所締造的許多全國第一的成功紀錄，雖有其歷史的因緣與機會，但領導人認真經營的態度與作為，透過文獻的記載，令人嚮往。在機構順利茁壯發展時，他們除了累積機構豐厚的獲利外，但不忘機構最初的成立宗旨－「吾輩當以扶助教育為己任」，仍積極為保存國家固有文獻及教育普羅民眾而努力，「涵芬樓」就是為保存並免於清末藏書家流出的藏書流入異域而擴展；許多新式印刷技術或新式教科書編輯等作為，更具有鼓動時代風潮的影響，成為爭相學習的典範。他們謹慎敬業、戮力躬親、謹守分際、公私分明，於擴展商務印書館文化版圖之際，甚至自願擔負起國家文化保存與搶救的職責；但當企業處逆境困難時，他們堅守崗位、毫無怨艾、力挽狂瀾、奮力搏鬥，那種文化人的韌性執著，與對國家盡忠、對社會盡責、視文化傳承為己任的堅持，讓我研讀再三，撫卷之餘，深受感動。尤其他們投身並致力於圖書館事業，這種與私人企業獲利幾乎無關的文化事業，更能證明他們真心重視民眾教育之難能可貴，也因此商務印書館能獲得當時社會各界一致的肯定與尊重。

尤其，一二八淞滬之役的砲火完全摧燬當時全國屬一屬二的「東方圖書館」後，終身愛書與讀書的張元濟望著瀰漫於上海天空，如白蝴蝶般飛舞數日無法消散的紙灰，悲重中來，不禁自責於數十年來如果沒有涓滴蒐藏，或可使文化資產不致歷此浩劫而自怨痛心，以及戰火劫餘後的商務人齊集於張元濟家，為東方圖書館相擁而泣云云；令人不忍卒讀，同聲感慨。在圖書館工作已達四分之一個世紀，尤其又是在以保存國家文獻為首要職掌的國家級圖書館。每思及商務印書館先賢們，為保存國家文化資產而努力徵集，用心維護，以傳播文化、扶持教育、啟發民智為己任；在圖書館事業的經營上，更廣蒐國外新知，規劃並新創具前瞻性的制度與規範時，都讓我在面對自己的工作時，另有一番不同的視界，並策勵自己應追隨先賢們的精神，更加精進與努力。

　　此書原是我在國家圖書館的升等著作，該篇著作於民國 96 年(2007)底完成初稿，先後經館方及教育部送請外審，最後於民國 98 年(2009)年元月順利通過。由研究題目的初步訂定到撰述完成，期間經歷多年，回憶點滴在心。自進入國家圖書館(原國立中央圖書館)二十五年以來，承蒙　歷任多位館長(王振鵠館長、楊崇森館長、曾濟群館長、莊芳榮館長、王文陸館長、黃寬重館長及宋建成副館長)及長官們的愛護，委任交付多項職責任務，讓我在職場上能持續接觸新知新學，保持學習與研究熱忱，心中自是無限感謝；尤其國圖現任顧敏館長，對鼓舞同人進行學術研究，多所關注，承蒙他的厚愛提攜，以及人事單位同人幫忙，得以順利進行審查升等，更是我萬分感激的對象。而相處十數年的同事及朋友們，對我持續的鼓勵，也是我忙碌中重要的精神支持。

　　尤其，本篇論著的完成，我最最要衷心感謝與感恩的是我進國立中央圖書館工作時的第一位主管蘇精教授。他不只在公務方面，讓我這剛出社會的新鮮人，學習認真負責的工作典範；另他長年在學術研究方面的專注執著，數十年如一日的定力，努力不懈的堅持，一直是

我景仰與尊敬的對象。對於本篇拙作初稿，他於百忙之中提供了內容與格式上的許多修訂意見，撰述期間也承蒙他對我的徵詢請教，給予諸多的啟發、指導與建議。

本書是以商務印書館早期的圖書館事業為研究主題，此次承蒙臺灣商務印書館同意出版，更別具意義。透過本書的探討，我們可以瞭解商務印書館對中國近代圖書館事業發展的卓越貢獻與成就。而它的影響性，不只由清末民初創辦至本書探討的抗戰期間。甚至抗戰勝利以後，播遷至臺灣的臺灣商務印書館，在王雲五先生及諸位優秀商務人的領導下，當時發行的許多文獻索引等工具書，以及圖書館採行的圖書分類的規範制度等，均是依循早年王雲五先生在東方圖書館時期的發明。而這些制度不只用於當時的出版、文史及圖書館界，更獲得其他政府機關或民間單位的多方採用，足見其影響力之深遠。

此篇拙作得以完成，最要感謝的是我的父母親，他們在我分身乏術時，總及時伸出援手；另外，更要感謝我先生緒棣和女兒子萱、子函包容與諒解，多年來我因工作與讀書兩忙，他們仍給予無怨的陪伴與支持，成為我最溫馨與倚賴的精神支柱。

蔡佩玲

2009 年 9 月

目　　　次

圖 像 目 次

圖像 1　　上海閘北寶山路商務印書館總廠全貌復原圖

圖像 2　　東方圖書館大樓外觀

圖像3　　東方圖書館閱覽室內景(一)

圖像4　　東方圖書館閱覽室內景(二)

圖像 5　　東方圖書館書庫內景(一)

圖像 6　　東方圖書館書庫內景(二)

圖像 7　東方圖書館附設兒童圖書館外觀

圖像 8　東方圖書館附設兒童圖書館閱覽室

圖像 9　　寶山路上為日軍炸燬焚燒中的東方圖書館

圖像 10　　被燒燬成殘垣斷壁的東方圖書館

圖像 11

一二八之役後商務發行圖書的版權頁形式。上半頁敘述公司遭國難之禍，仍力圖復興重印舊籍出版緣由；下半頁之版次依「國難後第一版」列述。

圖像 12

商務重版書發行目錄廣告

圖像 13
商務印書館印刷所圖書館部所刊登
之圖書館用品廣告頁，圖文並茂(一)

圖像 14
商務印書館印刷所圖書館部所刊登
之圖書館用品廣告頁，圖文並茂(二)

圖像 15

商務印書館有關儀器文具之廣告頁，可知商務從事業務範圍之廣

圖像 16　版式一致的《萬有文庫》

圖像 17　民國 17 年商務舉辦圖書館講習班師生合影
　　　　　(局部，約為原來照片四分之一)

圖像 18　　張元濟墨跡兩幅

圖 表 目 次

前　言

商務印書館的歷史，至今距它創業的 1897 年，已逾 110 年以上。

成立達一百多年的商務印書館(以下簡稱商務)，由一私人的印刷作坊起家，卻在中國清末民初及近代的文化發展歷史上，締造許多令人驚異的成就與紀錄。它是中國近代歷史最悠久、規模最大、影響最深遠的民營出版機構，它的出版成就爲中國近代文化的重要組成；而它對企業的經營方式，也是中國近代大型企業的楷模；它對中國近代圖書出版文化範式的建立，也是主導者。

由出版史角度看，它具有多元的成就。商務的創建者，均受教於教會成立的學校，畢業後也都服務於外國人經營的印刷廠，因此得以學習並瞭解國外先進印刷技術。而中國近代出版事業的發展，又與先進的印刷技術相關。因此商務的創辦者，成立之初亦僅將理想與志向放在商業性文件的承印，故取名「商務印書館(Commercial Press)」。但建館不久，與日方金港堂合作，不但引進日資，同時還學習其編輯及先進的印刷技巧，使商務躍然突出於一般出版機構之上。因此成爲中國第一個引進外資的企業，在印刷技術發展上也成爲當時印刷界的前鋒－第一個運用紙型印書、第一個採用珂羅版印刷、第一個聘請國外專家的民間企業。商務其後又不斷引進日本及歐洲的先進印刷技術，改良印刷品質，使中國近代的印刷技術藉此大幅提升，同時對倚重印刷技術甚深的出版業，也具連帶的深遠影響。但先進精美的印刷技術，不足以保證出版機構的成就，因此影響商務成爲中國出版文化事業具第一地位者，還有其他諸多因素與環境的配合。如商務主事者

的經營理念、優秀人才的引進、組織架構的建立、外資的引進運用、國外編輯經驗的學習、歷史大環境(科舉廢除、新式教育興起、西學引進的渴切、傳統文化的保存等)等因素交互作用下，因緣際會的總合，成就了商務激動時代潮流、影響文化氛圍的角色地位。

　　19 世紀末以來，透過近代印刷技術所產出的圖書期刊是文化傳播的主要媒介。在中國近代出版圖書及期刊的成就上，商務的地位是深受肯定。從教科書、各種雜誌、翻譯國外作品、各類主題圖書及古籍翻印出版等，從數量及質量而言，對當時文化的影響性有目共睹，毋需置疑。而令人印象深刻者，是商務在中國近代發展洪流中，它隨時關照當時社會的潮流、脈動與革新，諸如科舉廢除、新式教育改革、啓蒙思潮、新文學運動，以及圖書館運動等。如五四時期的商務，面對新文化思潮的衝擊與學術界對商務雜誌內容的攻擊，造成商務部分客源流失，但衝擊也是轉機，它本身也爲商務帶來更上層樓的發展機遇－主政者馬上更易雜誌主編，重新定位雜誌的發行重點。另並積極延請當時深受各界敬重推崇的北大教授胡適入館任職。胡適後僅考察數個月，並研提建議商務改善的報告書，另推介老師王雲五自代。由此可知雖然商務當時在經營規模、商業獲益或社會地位上，遠優於其他同業機構，但商務並不以此自滿而迷失。其企業精神之可貴處在於主政者仍固守創業初期的企業核心價值－「以扶持教育爲己任」，「啓發民智，保存固有文化」。雖然內部對啓用新人等人事任用曾有歧見，但其最高決策單位董事會，仍然支持著商務隨新思潮的發展與時俱進。在商務關照時代變遷並進行調整的同時，因爲商務針對讀者需求的眼光敏銳，故它的新作爲及新方向卻又能反過來成爲其他同業模仿的對象，形成影響當時出版文化界，激動潮流引領風尚的作用。

　　探討商務在中國近代發展中展現如此絢爛貢獻時，絕不能忽略它在人才吸納方面的特質，從清末到民國時期當時重要的知識份子幾乎都曾經與商務結緣，這種優勢非其他出版單位能相比擬。其中有全職在商務任職者；或曾擔任商務的作者和譯者，或是經由商務資助留學海外，成為海外撰稿者；或協助古籍出版前的藏書借鈔借印等，這批卓越的知識份子與商務互動頻繁，多位與商務主政者知交往來達數十年之久，淵源深厚。這些知識份子藉由商務的出版舞台，參與出版事業，進行文化的傳播，啓蒙智識，造就當時的學術主流。另方面商務也藉由優秀知識份子的參與，出版優質出版品，使企業名利雙收。商務於發展前 50 年間亦造就培育了許多人才，部分後來成為其他出版企業的創辦人，如與商務並列近代三大出版業的中華書局和世界書局，創辦人均出身商務[1]；另外重要的文學家、作家或學者等，如茅盾、鄭振鐸、姚名達等。

　　商務被譽為是 19 世紀及 20 世紀之交，中國現代出版的源頭。至於標誌現代出版者需具備的內涵有：必須運用現代印刷技術，採用鉛活字排版、大機器印刷；生產具備一定規模；採取現代化經營管理手段；主政者需具備一定的文化理想。[2]以上四項特色商務均能具備。但事實上，它不只是現代出版的源頭，在其他相關事業的經營上，也同樣令人稱許讚嘆。

　　如幼稚園、小學、師範講習班到函授學校的興辦，創設東方圖書

---

[1]　如中華書局(1912)陸費逵(商務編譯所主任)、世界書局(1917)沈知方(商務發行部經理)。此外另如良友(1925)、大東(1916)、開明(1926)、新生命書局(1928)、上海出版公司(1945)、生活書店(1932)、復社(1938)等負責人均曾任商務編輯或發行部等職。參考李家駒，《商務印書館與近代知識文化的傳播》，頁 330。

[2]　吳相，《從印刷作坊到出版重鎮》(南寧：廣西教育出版社，1999 年)，頁 3。

館、研究所,製作生產教育輔助教學用品,成立影片、廣告公司等。商務多角化的經營,幾已成為一文化的聯合體,同時也是教育的綜合體。

商務的企業本質仍屬一商業性機構,由商務發展前期的許多決策中,可明顯看出它仍重視企業經營利益的層面。但可貴的是,在商務進行的出版活動及周邊相關教育事業中,有很大程度仍兼具文化事業的本質,這與前述商務主政者執著企業核心價值,有密切的關係,在進行業務推展時亦以此作為宣傳主軸。商務早年刊登的出版品或業務廣告中,均可看見它以文化服務自居,但又能兼顧企業的實質獲利。故商務被認為是商業經營與文化經營結合運作的完美展現,被稱之為「文化的商務」[3]。該語詞意謂著商務印書館經營的蘊底,緊密的與文化事業、文化產業結合;但另方面由字面上也可解釋成:「文化產業」在商務印書館的企業化經營運作下,被「商務化」了。

檢視商務的諸多經營業務,除出版品發行以外,還包括前述函授學校、講習班、教育輔助教學用品製作、影片製作及設立圖書館等。除圖書館事業以外,其他的周邊產業均與「文化的商務化」概念相符,因其中除為教育目的理想外,企業營利的目標仍然強調。但商務對圖書館事業的經營,則全然是一種未能預期企業獲利的投入,這與商務其他業務的經營,顯有不同。

商務為中國近代規模最大且最具影響力的出版機構,但卻選擇投入圖書館事業的經營。更值得留意的是,它不只是淺嚐即止式的試探性、應酬性或點綴性的參與,它在中國近代圖書館事業發展上的成就

---

[3] 王建輝,《文化的商務－王雲五專題研究》(北京:商務印書館,2000 年),頁 3。

與貢獻，相較於它一般較受矚目的文化出版事業，毫不遜色。僅以它設立當時全國規模最大的私人圖書館－東方圖書館，並開放供眾閱覽一項，已使它在中國近代圖書館發展事業中，佔有一席耀眼的地位，更遑論其他與圖書館事業相關的成就。商務早期最重要的掌舵者張元濟曾說商務是「在商言商」，它卻投入與商業獲利並無直接相關的圖書館事業中，其緣由及經過爲何？從早期的「涵芬樓」到後來的「東方圖書館」，商務在圖書館事業的發展歷程及其成就爲何？它對中國近代圖書館事業整體的發展又有什麼影響？一由私人印刷作坊起家，而後發展成全國最大出版機構的商務而言，它另投入圖書館事業對整體企業經營的角色與地位又是如何？企業內部對商務長期投入圖書館事業的觀感及看法爲何？凡此均是值得探究的課題。

　　數十年來臺灣、大陸及香港等地對於商務印書館研究的專書及論著不少，但仍以一般性概述爲主。專書部份[4]約可分爲四種方向：[5]一是館史方面的研究：如紀念商務成立几十年、九十五年及一百年的紀念論文集，多數係彙整早年商務耆老對早期商務發展的回憶或史料等相關文獻；另有編年體形式的大陸商務印書館的《商務印書館百年大事記》、臺灣商務印書館的《商務印書館 100 週年/在臺 50 週年》、香港商務印書館的《商務印書館與廿世紀中國》、王雲五的《商務印書館與新教育年譜》、王學哲、方鵬程編的《勇往向前－商務印書館百年經營史》、戴仁著，李桐實譯，《上海商務印書館：1897－1949》；另有概述商務與出版、文化主題的研究，如久宣，《出版巨擘商務印書館：

---

[4]　以下所列各書詳細書目資訊可參閱書末所附「主要參考資料」項所列。
[5]　此處分類依據李家駒，《商務印書館與近代知識文化的傳播》(北京：商務印書館，2005年)，頁 5-12 之說。

出版應變的軌跡》、史春風，《商務印書館與近代文化》、吳相，《從印刷作坊到出版重鎮》、李家駒，《商務印書館與近代知識文化的傳播》、楊揚，《商務印書館：民間出版業的興衰》等；二是由企業經營的角度來探討商務發展，如汪家熔，《商務印書館史及其他－汪家熔出版史研究文集》；三是有關商務人物的研究，主要集中在商務前後兩任主政者－張元濟及王雲五身上。有關張元濟研究的專書頗多，有學術性的探討，也有傳記性的描述，略舉如葉宋曼瑛著，張人鳳、鄒振環譯，《從翰林到出版家－張元濟的生平與事業》、周武，《張元濟：書卷人生》、張榮華，《張元濟評傳》、張人鳳，《智民之師：張元濟》、柳和城，《張元濟傳》、張學繼，《出版巨擘－張元濟傳》、阿英編著，《一代名人張元濟》、張人鳳，《智民之師：張元濟》、李西寧，《人淡如菊－張元濟傳》、汪凌，《張元濟－書卷中歲月悠長》及海鹽縣政協文史資料委員會、張元濟圖書館編，《出版大家張元濟－張元濟研究論文集》等等；另外對張元濟所著日記、詩文、書札、序跋的整理或彙整出版，也提供對張元濟研究的一手資料。如《張元濟日記》、《張元濟年譜》、《張元濟詩文》、張人鳳編，《張元濟古籍書目序跋匯編》、《張元濟傅增湘論書尺牘》、《張元濟蔡元培來往書信集》及《張元濟致王雲五的信札，1937 年至 1947 年》等。

　　早年王雲五在大陸因政治取向關係，未受到應有重視，因此主要研究多集中在臺灣發行的著作，如楊亮功等，《我所認識的王雲五先生》、蔣復璁，《王雲五先生與近代中國》、王壽南、陳水逢編，《王雲五與近代中國》等，近期對王雲五的研究，則引起兩岸學者共同重視，如王建輝，《文化的商務－王雲五專題研究》、胡志亮，《王雲五傳》、徐有守，《出版家王雲五》、韓錦勤，《王雲五與臺灣商務印書館(1964

－1979)》(學位論文)、賀平濤,《王雲五－一個需要重新認識的出版家》
(學位論文)、郭太風,《王雲五評傳》等。此外,由曾任職商務的人物
研究專書中,也能獲悉部分商務的發展面貌,如鄭彭年,《文學巨匠茅
盾》、許紀霖、田建業編,《一溪集：杜亞泉的生平與思想》、俞筱堯、
劉彥捷編,《陸費逵與中華書局》等；四是商務個別專題的研究。如黃
良吉,《東方雜誌之刊行及其影響》、近年對商務的研究熱潮,也帶動
海峽兩地許多研究生以商務作爲研究對象研提學位論文。其中集中在
商務專題者不少,如劉曾兆,《清末民初的商務印書館－以編譯所爲中
心之研究(1902－1932)》、榮遠,《張元濟教科書編輯與出版經營思想
研究》、溫楨文,《抗戰時期商務印書館之研究》、郭譽嬅,《從早期商
務印書館的出版活動看張元濟的出版思想》、吳芹芳,《張元濟圖書事
業研究》、王飛仙,《期刊、出版與社會文化變遷：五四前後的商務印
書館與《學生雜誌》及前述對王雲五也有數篇學位論文。

　　在單篇論著方面,對商務的討論也是多元的,舉凡對商務的發展
歷史、體制、經營、運作、人事、出版、教育事業等專題均有探討,
其中也小部分包括對商務圖書館事業的論述,但多繫於張元濟、王雲
五個人的圖書館事業研究。

　　總結上述對商務的研究現況,專書方面綜述性的館史探討,部分
內容雖會提及商務圖書館事業,但僅爲部份發展情況的呈現,全面性
探討商務圖書館事業的研究闕如。故探究商務圖書館事業成就,將是
非常具有意義的研究。本文擬以商務發展歷史的前半爲期(約自創立
1897年以來至1949年爲止),探究它在圖書館事業的發展全貌。期能
透過圖書館事業的視角,更加瞭解商務這家百年老店在文化、教育以
及出版事業方面與圖書館事業間的互動與關聯。

第一章

中國近代圖書館的發展

　　商務成立於西元 1897 年，其始發展主要以印刷為主，後續再發展成為以出版為主軸核心的經營型態；乃至由出版發行事業版圖，另兼營函授學校、圖書館等相關教育事業，亦同樣展現耀眼的成就。在多元眾多的事業經營版圖項目中，連原附屬於編譯所供內部職工編譯書刊參考的圖書室，亦能於日後經營成為當時規模最大的私人公共圖書館，除了館藏數量為當時最多，館藏饒富特色，在圖書館管理制度上，也有獨到的發明與創見，並影響當時的其他圖書館與學術界。探討商務對圖書館事業的投入緣由，正如商務人的描述，原係純為提供出版發行時，內部參考使用而成立的圖書室，但後續由圖書室到涵芬樓以至到東方圖書館的發展與擴充，就非屬一般商業機構對內部圖書室的經營格局，而與中國近代圖書館事業發展緊密相關。探討商務在圖書館事業方面的成就與影響，不能忽略清末民初以中國為背景的新式圖書館發展與舊式藏書樓衰落的歷程。商務的成立、發展與茁壯時期，正與近代圖書館發展時期完全重疊。因此探討商務的圖書館事業－涵芬樓與東方圖書館前，不能忽略其背後大環境的發展歷程。

第一節　晚清圖書館的發展

一、藏書樓與圖書館

探討中國圖書館、圖書館事業的萌芽、產生及形成，許多圖書館史的研究著作，均不免提及中國淵遠流長數千年的藏書歷史。藏書爲人類社會文明活動的重要形式，透過藏書可累積思想智慧文明，成爲社會進步的基石。歸納影響中國傳統藏書的一般規律，包括意識形態、政策環境、經濟環境、文化環境、宗教發展、科學技術進步、戰爭及自然災害、藏書家等數項。[1]各朝代藏書的盛衰興隆，莫不與上述諸項因素密切相關。在藏書的主體上，在介紹中國傳統歷代藏書時，除以時代爲經，可上推至先秦兩漢魏晉南北朝藏書、隋唐五代藏書、宋遼金時期、元代藏書、明代藏書、清代藏書等。依各時期藏書機構，又大致可分爲官府藏書、私人藏書、書院藏書、寺觀藏書數種。

探討清末到民國時期的藏書樓與中國近代圖書館萌芽論題，大致可分爲兩派主張；一爲「延續說」，他們認爲「民國時期的藏書是在清代末期的藏書基礎上變革與發展起來的。」[2]，或認爲「19 世紀中國圖書館的發展已落後於西方，後來逐漸接受了西方先進的圖書館思想和管理方法，因此產生重要的進步與飛躍。」，或認爲「進入近代社會之後中國藏書樓的根本性質發生了變化，由封建的舊式書藏發展過渡

---

[1] 徐凌志主編，《中國歷代藏書史》(南昌：江西人民出版社，2004 年)，頁 3-9。
[2] 徐凌志主編，《中國歷代藏書史》(南昌：江西人民出版社，2004 年)，頁 3-9。

爲新型的近代圖書館。」[3]總結上述說法,係認爲「清末到民國的藏書,經歷了一個從中國古代藏書樓向中國新式藏書樓的轉變,再由新式藏書樓向中國近代圖書館轉變。」[4];另一爲「新創說」,這個觀點以大陸學者吳晞爲代表。他於《從藏書樓到圖書館》一書中,提出中國近代圖書館發展的起源與中國傳統藏書樓的發展或轉型完全無關的觀點。他提出「中國的圖書館是西方思想文化傳入中國的產物,中國圖書館的歷史是從接受西方的圖書館思想及管理方法之後才開始的。」這種觀點早於 1996 年提出,極具創見,但後續部份探討中國藏書專題的論著,仍未接受此一看法。[5]

另一大陸學者程煥文之《晚清圖書館學術思想史》(北京:北京圖書館出版社,2004 年),則不只對吳晞的說法予以肯定,同時對「藏書樓」、「圖書館」等名稱的起源與定義,透過諸多文獻相互驗證,提出令人耳目一新的見解,對於探討中國近代圖書館發展的起源頗具意義。

程氏首先提出「藏書樓」一詞不可作爲中國古代各種藏書處所的通稱。他審視中國古代或晚清以前的藏書處所的命名,因無定制:有的無名稱;或有名稱但非專有名詞,如漢朝的東觀、隋代的嘉則殿、唐朝的秘書省、宋代的三館六閣、清代的武英殿等,雖有名稱,但非專指藏書處所,而僅是這些機構的諸多功能之一;或是有專有名稱,

---

[3] 吳晞,《從藏書樓到圖書館》(北京:書目文獻出版社,1996 年),頁 1-3。

[4] 徐凌志主編,《中國歷代藏書史》(南昌:江西人民出版社,2004 年),頁 402。

[5] 如來新夏等著,《中國近代圖書事業史》(上海:上海人民出版社,2000 年),頁 5,認為徐樹蘭父子捐助的古越藏書樓…「它開始民間藏書樓向近代圖書館的蛻變。」;於 2004 年出版,徐凌志主編之《中國歷代藏書史》,也認為藏書樓經轉變後成為近代圖書館。亦同樣認同兩者間的傳承關係。

有稱閣、樓、齋、館、堂、室、軒、園、盧、巢、居、經舍、山房、書庫、書屋、書齋、書樓等。相關早期文獻針對中國古代藏書,亦均以「藏書」一詞來概括中國古代的各類藏書機構及處所,並未使用「藏書樓」一詞。

因此「藏書樓」其實是一個近代的名稱,最早使用該中文名稱為成立於 1847 年徐家匯天主堂藏書樓,係其英文名稱"Bibliotheca Zi-Ka-Wei"的中文譯名。推論該名稱約流行於戊戌變法前後。1896 年(光緒 22 年)李端棻在《請推廣學校折》中就提出「設藏書樓」的建議。因此「藏書樓」之名,所代表的並非中國歷代的藏書處所,而是清末民初對新產生的近代圖書館的另一早期名稱。

至於另一西文"library"一詞傳入中國的時間可溯至明代。屬外來名詞及近代的文化現象。"library"一詞源自西方語言的來源有二,一是"library",另一是"bibliothek"。Library 源自拉丁語,原意為樹皮,因樹皮曾作為書寫的材料,所以義大利語稱書店為"Libraria",法語稱書店為"Librarie",後由法語轉成英語就成為"Library"一詞。另"Bibliothek"源自希臘語"Biblos"即書籍,由書寫材料「紙莎草」(Papyrus)希臘語讀音而來,後對存書的場所,希臘語稱"Bibliotheca",拉丁語稱"Bibliotheca",其他德、法、義、西等語對圖書館之稱皆源於此。但晚清時期對西文「圖書館」一詞的中文翻譯多元,有書院、書樓、書庫、書閣、書藏、書籍館、大書堂、義書堂、公書林、典籍院、藏書處、藏書樓、藏書院、圖書樓、圖書院、圖書館等十幾個中文譯名。而其中以「藏書樓」與「圖書館」兩個名詞最通行。[6]

---

[6] 程煥文,《晚清圖書館學術思想史》(北京:北京圖書館出版社,2004 年),頁 7-8。

中文「圖書館」一詞，謂者多稱源自日本的「図書館」一詞。但日本早期亦無此名稱，而是將存書之處所稱爲「文庫」。故該詞未必不是日本受西學東漸影響後的新名詞。「圖書館」一詞見於中國報刊始於1896 年 9 月 27 日由梁啓超等人創辦的上海《時務報》<古巴島述略>一文中。[7]故多認爲該名詞係由梁啓超自日本引進中國。梁氏以降最先使用「圖書館」一詞者爲張元濟。他於 1897 年 2 月與友人於北京合作籌辦「通藝學堂」，率先於通藝學堂內設置包括圖書館、閱報房等設施，並在《通藝學堂章程》下附《讀書規約》及《圖書館章程》。這是我國第一個「圖書館章程」，該《章程》在晚清西方圖書館觀念的傳播上具重要的歷史意義。

張元濟早期不忘於學堂設立藏書單位供該校師生運用，並很早採用初引進中國的「圖書館」一詞來稱呼他設立的藏書單位並訂立章程，可見他對國內外傳入新知新學的重視與認同，除隨時汲取掌握外，並具即知即行的實踐魄力。張元濟日後成爲商務的重要掌舵者，且商務當局對經營圖書館業務的長期支持，居中擘畫的張元濟絕對是重要的推手。

由歷史觀察「藏書樓」一詞的通行早於「圖書館」一詞的運用。「圖書館」一詞約 1900 年才開始在中國流行，並在清末新政前後才超過「藏書樓」成爲通行用語。有關「圖書館」一詞在中國確立通行的過程，吳晞曾詳細載述。

「…例如 1900 年 9 月《清議報》有篇名<古圖書館>的文章；1901年 6 月《教育世界》也刊登了一篇<關於幼稚園盲啞學校圖書館規則>

---

[7]　黃宗忠，《圖書館學導論》(武漢：武漢大學出版社，1988 年)，頁 124-125。

一文。1903 年，清政府頒發管學大臣張百熙主持制訂的《奏定大學堂章程》，其中提到：『大學堂當附屬圖書館一所，廣羅中外古今圖書，以資考證』，並規定其主管人爲『圖書館經理官』。此爲「圖書館」一詞首次於官方文件中採用。《奏定大學堂章程》頒布後，原京師大學堂藏書樓便改名爲京師大學堂圖書館。這是我國第一個採用圖書館名稱的正式官方藏書機構。…直到 1904 年，湖南圖書館、湖北圖書館和福建圖書館相繼成立，圖書館的名稱才開始在社會上通行，其後各地出現的各種新型藏書處所多數都標之以圖書館的名稱。1909 年京師圖書館奉旨籌建，清政府又隨之頒發了《京師圖書館及各省圖書館通行章程》，這樣才使得圖書館的名稱在我國最後確立了下來。」[8]

中國「圖書館」一詞的流行並成爲通用名詞「在很大程度上是清末新政前後受日本明治維新的影響步伍東瀛的結果。」[9]

除了流行的時期有先後之別，圖書館本質上與中國具歷史淵源的藏書傳統有所差異之處，最主要與最本質的一點，在於封閉與開放的區別。從封閉走向開放，便是我國圖書館從無到有、從萌芽到成熟的曲折歷程。[10]另程煥文也歸納中國古代藏書具有「私有」、「封閉」及「專享」三點特色，此相對於近代圖書館「公共」、「共開」、「共享」的特色[11]，可作爲審視與畫分傳統藏書與近代圖書館的標準依據。透過本質差異的檢視，可證明中國古代藏書歷史與中國近代圖書館的發展，並無直接傳承關係。

8　吳晞，《從藏書樓到圖書館》(北京：書目文獻出版社，1996 年)，頁 9。
9　程煥文，《晚清圖書館學術思想史》，頁 14。
10　吳晞，《從藏書樓到圖書館》(北京：書目文獻出版社，1996 年)，頁 10。
11　程煥文，《晚清圖書館學術思想史》，頁 15-17。

「西學東漸」與「中國社會近代化的發展」兩項因素，促使往昔文獻圖籍蒐藏，以傳統舊式藏書樓形式爲主的大環境，轉變成以近代新型圖書館爲主。而舊式藏書型態的消亡，亦非一夕蹴成，仍是經歷一段時間的變化過程。

造成晚清藏書之毀傾主要可歸因於兩項因素造成。[12]一是帝國主義列強的入侵和太平天國戰爭的打擊；一爲封建經濟之衰落與解體。前者如清代官府藏書達鼎盛極致的「四庫七閣」，在戰爭中毀傾三閣。如「宮廷四閣」中的「文源閣」(以及收藏《四庫全書薈要》的「味腴書屋」)在 1860 年英法聯軍火燒圓明園時化爲灰燼；「江南三閣」中的「文宗閣」和「文匯閣」在太平軍攻破揚州及鎮江時付之一炬；此外藏有《四庫全書》底本等大量珍籍的「翰林院」，亦於 1900 年被八國聯軍掠奪一空。官方藏書皆已如此，則私家藏書之無力對抗戰禍，則更可想見。後者因封建經濟之衰落與解體，也造成清末藏書事業的衰落，尤以私家藏書影響最甚。如清末諸多著名私家藏書，或因家道中落，子孫不守而藏書散出，最著名者爲清末四大藏書家之一浙江歸安陸心源的「皕宋樓」，其子孫欲出售先人所遺典籍。因清廷及商務印書館均無力收購，以致於 1907 年爲日本財閥岩崎氏蒐購東去，成爲靜嘉堂藏書的重要館藏。而此種私人藏書無力執守的現象，於清末民初極爲普遍。

在此兵燹倥傯、時局動盪之際，雖多有私家藏書散逸毀傾的景況，但仍有少部分藏書家於民國之後仍致力於傳統舊籍的蒐藏。[13]這些藏

---

[12] 程煥文，《晚清圖書館學術思想史》，頁 46-47。

[13] 如蘇精，《近代藏書三十家》(臺北：傳記文學雜誌社，民國 72 年)一書收錄均爲民國以後著名的三十位藏書家。

書家多生於清末,曾接受舊式傳統科舉薰陶或影響,或傳承家業藏書淵源,因此大抵多延續中國歷來藏書的傳統型態。但這些藏書家在行事作風上,多已異於舊式藏書家私有、封閉、專享的風格。有的在生前即已到處捐書,並極力提倡創立新式圖書館;或將珍藏善本舊籍加以刊刻、借抄;或著述、題跋,以展現或深化所藏舊籍價值。這些藏書家之人生境遇不同,所藏圖書或於身後由子孫捐贈其他學術圖書館,或星零四散不復存在。但這批藏書家的行止,正反映了中國傳統私人藏書家在世代轉換之際的風貌與形樣。

二、清末圖書館發展的過程

中國近代圖書館的萌芽、發展與茁壯,經歷了一段長時間複雜且漫長的過程。這段過程大致可分為:西方圖書館的介紹(鴉片戰爭至洋務運動時期)、西方圖書館觀念的引進(戊戌變法前後)、日本圖書館學術的引進(清末新政前後)、歐美圖書館學術的引進(辛亥革命前後至20世紀20年代)、中國圖書館學體系的形成(20世紀20年代末至30年代)等幾個階段。[14]這大抵是依時間次序來陳述發展的歷程與重點。初期引進中國的西式圖書館,在發展上與中國傳統藏書制度並存,兩者雖無直接傳承關係,但因同處一歷史空間舞台,必然互為影響。

(一)藏書開放思想

新式圖書館與舊式藏書的最大差異在於開放或封閉,這與藏書家

---

[14] 程煥文,《晚清圖書館學術思想史》(北京:北京圖書館出版社,2004年),頁19。

的藏書觀念緊密相關。論者多舉祁承㸁的澹生堂藏書和范欽天一閣藏書兩者作爲傳統藏書家嚴格封閉制度的代表。[15]但早在新式圖書館觀念普及之前，中國已有部分藏書家已提出藏書開放的主張。這些藏書家數量極少，所提出的見解雖未能及時影響當時整體的藏書風氣，但在中國圖書館發展史上，其遠見仍值得重視。

最早明確提出藏書開放主張的是明末清初的曹溶。曹溶的藏書處所稱「靜惕堂」，他喜好蒐藏宋元人文集，收藏甚豐。因感於另一藏書家絳雲樓主錢謙益，所收必宋元版，不取近人刻抄本，且「好自矜嗇」，片紙不肯借出。絳雲樓一場大火「燼後不復見於人間。予(指曹溶)深以爲鑒，偕同志申借書約，以書不出門爲期，第兩人各列所欲得，時代先後，卷帙多寡，相敵者，彼此各覓工寫之。」[16]此即曹溶訂定《流通古書約》的緣由。他主張的流通方式，除上述藏書家撰寫所缺圖書目錄，彼此「約定有無相易」，然後再「精工繕寫」，相互交換抄本；另一做法爲藏書家出資刊刻珍稀圖書，「出未經刊布者，壽之棗梨。」[17]曹溶所提出的兩種做法，似乎仍以「書不出門爲期」，但已跨出藏書家封閉的第一步。曹溶所提的做法，於清末民初廣爲諸多藏書家採行，

---

[15] 如祁承㸁《澹生堂藏書約》記：「…入架者不復出，蠹齧者必速補。子孫取讀者，就堂檢閱，閱畢則入架，不得入私室。親友借觀者，有副本則以應，無副本則以辭。正本不得出密園外。」；阮元《寧波范氏天一閣書目序》：「…司馬(即天一閣創始人范欽)歿後，封閉甚嚴，繼乃子孫相約各房為例，凡閣櫥鎖鑰，分房掌之，禁以書下閣樓，非各房子孫齊至，不開鎖。子孫無故開門入閣者，罰不與祭三次；私領親友入閣及擅開者，罰不與祭一年；擅將書借出者，罰不與祭三年；因而典鬻者，永擯除不與祭。」據云曾有一聰穎女子芸娘，為能有機會觀覽天一閣所藏典籍，因而嫁與范家子孫。但因范家家規嚴格，終其一生竟未能有機會登閣閱書，抑鬱以終。此說未知是否真實，但可見天一閣封閉的藏書作風。

[16] 李希泌、張椒華編，《中國古代藏書與近代圖書館史料》，(北京：中華書局，1982年)，頁33。曹溶，《降雲樓書目題辭》。

[17] 李希泌、張椒華編，《中國古代藏書與近代圖書館史料》，頁31。曹溶，《流通古書約》。

成為藏家間互通藏書有無的方式。以商務印書館為例，張元濟為涵芬樓徵集古籍善本時，與當時諸多藏書家頻繁互借，抄錄補缺；或與藏書家訂定藏書互借約定等；另對涵芬樓所藏特殊少見古籍也刊印《涵芬樓秘笈》，與曹溶之見解完全相符。

曹溶之後，清朝藏書家丁雄飛與黃虞稷兩人也因嗜書之好結成至交，為互通有無增加收藏，由丁氏訂定互借圖書協議－《古歡社約》。「…盡一日之陰，歎千古之祕，或彼藏我闕，或彼闕我藏，互相質證，當有發明，此天下最快心事，俞邰(黃虞稷，字俞邰)當亦踴躍趨事矣。」[18]但無論是《流通古書約》或《古歡社約》，兩者的基本精神仍在於自家藏書的充實或與其他藏書家間的互通有無，仍未顧及社會民眾的需求。

有關中國藏書思想的轉變，較受囑目者為清朝藏書家周永年。他提倡集合儒書，擬仿照《佛藏》、《釋藏》對藏書的做法提出《儒藏說》。此舉實質不只在於藏，還要藏書公開，並認為藏書公開才是保存典籍的萬全之策。[19]他更將數十年來之辛勤積蓄之蒐藏全部公開，命名為「藉書園」。此舉學者多給予極高的評價，認為是「我國文獻收藏史上亘古第一人」。[20]

此後還有滿清貴族國英(字鼎臣，滿姓索卓絡，清道年間曾任內閣

---

[18] 李希泌、張椒華編，《中國古代藏書與近代圖書館史料》，頁 45。丁雄飛，《古歡社約》。

[19] 周永年字書昌，山東歷城人，清乾隆年間進士，曾被徵為翰林，曾參與《四庫全書》編纂工作。他百無嗜好，讀嗜書。因見藏書家之書具而易散，原因在於「藏之一地不能藏於天下，藏之一時不能藏於後世。」，因而《儒藏條約三則》包括「官方和民間攜手同建儒藏」、「儒藏要建立在『山林閑曠之地』以防火災及其他災害發生」、「儒藏要對四方讀書之人開放，尤其為無力購書的貧寒人士」三項。為儒藏所設義田收入，除購置圖書，還要為讀書的寒儒貼補食宿和生活。

[20] 吳晞，《從藏書樓到圖書館》(北京：書目文獻出版社，1996 年)，頁 18。

中書。)因感於「家少藏書，時值髮、捻、回各逆滋擾半天下，版籍多燬於火，書價大昂，藏書家秘不示人，而寒儒有苦無書可讀。」景況，於「同治年甲子(1864)勸同志諸君共立崇正義塾。…光緒丙子(1876)，于家塾購藏書樓五楹，顏曰『共讀』。其所以不自秘者，誠念子孫未必能讀，即使能讀，亦何妨與人共讀。」[21]由此可看出國英的藏書觀更爲先進，視藏書爲公器並開放共讀分享。他所訂定的<共讀樓條約>規定開放藏書樓的時間、採樓內閱讀書不出樓的閉架閱覽方式、透過親友介紹才能入樓及嚴加保護書籍等。[22]國英的藏書共讀觀念，較之周永年之主張頗爲類似，其優於周氏在於落實施行，其成效被時人譽爲「寒儒之荒年谷」。

上列諸多思想先進的藏書家，多已具藏書開放的觀念，但在進行的主軸上，仍以藏家個人私藏公開爲主，這與「以社會需求爲基礎」而成立，且提供「社會服務」的新式開放的圖書館，兩者仍無關聯。[23]但在中國藏書史上，已反映出部分傳統藏書家的思維，已逐步由封閉朝向開放，成爲舊式藏書向近代圖書館邁進的先驅。

（二）西方傳教士與中國圖書館發展

中國近代新式圖書館的緣起，既非衍自中國舊式藏書，故多認爲是源自外來的新產物，尤其西方的影響更甚於東洋。大陸學者程煥文

---

[21] 李希泌、張椒華編，《中國古代藏書與近代圖書館史料》，頁 59-60。國英，<共讀樓書目序>。

[22] 吳晞，《從藏書樓到圖書館》(北京：書目文獻出版社，1996 年)，頁 19-20。引自：《共學樓書目》。

[23] 吳晞，《從藏書樓到圖書館》(北京：書目文獻出版社，1996 年)，頁 21。

歸納：「清末西方圖書館觀念與學術思想在中國的傳播大致是經過三
個途徑完成：一是國人對西方圖書館的翻譯介紹和宣傳；二是國人走
出國門對歐美和日本圖書館的考察和回國以後的宣傳介紹；三是西方
傳教士對西方圖書館的介紹和在中國從事的圖書館活動。」[24]程氏認
為前兩項對中國近代圖書館發展與學術思想的形成影響較大，遠超過
西方傳教士這項途徑。其原因歸諸於西方傳教士來華主要仍以宣教為
主，其著眼並不在中國圖書館事業，早期成立圖書館的目的也不在為
中國民眾服務，因此對中國社會直接的影響較為有限。但透過西方傳
教士所創辦的諸多基督教圖書館，確實成為中國土地上第一批超越舊
式藏書樓窠臼的新型圖書館。[25]

　　西方傳教士對西方圖書館的宣傳介紹與在華活動，約分為明末清
初時期及清末時期。前者可視為是清末西學東漸及西方圖書館觀念傳
播與建立的前奏，起於 16 世紀利瑪竇來華，止於 18 世紀清廷對天主
教的嚴禁及羅馬教廷對耶穌會的解散。此時期耶穌會教士以傳播西方
的科學知識為手段來達到傳教的最終目的，而西方的圖書館觀念也透
過此途徑流入。其中第一位介紹西方圖書館觀念者為艾儒略，他於明
天啓年間撰著《職方外記》中，介紹歐洲諸國「其都會大地，皆有官
設書院，聚書於中，日開門兩次，聽士子入內抄寫誦讀，但不許携出
也。」短短文字卻傳入了官設圖書館及公共圖書館的觀念。此與前述
曹溶、周永年等人的思維相較，算是非常先進的觀點，但當時未受認
同或肯定。

---

[24] 程煥文，《晚清圖書館學術思想史》(北京：北京圖書館出版社，2004 年)，頁 50。
[25] 吳晞，《從藏書樓到圖書館》(北京：書目文獻出版社，1996 年)，頁 22。吳氏此處所
　　謂的基督教圖書館為統稱，其中亦包括天主教、新教、東正教及景教諸派。

　　明末清初北京爲天主教耶穌會士在中國的活動中心，故其藏書活動也集中在北京。由西元 1600 年開始，陸續成立了著名的「四堂」圖書館。所謂東西南北四天主教堂圖書館是民國時期的說法，成立當時並無「圖書館」之稱，南堂成立於明萬曆 28 年(1600)、東堂肇於順治 7 年(1650)、北堂於康熙 39 年(1700)落成、西堂歷史最短約於清雍正 3 年(1725)成立，各堂成立時間不同，性質上「南堂、東堂屬葡國耶穌會士，北堂隸法國耶穌會士，西堂則爲傳信部直轄教士之寓所」。[26]這些傳教士進行的藏書活動，各堂發展背景不同，其藏書來源及傳入方式亦異，但大抵包括介紹西洋科學、哲學、倫理、法學及史學書籍，也包含宗教有關的神學類書籍等。明末清初的傳教士大抵以傳播科學知識爲手段來達到其傳教的最終目的。因「四堂」的藏書影響，使北京成爲明末清初中國西學的藏書中心。而當時傳教士或中國教友所翻譯之西學論著，原著本多源自「四堂」藏書，因此「四堂」也可說是西學的傳播中心；且藏書中多有罕見本和歐洲刊印最古書籍，故當時西方近代的科學技術發展成果也藉這些藏書得以保存。後來北平西什庫天主教堂(即北堂)圖書館便匯合東西南北四堂藏書而成，據 1938 年統計當時尚餘西文書五千餘冊、中文書約八萬冊，其中包括許多稀世珍本。[27]

　　四堂的藏書雖已建立，但對中國近代圖書館的發展影響不大。原因在於這些藏書並未對中國一般民眾開放，且洋文書籍能閱讀者有限，其性質與中國舊式藏書樓或寺院藏書類似。

---

[26] 李希泌、張椒華編，《中國古代藏書與近代圖書館史料》，頁 524-527。方豪，<北平北堂圖書館小史>。

[27] 吳晞，《從藏書樓到圖書館》(北京：書目文獻出版社，1996 年)，頁 25。

至 19 世紀後西方傳教士再次東來，1807 年倫敦會傳教士馬禮遜
(Robert Marrison, 1782－1834)東來，成爲基督教新教來華傳教士，1811
年他在廣州出版第一本中文西書，揭開了晚清西學東漸的序幕。[28]1840
年鴉片戰爭以後，西方傳教士的傳教範圍逐步從東南沿海擴充至內陸
地區。傳教士們爲傳教目的，仍以西方科學文化作爲媒介。當時西方
的發展較中國傳統社會進步。因此傳教士傳播西學的同時，也將較先
建的技術及思想引進中國，尤其在教育文化方面更具建樹與貢獻，故
有學者稱西方傳教士在中國扮演著「文化掮客」的角色。[29]

這完全是宗教傳佈的前題下，無心插柳順帶發展的結果。而西方
的圖書館思想與做法，即透過此一科學文化傳播的途徑，開啓中國近
代新式圖書館發展的影響。西方傳教士對西方圖書館的介紹與圖書館
觀念引進，大致是透過著作及新式藏書樓或圖書館建立兩種方式。

當時西文著作中提及圖書館者有：英國馬禮遜著《外國史略》、美
國褘理哲著《地球說略》、美國戴德江著《地理志略》、美國高理文著
《美理哥合省國志略》、英國慕維廉著《地理全書》，以及《萬國地理
全圖集》等。[30]其中有許多描述歐美圖書館情況，成爲珍貴的參考資
料。如魏源編撰《海國圖志》一書時，其材料即是取自這些西人著作。

1842 年(道光 22 年)耶穌會傳教士重來中國時，將文化重心移到上
海。[31]晚清西方傳教士多聚集於上海，並以此爲傳教與文化活動的舞

---

[28] 程煥文，《晚清圖書館學術思想史》(北京：北京圖書館出版社，2004 年)，頁 70。

[29] 吳晞，《從藏書樓到圖書館》(北京：書目文獻出版社，1996 年)，頁 27。引自：費正
清，《劍橋中國晚清史》下卷第五章，中國社會科學出版社，1985 年。

[30] 程煥文，《晚清圖書館學術思想史》(北京：北京圖書館出版社，2004 年)，頁 71-73。

[31] 程煥文，《晚清圖書館學術思想史》(北京：北京圖書館出版社，2004 年)，頁 74。引
自：胡道靜，《上海圖書館史》(上海市通志館期刊抽印本)，上海市通志館出版，1935:57。

台，此與明末清初西方傳教士以北京為活動中心不同。也因此上海成為晚清西方傳教士傳播西方圖書館觀念的中心，也是我國近代圖書館發展的重鎮。上海不僅有傳教士介紹其他國家圖書館現況的譯作，更有傳教士及西方僑民設立的具近代圖書館雛型的藏書樓或圖書館。其運作方式，雖已具西方近代圖書館觀念，但因封閉閱覽的管理方式，故鮮能對中國近代圖書館發展造成影響。

學者胡道靜謂：「現代的圖書館之在上海出現，則始於第 19 世紀中葉(清道光末)上海開港以後。」[32]，建於 1847 年的「徐家匯天主堂藏書樓」為當時第一個傳教士所建立的藏書樓，這個圖書館後續更發展為晚清時期上海最大的圖書館；同時也是晚清西方傳教士在中國的藏書中心。所藏圖書中西並俱，其中中文書以地方志最多，另外還有著名的雜誌、報紙等，均自創刊日起保存。但在管理上仍屬傳教士們的專門圖書館，「後來有所發展，凡教會中人，或由教會中人介紹，經藏書樓主管司鐸同意後，亦可入內閱覽，但為數極少。」[33]可見該圖書館雖藏書豐富，但並對外開放使用，尤其未對上海市民開放。

另外還有創設於 1849 年(道光 29 年)的"Shanghai Library"(上海圖書館)，係由上海租界的西方僑民所組的「書社」組織發展而來。該圖書館在許多方面表現出近代化的西方圖書館觀念，如「工會圖書館」的觀念、公共管理的觀念、公共圖書館的觀念、巡迴文庫的觀念及圖書館委員會的觀念。[34]但同樣僅限內部成員使用。

---

[32] 程煥文，《晚清圖書館學術思想史》(北京：北京圖書館出版社，2004 年)，頁 74。引自：胡道靜，《上海圖書館史》(上海市通志館期刊抽印本)，上海市通志館出版，1935:1。
[33] 葛伯熙，<徐家匯藏書樓簡史>，《圖書館雜誌》，1982 年(2)：頁 69-70。
[34] 程煥文，《晚清圖書館學術思想史》(北京：北京圖書館出版社，2004 年)，頁 79-82。

另創辦於 1871 年的亞洲文會北中國支會圖書館,則是第一個中國境內採用卡片目錄、《杜威十進分類法》、《卡特著者號碼表》等美國先進的圖書館技術的圖書館,但也因封閉作風而未能造成對當時中國圖書館的影響。直到 1901 年上海才有第一所由英國傳教士傅蘭雅 (John Fryer)創辦為謀華人讀者便利的圖書館成立,那即是格致書院藏書樓。[35]

除上述上海成立的藏書樓之外,1903 年創辦,1910 年正式開放,隸屬於武昌文華大學的「文華公書林」,也是中國近代圖書館發展史上重要的圖書館,由韋棣華(Mary Elizabeth Wood)創辦。該校由美國聖公會創辦,所以也屬教會圖書館。該館不同於前述教會圖書館,因觀念已開,文華公書林不只對大學開放,同時也對武漢三鎮的民眾開放,故亦兼具公共圖書館的功能。

上面所述的幾個較大規模的教會圖書館,創辦於早期者,均未對當地民眾開放。但也未可認為絕無影響力,因它們運作的模式仍會透過當時的報章報導或書刊傳佈讓一般民眾獲悉。如 1877 年 3 月《申報》曾載文:「本埠西人設有洋文書院(即工部局公眾圖書館,當時的正式名稱是上海圖書館),計藏書約有萬卷,每年又添購新書五、六百部,閱者只需每年費銀十兩,可隨時取出批閱,閱畢繳換,此真至妙之法也。」[36]。另前述格致書院藏書樓以收藏中國古籍及中文譯著為主,又具首先對華人開設的特色,因此更受華人矚目。陳洙於光緒 32 年

---

[35] 程煥文,《晚清圖書館學術思想史》(北京:北京圖書館出版社,2004 年),頁 91。引自:胡道靜,《上海圖書館史》,上海:上海市通志館出版,1935:2。
[36] 吳晞,《從藏書樓到圖書館》(北京:書目文獻出版社,1996),頁 32。

(1906)撰寫的<上海格致書院藏書樓書目序>[37]中謂:「上海向有格致書院,近由西士傅蘭雅君商諸各董,添設藏書樓。…吾知登斯樓者,既佩諸君之熱誠毅力以惠我士林,而尤不能不為內國士大夫愧且望也。」並呼籲「裨益學術,光我國治,抗衡歐美,度非地方公建之藏書樓不為公矣。」可見他對傳教士所設新式藏書樓制度頗為推崇。藉由多項途徑,清末蓬勃發展的教會圖書館,對近代圖書館運作新觀念的傳播與啟發,具相當影響力。

學者吳晞認為:「基督教圖書館是我國近代出現年代最早的新型圖書館,起到了『為天下之先』示範作用。…近代圖書館在我國從無到有的突破,實際上是基督教圖書館最初實現的,相當一部分中國人對圖書館的認識,也是從這些『洋書樓』開始的。在我國圖書館史上,基督教圖書館啟蒙、範例的作用,是不容忽視的。」[38]

中國第一位系統提出新式圖書館思想的先驅為鄭觀應,他於光緒18年(1892)刊行之《盛世危言》第四卷<藏書>中,已提出對近代圖書館的新式思想。發表後雖引起當時思想輿論界的矚目,並肯定設立藏書樓或圖書館的社教功能。但終究屬理論層面的激盪。由前述陳洙對格致書院藏書樓的疾呼,足見當時中國尚未全面採行新式圖書館的理論與實務。傳教士們所成立的藏書樓正好成為中國認識新式圖書館的實景面貌。

在此一背景下,商務印書館編譯所由小圖書室,發展成為「涵芬樓」,再發展成民初中國最大的公共圖書館－東方圖書館,此與清末以

---

[37] 《上海格致書院藏書樓書目》於光緒33年(1907)由商務印書館出版。
[38] 吳晞,《從藏書樓到圖書館》(北京:書目文獻出版社,1996年),頁29。

來上海地區蓬勃的近代圖書館發展背景,與先進的圖書館觀念傳播,
應有直接的催化作用。

(三)國人對圖書館的引介與接觸

學者吳晞認爲中國圖書館的發展,約可分爲醞釀時期(1840 年鴉
片戰爭以後至 1895 中日甲午戰爭之前)、萌芽時期(19 世紀 90 年代),
至 20 世紀初年才興起創設圖書館的高潮。

明末清初西學雖曾傳入中國,在傳教士傳播的著作中,雖曾有西
方圖書館的介紹,但因當時記述較爲簡略,且 18 世紀時之西方近代公
共圖書館尚屬萌芽期,相較於中國官私藏書未必較爲先進,故當時影
響極微。但隨著清初閉關政策的終止,1840 年鴉片戰爭以後西學再度
傳入中國,但接續的半個世紀中,西學的傳入速度仍然緩慢,在地域
上僅限於幾個通商口岸,參與者亦只有少數從事洋務的官員。故中國
早期具有新型圖書館性質且爲數極少的藏書樓都出現在京城和通商口
岸城市,而且大多是在西方人(主要是傳教士)的直接或間接參與下建
成。[39]1839 年也開始中國對西方圖書館的瞭解和認識。如被稱爲是「睜
眼看世界的第一人和近代中國維新運動重要先驅」的林則徐,是晚清
時期中國翻譯介紹圖書館的第一人。如他爲瞭解世界各國基本知識而
翻譯的《四洲志》,最受矚目。該書譯自 1836 年倫敦出版英人慕瑞(Hugh
Murray)所作之《世界地理大全》。此書除受到梁啓超讚揚「實爲新地
志嚆矢」,亦爲近代中國人翻譯介紹西方圖書館之起始,且對後來魏源
編纂《海國圖志》及其他介紹域外史地的書籍均有影響。

---

[39] 吳晞,《從藏書樓到圖書館》(北京:書目文獻出版社,1996 年),頁 37。

　　林則徐在《四洲志》中透過對美國各州圖書館數目的介紹，以呈現各州普遍設立圖書館的情形；另介紹各州圖書館經費來源，以突顯公共性質及公辦公共圖書館性質，學者程煥文認爲這是中國人有關公共圖書館的最早介紹。

　　道光 22 年(1842)魏源編纂之五十卷本《海國圖志》(道光 26 年(1846)擴增爲六十卷本；咸豐 2 年(1852)再擴編爲一百卷。)對西方之介紹更爲全面，被譽爲是最早提倡西方圖書館的人。[40]魏源此書除以《四洲志》爲基礎，另大量參酌明末清初的大量西人著述，因此能呈現西人著作中有關西方圖書館的介紹。其中有關歐美公共圖書館的介紹，補強了林則徐《四洲志》中的內容。但林則徐和魏源均非實際出洋目睹西方世界，所著僅依文獻翻譯，故內容有些錯誤。

　　1840 年清廷門戶開啓後出洋的第一人爲容閎(1828－1912)，爲鴉片戰爭後最早接觸西方圖書館者。他於 1841 年進入澳門馬禮遜學校就讀，1847 年因美籍老師勃朗(Rev. S.R. Brown)回美的偶然機會隨同赴美就學。他於 1854 年於耶魯大學畢業，成爲中國留學西方第一代留學生的代表。他雖曾於耶魯大學兄弟會的藏書樓司書一職，但他對當時美國圖書館的描述闕如。[41]

　　19 世紀 60 至 90 年代清廷爲拯救垂危政局，發起以富強爲目的的洋務運動。洋務運動顧名思義是以引進和學習西方先進科學技術，創辦發展軍用工業、民用工業企業，編練建設新式海軍海防、陸軍，並

---

[40] 來新夏，《中國近代圖書事業史》(上海：上海人民出版社，2000 年)，頁 38-39。
[41] 程煥文，《晚清圖書館學術思想史》(北京：北京圖書館出版社，2004 年)，頁 94-95。引自：容閎，《西學東漸記》(鍾叔河主編，走向世界叢書，長沙：岳麓書社，1985 年)，頁 15，60-61。

培訓新型人才爲中心。[42]1840 及 1860 年的兩次鴉片戰爭戰敗的衝擊，讓清廷部份人士意識需修改外交政策，瞭解外洋情況，培養人才。故於 1861 年成立總理事務衙門，1862 年開辦同文館。並於 1866 年派遣第一批出國考察人員，成員由斌椿父子率同文館學生共五人組成。斌椿遊歷歐洲諸國半年回國後寫成《乘槎筆記》但所述圖書館者很少；另 1868 年 8 月清廷派出的首批赴洋官員爲三位負責中國外涉事務的大臣－志剛、孫家穀及美人蒲安臣(Anson Burlingame)，另曾隨斌椿出洋的同文館學生張德彝隨行（但提前返國）。此次出訪回國後寫成《初始泰西記》及《使西書略》等文字，張德彝則留下《再述奇》的記述。其中部分有關西方圖書館描述，尤其張德彝對紐約公共圖書館的參觀描述「國人樂觀者，任其瀏覽，以廣見聞」，並翻譯紐約公共圖書館的名稱爲「義社」，顯已觀察到其平民性及公共性的特質，此對推介國外的公共圖書館思維，應屬先驅。

另王韜(1828－1897)於 1867 年赴英國兩年，此次遊歷撰寫成《漫遊隨錄》其中對參觀多所圖書館的介紹詳盡。程煥文認爲：「(王韜)他對西方圖書館考察的深度和廣度都遠非走馬觀花的官派出洋使臣所能比擬。可以說，在晚清的出洋人員中，王韜對西洋圖書館考察最爲詳盡，稱得上是中國真正考察西方圖書館的第一人。」[43]王韜對中國興建近代新式圖書館的構想，遠較 19 世紀 40 年代的思想家先驅林則徐、陳逢衡、姚瑩、徐繼畬等人更爲具體，這些思想家雖然在著作《四洲志》、《英吉利紀略》、《康輶紀行》、《瀛環志略》等書中均提及英美等

---

[42] 程煥文，《晚清圖書館學術思想史》(北京：北京圖書館出版社，2004 年)，頁 97。
[43] 程煥文，《晚清圖書館學術思想史》(北京：北京圖書館出版社，2004 年)，頁 107。

國圖書館，但這些著作僅限一般介紹，尚未有明確思想。[44]不如王韜於1883年撰文主張藏書樓向公眾開放，宣揚「藏書於私家故不如藏於公所」的思想，力主設立公共藏書樓。[45]

中國第一位系統提出新式圖書館思想的是鄭觀應(1842－1922)，他因從商長期與洋務接觸，對西方事務認識較多，故所提識見亦較不凡。他屬近代中國維新思想家之一，透過他先後著述的《救時揭要》、《易言》和《盛世危言》反映了他不同時期的維新思想。其中《盛世危言》[46]提出「大抵泰西各國教育人才之道計有三事：曰學校，曰新聞報館，曰書籍館。」此係鄭觀應採自李提摩太《七國新學備要論》的說法。鄭觀應還分別撰寫了<學校>、<日報>和<藏書>三章來闡明此三大措施的重要性。其中<藏書>一章對西方圖書館觀念在中國的傳播，產生重大影響。[47]程煥文歸納<藏書>一章的內容包括下列幾方面：批評中國傳統藏書「私而不公」的弊病，闡述圖書館在富國強國中的重要性，提出了向西方圖書館學習、普遍設立圖書館的倡議，尤其詳細描述西方圖書館的管理制度和管理方法，可作為中國設立新式圖書館的參考。[48]鄭觀應《盛世危言》刊行後，鄧華熙等人曾進呈光緒皇帝，光緒皇帝加朱批後，發到總署印行兩千份分發各省有司，再經各省書坊輾轉翻刻，已售至十餘萬部之多[49]，足見其影響之大。後續維

---

[44] 吳晞，《從藏書樓到圖書館》(北京：書目文獻出版社，1996年)，頁38-39。

[45] 吳晞，《從藏書樓到圖書館》(北京：書目文獻出版社，1996年)，頁39。引王韜《韜園文錄外編‧徵設香海藏書樓》。

[46] 吳晞記載《盛世危言》刊行的時間為光緒18年(1892)，程煥文考據由該書版本很多，鄭觀應手訂的版本分別為1894年五卷版、1895年十四卷版和1900年八卷版，其他版本內容不出此三版本範圍。

[47] 程煥文，《晚清圖書館學術思想史》(北京：北京圖書館出版社，2004年)，頁153。

[48] 程煥文，《晚清圖書館學術思想史》(北京：北京圖書館出版社，2004年)，頁164。

[49] 程煥文，《晚清圖書館學術思想史》(北京：北京圖書館出版社，2004年)，頁164。

新思想成員之思想多係繼承和發揚鄭觀應的維新思想。

至此，創設圖書館的觀念逐漸深入人心形成思潮。維新人士視圖書館爲啓發民智、傳播西學的場所與工具；守舊人士亦認爲藏書樓爲宏揚儒學、研讀經史、典藏文獻、傳佈經史教化之所在，因此對興辦圖書館的主張，新舊兩方均較能擁護認同，成爲當時社會發展的主流。

清末維新運動的兩名主要成員康有爲及梁啓超，對我國近代圖書館的發展，亦頗多啓發與建樹。1890 年康有爲在廣州開始講學，起初利用其曾祖康雲衢的雲衢書屋，後爲講學及著述需求另成立「萬木草堂」，並在草堂中設立專門的「圖書館」－書藏，除典藏康氏叔祖舊籍及他本人購置的古籍、西書，同時將草堂學生的書籍「捐入書藏」，並開放學生使用，師生共建書藏。梁啓超於此時期受業於康有爲，也於萬木草堂就讀。萬木草堂的「書藏」成爲康有爲研究中西學及傳授維新思想，學生接受維新事務的重要場所，對後來維新派人士積極從事創辦學會學堂的圖書館具重要的準備作用。

1894 年後中日甲午戰爭爆發，中國因慘敗而簽訂喪權辱國的馬關條約。康有爲於 1895 年 5 月 2 日利用入經應試機會，聯合各省應試舉人一千三百餘人聯名上書請願，堅決反對馬關條約，請求拒和、遷都、練兵，變法，提出他的全部變法維新主張，史稱《公車上書》。康有爲藉此提出富民、養民及教民三個方向，其中「教民之法」他明確提出「設書藏」的建議。在同年稍後多次上書中，他近一步闡釋他的諸多見解，但可肯定他認爲普遍設立圖書館爲富強國家的手段之一。此外，他又在北京、上海組織強學會，辦報刊、辦書藏，以實際行動落實他

引夏東元編，《鄭觀應集》下冊，上海：上海人民出版社，1988 年，頁 337。

的主張，並藉此進行維新變法的輿論宣傳。康氏認為開辦強學會最要者四事：(一)譯印圖書、(二)刊布報紙、(三)開大書藏、(四)開博物院。康有為對達成「開大書藏」的做法為：一是「今合四庫圖書購鈔一份，而先蒐其經世有用者」；二是「西人政教及各種學術圖書，皆旁搜購採，以廣考鏡而備研求」；三是「其各省書局之書，皆存局代售」。[50]故康有為認為「開大書藏」所蒐集的書包括中國的「經世有用」之書和西方人「政教及各種學術圖書」，此種見解充分反映了維新運動人物的藏書觀。後續維新人物為「以求中國自強之學」，而採取建設圖書館館藏為手段時，其藏書觀念大約不脫此原則方向。

由統治階層諸臣奏摺，也可看出此潮流迅猛發展情勢。如光緒 22 年(1896)，吏部尚書兼官書局督辦孫家鼐在《官書局開設緣由》中說：「泰西教育人才之道，計有三事：曰學校，曰新聞報館，曰書籍館。…各國富強之基實本於是。」另在《官書局奏開辦章程》中列出官書局擬辦七項事情，其中「藏書籍」列為第一項，可見他對藏書的重視。他雖然提出「留心時事，講求學問者入院借觀，恢廣學識。」[51]分析孫家鼐擬收藏書內容，可知他藏書目的並非為宣揚西學或新學，而是為保存中學和舊籍。孫氏的觀念正反映了清末部分官員奏設圖書館時，其主流思想仍以「保存國粹」為目的。此雖與西方新式圖書館的設立意義仍有不同，但在藏書的運用上，已由「以藏為主」，推而「藏用並重」，這對傳統士大夫在觀念上仍算有所突破。

---

[50] 張之洞，<強學會章程>，見張靜廬輯注，《中國近代出版史料初編》，(上海：上雜出版社，1953，10:39)。此處引自程煥文，《晚清圖書館學術思想史》(北京：北京圖書館出版社，2004年)，頁 183。

[51] 孫家鼐，《官書局開設緣由》、《官書局奏開辦章程》，張靜廬輯注，《中國近代出版史料(初編)》，(上海：上海書店出版社，2003年)，頁 45-49。

孫家鼐原與翁同龢同授帝讀，均屬帝黨。光緒 21 年(1895)康有為成立強學會成立之初，他也曾代備館舍，供其棲止，且名列其中。後因強學會於 1896 年初遭御史楊崇伊承李鴻章旨意上疏彈劾，孫家鼐因恐遭牽連故退出強學會。由他對官書局開辦的藏書觀念，仍趨向保守；與康有為強學會「開大書藏」之藏書觀不同，可看出他欲與強學會畫清界線的脈絡。

同年刑部左侍郎李端棻撰《請推廣學校折》，奏請建立學堂，與學校之益有關者五項中，第一項就是「設藏書樓」。李氏不但賞識梁啟超的才情，同時使梁氏成為自己的妹婿，因此思想上極受維新人士康梁變法主張影響。據說《請推廣學校折》真正執筆者為梁啟超。[52]所以李氏在思維上，不同孫家鼐濃厚的傳統藏書思想，反較符合新式西方圖書館的設立精神。其內容提到「泰西諸國頗得此法，都會之地皆有藏書，其尤富者至千萬卷，許人入觀，成學之眾，亦由於此。今請依乾隆故事，更加增廣。自京師及十八行省會，咸設大書樓…安定章程，許人入樓觀書，…如此則向之無書可讀者，皆得以自勉於學，無為棄才矣。」[53]所以《請推廣學校折》內容，可說是發展了維新運動重要成員－康有為的「開大書藏」思想。

梁啟超自 1890 年起即追隨康有為學習和積極參加變法維新運動。在戊戌變法之前，主要透過編書目及建書藏來實踐他的圖書館思想。他著名的《西學書目表》除呈現了重要西學的推薦書目，同時也呈現他對編製書目功用的肯定，以及書目分類思想及著錄思想。故目錄學家姚名達曾對此認為：「《西學書目表》…對時人曾發生極大之影

---

[52] 程煥文，《晚清圖書館學術思想史》，(北京：北京圖書館出版社，2004 年)，頁 197。
[53] 李端棻，《請推廣學校折》，《中國古代藏書與近代圖書館史料》，頁 97-98。

響。受啓發而研究西學者遂接踵而起，目錄學家亦受其衝動，有改革分類法者，有專錄譯書者。」[54]

　　1898 年 6 月光緒皇帝發布<詔定國是>展開百日維新。梁啓超在代總理衙門起草的<京師大學堂章程>中，還專列「藏書樓」一節，認爲「京師大學堂爲各省表率，體制尤當崇閎。今設一大藏書樓，廣集中西要籍，以供士林流覽，而廣天下風氣。」[55]足見他對興辦教育及藏書樓的理想和希望。變法維新不到百日就落敗，光緒被囚，康梁兩人被視爲亂黨主犯成爲緝捕對象，後透過協助兩人先後逃至日本。梁啓超在日本橫濱與康有爲創辦《清議報》，主要由梁啓超主持，藉以宣揚改良主義的主張。其中屬圖書館思想與主張的宣揚，仍是他所重視的範疇。如光緒 25 年(1899)《清議報》第 17 期刊載<論圖書館爲開進文化一大機關>，列舉新圖書館八點功用[56]梁啓超被譽爲是「新式圖書館思想的主要旗手和奠基人。…二十世紀初年我國所興起的創辦圖書館的高潮，基本上是按梁啓超等人的思想和主張行事。」[57]

　　維新運動人士對西式新式圖書館觀念的形成，並宣傳爲當時知識份子接受，具有重要的影響。而影響所及不只讓社會民眾肯定藏書樓或圖書館的重要性；對日後清末朝廷當局實行「新政」預備立憲時，所頒布全國開辦圖書館事宜之政策，正代表著自鴉片戰爭至維新運動以來，對西方新式圖書館進行學習與推動的觀念及作法，已由民間提升至官方層次，從地方士紳至朝廷當局。且因清廷的提倡，而具有實

---

[54] 姚名達，《中國目錄學史》，(臺北：臺灣商務印書館，2002 年)，頁 335。
[55] <京師大學堂章程>(光緒 24 年，1898 年)，《中國古代藏書與近代圖書館史料》，頁 106。
[56] 王子舟，《杜定友和中國圖書館學》(北京：北京圖書館出版社，2002 年)，頁 5。原載《清議報》1899 年 5 月第 17 期。
[57] 吳晞，《從藏書樓到圖書館》，(北京：書目文獻出版社，1996 年)，頁 50。

質的積極性意義，同時也因官方的推動，而形成清末的一場「公共圖
書館運動」。

（四）清末公共圖書館運動

清光緒 26 年(1900)義和團運動，使清廷政府再一次面對幾近滅頂
危機，同時讓執政者覺醒一味守舊幾不可行，因此慈禧太后於庚子年
12 月(1901)年在西安宣布「變通政治」實施「新政」。此後幾年清廷的
「新政」包括總理各國事務衙門改為外務部、成立商部、制定商律、
獎勵公司、廢除科舉、開辦學堂、選派留學、裁汰綠營、組練新軍
等。[58]光緒 31 年 8 月(1905)清政府「諭立停科舉以廣學校」，自此廢除
了在中國實行約 1300 餘年的科舉制度。同年底，清政府設立學部，作
為主管全國教育的最高行政機構。

清末預備立憲自光緒 31 年(1905)開始醞釀，至 1911 年清王朝滅
亡為止共約 6 年時間。1906 年清政府宣布預備立憲，1908 年又宣佈以
該年至 1916 年共 9 年為預備立憲時期。學部於宣統元年閏 2 月 28 日
(1909 年 4 月 18 日)上<奏報分年籌備事宜折>制定各項分年籌備事宜。
其中宣統元年(1909)預備立憲籌備事宜有「頒布圖書館章程」、「京師
開辦圖書館(赴古物保存所)」兩項；宣統 2 年(1910)預備立憲第 3 年籌
備事宜有「行各省一律開辦圖書館」。當時因朝廷倡導，各地方官吏紛
紛奏請設立圖書館，其日期年代及奏摺名稱如下表。

---

[58] 程煥文，《晚清圖書館學術思想史》(北京：北京圖書館出版社，2004 年)，頁 216。

表 1-1　清末各省官吏奏請設立圖書館奏摺表

年　代	奏　　　摺	日　期
1906	湘撫龐鴻書奏建設圖書館摺	光緒 32 年 11 月 1 日
1906.05	黑龍江圖書館創建，租賃民屋為館舍	
1907	安徽巡撫馮煦奏採訪皖省遺書以存國粹摺	光緒 33 年
1907.08	奉天圖書館建立	
1908	奉天總督徐世昌等奏建設黑龍江圖書館摺	光緒 34 年
1908	兩江總督端方奏江南圖書館購買書價請分別籌給片	光緒 34 年
1908.05	直隸圖書館成立	
1908.10	綏遠省歸化圖書館成立	
1909	山東巡撫袁樹勛奏東省創設圖書館並附設金石保存所摺	宣統元年
1909	山西巡撫寶棻奏山西省建設圖書館摺	宣統元年
1909	署歸化城副都統三多奏創辦歸化圖書館摺	宣統元年
1909	雲南提學司葉爾愷詳擬奏設雲南圖書館請准奏咨立案文	宣統元年
1909	浙江巡撫增韞奏創建浙江省圖書館歸併擴充摺	宣統元年
1909.02	吉林省圖書館經吉林提學使曹廣楨奏准設立	
1909.03	山東提學使羅正均創建山東圖書館	
1909.06	廣西提學使李翰芬奏准在桂林籌建廣西圖書館	
1910	甘肅提學使陳曾佑奏請，在省城蘭州創建甘肅省圖書館	
1910	廣西巡撫張鳴岐奏廣西建設圖書館摺	宣統 2 年
1911	請改杭州行宮為圖書館疏(袁嘉穀)	宣統 3 年

資料來源：程煥文，《晚清圖書館學術思想史》(北京：北京圖書館出版社，2004 年)，
　　　　頁 221。

　　因地方官員的提倡再加上官方政策性之宣示，至此全面展開全國
性創設公共圖書館的風潮，此即清末的公共圖書館運動。在清廷預備
立憲前期，各地方官吏所奏請成立圖書館屬自發性質；而宣統 2 年

(1910)清廷頒令以後，各地奏設之圖書館則是依令行事，但在數量上仍以自發性質爲多，因此可瞭解創設圖書館觀念的深化與普及。

綜觀此時期蓬勃創設之公共圖書館，因面向廣大群眾，各區域佈局由點狀而連結成網狀，成爲全面性的發展，故中國近代圖書館發展史至此才算真正奠定基礎。[59]

「古越藏書樓」在清末被譽爲是中國近代開私人公共藏書樓之先河。[60]其訂定妥善的管理制度完全仿自西方圖書館，在創設宗旨方面兼顧「存古、開新」的精神－「不談古籍無從考政治學術之沿革，不得今籍無以啓借鑒變通之途徑。」[61]，頗符合維新運動康有爲所倡「開大書藏」中西兼顧的藏書觀。但其究屬私人圖書館之特例，影響所及仍不如公共圖書館運動之由上及下的全面性與滲透性。

清末自 1903 年至 1910 年以來主要成立的官辦公共圖書館有浙江、湖南、湖北、福建、江南、直隸、黑龍江、奉天、山東、河南、吉林、京師、陝西、歸化、雲南、廣東、山西、廣西、甘肅、上海等將近 20 地。[62]區域約涵括全國各地，故可視爲是全面性的發展。此外，晚清公共圖書館運動中的另一項成就爲京師圖書館的創設。京師圖書館具有國家公共圖書館的性質，因此在晚清公共圖書館運動中，乃至

---

[59] 吳晞，《從藏書樓到圖書館》(北京：書目文獻出版社，1996 年)，頁 80。
[60] 古越藏書樓由浙江紹興人徐樹蘭所建。徐樹蘭，字仲凡，因受西方文化思想影響，於光緒 23 年(1897)創辦西式的「紹郡中西學堂」，爲補學堂教育內涵不足，因此獨家捐銀自費籌建成立「古越藏書樓」。自 1900 創辦，1903 年建成，購置之圖書、標本、報章等多達 7 萬餘卷。以私人之力所成之藏書樓於成立後，並無私的對紹興民眾開放。張騫<古越樓藏書記>稱：「樓成，其鄉人大歡，其有司亦為請裦旨于朝。」
[61] 徐樹蘭，<古越藏書樓章程>，《中國古代藏書與近代圖書館史料》，頁 113。
[62] 吳晞，《從藏書樓到圖書館》(北京：書目文獻出版社，1996 年)，頁 81。

我國近代中國圖書館發展史中均屬重要的歷史事件之一。[63]

京師圖書館的創設,非一蹴而成,最早可推至 1896 年 6 月 12 日李端棻的<請推廣學校折>,他提出「自京師以及各省、府、州、縣皆設學堂。」且更進一步建議「自京師及十八行省會,咸設大書樓。」其中即包含設立京師圖書館及各省圖書館的思想,但他的建議當時未受清政府或社會人士重視;至 10 年後光緒 32 年(1906)羅振玉的增廣李端棻之說,撰寫<京師創設圖書館私議>[64]提出創設京師圖書館;1909年學部奏籌建京師圖書館,至此遂告正式成立。

在京師圖書館創設的第二年(宣統元年,1910 年),由學部擬定<京師圖書館及各省圖書館通行章程>正式頒布,成為官方第一個圖書館法規,也是近代圖書館事業上的大事。該章程於第一條開宗明義指出「圖書館之設,所以保存文粹,造就通才,以備碩學專家研究學藝、學生士人檢閱考證之用,以廣徵博采、供人瀏覽為宗旨。」[65]章程中對各種公共圖書館的收藏範圍、職責、管理制度、流通方法均作詳明規定。<章程>的頒布,象徵著我國數千年以來的藏書史,已由傳統藏書樓形式,轉折朝向一新型態的近代西方圖書館發展的確立。

商務印書館的編譯所圖書室約成立於 1904 年(1909 年改稱涵芬樓),成立之初雖屬商務內部供編譯書刊參考用的私人性質藏書樓,但其所處地理位置—上海,正是 19 世紀中期西洋傳教士透過教會藏書樓,引進西式近代圖書館思想的重要據點。涵芬樓的真正主持者—張

---

[63] 程煥文,《晚清圖書館學術思想史》(北京:北京圖書館出版社,2004年),頁 223。
[64] 羅振玉,<京師創設圖書館私議>,《中國古代藏書與近代圖書館史料》,頁 123-124。
[65] <京師圖書館及各省圖書館通行章程>,《中國古代藏書與近代圖書館史料》,頁 128-131。

元濟，早年任職總理事務衙門，極早已具接觸「西方的」、「外國的」或「新的」事務之經驗，因此能瞭解現代學校、鐵路、採礦、船舶製造、電報、郵電設施及向國外派遣留學生的諸多新事務。維新運動時期，他也與強學會人士保持密切接觸，經常討論時政，研議如何改革社會，啟發民智。與康梁較「政治性」的作法不同，他採取「建立現代學校」及「學習外語」作為途徑。所以康有為在教育群眾方面有關的識見與思想，如譯印圖書、開大書藏等，應影響當時同樣熱中並投身改革運動的張元濟。他於 1897 年 9 月透過興辦「通藝學堂」及學堂的圖書館，落實他創辦現代學堂，造就通曉時事人才的理想。維新人士對他的影響，由他為通藝學堂訂定<圖書館章程>可覘。如第一條「本館專藏中外各種有用圖書，凡在堂同學及在外同志均可隨時入館觀覽。」，在藏書觀上頗認同強學會開「大書藏」中外重要典籍均應蒐藏的作法，在服務上更已具有先進的開放思想。

張元濟後雖受戊戌政變牽連「革職永不錄用」，黯然遠離北京轉赴上海，因緣際會進入商務擔任編譯所所長，並接掌經營編譯所圖書室。當時恰逢清末公共圖書館運動蓬勃發展，各地競相成立圖書館；地方士紳及封疆大臣對公共藏書樓(圖書館)的觀念也因西學新知的引進而有新思維、新見解；且官方也頒布<京師圖書館及各省圖書館通行章程>等圖書館法規。張元濟即在此新式圖書館萌芽階段的大環境氛圍下，展開對涵芬樓的經營，擴大其藏書內涵與規模，並以「扶持教育、啟發民智」為職志，在運作上雖仍有傳統藏書樓的軌跡，但仍朝西方新式公共圖書館發展逐漸靠攏。

第二節　民初新圖書館運動

　　圖書館發展由藏書樓轉變成爲新式的圖書館，發軔於清末，在辛亥革命民國創立之後仍賡續發展。清末在近代圖書館建設上，如前述已由傳統藏書樓轉換至新式圖書館，但在發展層級方面主要以首都和省級爲主，且宗旨爲「保存國粹，造就通才」。所以各圖書館的任務仍以收藏爲主，服務對象主要是傳統文人。[66]另在學習的對象上，雖然清廷派考察大臣分赴日本、歐美等國學習圖書館制度。但清末因知識份子企圖瞭解日本明治維新後國勢強盛的契機，故各類日文圖書大量翻譯成中文圖書。如我國較早成立的湖南、奉天等省級圖書館，主要參照日本圖書館的制度作法成立；而湖南圖書館之《圖書館章程》又廣爲當時新成立的其他圖書館沿用。因此整體而言，清末發展的新式圖書館制度受日本的影響較深。[67]

　　民國以來，圖書館建設的層級，開始向中小城市普及，服務對象從傳統文人擴及普通民眾，當時興起所謂的通俗圖書館。最早成立的通俗圖書館爲民國 2 年 10 月 21 日的京師通俗圖書館。民國 4 年(1915)教育部頒布<通俗圖書館規程>11 條及<圖書館規程>11 條。法規的頒布與推廣，更強化了通俗圖書館的發展。依民國 5 年教育部統計，當時分佈全國 21 省的通俗圖書館共 237 所，僅湖北一省達 44 所居冠；且通俗圖書館服務民眾人次遠高於一般圖書館。以民國 5 年爲例，湖

---

[66] 范並思等，《20 世紀西方與中國的圖書館學：基於德爾斐法測評的理論史綱》(北京市：北京圖書館出版社，2004 年)，頁 174。

[67] 范並思等，《20 世紀西方與中國的圖書館學：基於德爾斐法測評的理論史綱》(北京市：北京圖書館出版社，2004 年)，頁 170。

北省通俗圖書館日接待讀者數高達 1,800 人,可知當時圖書館服務讀者對象已逐漸下移至一般民眾。在民國 7 年的《中國全國圖書館調查表》中,將圖書館類別分成三種:學校圖書館(含大學與學校)、普通圖書館及通俗圖書館。可見通俗圖書館已成爲當時圖書館的主流之一。除了通俗圖書館之外,還有同屬社會文化教育的巡行文庫(又稱巡迴文庫或流動圖書館)及公眾閱報所。故有研究認爲「我國通俗圖書館的發展,促進了後來『新圖書館運動』的形成,我國國民的新圖書館意識和對舊藏書樓觀念的突破,都應肇源於通俗圖書館的普及。」

　　20 世紀初所發展的「新圖書館運動」,對中國近代的圖書館事業發展,是另一次具關鍵性的影響。「新圖書館運動」的發展時期起迄,雖然眾說紛紜未有定論,有所謂的「泛指說」及「確指說」。「泛指說」指清末以來各地建立與普及新式圖書館的過程;「確指說」又分兩種說法,一以 1917 至 1927 年爲起迄;另亦有專指 1925 年前後效法歐美公共圖書館制度,用來改革、發展中國近代圖書館事業的作爲。[68]此外另有諸多界定新圖書館運動時期的不同見解,如 1917－1936 年(吳永貴、陳幼華)、1917－1927(蔡淑敏)、1912－1925(程煥文)、1917－1925(王旭明)、1917－1937(吳稀年)等說法。[69] 學者藍乾章教授將我國早期的圖書館學發展,分爲播種期(民前 39 年－民前 1 年)、萌芽期(民國元年－民國 16 年)、茁壯期(民國 17 年－民國 26 年)、晦暗期(民國 27 年－民國 34 年)及振興期(民國 35 年－民國 68 年)等幾個階段。[70]則「新圖書館運動」的發展期程約居於上述的萌芽期內。足見該運動是觸發中

---

[68] 范並思等,《20 世紀西方與中國的圖書館學:基於德爾斐法測評的理論史綱》(北京市:北京圖書館出版社,2004 年),頁 201。

[69] 王旭明,<20 世紀新圖書館運動述評>,《圖書館》(2006 年第 2 期),頁 22-25。

[70] 藍乾章,<我國早期的圖書館學>,《圖書館學刊(輔大)》,第 10-13 期(民國 70－73 年)。

國近代圖書館事業趨向成熟茁壯的萌芽時期。

「新圖書館運動」的發展時期界定雖未有共論，但大多數學者均認同「新圖書館運動」與民國4、5年間五四時期的「新文化運動」相關。因新的學術思潮湧現，帶來強大的改良動力，也觸發一批熱心且學有專精的圖書館學家，對中國近代圖書館進行再次反省與革新的活動與作為。

有學者認為「新圖書館運動」此一名詞，未見於當時相關文獻資料中，認為是後來研究者另創的新名詞[71]。但近代著名圖書館學家劉國鈞先生於 1926 年中華圖書館協會編輯的《圖書館學季刊》創刊號創刊宗旨說：「本新圖書館運動的原則，一方面參酌歐美之成規，一方稽考我先民對於斯學之貢獻，以期形成一種合於中國國情之圖書館學。」[72]歷史上一般均事業發生在前，學問或總結名稱發生在後，以 1926 年而言當時新圖書館運動，已發展一段時間，故圖書館學家劉國鈞已運用「新圖書館運動」一詞來描述他對此期間圖書館發展的觀察。

「新圖書館運動」雖與新文化運動的大環境相關，但美國人韋棣華女士卻是促發中國「新圖書館運動」開展的關鍵人物。她於 1910年在武漢成立文華公書林，這是我國第一所完全依照西方圖書館制度成立的近代圖書館。雖屬學校圖書館，但免費對民眾開放。韋氏另於1914－1917 年資助沈祖榮及胡慶生兩人赴美就讀圖書館學專業課程。文華公書林在實踐中國新圖書館運動的理念及培養人才方面居功

---

[71] 李爽，<『新圖書館運動』質疑>，《圖書情報知識》，總第 104 期，2005 年 4 月，頁92。
[72] 范並思等，《20 世紀西方與中國的圖書館學：基於德爾斐法測評的理論史綱》，頁 201。

厥偉，被譽爲是新圖書館運動的策源地。

　　沈祖榮、胡慶生及戴志騫三人，受過美式專業圖書館教育薰陶留美歸來，開始進行建立屬於中國民眾圖書館的宣揚活動。1917－1919年間沈祖榮攜帶各種影片、模型、統計圖等，奔赴全國各地，透過演講宣揚美國圖書館事業，足跡遍及湖北、湖南、江西、江蘇、浙江、河南、山西等。另戴志騫等人於民國 9 年(1920)夏在北京高師開設暑期圖書館學講習會、杜定友於民國 11 年(1922)在廣州舉辦圖書館管理員養成所，組織圖書館研究會等相關作爲，均使美國式的圖書館觀念逐漸靡佈全國。

　　當時對於圖書館存在的價值與現況，學者們也多所建議。如著名的圖書館學者劉國鈞認爲「圖書館在今日不惟研究學術所需，且爲社會教育之利器。」對圖書館的基本任務認爲是「以用書爲目的，以誘導爲方法，以養成社會上人人讀書之習慣爲指歸。」[73]杜定友認爲「圖書館爲慈善事業、教育事業、社會事業、文化事業」。[74]1925 年 5 月，中華圖書館協會在北京成立，梁啓超出席並在會上作《演說辭》，陳述「建設中國圖書館學」和「養成管理圖書館人才」的重要性，提出了中華圖書館協會的五項具體任務。[75]沈祖榮在民國 22 年(1933)調查當

---

[73] 吳永貴、陳幼華，<新圖書館運動對近代出版業的影響>，《出版發行研究》(2000 年第 7 期)，頁 95。引自劉國鈞，<美國公共圖書館概況>，《新教育》(第 7 卷第 1 期，1923 年)。

[74] 陳璐，<新圖書館運動>，《河南圖書館學刊》(第 24 卷第 3 期，2004 年 6 月)，頁 84。引自：杜定友，<圖書館學的內容和方法>，《教育雜誌》(18 卷 9-10 期)，1926 年。

[75] 該五項任務包括：1.將分類編目切實組織。2.建立一大型供學者研究借助的模範圖書館。3.在模範圖書館中建立一專門學校，以培育人才，教授現代圖書館學外，尤注重於「中國的圖書館學」之建設。4.該模範圖書館不收費且同意圖書出借館外。5.另籌基金，編纂類書。引自 2007 年 3 月 16 日：http://zhidao.baidu.com/question/22249294.html?si=1，2009.04.19 檢索。

時十餘城市 30 所圖書館後，欣慰的指出：全國各高等教育機構不僅館藏豐富，館舍建築也「美麗完備」；政府和當地富紳亦多熱心於本地圖書館之建設[76]。但同時他也沉痛指出，西方圖書館在我國試辦 20 餘年的成果，仍有許多改善的空間，「腐敗的圖書館、沉悶的圖書館，以及無法生存的圖書館，還有許多。」[77]

當時各個圖書館的實際發展內涵，也許未臻完備、成熟，但在當時新圖書館運動的推動下，圖書館在知識傳承、民眾教育、文化發展及學術研究方面的價值與重要性，已讓當時的知識份子有所體認，並投入推展的行列。如 1921 年底由蔡元培等人在北京發起成立的全國性教育社團－中華教育改進社。該團體下特別設有圖書館教育委員會，聚集了杜定友、洪有豐、朱家治、沈祖榮、孫心磐、戴超等一批圖書館方面專家學者，以積極的活動創建圖書館。[78]此外其他教育團體如全國教育會聯合會於 1920 年 10 月 12 日召開第六次會議議決案中，也包括成立小圖書館的提案。

1920 年韋棣華多次奔赴美國華盛頓，為促使參眾兩院通過將庚子賠款餘額歸還中國，以用來發展中國圖書館事業而努力。後中美雙方組成中華教育基金董事會，該董事會從 1925 至 1932 年運用庚子賠款，補助圖書館事業 9 次，更推進了中國圖書館事業的發展。庚子賠款的挹注，對當時物質條件貧乏的圖書館建設，提供實質的協助與穩定的

---

[76] 李雪梅，《中國近代藏書文化》(北京：現代出版社，1999 年)，頁 87。引自：沈祖榮，<中國圖書館及圖書館教育調查報告>，《中華圖書館協會公報》第 2 期，1933 年。

[77] 李雪梅，《中國近代藏書文化》(北京：現代出版社，1999 年)，頁 88。引自：沈祖榮，<我國圖書館事業之改進>，《文華圖書館專科學校季刊》第 5 期、第 3、4 期，1933 年 12 月。

[78] 蔡淑敏，<新圖書館運動淺析>，《清海大學學報(自然科學版)》，第 21 卷第 2 期，2003 年 4 月，頁 100。

經濟來源。當時圖書館界對該筆款項的重視,由圖書館學家李小緣在規畫<全國圖書館計畫書>時,於公共圖書館經費項下,提出「一面利用庚款,一面鼓勵捐款,以爲補助促進圖書館事業之方法。」的規畫。[79]可瞭解庚款對當時圖書館界的發展頗具影響。

　　大量成長的圖書館數量最能反映此一運動下,蓬勃的圖書館事業發展實績。如 1912－1936 間年我國圖書館數量約如下表:

表 1-2　近代中國圖書館數量統計表(1912－1936)

年　份	圖書館數量(所)	引用資料來源
民國初年	20 餘	《中國近六十年來圖書館事業大事記》
1916	(1)293(包括省市縣級圖書館 23 所,通俗圖書館 237 所,巡迴文庫 30 所;另公眾閱報所 1,818 所未計入) (2) 260(通俗圖書館 238 所)	(1)《中國現代圖書館概況》 (2)《教育公報》
1918	(1) 176 (2) 33(不包括通俗圖書館)	(1)《中國近六十年來圖書館事業大事記》 (2)沈祖榮調查
1921	170 餘,通俗圖書館 286	(1)《中國近六十年來圖書館事業大事記》 (2)《教育行政概要第二輯》
1922	52(其中學校圖書館 22 所)	沈祖榮調查
1924	119	<中國圖書館概況一覽表>《教育雜誌 16:12,頁 2481。》
1925	502(其中公共圖書館 259 所,機關團體及其他圖書館 72 所)	《中華圖書館協會》

（續下頁）

---

[79] 李小緣,<全國圖書館計畫書>,《圖書館學季刊》(第 2 卷第 2 期,民國 17 年 3 月),頁 225。

1928	(1) 642(省市縣級圖書館 622 所) (2) 557(缺甘肅等 7 省區、漢口及東省行政區地等數字)	(1)《中華圖書館協會》 (2)《中國近六十年來圖書館事業大事記》
1929	(1) 1,428 或 1,282 (2) 1,131	(1)《中華圖書館協會》 (2)《中國近六十年來圖書館事業大事記》
1930	(1) 2,935(包括普通圖書館 903 所，專門圖書館 58 所，民眾圖書館 575 所，社會教育機關附設圖書館 331 所，專業團體附設圖書館 107 所，書報處 259 所，學校圖書館 654 所，私人藏書樓 8 所) (2) 1,428 (3) 2,988	(1)《申報年鑑》、《第一次中國教育年鑑》 (2)《國民黨教育工作報告》 (3) 教育部
1931	(1) 1,527(省立圖書館 49 所) (2) 1,625 (3) 2,953	(1)《中華圖書館協會》 (2)《國民黨教育工作報告》 (3)《全國圖書館調查錄》
1935	(1) 2,818 (2) 5,812 (3) 2,520	(1)《中華圖書館協會》 (2)《上海申報年鑑社》 (3)《全國圖書館調查錄》(許晚成，上海龍文書店，1935)
1936	5,183 5,196	(1)《上海申報年鑑社》 (2)《第二次教育年鑑》

資料來源：引用 1.謝灼華，《中國圖書和圖書館史》(武漢：武漢大學出版社，2005 年)，頁 360-361。2.蔡淑敏，<新圖書館運動淺析>，《清海大學學報(自然科學版)》(第 21 卷第 2 期，2003 年 4 月)，頁 100。此表摘錄上項參考資料來呈現。

　　上表或許因調查方法及基準不同，故不同引用來源在同一年代的圖書館數量差異甚多，但仍可見其整體消長趨勢。由民國初年(1911)至 1916 年數年間圖書館數增加數量約達 10 倍，爲第一個成長高峰期；另 1928－1930 年短短 3 年間圖書館的新增數量幾乎呈現兩倍數的成長，則是另一高峰。

　　學者對新圖書館運動的功績，各有不同見解，但其主軸不同於清末的公共圖書館運動深受日本影響；新圖書館運動的內涵，轉而學習西方圖書館的理念及經營管理辦法，綜合而言約有以下幾項：(一)批判傳統藏書樓重藏輕用的陋習，轉向依西方圖書館發展模式，重視「公眾圖書館」；(二)服務對象的擴充；宣揚圖書以讀者需要為旨歸，教育社會大眾為目標；(三)在圖書管理制度上，突破舊有排架、分類法，創立適於開架的相關管理方式與制度；(四)於 1918 年成立第一個由地方號召組成的北京圖書館協會，揭開中國圖書館協會創設序幕；(五)建立圖書館教育制度，培養圖書館專業人才。[80]

　　部分學者認為新圖書館運動的期間延續至 1925 年之後，此時圖書館學的研究又有變化。「七八年以來，圖書館學始則規模東瀛，繼則進而取法於日本所追逐之美國，今則本新圖書館之原理以解決中國特有之趨勢已皎然可見。」[81]因此早期由「師法日本」歷經「取法美國」的轉變後，自此中國的圖書館界開始自省建立真正屬於中國本土的圖書館學。

第三節　圖書館與出版業

　　民國初年至對日抗戰(民國元年－民國 25 年)以前，此期間是中國圖書館發展的重要階段，由「以藏為主」的藏書樓到提倡「以用為重」

---

[80] 王旭明，<20 世紀新圖書館運動述評>，《圖書館》(2006 年第 2 期)，頁 23。
[81] 李雪梅，《中國近代藏書文化》，頁 86。引自：劉國鈞，<現時中文圖書館學書籍評>，《圖書館學刊》(第 1 卷第 3 期)，頁 348。

的通俗圖書館、巡迴文庫等圖書服務單位設置；另政府於教育部下設社會教育司，專責圖書館業務，相關為強化圖書館功能法規的陸續頒訂，在新圖書館運動下，圖書館不只數量的大幅成長，更重要的是服務職能的轉變。民間因新文化運動及新圖書館運動的交互啟迪，也逐漸認識圖書館在文化、教育、學術、社會等方面的可能貢獻。故此期間圖書館的長足發展有目共睹。學者嚴文郁歸納發展趨勢有五項[82]，其中第一項內容就是有關圖書館館藏－「圖書館的收藏目的，由保存趨於使用」。圖書館館藏是圖書館服務的基礎，也是圖書館發揮職能的依據。新式圖書館的收藏目的，已非昔日內府祕閣搜羅典籍，審理校讎，以典藏為主；也非私人藏書，或視為珍藏古玩，或競求孤本為傲。因服務對象擴及一般民眾，為民所用，故具教育民眾性質，兼顧民眾需求為目標。因此在館藏蒐集的種類上，亟需反映實用性與需求性。如前段所述，民國初年以來，圖書館數量遽增，相對的提供讀者服務的根基－書刊的需求量，亦隨之增加。而書刊的主要提供者－出版界，因此也與蓬勃的圖書館事業發展關係密切。有學者認為兩者是行業間相互作用的結果[83]；另有學者認為民國時期出版事業與圖書館事業的關係實際為一種極簡單的三角關係，亦即圖書館界、出版發行機構與讀者三者之間的關係。[84]以上兩種說法應均正確，也可見兩者間緊密複雜的交互關係。以下略由民國初年圖書館發展及出版業兩方面，探

---

[82] 嚴文郁，《中國圖書館發展史》(臺北：中國圖書館學會，民國 72 年)，頁 45-47。五項趨勢包括：1.圖書館的收藏目的，由保存趨於使用；2.由少數人的專利趨於大眾所共有；3.經營方法由簡單趨於複雜；4.圖書館學由機械性趨於專門；5.圖書館間相互的關係，由散漫趨於聯繫。

[83] 吳永貴、陳幼華，<新圖書館運動對近代出版業的影響>，《出版發行研究》(2000 年第 7 期)，頁 94。

[84] 趙長林，<論民國時期出版發展中圖書館的作用>，《出版史研究》(1995 年第 4 期)，頁 46。

討其對另一行業產生的影響。

一、圖書館對出版業的影響

民初因新圖書館運動的啓發與推行，中國由舊藏書樓轉向新式圖書館發展型態。新圖書館運動下，所成就的功績如上節所述。但圖書館發展的新趨勢與成就，造就了與近代出版業界緊密關係的重要緣由，亦即新圖書館運動除了促進圖書館自身的發展，同時也爲「繁榮近代學術文化，普及民眾教育」有所貢獻。[85]

五四新文化運動的緣由，係1915年9月陳獨秀等人在上海創辦《新青年》雜誌。在此影響下，全國各地形成一個有歷史意義的文化思想運動。新文化運動中知識份子展現愛國熱誠，高舉民主科學大旗，透過組織各種學術社團、出版書刊，探討國家前途與民族未來，並宣揚新思想、新道德及新文化。

新圖書館運動的重要發起人沈祖榮於 1917 年留學歸國恰逢新文化運動發展時期。他認爲：「倘若中國擁有富強的博物館、藝術館、圖書館、學校和大學的話，我就不會對中國軍備的軟弱無能感到懊悔，但是，我現在爲一個沒有這樣令舉國感到自豪的教育機構的國家感到羞愧。」[86]可見他也是抱持著教育救國及教育強國的理念來參與新圖書館運動。但新圖書館運動也成爲五四新文化運動的助手，因一些新

---

[85] 趙長林，<論民國時期出版業發展中圖書館的作用>，《出版史研究》(1995 年第 4 期)，頁 46。

[86] 蔡淑敏，<新圖書館運動淺析>，《清海大學學報》(第 21 卷第 2 期，2003 年 4 月)，頁 101。引自：程煥文，<跨越時空的圖書館精神>，《中國圖書館學報》(2002 年 6 月)，頁 66。

文化運動的領導者，也運用圖書館所具有的社會教育職能來宣傳新思潮，所以新圖書館運動和新文化運動兩者交互影響。

圖 1-3 民國初年文化知識界關係試擬圖

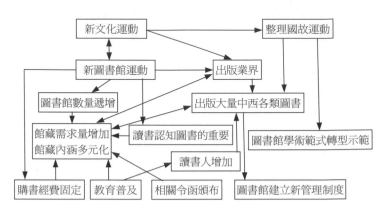

資料來源：著者自行繪製

新圖書館運動對出版業所造成的最大影響，簡而言之就是「館藏需求數量增加」及「館藏內涵多元化」。由上圖分析，可瞭解促成此兩項結果產生的緣由，與當時諸多相關因素有關，包括：一、圖書館數量的遽增；二、圖書館購書經費相對充裕；三、教育發展，圖書館成為教育機構資訊的重要提供者；四、相關法規訂定，規範圖書館對館藏蒐藏的必要性；五、新圖書館運動的推動下，圖書館的職能轉變，普遍民眾已體認圖書館對文化及學術上的重要性。以下分述如下：

(一)圖書館的數量遽增，由上列各年代圖書館數量的統計表可以看出其成長趨勢。無論其實質內涵是否均已達到近代圖書館規模的標準，但數量增加意味著館藏需求相對成長。因此對書刊的出版業

開闢了廣闊的圖書消費市場。

(二)部分圖書館有固定的購書經費，如北京大學民國初年的預算案
上，指明對圖書館「確定年三萬元，專供購書之費，不得移作他
用。」；北平圖書館年購書費達 20－30 萬之多，可見部分圖書館
購書費相當寬鬆。民國 17 年全國教育會議通過，請大學通令全國
各學校均需設置圖書館，並於每年全校經常費提出百分之五以上
爲購書費。[87]此爲館藏採購提供了良好的物質基礎，因此需透過出
版業界的支持，才能大量書刊採購。[88]

(三)清末廢除科舉以後，新教育制度於民國初年更行發達。教育事業
發展使教科書的出版競爭更形激烈，因教科書印行的數量大、利
潤高，因此各家出版社均投入教科書市場行列；另學校圖書館也
因教育事業開展而蓬勃。如 1922 年依沈祖榮的調查學校圖書館僅
22 所；1927 年全國學校圖書館達 171 所（其中大專院校 70 所，
中學圖書館 92 所，小學圖書館 9 所）[89]；1930 年學校圖書館增至
654 所。可見學校圖書館館數擴增之迅速，此或與前述民國 17 年
全國教育會議的通令有關。除一般學校教科書需求量大增；另在
大專院校所需的教學參考書需求亦由圖書館購辦爲主。隨形勢及
發展需要，各校競相設置龐大的科系群，故各圖書館亦爭相購置
參考書以豐富館藏。

(四)圖書館館藏爲圖書館服務的基礎。圖書館能否滿足讀者需求，擔

[87] 李澤彰，<三十五年來中國之出版業>，《中國現代出版史料丁編下》，頁 388。
[88] 趙長林，<論民國時期出版業發展中圖書館的作用>，《出版史研究》(1995 年第 4 期)，
頁 47。
[89] 陳璐，<新圖書館運動>，《河南圖書館學刊》(第 24 卷第 3 期，2004 年 6 月)，頁 84。

負職責，發揮資訊服務效益，主要就是藉助館藏的虛實來呈現。民國5年3月6日(1916)《教育部公報》刊「教育部請飭內務部將立案之出版圖書分送京師圖書館庋藏文」[90]，此為我國規定出版圖書送存國家級圖書館典藏制度之始。這項規定將國家級圖書館對文獻典藏的任務職責，與出版機構發行書刊的關係緊密連結，至今國內的《圖書館法》仍延續此一制度；民國9年(1920)當時內政部曾通知各縣立圖書館「應將公私藏書，及舊刻板片、印刷器物，一律切實搜求，以保存之」；民國15年(1926)教育部令「凡商店出版，及私人著述圖書，應以四部送各省教育廳署，由廳分配，以一部呈部，轉發國立京師圖書館，一部逕寄國立編譯館，二部分存各省立圖書館，及各該地方圖書館。」[91]上述規定內容仍將圖書館與出版單位兩者關係相連結。

(五)新圖書館運動推行下，廣大群眾對圖書館的功能任務有新的認知與瞭解。不同於以往藏書樓以藏為主，新圖書館運動實現圖書館藏書為社會共享，更強調圖書館的教育性。在建置的圖書館數擴增下，利用圖書館的人數增加，亦即閱讀館藏的讀者數量也提升，則學術與研究風氣越濃，購書數量亦隨之增長。故圖書館在服務讀者同時，也為出版業創造廣泛的讀者群。

(六)近代圖書館的發展，促使並主導了出版業界的發行方向與出版選題組織。民國初年以來，成立的圖書館類型多元，各自發展其不同的職能。因此對館藏的蒐集與購置方向上亦略有不同。如提供

---

[90] 李希泌、張椒華編，《中國古代藏書與近代圖書館史料》，頁212-213。

[91] 謝灼華，《中國圖書和圖書館史》，頁344。引自：教育部教育年鑑編纂委員會編，《第一次中國教育年鑑》：丙編，教育概況(上海：商務印書館，1934年)頁789。

民眾免費使用的通俗圖書館，則強調小說與科學類書籍為重點，以迎合廣大民眾需求。[92]部分學養豐富的知識份子，深諳中西學術，他們雖為提升國力、啟發民智而學習西學新知，但眼見中國善本古籍因時局或流落海外，或輾轉散佚不復留存，除了窮一己之力蒐藏外，也透過與出版業界的合作來進行古籍影印與結集出版的計畫。

此一方面是知識份子憂心中國固有文化衰傾，故致力保存文化的作為；但另方面也與當時新式圖書館發展－標榜保存文化、建設文化的宗旨有關。當時各類型圖書館初設，其中仍不免存有傳統藏書樓典藏舊籍的思維。但善本古籍稀有價昂，普遍圖書館無力購置，因此轉而蒐藏影印本古籍，此促使了出版業界願意投資高額資金於舊籍善本的翻印出版市場中。此為圖書館影響出版業界發行書刊選題的另項例證。如商務印書館在張元濟主持下，輯印發行《四部叢刊》初編、續編及三編、《涵芬樓秘笈》、《續古逸叢書》、《百衲本二十四史》等一系列翻印古籍；另其他如中華書局的《四部備要》、世界書局的《國學名著叢刊》；開明書局的《二十五史》等均屬同性質的出版品。

二、出版業對圖書館的影響

李澤彰認為近三十五年(1897－1931)來出版業是中國近代發展較快的行業之一，對於當時圖書出版業的繁榮，他將原因歸為三點，「第

---

[92] 趙長林，<論民國時期出版業發展中圖書館的作用>，《出版史研究》(1995 年第 4 期)，頁 47。引自：《魯迅書信集》(北京：人民文學出版社，1976 年)。

一件是革新運動，第二件爲新文化運動，第三件是新圖書館運動。」[93]
此三項運動對出版界的影響如下：

(一)革新運動發生在清末，內容包括廢科舉、辦學堂，預備立憲等新
政，因對於新學書籍的需求，故新式出版業應運而生。包括私人
出版業、教會及官書局等機構，均致力於編譯教育用書及歷史、
理化、倫理、宗教等方面圖書。此時期以教會及官書局出版爲主，
但革新運動後期，民營企業後來居上成爲主流。

(二)民國以來的新文化運動，如前所述以宣揚新思想、新道德及新文
化爲主。在內涵上又具有批評舊制及變更文體的性質。批評舊制
旨在打破一切因襲傳說、權威及腐敗組織，對文物制度也重新評
估價值；變更文體則旨在以口語代替文言。[94]在此風氣之下，各出
版書局莫不以發行新文化書籍爲急務。因需求殷切，當時投入漢
譯東西洋文學名著發行的出版社多達 48 家；另透過發行圖書數量
比較，也能瞭解當時出版風氣之盛。如 1921－1930 出版之自然科
學和應用技術類圖書達 585 種，較 10 年前 322 種增加 80%；社科
類僅商務印書館 1921－1930 出版 1426 種，較 10 年前 885 種增加
83%。故以蒐藏切合民眾需求的圖書館而言，新文化運動圖書報
刊的出版熱潮，相對豐富圖書館館藏來源，並充實館藏內涵。

(三)與新圖書館運動發展的同時，民國初年另有「整理國故運動」。在
新文化運動陣營中，有學人提出整理國故的重要性，以及運用科

---

[93] 李澤彰，<三十五年來中國之出版業>(1897－1931)，《中國現代出版史料》丁編下卷，
(北京：中華書局，1955 年)，頁 381。
[94] 李澤彰，<三十五年來中國之出版業>(1897－1931)，《中國現代出版史料》丁編下卷，
(北京：中華書局，1955 年)，頁 386-387。

學態度和方法來整理國故的作法。因此由藏書樓到西式圖書館觀念的引進過程中，其間還有一批國學大師的貢獻。這些國學大師包括繆荃孫、康有爲、傅增湘、蔡元培、章太炎、梁啓超、王國維等人，商務的重要領導人張元濟也躋身其中。這些國學大師均於清末經過良好的國學訓練，但在清末民初新圖書館發展之際，他們雖滿腹經綸，但對國外新學術與新思潮仍兼容並蓄，且投入圖書館相關事業中，如繆荃孫先後任職江南圖書館和京師圖書館；蔡元培曾任國立北平圖書館館長；張元濟經營商務出版及掌理涵芬樓；王國維翻譯《世界圖書館小史》；傅增湘爲近代重要藏書家等。可見近代圖書館的發展中，當時學術界傳統知識份子所採取的支持態勢，他們實際參與近代圖書館事業的發展，將深厚的國學思想與圖書館事業結合。

國故運動引進了新文化運動中探究西學的方式，因此在中西融合貫通的運作下，民初在國故運動催化下，出版界發行許多整理古籍時所需涉獵的目錄學、版本學、編纂學、校勘學、考據學、中國書史等相關出版品，並涉及大量古籍的分類目錄、點校整理、版本、刻印源流等主題的圖書。出版界編印發行多種古籍及相關著作，這不但展現了國故整理的成果，同時也豐富各圖書館的內涵。

(四)出版業的蓬勃發展與多元出版品的發行，觸發圖書館管理制度的變革。傳統藏書樓對圖書多採取經史子集四部分類爲主，但清末革新運動及民國新文化運動以來，因新文化、新思維與白話出版的多元性質，使國內新發行的諸多學科專著或譯著圖書，以及外文書刊，在進入圖書館後，對圖書館管理新書、舊籍及中外圖書

的協調性與一致性上，形成巨大挑戰。圖書館學者莫不爲此研究諸多能兼容並蓄的圖書分類法。

(五)如前節所述新圖書館運動爲出版業界提供了廣大的消費市場及讀者群，使出版業呈現大量出書的趨勢。但在近代圖書館發展史上，出版業界也曾爲協助圖書館的發展而貢獻。最具體的例證爲商務印書館在王雲五主持下，分別於民國 18 年及 23 年完成的《萬有文庫》第一、二集各二千冊。此係專爲配合圖書館的需求而編印，透過該套大部頭叢書的出版，希望解決當時諸多圖書館發展時所面臨的「經費支絀」、「管理人才缺乏」及「難致相當圖書」的困境。[95]此書銷售情形極佳，抗戰前第一集銷售八千部，第二集六千部。[96]萬有文庫「不僅佔據了每一個已成立的圖書館的書架，而且專賴這部書而成立的圖書館，多至千餘所。」[97]有關商務印書館《萬有文庫》一書的編輯過程與內容，將於後面章節再予詳介。因《萬有文庫》的發行成功，商務後續於民國 23 年又編印了適合小學生的幼兒文庫(200 冊)及小學生文庫(150 冊)。此兩套叢書也是爲協助兒童圖書館的建置與經營爲目的。

商務的圖書館事業，早期涵芬樓僅限商務內部職工使用，或少數特例外人登樓觀書，而後賡續朝公眾開放閱覽方向發展，並建立全國最大規模的公共(眾)圖書館－東方圖書館，此恰與清末由傳統藏書樓到新式圖書館下，所呈現的諸項功績相互驗証，商務的圖書館事業恰

---

[95] 李澤彰，<三十五年來中國之出版業>(1897－1931)，《中國現代出版史料》丁編下卷，(中華書局，1955 年)，頁 389。

[96] 張錦郎，<王雲五先生與圖書館事業>，《中國圖書館事業論集》(臺北：臺灣學生書局，民國 73 年)，頁 179。

[97] 王雲五，《商務印書館與新教育年譜》(臺北：臺北商務印書館，民國 63 年)，頁 801。

為此一發展軌跡具體實踐的最佳範例。前述許多圖書館事業的新作為與新制度，如與東方圖書館的管理制度與商務對圖書館事業的投入與成果相比較，兩者在內涵上相當一致。如東方圖書館開放公眾的閱覽政策，及服務對象由限定職工到一般民眾，採購許多適合民眾閱讀的圖書，充實館藏、推動且參與圖書館學教育、採行新式圖書館管理制度、書刊開架制度、書刊流通服務等；另研訂新的檢字法、分類法改善館藏資源組織管理效益、參與圖書館專業團體等等，此均與新圖書館運動「功績」完全一致。由此可推論「新圖書館運動」宣揚的新式圖書館思想，已成功的影響當時的廣大社會群眾；而身為民國以來重要的文化出版機構，且向以社會教育為職志的商務印書館而言，它在對於圖書館事業的發展內涵上，無疑深受清末公共圖書館運動及民初新圖書館運動的影響，且依其發展重點作為經營圖書館事業時的指標。

第二章

商務印書館的建立與發展

　　商務印書館在中國近代文化界所具有的地位，可說是空前絕後，後起幾無有可相比擬者。它的崛起如前章所述，有其特殊的時代背景、歷史背景與地理環境等錯綜背景因素的影響；另當時一批來自不同環境的優秀人才投入，交織組成了商務的不凡歷史。商務的創立與發展，在中國近代出版史上，不僅為單一出版機構的發展史，在許多層面上同時也反映中國近代出版史的重要面向與縮影。但商務除原先以出版、印刷為主軸的創立使命外，在隨後 50 餘年的發展歷程中，卻呈現出多層次的發展途徑與面貌，因而奠立不朽的文化地位。有關商務歷史中涵芬樓與東方圖書館的發展，將於後面專章介紹。此章著重介紹商務的崛起緣由及其發展重點事件，藉此探究商務從印刷出版作坊到教育文化重鎮的發展軌跡。

第一節 商務印書館的崛起

大陸學者汪家熔先生認為商務發展初期,始自 1897 年創立到民國 2 年(1913)總經理夏瑞芳遇刺止,稱之為「夏瑞芳時期」。[1]另李家駒[2] 的分期主要沿襲戴仁(Jean-Pierre DREGE)[3]的分法,將商務由創立到 1949 年以前的發展分為三個階段,即 1897 年至 1919 年、1919 年至 1932 年、1932 年至 1949 年。他除分期敘述商務的發展重點外,另輔 以商務經營上的 7 次危機作為發展的重點。

商務於清光緒 23 年農曆正月初十(丁酉,1897 年 2 月 21 日)正式 創立於上海,在江西路德昌里末衖三號設置印刷所。創辦人為夏瑞芳 (粹方)、鮑咸恩、鮑咸昌兄弟、高鳳池(翰卿)等四人。有關商務的發起 人有多種說法。如高鳳池自述,「真正的發起人是夏瑞芳先生同鮑咸恩 先生兩人」[4]。鄭逸梅整理商務老職工蒐集的館史資料,也認為發起人 僅有夏瑞芳及鮑咸恩兩人。[5]但在其他相關著述中,高鳳池及鮑咸昌亦 同被列入發起人中。如後續莊俞、王雲五的著作中均明列發起人為夏 瑞芳、鮑咸恩、鮑咸昌及高鳳池等四人[6]。高、鮑兩人應很早即加入商

[1] 汪家熔,〈商務印書館創業諸君〉,《商務印書館史及其他》,(北京:中國書籍出版社, 1998 年第 1 版),頁 7。
[2] 李家駒,《商務印書館與近代知識文化的傳播》,(北京:商務印書館,2005 年),頁 49。
[3] 戴仁著,李桐實譯,《上海商務印書館》,(北京:商務印書館,2000 年)。
[4] 高翰卿,〈本館創業史〉,《商務印書館九十五年》,(北京:商務印書館,1992 年第 1 版),頁 1。
[5] 鄭逸梅,《書報話舊》(北京:中華書局,2005 年),頁 4。
[6] 引劉曾兆,《清末民初的商務印書館——以編譯所為中心之研究》,政治大學歷史研究 所論文,(民國 86 年 9 月),頁 16。引述莊俞,〈三十五年來之商務印書館〉,的說法; 另王雲五,《商務印書館與新教育年譜》,(臺北:商務印書館,民國 62 年 3 月),頁 1。

務，同屬創業的元老，因此後續廣義視之爲創始人亦屬合理。

由商務的創始人背景與其成立的緣由，稱其爲「平凡的誕生」是非常恰當的。四位創始人均擁有基督教背景，與長老會關係密切，且似乎都是教會學校清心小學出身，並曾進入美華書館(American Presbyterian Mission Press)學習印刷技術。[7]夏瑞芳與鮑咸恩後來在上海《捷報》(*China Gazette*)擔任英文排字，因厭惡該報編輯及經理人英人Mr. O'Shea 之侮慢歧視，遂相約自立門戶。至於取名「商務」的緣由，依據商務資深員工的回憶，係因成立當時原以印刷商業用品如名片、廣告、簿記帳冊等爲主；另稱爲「印書館」，是因爲當時中國尚無「印刷廠」名稱，「印刷廠」的名稱係後來才從日本傳入。[8]早期因規模不大，僅購置兩部手搖印刷機、三部腳踏圓盤機和三部手扳壓印機。因此出資人中真正投入印務者僅鮑咸恩、夏瑞芳及郁厚坤三位，餘如鮑咸昌及高鳳池均仍任職美華書館。

至於當時的集資人及資本，說法不一，資本額有 4,000 元或 3,750元兩種說法。如戴仁稱資本由四位創辦人「每人分擔 1,000 元。」戴氏於本處加註稱「事實上日本人先給了 3,750 元。」[9]戴氏的說法頗爲特殊，因其他文獻未見，不知引自何處？另高鳳池(翰卿)於民國 23 年(1934)的演講中稱「大股東是一位天主教徒沈伯芬先生，共認 2 股，計洋 1,000 元。…其餘股份支配如次：鮑咸恩君一股計洋 500 元、夏瑞芳君一股計洋 500 元、鮑咸昌君一股計洋 500 元」、徐桂生君一股計洋 500 元、高翰卿君半股計洋 250 元、張蟾芬君半股計洋 250 元、郁

---

[7] 李家駒，《商務印書館與近代知識文化的傳播》，頁 43。
[8] 胡愈之，<回憶商務印書館>，《商務印書館九十五年》，頁 113。
[9] 戴仁著、李桐實譯，《上海商務印書館，1897－1949》，頁 8。

厚坤君半股計洋 250 元。」[10]，另鄭逸梅的《書報話舊》參考商務內
部資料記載，認為「原定四千元，分為八股，每股五百元，由發起人
認購，可是資金不夠，未能如數湊足，只得邀請教友沈伯芬認二股，
濟一千元，其餘的股份由夏瑞芳、鮑咸恩、鮑咸昌、徐桂生四人各認
1 股，計二千元，高翰卿、張蟾芬、郁厚坤三人各認半股，計 750 元。[11]
所說與高翰卿完全相符。在《張元濟日記》1917 年 4 月 19 日記有：「余
(按：指張元濟)又言，前次談及本館最先創辦人及粹翁(按：指夏瑞芳)
應另得酬報。此實當辦，並非戲言。因問共有幾人。翰云，兩鮑各五
百、郁五百、夏五百，另某西人五百，後讓與桂華，翰自己二百五十，
又沈伯曾一千云。」[12]各種出資說法列載如下：

表 2-1　商務早期各創辦人出資金額表

	高鳳池(翰卿) 1917 說法	高鳳池(翰卿) 1934 說法	鄭逸梅引 商務舊刊物說法
沈伯芬（曾）	1,000	1,000	1,000
鮑咸恩	500	500	500
鮑咸昌	500	500	500
夏瑞芳	500	500	500
徐桂生	未提及	500	500
張桂華（蟾芬）	500	250	250
高鳳池	250	250	250
郁厚坤	500	250	250
合計	3,750	3,750	3,750

資料來源：著者依文獻彙整

---

[10] 高翰卿，<本館創業史>，《商務印書館九十五年》，頁 2-3。
[11] 鄭逸梅，《書報話舊》，頁 4。
[12] 張元濟，《張元濟日記》，(石家莊：河北教育出版社，2001 年第 1 版)，頁 280。

因高鳳池也是出資者之一，所言應較可信。但高鳳池於不同年代的說法仍不一致。因商務於 1902 年 7 月遭祝融之災「所有帳簿均已焚去」，高鳳池的日記也已失去。[13]汪家熔先生認為 1917 年離創業年代較近，所說似較為正確，故採用《張元濟日記》的說法。但出資人之一張蟾芬卻自稱「余只擔任半股計 250 元。為數雖小，但籌措已感困難。」[14]據此則鄭逸梅的說法似乎較為正確。

商務的創立與出資者彼此均有親屬或婚姻關係，且大部份均出身教會，所以是基於親緣關係所成立的小企業。商務初期以承印報館或教會委託之傳單為主，有時為添辦材料遭遇困境，還需任美華書館採辦工作的高氏從旁協助渡過。可見創業之初，在物質條件貧乏的環境下，不免需艱辛地求取生存，累積信用。

有學者認為「商務代表著一個與傳統書業素無淵源的社會群體成功介入文化出版事業。」[15]主要是這四位創辦人均非傳統文化發展中，具有主導與接觸文化、出版領域的士紳階層文人。他們出身平庸，既無顯赫家世，亦非名門之後，更無藏書家背景。所憑藉的只是一股不甘工作上置身外國人壓迫的反彈情緒，憤而自行創業爭取生存。另發起人、出資人間的朋友或婚姻關係，使彼此情誼更形緊密穩固，對商務的初期發展更添實力與競爭力。商務後續能由一爿小型的家族印刷房，成為中國近代出版史上舉足輕重的出版盟主，這與初期商務發起人及主其事者的同心團結、無私付出，具有關鍵性的影響。

---

[13] 引汪家熔，<商務印書館創業諸君>，《商務印書館史及其他》，(北京：中國書籍出版社，1998 年第 1 版)，頁 8，引自商務董事會秘書顧曉舟在 1904 年紅帳上批語。
[14] 張蟾芬，<余與商務初創時之因緣>，《商務印書館九十五年》，頁 14。
[15] 李家駒，《商務印書館與近代知識文化的傳播》，頁 120。

第二節 創立階段(1897－1915)

商務的發展歷史,可依各期間之主政經營者略畫分為夏瑞芳、張元濟及王雲五三階段。由1897年初創到1914年收回全部日股,總經理夏瑞芳遇刺身亡,約屬商務的創立階段;其後張元濟負責主持商務(1916－1920),大約屬商務的發展時期;1921年王雲五在胡適引薦下進入商務,張元濟退居任職監理(1921－1926),商務進入由王雲五主政時期,此後商務雖茁壯發展(1921－1931),但隨即而來戰亂與傾毀,使商務雖曾奮力由廢墟中復興(1932－1936),但長期的戰亂又再次使商務浮沉於歷史無情的洪流中,雖然張元濟及王雲五分別在「孤島」的上海及後方的香港、重慶力圖振作,維持商務命脈不絕,但終究未能恢復舊觀。1946年王雲五離開商務,1948年商務設立臺灣分館,1949年政局更易,大陸商務的發展也進入另一階段。海峽兩岸及其他海外的商務,自此各自經營發展。

由企業規模、組織體制、出版成果及經營方向來看,商務由一家自印刷起家的小店,成為中國近代最大的出版機構。其中雖有其特殊的時代背景,時局造就的機運成分,但主政經營者的獨具慧眼,掌握發展契機;適時引進外來資金,並吸納碩彥鴻儒參與,致使商務在資金無虞及人才充分的優勢條件下,透過印刷、出版及相關多元的經營層面,成為近代中國出版、文化與教育發展史上的重要機構。民國元年成立的中華書局,雖是商務當時最大的競爭者,但處處模仿商務的經營與出版,更體現商務當時在文化及出版界的指標性地位。

總體而言,商務在創立階段,主要在於企業體的急速發展與規模

的建立。其間雖偶有挫折困難，但整體而言是朝向卓壯、擴張的正向發展軌跡前進。本階段擬先探討商務的兩位主政經營者－夏瑞芳和張元濟，對商務初期發展的影響與貢獻；另再探討此時期商務廠舍及營業點的擴張、資本額的增加、與日方的因緣、印刷技術精進及出版方向、教育事業概況等項目之發展風貌。

一、創立功臣－夏瑞芳

夏瑞芳，字粹芳，江蘇青浦縣人。年少孤貧，就學於基督教長老會之清心堂，於英國人所設之文匯報館學習排字，後又於字林西報館及捷報館任職。有關夏瑞芳的出身，說法不一，有的稱夏瑞芳在成爲美華書館僱員前，已在一些英文報館學習排字及檢字，也有稱夏瑞芳原來是一名英租界的巡捕，因常站崗於美華書館前，而與鮑咸恩昆仲相識，勸其改習印刷事務而進入美華書館。[16]商務初期雖限於資金設備，僅承印票據、商務紀錄、收據、教學講義[17]等印務，但夏瑞芳在負責招徠洋行、學校及上海小機構客戶訂貨之餘，已有獨到敏銳的企業眼光，並未把商務只定位爲印刷房的角色，同時也留意當時的出版動向及閱讀風向。

他意識到當時中國對西學的需求，因此以一本供印度人使用的英文教科書，商請謝洪賚牧師加上中文譯注出版，此即所謂的《華英初階》、《華英進階》系列，因銷路大暢，成爲商務最早出版且奠定發展基礎的重要圖書。有關《華英初階》的出版時期，究竟在商務成立之

---

[16] 包天笑，《釧影樓回憶錄》，頁 282。

[17] 葉宋曼瑛著，張人鳳、鄒振環譯，《從翰林到出版家－張元濟的生平與事業》，頁 100。夏瑞芳即因張元濟委託印製南洋公學譯書院的他所需的教學筆記和資料而熟識。

前或成立之後，各方說法不一，如葉宋曼瑛[18]認為是早在夏瑞芳離開美華書館前出版，係因該書獲利深獲信心，故而集資創業。王雲五也持類似說法，並認為夏瑞芳於任職美華書館時已負責業務，「…譯注將竟，先以華英初階一冊試探市場，初版先印二千冊，由夏瑞芳君親自向學校推銷，甫二旬，即全部售罄。得此鼓勵，於是集資四千元，由發起四人，各投資一千元…」。[19]但依據《商務印書館百年大事記》及部份文獻均載《華英初階》於 1898 年出版。高翰卿<本館創業史>等多篇文獻均謂商務集資之艱辛與初期印刷材料缺乏的窘境，推論《華英初階》應是商務成立以後的產物。

可知夏氏很早就認知：精確掌握社會需求的圖書出版，其獲利將遠高於單純印刷業務的委託承作。因此處處虛心請益，像包天笑就回憶夏瑞芳對於委託印刷物的圖書內容及可能行銷的對象，均多次向他請益。[20]甚至日後與上海經營紗場商場大老闆印有模的往來，或與清末翰林傳統讀書人張元濟的互動，均緣於單純印刷事務的委託。但兩人因感於夏氏的誠勤股實，日後不但成為商務的投資股東，甚至參與商務的經營，成為影響商務發展的重要指標人物。如前述的包天笑後來也成為商務的作者及員工。夏氏卓越的經營才能與交際手腕，對外為商務及時掌握能讓企業茁壯的契機，對內也能挽起衣袖參與印刷事務[21]；在人事方面能折衝協調館內成員不同派別，成為維持企業安定

---

[18] 葉宋曼瑛著，張人鳳、鄒振環譯，《從翰林到出版家－張元濟的生平與事業》，頁 99。
[19] 王雲五，《商務印書館與新教育年譜》，頁 2。
[20] 包天笑，《釧影樓回憶錄》，頁 282。
[21] 如包天笑，《釧影樓回憶錄》，頁 282。提及「業務繁忙時，他也能捲起袖子，脫去長衫，在字架上工作的」。

運作的基石。[22]。夏氏由西人經營的美華印書館的排字工人，經過十餘年的努力而成為出版企業的傑出經營者，被譽為是「國人經營事業中之最尖端者」，實至名歸。[23]另包天笑也稱讚「夏瑞芳雖然不是文化人，而創辦文化事業，可是他的頭腦靈敏，性情懇摯，能識人，能用人，實為一不可多得的人才。後來商務印書館為全中國書業的巨擘，卻非無因而致此。」[24]夏瑞芳對於商務初期發展的貢獻與影響，真是無可比擬。

二、奠基功臣－張元濟

在商務創立初期，影響商務整體發展的重要人物極多，許多文獻中均對個別單一人物均多所著墨，但論及導引整體企業發展及鞏固發展方向者則非屬夏瑞芳、張元濟及印有模三人。夏瑞芳是創始人之一，因為具業務方面的長才，因此被公舉為商務第一任經理，後擔任商務總經理一職，1914年於商務印書館門口被暗殺身亡。商務初期在他的經營管理下，能轉型由單純印刷房而成為書刊出版機構，夏瑞芳的見識與擘畫，可謂功不可沒，因此有學者逕稱商務初期為「夏瑞芳時期」。另一位人物張元濟，則終其一生與商務結下將近60年(1902－1959)的因緣，商務因他參與主持編譯所，而奠定圖書出版的發展方向，同時

---

[22] 依章錫琛，<漫談商務印書館>，《商務印書館九十年》，頁109，稱商務的四個主要創辦人都有親戚關係，同屬基督教且畢業於西方教會所辦的清心書院，形成所謂的「教會派」；和以翰林出身的張元濟為主的「書生派」，彼此立場衝突對立。夏瑞芳未遇刺前，運用其威信及領袖才華，維持雙方的巧妙平衡，但後來教會派為夏氏總經理的移缺而排擠張元濟，雙方衝突馬上浮現。

[23] 賈平安，<記商務印書館創始人夏瑞芳>，《商務印書館九十五年》，頁544，引《中國現代出版史料》丁篇，下卷，第430頁。

[24] 包天笑，《釧影樓回憶錄》，頁282。

也定位成為一環繞教育志業發展的多元文化體，其成就對中國近代文化教育事業的發展甚為深遠。

張元濟的加入，對商務後續的發展具有絕對關鍵性的影響。張元濟[25]，字筱齋，一作小齋，號菊生(張元濟其自署多署名「元濟」，外人則多稱其號作「張菊生」)，浙江嘉興府海鹽縣人。生於清同治 6 年(1867)10 月 25 日。[26]張元濟出身於讀書和藏書世家。海鹽張氏係浙西望族。他是南宋第一個狀元張九成(始祖，無垢先生)之後，書香世家，代有學人，歷代皆有功名。如元代張雨，為無垢先生六世孫，善於書畫詩詞；明萬曆年間有張奇齡(1582－1638，字子延，號符九)，人稱大白先生，享譽遐邇，曾主杭州虎林書院，時人競求其門下。居海鹽南門外烏夜村，其讀書處為後來張氏「涉園」。著有《鐵庵集》、《存笥集》等四種。立有家訓「吾宗張氏，世業耕讀。願我子孫，善守勿替。匪學何立，匪書何習。繼之以勤，聖賢可及。」可見張氏以詩書傳家的家風早已確立。祖父名溁。父名森玉，字雲仙，號德齋，曾任廣東會同、陵水等縣知縣（均在今海南島），母謝氏，有三子二女，張元濟

---

[25] 有關張元濟的生平與志業專著不少，可參見：葉宋曼瑛，《從翰林到出版家－張元濟的生平和事業》；周武，《張元濟：書卷人生》(上海：上海教育出版社，1999 年)；張榮華，《張元濟評傳》 (南昌：百花文藝出版社，1997)；李西寧，《人淡如菊－張元濟》，(香港：中華書局，1999 年)；吳方，《仁濟的山水－張元濟傳》，(新店：業強出版社，1995 年)；以及張樹年編，《張元濟年譜》，(北京：商務，1991)；《張元濟日記》(北京：商務，1981 年)、張元濟，《張元濟日記》，(石家莊：河北教育出版社，2001 年)、《張元濟書札》(北京：商務，1981 年)等專書。

[26] 有關張元濟的出生年月日說法分歧，一說生於清同治 5 年(1866)9 月 28 日。如蘇精，《近代藏書三十家》，頁 53，引合眾圖書館編《海鹽張氏涉園藏書目錄》、顧廷龍編《涉園序跋集錄》兩書均採同治 5 年的說法。此依宋葉曼瑛，《從翰林到出版家》的說法，係依張元濟追悼會資料，並經其子嗣證實。另依惲茹辛考證張元濟確實生於清同治 6 年(1867)卒於民國 48 年(1959)。見惲茹辛，<紀念張元濟先生－兼為先生生卒年歲辨>，《東方雜誌》(第 9 卷第 5 期，民國 64 年 11 月)，頁 60-63。另張子文，<關於張菊生先生>一文(《傳記文學》第 301 期，民國 76 年 6 月)也支持張元濟生於清同治 6 年的說法。

爲次子，兄元煦，弟元瀛。張元濟出身平常人家，雖家學淵源，耕讀傳家，雖世居鄉里，但聲聞不遠。清道光年間雖家道中落，但至張元濟一代仍延續讀書世家的宗風，故家族仍以科舉應試爲入世的唯一途徑。

　　張元濟幼年隨父遊宦在外，14 歲才回到海鹽，光緒 10 年入縣學爲生員，18 年中壬辰二甲進士，同榜有葉德輝、蔡元培等人，張元濟選授「翰林院庶吉士」，20 年散館後改分刑部主事，次年考充總理衙門京章。在總理衙門期間對中國處理諸多外交事務的內幕與不當，頗有感觸。但藉此讓張元濟的視野更具世界觀，日後對實用教育和現代教育的興趣，都可追溯他此一時期的經歷。1895 年甲午戰敗及馬關條約簽訂，他與當時許多知識份子一樣對國家前途深感驚駭，企圖尋找能強國的改革方案。當時組織學會、建立學校及辦報刊成爲當時的重要風潮。當時如「強學會」及後來的「官書局」均是因應此種風潮而起，以追求政治改革爲目標。張元濟雖未正式加入這些組織，但與這些成員互動頻繁。學校成爲宣傳改革思想的重要基地及培養新生力量的訓練中心；報刊能透過輿論製造風潮，是傳播變革及改良思想的工具。[27]張元濟也是企圖透過這些途徑來尋求救國之路的人物之一，無論是西方的富強或日本的明治維新的成功，均是以架構在優越的現代知識及民智的提昇，因此透過對西方及日本域外知識的引進與學習，是有識之士愛國自救運動中的另一項重點。故早在未進入商務印書館以前，1896 年他給摯友汪康年的信中即謂：「今之自強之道，自以興學爲先。科舉不改，轉移難望，吾輩不操尺寸，惟有以身先之，逢人說法。能醒悟一人，即能救一人。…」

---

27 葉宋曼瑛，《從翰林到出版家》，頁 23。

1897 年他還成立一稱爲「西學堂」的學校，招收在京政府官員或士紳官員的子弟學習，當年 9 月又改名爲「通藝學堂」擴大學生學習層面，並獲得光緒皇帝批覆允准他對學堂畢業學生出路規劃的要求及學堂成立的肯定。[28]爲了充實學堂的內涵，張元濟不斷寫信請託上海的朋友代購世界地圖、一般科學教科書、天文圖識、百鳥圖識、植物圖識和日本語法書等，另蒐集上海所有書店的圖書目錄。他全心全意的經營通藝學堂，認爲透過教育事業是傳播現代化基本知識的重要途徑，也顯示他對於能導引中國邁向近代化的基礎事業－「教育」非常關切，並視之爲終身努力的志業。

1898 年(光緒 24 年)詔定國是後，張元濟由德宗召對一次，他面奏實施新政，另上摺建議新政總綱五條、細目四十條，並奉命蒐集新學圖書進呈德宗閱讀。8 月受百日維新失敗的牽連，張元濟被懲以「革職永不錄用」，在政治前途挫敗的景況下，他退離北京避居上海。而這個當時受外國智識蓬勃洗禮的城市，成爲他終生從事教育與出版事業的舞台。透過李鴻章的推介，他先進入盛宣懷建立的學堂 －「南洋公學」工作四年，負責譯書院的成立。南洋公學成立了中國第一所現代師範學院，並在 1897 年出版全國首創的模仿歐洲教科書的基本教材。公學被公認爲是京師大學堂成立以前，中國設備最完善、人才最鼎盛的高等學院。[29]張元濟在譯書院除了翻譯重要的政治、技術和社會學著作，並創新設立專爲那些已受過舊學訓練的學者開設的「特班」。也因此他爲了準備教學筆記、教科書、刊物和補充閱讀教材等印刷事務的委託，而和夏瑞芳認識，兩人雖出身背景相差極大，但卻一見如故。

---

[28] 葉宋曼瑛，《從翰林到出版家》，頁 28，引朱壽明，《光緒朝東華錄》。
[29] 葉宋曼瑛，《從翰林到出版家》，頁 69。引丁致聘，《中國近七十年來教育記事》(臺灣：商務印書館，1961 年)，頁 6。

　　商務早期雖因《華英初階》、《華英進階》等英文讀本出版而初獲利潤，但後續譯印日文書的發行卻嚴重滯銷，夏瑞芳因此多次請教張元濟，才知係委託翻譯的內容粗糙，無法卒讀。夏瑞芳深知出版不能沒有學者專家為後盾，乃於 1901 年邀請張元濟入股商務[30]，張元濟入股後對商務的指導與互動更多，他並委託商務代印 1901 年他與蔡元培合作創辦的《外交報》。[31]1902 年商務成立編譯所，夏瑞芳邀請張元濟出任所長，但他推薦好友蔡元培擔任。1902 年冬張元濟辭南洋公學進入商務。[32]1903 年蔡氏因「蘇報案」牽連而遠赴青島，張元濟接任編譯所所長一職。

　　張元濟是晚清士紳的精英份子，也是傳統知識份子的典型人物，以濟世救國為職志。他雖曾因戊戌變法的牽連而失勢，但在觀察國內外局勢後，深知面對國外強權的欺凌與脅迫，教育普羅大眾為提昇國力的第一要務。他毅然放下傳統士大夫的身段，轉而進入一几小型且不帶官方色彩的私人機構。雖然他與夏瑞芳相約「吾輩當以扶助教育為己任」[33]，但夏瑞芳僅為一出身教會學校的印刷工人，且當時商務

---

[30] 柳和城，<張元濟的一封軼札－兼談南洋公學譯書院"歸併"說>，《出版史料》(2005 年第 3 期)，頁 43。

[31] 該報是中國最早專門論述國際關係的雜誌，1901 年 9 月創刊時原稱《開先報》，10 月改名《外交報》，至 1910 年 1 月停刊。葉宋曼瑛，《從翰林到出版家》，頁 102，稱本雜誌創刊於 1902 年 1 月，似有誤。當時張元濟並介紹南洋公學學生協助商務重譯一批質量極糟的日文書；另並介紹翻譯大師嚴復為商務發行的《華英字典》(本書發行時改為《華英音韻字典集成》)作序等等，皆可見張元濟對商務的業務的涉入。

[32] 有關張元濟加入商務的時間，各文獻說法不一，如葉宋曼瑛，頁 130，引《紀念特刊》為 1901 年；另《張元濟年譜》，頁 42，於 1902 年條下「年初，先生應夏瑞芳邀請，正式加入商務印書館，並相約「吾輩當以扶助教育為己任」。遂辭南洋公學職。先生入館後，即于北福州路唐家弄設立編譯所，聘蔡元培為編譯所所長，主持編訂教科書。」此說蔡元培為張元濟所聘，與其他文獻說法不同；《商務印書館百年大事記》，亦於 1902 年條下稱「張元濟進館」。依近年發現之張元濟軼札考訂，應於 1902 年冬辭退南洋公學職。

[33] 張元濟，<東方圖書館概況‧緣起>，《商務印書館九十五年》，頁 21。

的經營發展更談不上任何規模與影響性。張元濟如何做出他人生中如此關鍵性且戲劇性的決定，非常值得探討。他當時心路歷程的轉折，由目前已發行的許多有關張元濟的傳記式著作中，並未得見。學者甚至以張元濟的進入商務與民國 10 年時胡適受商務禮遇力邀延請，但仍辭拒進入商務為例，來比較兩人的心態與性格。[34]胡適雖認同商務編譯所「是很要緊的一個教育機關－一種教育大勢力。」[35]但認為待在編譯所為「完全為人的事」。當然兩人抉擇時的背景不同－胡適當時任職北京大學，為學術界名人，深受各界敬重，意興風發；但張元濟為朝廷貶抑南逐之身，雖有辦學譯書之職，但人事不合，抑鬱有志難伸。但選擇投入商務，仍需要有極大的勇氣與魄力。但他終究還是與對他抱持堅定與肯定信念的夏瑞芳合作，在一爿小印刷廠中，持續實現他「傳播現代思想和啟發民智」的終身職志。換句話說，商務是張元濟對官場官僚習氣失望之餘，轉進以持續他對教育志業經營的人生新舞台。因此有學者認為張元濟投身商務，「與他仕途受挫有關」。[36]

誠如葉宋曼瑛所述，張元濟一生雖未參與過激進的政治運動，亦無留下有系統或偉大的思想言論，卻貫徹始終地獻身於教育與出版事業，借以推動中國的現代化。[37]他在與商務的 60 年深厚因緣中，均堅持當日「扶持教育」的初衷，而夏瑞芳在張元濟入主商務後，也知人善任地全力支持張元濟對商務的擘畫與經營。事後清廷雖多次再邀請

---

[34] 張國功，<有所不為方有所為－從張元濟、胡適對商務印書館的不同抉擇看現代知識分子的人生>，http://epsalon.com/ShowArticle.asp?ArticleID=1796，2003.01.22 檢索。
[35] 胡適，《胡適日記全集》，1921 年 8 月 13 日項下。
[36] 李家駒，《商務印書館與近代知識文化的傳播》，頁 44。
[37] 葉宋曼瑛，《從翰林到出版家》，頁 4-5。

張元濟重返政途擔任要職，但他卻意興闌珊不為所動。[38]

　　張元濟的加入，扭轉並確立了商務的發展方向，脫離早期以委託印刷業務及零星投機的外文書翻譯出版的經營模式。主要表現在以下幾點：第一，商務的經營由一元轉為多元。夏瑞芳初雖有志於成立編譯所，但未有足夠的資金與人選，張元濟加入並主持編譯所後，主體業務轉以出版為主，旁及其他與教育相關的事業。例如創辦學校、設立圖書館等；第二，確立以扶持文化教育為己任的出版和經營宗旨，致力傳播中西知識文化；第三，改革管理制度，重視用人策略，吸納不同背景出身的人才入館效力；第四，以其知識份子及官場熟悉的優勢，為商務成功建構起緊密的文化學術界關係，彙集並吸引各方知識份子與商務合作。[39]因為他的加入，為商務注入深厚的人文色彩及精神底蘊，商務因此獲得文化上的提昇，在經營實踐上由從單一的經濟行為，轉變為一種複雜多元的文化運作，在規模與地位上由傳統的印刷作坊，躍昇為現代出版的重鎮。[40]

　　商務提供了張元濟數十年來施展職志的舞臺，但相對的如果沒有張元濟強大的文化質性支撐主導商務的運作發展，商務在中國近代文化、教育及出版舞臺的地位，必然黯淡許多，甚至沒沒無聞。在商務

---

[38] 如光緒 31 年 12 月在張元濟進入商務三年後，清廷詔旨開復張元濟原官；光緒 32 年 8 月又經學部派往外國考察學制；光緒 33 年 7 月朝旨授他郵傳部左參議而不就，同年浙江教育會推舉他為會長；宣統 2 年 5 月學部在京師召開中央教育會議，張元濟與傅增湘擔任副會長，會議結束張元濟發起組織全國性教育團體「中國教育會」，以謀全國教育之發達及改良，並被推舉為會長；宣統 3 年袁世凱內閣成立，11 月初任命張元濟為學部副大臣，他仍辭不就職。

[39] 李家駒，《商務印書館與近代知識文化的傳播》，頁 45-46。引葉宋曼瑛，《從翰林到出版家》，頁 5-6 的說法。

[40] 張國功，<有所不為方有所為－從張元濟、胡適對商務印書館的不同抉擇看現代知識分子的人生>，http://epsalon.com/ShowArticle.asp?ArticleID=1796，2003.01.22 檢索。

企業逐年成長的資本額、營業額及擴充迅速的產業規模下，是張元濟賦予了商務商業營利氣息以外的文化體質，使商務的內涵加深加廣。商務因張元濟而成為文化的商務、學術的商務、教育的商務，而商務龐大多元的事業體、豐厚的資本額及獲利，也提供張元濟成就他的教育志業的後盾。

張元濟擔任商務編譯所所長，主持出版事務，並參與書刊編纂。他後又任經理、監理、董事長等職，以至終老。此外他也擔任商務設立的商業補習學校校長(1909)，兼任函授學社社長(1915)等職。張元濟對商務的投入與貢獻，60 年來如一日，他講求實際，重實幹而非空談。由近年發行的《張元濟日記(1912 年－1949 年)》[41]可說幾乎是一部商務印書館 30 餘年來具細靡遺的發展史紀錄。他對商務的經營全心投入，秉公無私。商務能成為當時中國出版業、文化界及教育界舉足輕重的企業翹楚，張元濟可謂居功厥偉。

同屬商務人的茅盾曾說：「在中國新式出版事業中，張菊生確實是開闢草萊的人，他不但是個有遠見、有魄力的企業家，同時又是一個學貫中西、博古通今的人。他沒有留下專門著作，但《百衲本二十四史》每史有他寫的跋，以及所輯《涉園叢書》各書的跋，可以概見他於史學、文學都有高深的修養。」[42]短短數語已呈現張元濟一貫實事求是、內斂、踏實卻努力不懈的性情面貌。

---

[41] 張人鳳整理，《張元濟日記(1912 年－1949 年)》，(石家莊市：河北教育出版社出版，2001 年)，二冊。

[42] 茅盾，<商務印書館編譯所和革新《小說月報》的前後>，《商務印書館九十年》，頁147-148。

三、館舍與分館的擴展

　　商務由初始上海江西路德昌里末衖三號的小小印刷房開始發跡，但後續在館舍上曾進行多次搬遷與擴建。商務成立後第二年即 1898 年 6 月原房舍火災，在取得優渥的保險賠償金後，遷往北京路順慶里，房屋擴大為 12 間。1902 年夏第二次搬遷[43]，在北福建路海寧路購地建印刷所廠房；又在河南路租屋數間設發行所，另在廠房對面唐家衖租屋三間設編譯所。1903 年遷編譯所於上海蓬萊路。1905 年又在閘北寶山路[44]購地百餘畝，擴建廠房和編譯所，並在廠房附近修建住宅，供職工及閘北居民居住，稱為東寶興里、西寶興里。1907 年全部完工，印刷所和編譯所全部遷入，此為商務的第三次搬遷。後夏瑞芳又買下河南路發行所的房舍，於 1910 年進行擴建，發行所暫賃福州路中國物品陳列所舊址。1912 年發行所新廈落成，至此商務規模更形壯大，企業基礎更為鞏固。

　　除了廠房的擴建，商務自 1903 年起為擴大業務在漢口設立商務的發行所，商務的第一個分館亦設於漢口；1903 年 10 月成立「商務印書館有限公司」；1905 年接盤北京直隸官書局，改名為京華印書局，成為商務的第一個印刷分廠；另設北京分館於琉璃廠[45]。1906 年元月

---

[43] 編者不詳，<本館四十年大事記(1936)>，《商務印書館九十五年》，頁 679，稱「(當年)7 月北京路館屋失慎…」。

[44] 此處於<本館四十年大事記>，《商務印書館九十五年》，頁 679 處稱「在北河南路北寶山縣境」地點似有出入。因該文於 1907 年處又稱「寶山路印刷所、編譯所新屋落成」，故地點應為寶山路。另高鳳池於<本館創業史>稱「光緒三十年夏在寶山路購地數十畝自建印刷所，自此以後，每年都有新建築，寶山路的地產約有百畝，印刷所約有五處。」，光緒三十年為 1904 年，年代稍有出入。

[45] <本館四十年大事記>，《商務印書館九十五年》，頁 680 稱北京分館成立於 1906 年。

設北京、天津分館[46]，4 月設奉天分館，5 月設福州分館[47]，7 月設開封分館，9 月設安慶、重慶分館。1907 年 1 月設廣州分館，2 月設長沙、成都分館，4 月設濟南分館，7 月設太原分館，8 月設潮州分館[48]。1909年 2 月設杭州分館，3 月設蕪湖分館，4 月設南昌分館，6 月設黑龍江分館[49]。1910 年設西安分館。1912 年 6 月設桂林支館。1913 年元月設保定支館，8 月設吉林支館。1914 年設長春分館及澳門支館[50]，2 月設蘭谿分館[51]及南京分館。6 月設衡州支館，8 月設東昌支館，9 月香港、廈門、貴陽設分館。袁州設支館[52]。另原與商務爲競爭對手，成立於1906 年的「中國圖書公司」，也因經營失利於 1914 年出盤給商務，使商務的企業版圖更加擴充。由 1903 年第一所漢口分館設立到 1914 年約 10 餘年時間，商務分館及支館的設立，遍及各省域，分館數共 21所、支館 4 所，其中北京分館設有專屬的印刷工廠，承印書刊，發行北方地區，足見商務企業發展之勃興。

商務館舍的多次搬遷與擴建，反映出其業務量的急速擴增，需要更多的空間以容納機器、設備及作業員工。廠舍由最初單一印刷房，總攬所有業務運作，到購地分建房舍，提供分立的印刷所、編譯所及發行所需求，更具體反映商務企業組織規模的擴增。上海以外各市鎮設立的分館及支館，成爲商務強大的發行網及通路，對於擴展業務，發揮影響力極有裨益。

---

[46] 王雲五，《商務印書館與新教育年譜》，頁 43，記天津分館成立於 1905 年。
[47] 王雲五，《商務印書館與新教育年譜》，頁 43，稱福州分館成立於 4 月。
[48] 王雲五，《商務印書館與新教育年譜》，頁 43，稱潮州分館成立於 1906 年 8 月。
[49] 王雲五，《商務印書館與新教育年譜》，頁 55，稱爲黑龍江支館。
[50] 長春分館於 6 年 12 月裁撤，澳門支館於 6 年 11 月裁撤。
[51] 該分館於 23 年移金華改設金華分館。
[52] 該支館於 6 月 2 日裁撤。

四、與日方合作因緣

　　商務創始人如夏瑞芳、鮑氏兄弟及高鳳池均等都有在外國出版單位擔任印刷工作的經歷，也因此成為中國最早一批接觸現代化機器印刷技術及管理技術的華人。商務初期的發展中，對於印刷技術的精進非常重視，也講求對印刷物的卓越品質，此為商務初期的發展，奠定紮實穩固的良好基礎與優質形象。如夏瑞芳於創業初期曾赴日本考察印刷事業[53]。故商務堪稱是中國近代國外先進印刷技術引進中國的重要仲介者，商務在中國近代印刷技術發展史上的開創性地位，亦不容忽視。

　　除了海外先進印刷技術的引進外，商務與日方的兩次因緣，對創立時期的發展，具深遠影響。這歸功於當時商務的重要經營者－夏瑞芳，他獨到的經營眼光及恰當的時機掌握，擴增了商務的企業實力。與日方的因緣第一次在 1900 年，商務以原創辦價格約十分之一的低價，接收了當時日本人經營不善的印書館「修文書館」，[54]盤入「修文書館」為商務早期發展的重要關鍵，藉此開啓商務與日方合作的契機。透過日方遺留的印刷機器及設備，擴充壯大了印刷的規模與實力，奠定商務發展與競爭的基礎。其間負責居中牽線的是上海紗廠的大老闆印有模。印有模在成功介紹夏瑞芳盤入「修文書館」後，自己也投資

---

[53] 蔣維喬，<夏君瑞芳事略>，《商務印書館九十年》，(北京：1987 年)，頁 4。「我國向無印刷事業，君乃親赴日本考察，有所得，歸而仿行之。」

[54] 「修文書館」的名稱各處所稱不一致，如：商務印書館百年大事記編寫組編，《商務印書館百年大事記，1897－1997》，(北京：商務印書館，1997 年)，1990 年處稱「修文印刷局」，莊俞，<三十五年來之商務印書館>同此稱；賈平安，<記商務印書館創始人夏瑞芳>，《商務印書館九十五年》，頁 544 則稱「修文印書館」；另楊揚，《商務印書館－民間出版業的興衰》，頁 13 則稱為「修文館」。日人稻岡胜介紹修文書館為日本筑地活版所上海支店。

商務成爲股東之一。

　　第二次與日方的合作，也是透過商人印有模的居中推動。因印有模與日人於商場上多所合作，因此當以編印教科書起家的金港堂大股東原亮三郎擬於上海投資，而向印有模徵詢時[55]，身爲商務股東的印有模將此訊息轉與夏瑞芳。夏氏衡酌「商務的印刷設備、技術雖在上海算新，但僅是鉛印，照相銅鋅版都不會做；在出版方面也還初獲成就。」[56]爲了避免日方成爲商務日後的競爭者，因此決定採取與日方合作的方式。透過印有模的居中牽線，以商務亮眼的經營成績，果然吸引以原亮三郎爲主的日方，與商務展開合資營運。

　　兩次與日方合作，居中牽線的印有模，對初期商務的發展，也是重要的關鍵人物之一。印有模因委託商務印刷廣告單據等事務而與夏瑞芳熟識，因感於夏氏的認真精幹，因此在資金上多所支持。「他目睹當時中國印刷業落後，決心爲建設現代化的中國印刷業而努力」[57]所以在促成商務順利盤入修文書館後，印氏與張元濟同時成爲商務第一波的增資人及股東。印氏由獲利甚豐的紗廠老闆，跨足投資當時還屬初創時期的小型印刷房，足見印氏對出版文化領域已嗅得商機。商務中日合資的因緣也是透過印氏居中牽線。1914 年夏瑞芳於不幸於商務大門口遭暗殺身亡後，印有模繼夏氏擔任商務總經理將近兩年，被讚譽爲「有魄力、有遠見、有氣度、有經濟能力」的總經理。印氏同時也具商務作者的身份。他出國考察國外電報先進業務回國後，運用三年時間編成十萬餘字的《親民電報彙編》，於 1915 年由商務出版，爲

---

[55] 有關金港堂在日本因教科書弊案，爲安置牽連者等細節，高鳳池，<本館創業史>；長洲，<商務印書館的早期股東>等均有記載。
[56] 長洲，<商務印書館的早期股東>，《商務印書館九十五年》，頁 649。
[57] 唐綱，<印有模與商務印書館>，《商務印書館九十五年》，頁 595。

當時國內電報業普遍接受使用。足見印有模不僅爲一介商人，更擴大志趣到出版、印刷及電報等其他產業。

　　此次中日雙方合作期限自 1903 年起至 1914 年 1 月 6 日簽訂退股協議止，爲期長達 10 餘年，故中日兩方間牽涉的因素更加複雜多元，包括雙方同意合作的背景、資金投資、人員交流、技術傳承、經營組織參與程度及終止合作的條件談判等等。依據現存文獻，當時商務編譯所中有許多日籍顧問參與書刊編輯，印刷廠中也有不少的日籍工人，兩方可謂盤根枝結，多所關連。但這段歷史的細部內容，無論是中方的商務或是日方的金港堂，在現存的原始文獻中或回憶文字中，卻均少有著墨，較難窺其合作全貌。

　　與日方合資一事，其實對商務早期各方面的發展影響極大。但在商務對外諸多文獻記載或說辭上，卻多採取極低調或辯解的態度，立場非常微妙。如說起與日方合作的緣由，商務老館員的回憶中，多是無奈與不得已的說辭成份居多。如高鳳池<本館創業史>中說：「…但是所有印刷能力，只是凸版，相差很遠，萬難與日人對敵競爭。權宜輕重，只有暫時利用合作的方法。慢慢的再求本身發展，可以獨立。」[58]；另莊俞也說：「…當時聞有日本金港堂欲在滬設立印書館，資本極爲雄厚，本館鑑於當時之中國印刷術頗形幼稚，絕難與日人對抗競爭，只有暫時利用合作之一法，以徐謀自身之發展，乃與商定，各出資本 10 萬元，並聘請日本技師襄助印務。」[59]在說辭上也是強調此項合作屬於「暫時」的措施。此明顯屬於後續的立場表述，應該不是當初夏瑞芳引進日資當時的真正想法。

---

[58] 高翰卿，<本館創業史>，《商務印書館九十五年》，頁 8。
[59] 莊俞，<三十五年來之商務印書館>，《商務印書館九十五年》，頁 722。

　　莊俞於1931年回憶此事時，更進一步說明此項合作中方所佔的優勢，「惟所訂條件，並非事事平均，如經理及董事會係華人，只一二日人得列席旁聽，聘用日人得隨時辭退是也。然本館與日人合資，本為一時權宜之計，蓋以利用外人學術傳授印刷技術，一方更藉外股以充實資本，為獨立經營之基礎。」此是否真為中日雙方初始合作時所議訂的條件，已不可知，但與日人撇清界限的用義頗強。日方對與商務合作的這段因緣，似乎也未有大量史料遺留可資佐證。但對於商務與日方劃清界線的說辭，日本學者實藤惠秀於 1940 年對此提出強烈責難。[60]

　　有關商務與金港堂的合作，葉宋曼瑛對此項課題另有見解。他透過對商務當時出版品的探索，發現商務早期並無反日的傾向和趨勢，相反的於合作初期在1904年出版的《東方雜誌》第一期上還刊登廣告「公開宣佈他們的僱員中有一些有學問和經驗的日本教育家。」除了將日人的名字列於中國專家之前，還介紹簡歷。[61]此反映出當時商務認為，與日人合作在商業競爭上為一項重要的資產與優勢；日方的參與編輯，成為出版品內容品質優異的保障與表徵。但日方卻未真正進入商務的行政體系中。如學者汪家熔依據民國3年1月31日商務非常股東大會上董事會的報告書來還原當時日方人士均未參與商務的行政系統，以證明此次為「主權在我的合資」－「用人、行政－歸華人主持」、「日本股東均需遵守中國商律」、「聘用日籍職員可以辭退」三點

---

[60] 葉宋曼瑛，《從翰林到出版家》，頁 111，131，引實藤惠秀研究成果。他認為忘卻日本人的成就是不科學的，建立編譯所也是日本人的功勞，甚至認為最早的商務印書館簡直是日本教科書的翻版。日本學者的研究，均稱受金港堂教科書醜聞之累，前來商務工作的教育家長尾槙太郎接任蔡元培擔任「編譯所所長」，與張元濟接任編譯所所長的實情不符。中日雙方對此事的說法似乎各自表述。

[61] 葉宋曼瑛，《從翰林到出版家》，頁 107。

原則於合資期間均未違背。[62]

　　莊俞談及與金港堂的合作時，曾明確點出「資金」與「技術」，為當時商務同意合作的立場。只是後續日方對中國民族主義的傷害與侵略，使民國 30 年代高氏及莊氏回憶此段歷史時，必需為維護商務立場而辯駁；另外也呼應了民國成立之初，競爭對手中華書局以民族主義說辭攻擊，商務迫於時勢，協商日人退股，成為純華資公司的努力，故概以「暫時的合作」為由。民國 62 年由王雲五編述，逐年紀錄商務諸多史料的《商務印書館與新教育年譜》一書中，在 1903 年條下只簡單列述「同年商務印書館資本增為二十萬元。」，竟完全未提及中日合資、金港堂或 10 萬元資金等事項。這或許也是囿於當時政治與社會情勢的考量。

　　依據商務董事會的報告，合資確實為發展中的商務獲得利益。「資本既增，規模漸擴，利益與共，辦事益力。自是以來，吾人經驗漸富，技術清精。」與日方合資 10 餘年期間，「是商務印書館資本獲益最大的時期。」日方及中方股東均獲得 27.87%的利潤，比之當時一般投資年息官利 6-8 厘，即 6%-8%。獲利豐厚。

　　除了資金的挹注外，對於印刷技術的改進影響更為深遠。日方有技師來商務作技術指導，商務也派員赴日本學習最新印刷技術。如商務的「五彩石印的技法」成為當時國內首創。

　　除了資金和印刷技術獲益外，編輯經驗的傳授更為可貴。日方金港堂原以編印教科書擅長，因此對商務的「發家」出版品-「教科書」

---

[62] 汪家熔，<主權在我的合資>，《商務印書館史及其他-汪家熔出版史研究文集》，頁 26-29。

的編印,更有裨益。日方協助的內容是否包括教科書的編寫方針和基本計畫不得而知,但絕對引介了日本經驗並提供編輯建議。這對於商務的教科書能在當時教科書市場上,除佔據極高的發行數量並獲致優良品質的口碑,具有相當的關聯性。[63]

　　早期教科書的編輯小組由中國教育家(張元濟、高夢旦、莊俞、蔣維喬)和日本同事(日本文部省圖書審查官兼視學官小谷重、高等師範學校教授長尾槙太郎及加藤駒二、長尾雨山等)共同組成。蔣維喬描述1903 年編輯小組商定編輯小學教科書的基本計畫及應遵守的條款,如小學教科書當只包含少量筆畫簡單的及日常使用的字,每課引入新字的數量,及日後各課的重複率,各課總字數,每冊 60 課應包含的主題範圍等,均極具體詳盡,其中確實有日人教科書編輯經驗的指導,不過採用與否的決定權仍由中方決定[64];另外在教科書呈現方式上,為加強視覺吸引效果,「並且接受日籍職員建議,聘請一流畫家繪製插圖。…這本面目一新的課本一問世,第一批印 4,000 冊,三四天就銷完。一炮打響,從此商務佔有了全國課本供應量的 80%。」[65]商務對教科書的編撰,由早期採個人包辦方式,到中日合作集結多人智慧,並透過多次的研商修訂等縝密的編輯作業流程[66],終於獲致各界的肯定。

---

[63] 汪家熔,<主權在我的合資>,《商務印書館史及其他-汪家熔出版史研究文集》,頁31。謂《最新小學國語教科書》是請長尾(槙太郎)及加藤(駒二)評論建議。

[64] 汪家熔,<商務印書館的經營管理>,《商務印書館史及其他-汪家熔出版史研究文集》,頁 50,引自汪家熔選注,<蔣維喬日記選>,《出版史料》,1992 年第 2 期,頁47。

[65] 汪家熔,<主權在我的合資>,《商務印書館史及其他-汪家熔出版史研究文集》,頁31。

[66] 最密集的開會時間在光緒 29 年(1903)農曆十二月初二至十二月十四日 13 天,共會晤6 次,集中商量編纂原則。引自《蔣維喬日記》。中日合資於 1903 年 10 月才剛抵定,日方人員隨即馬上投入教科書編纂的協商中。

五、資金與組織發展

商務初期的發展中，資金的即時挹注，為穩固發展的重要基礎。1901 年夏商務進行第一次增資，由張元濟及印有模投資。經過四年來的經營，原先創辦資金 3,750 元，此時已升值 7 倍成為 26,250 元，再加上張、印兩人共投資的 23,750 元，合計 50,000 元。

1903 年 10 月中日合資，日方投資 10 萬元，中方依原 1901 年資本 5 萬元外再增 5 萬元湊成 10 萬元，此時資金成為 20 萬元。1903 年 10 月中日合資時，中方新增股東大多是注譯者和職員。[67] 1905 年 2 月商務兩次增資，第一次提供原有老股東有增資權；第二次則開放供有關人員認股。其中 3 萬元提供「京、外官廠與學務有關可以幫忙本館推廣生意者，和本館辦事人格外出力者」認購。日本方面此次前後共有 19 位成為股東。當時商務經營逐順，股東每年實際所得超過 50%。1905 年資本增為 100 萬元，當時距離中日合資僅兩年時間，但資本由當時的 20 萬元暴增為 100 萬元，與日方的持股股份不再為 1：1 的分配比例。當時商務股東的獲利極佳，因此入股投資能成為官場交際與攏絡職工的方式之一，藉由投資入股將當時重要的學者、作者或產官學界重要人物，作一串聯，此對商務的日後發展與業務擴充，絕對具有正面影響；另一方面職工投資入股，更可凝聚企業體的向心力，使職工更全力投入工作，此舉與現今許多現代化企業經營方式相符。

---

[67] 依據記載注譯者包括嚴復、謝洪賚、艾墨樵、沈之方、沈季方、高鳳崗、張廷桂，老股親友李恆春、鮑咸亨等。後續投資者還有鄭孝胥、羅振玉、王國維、伍廷芳、伍光建(翻譯家)、林紓(翻譯家)、宋耀如、趙鳳昌、陶葆存、葉景葵等。職員入股者如高夢旦、蔣維喬、鄺富灼、陸費逵、莊俞、杜亞泉、孫毓修如等屬編譯所的高級編輯比例較多。引自：長洲，<商務印書館早期股東>，《商務印書館九十年》，頁 651，653。

後續因商務的多元化經營方向大致底定,且已建立龐大的組織架構,相關營運績效穩定成長,因此資本持續累積,至 1913 年時爲 150 萬元,1914 年爲 200 萬元,爲原創業資金的 499 倍。至 1920 年爲 300 萬元,至 1922 年爲 500 萬元,爲原創業資金的 1,250 倍。[68]除了經營成長的緣由外,汪家熔依據文獻研究認爲商務資本迅速累積的另一因素,是因商務採取「多留少分」的資本管理作法,每年將剩餘價值中的一部分直接轉化爲資本總資產,使資本額增加;但公司的總資產則依其項目,「每年照原數折減甚巨」, 依計算公式:利潤=期末總資產－資本額,則分出之股息及紅利相對減少,但有利於企業之茁壯。[69]

商務於 1901 年張元濟及印有模加入後,成立有限公司;1905 年 12 月依清朝政府商律規定,正式成立爲股份有限公司。商務於 1949 年以前管理體制的雛形,大抵於此時期確立。商務是中國最早推行決策權和經營權分家的民營企業。股東是投資者,股東大會是最高及最重要的決策機構。股東大會因不常有,故又設董事局(會)代行決策。董事局另聘經理處理業務和公司運作。故形成股東大會→董事會→總、副經理→職員的組織結構。[70]雖然董事會具有決策權,但商務在

---

[68] 此處之貨幣單位應爲銀圓。劉曾兆,《清末民初的商務印書館－以編譯所爲中心的研究 1902-1932》,(臺北:政治大學歷史研究所碩士論文,民國 86 年 9 月),頁 30。有關商務資本額的數據,依不同文獻記載相差甚鉅,依王雲五,《商務印書館與新教育年譜》,民國前七年條(1905),頁 43,「同年,商務印書館資本增爲一百萬元」;民國 2 年(1913)增爲一百五十萬元;民國 3 年(1914)增爲二百萬元;民國 9 年(1920)增爲三百萬元;民國 11 年(1922)增爲五百萬元。但汪家熔,<商務印書館經營管理>,頁 78-79。依據 1904－1922 年商務的年終帳務資料,呈現各年度得吸收存款及當年的股本,至 1922 年僅 250 萬,並另說「(商務)從 1897 年的資本 3750 元到鼎盛時期,…1931 年資本額 500 萬,…」。王氏及汪氏兩者對商務資本金額的陳述,相去甚多。

[69] 汪家熔,<商務印書館的經營管理>,《商務印書館史及其他－汪家熔出版史研究文集》,頁 79。

[70] 汪家熔,<商務印書館的經營管理>,《商務印書館史及其他－汪家熔出版史研究文集》,頁 38-41。

出版方針的訂定上，主要仍以行政機構核心－總、副經理爲主體。因此不致因每年董事會的更換，而使專業性質的出版事業出現經驗難以傳承的情形。這是商務在資本經營結構上的特殊處，此與現今企業的經營方式類似，即委託專業經理人來規畫運作公司的營運。但商務於清末民初原爲一家族成員朋友合資成立的小店，短短數年間就訂定出如此前瞻的經營體制，是借鏡日方的經營模式，或是館方人才的建議？在經營方針上，受股東委託之經營者，必需爲股東負責，完成股東的投資目的；但出版方針則由經營者(總、副經理)全權負責。商務創業之初股東們及經營者，幾乎均依循著此一經營原則。

創立時期的商務在組織方面，最重要者莫過於 1902 年成立的三所架構。三所係指編譯所、印刷所及發行所三所，分治出版、印刷及發行事務。印刷所由鮑咸昌管理；發行所主要由夏瑞芳負責；另編譯所初期由張元濟推介的蔡元培擔任(1902 年－1903 年 5 月)，後蔡元培因蘇報案遠走山東離開上海而，由張元濟接任(1903 年 6 月－1918 年 9 月)。

編譯所的成立，象徵商務由印刷轉向出版發行的走向，而這似乎也是當時出版業界必然的發展方向。如夏瑞芳於商務成立初期曾詢問包天笑云：「近來有許多人在辦理編譯所，這個編譯所應如何辦法？」包氏說：「要擴展業務，預備自己出書，非辦編譯部不可。應當請有學問的名人主持，你自己則專心於營業。」夏氏聽了搖頭嘆息道：「可惜我們的資本太少了，慢慢地來。」[71]「成立編譯所」來擴充業務層面與內涵的構想，終於在商務創業後 5 年後實現。

---

[71] 包天笑，《釧影樓回憶錄》，頁 282。包氏稱當時商務資金僅三千餘元。

六、印刷設備與技術精進

商務印書館既以印刷事業起家，因此對印刷技術的學習與精進從未停歇腳步。由初創時期運用簡陋設備來運作經營，到後來它於中國近代印刷技術發展史上建立的許多創舉與成就，均可見商務對印刷技術的的重視。印刷技術的學習、精進與諸多高品質的創新成就，為商務一己的出版事業奠定了穩固的基礎與加分效果；同時也使商務成為印刷產業的經營者，使當時中國的印刷界能藉此學習新知識並接觸新技法，對提升近代整體印刷技術的進步與發展很具效益。

如前述 1900 年商務收購日人的修文印書館，該印書館據稱是當時上海最完備的印刷公司，因此讓商務對先進的印刷技術開了眼界。全數盤入修文的生財器具，也成為商務擴大營業的重要助力。如鉛字的鑄造都能自行製作，因此「除自用之外，隨時零售，賺錢不少。」[72]當年度商務成為中國印刷業中，首次使用紙型印書的紀錄。為能精進印刷技術，商務也派員赴日學習。如莊俞所述「本館創辦之初，技術尚形淺薄，遂于清光緒二十六年(1900)後，還次派員赴日考察一切，以為發展張本。」[73]可知商務早在與日人金港堂的合作之前，就已派員赴日學習印刷技術。

商務決定與金港堂的合作，除資金挹注的考量外，印刷技術的改進才是重點。如前述夏瑞芳當時認為「商務的印刷設備、技術…僅是鉛印，照相銅鋅版都不會做。」[74]因此在 1903 年與金港堂共同成立商

---

[72] 當時商務收買該書館的全盤生財機具，包括大小印機、銅模、鉛字切刀、材料，莫不完備。引高翰卿，<本館創業史>，《商務印書館九十五年》，頁 4。
[73] 莊俞，<三十五年來之商務印書館>，《商務印書館九十五年》，頁 753。
[74] 長洲，<商務印書館的早期股東>，《商務印書館九十五年》，頁 649。

務印書館有限公司後,除獲得日本技師來商務作技術指導,商務也派員赴日本學習最新印刷技術。商務的五彩石印技法,成爲當時國內首創。莊俞記述:「…光緒二十九年(1903)以後,在印刷方面頗得日技師之助力,舉辦彩色石印,雕刻銅版,以及照相銅版等種種西法印刷。」[75]日技師是指前田乙吉及大野茂雄兩位,他們攝製照相綱目銅版,並將許康德攝製鋅版之法,加以改良。高鳳池也回憶「自從與日人合股後,於印刷技術方面,確得到不少的幫助。關於照相落石、圖版雕刻(銅版雕刻、黃楊木雕等)、五色彩印,日本都有技師派來傳授…幾年之中,果然印刷技術進步得很多,事業發展極速。」[76]另如光緒三十年(1904)商務聘請日籍技師柴田來華指導雕刻黃楊木版,因此成立了黃楊木版部。[77]如光緒三十一年(1905)商務聘請日籍彩色石印技師和田璃太郎、細川玄三、岡野、松岡、吉田、武松、村田及豐室等來華從事彩印,其技術能達到仿印山水花卉人物等古畫,設色與原底無異的境界。至於雕刻銅板部份,則透過和田璃太郎、三品福三郎及角田秋成三位的協助。[78]光緒三十三年(1907)商務派郁厚培赴日本學習照相製版技術,同年商務也開始用珂羅版印刷。[79]次年又派黃子秀赴日學習珂羅版。短短數年間,雙方互動頻繁,日人技師透過商務聘請來華者數量不少,另商務派遣赴日學習者亦多,因而造就了當時中國現代印刷技術人員。

---

[75] 莊俞,<三十五年來之商務印書館>,《商務印書館九十五年》,頁753。

[76] 高翰卿,<本館創業史>,《商務印書館九十五年》,頁8-9。

[77] 賀聖鼐,<三十五年來中國之印刷術>,張靜廬輯,《中國近代出版史料初版》,頁266。

[78] 賀聖鼐,<三十五年來中國之印刷術>,張靜廬輯,《中國近代出版史料初版》,頁267,271,174。

[79] 此據臺灣商務印書館編,《商務印書館100週年/在臺50週年》(臺北:臺灣商務,1998年),頁16。莊俞,<三十五年來之商務印書館>,《商務印書館九十五年》,頁753,則稱商務於「宣統元年(1909)間,更辦珂羅版印刷與三色照相版。」兩處所說年代稍有不同。

1909 年商務改進銅鋅版和試製三色銅版，聘請美籍技師指導。1912 年商務內部設鐵工製造部，製作印刷機器和理工儀器，並開始使用電鍍銅版。另購辦英國潘羅司大照相架，為當時世界第二大照相機，專供印刷全張地圖；1913 年使用自動鑄字機；1915 年首次引進彩色膠印機，聘美籍技師指導。

1919 年創製舒震東式華文打字機，為中國第一部漢字打字機；同年並創製漢字與注音符號結合的銅模，並開始用機器雕刻字模，且成功試驗用宣紙套印十五色；1922 年改進印刷技術，聘德籍技師指導；1923 年設影寫版部，改進雕刻銅版技術。先後聘德籍及美籍技師指導；1924 年擴大印刷規模於香港西環設印刷局，名為「商務印書館香港印刷工廠」；1931 創製傳真版；1934 年香港印刷工廠新廈建成於北角。1935 年創製賽銅字模。由此可見商務歷年來對印刷技術的重視與卓然成就。商務除多次派員赴各國考察先進印刷技術，同時重金延聘外籍技師來館指導，教授藝徒。所以「如鉛印、單色石印、五彩石印、三色版、珂羅版、雕刻銅版、照相鋅版、凹凸版、影寫版、影印版等各種出品，無不精美異常。」[80]因此高超的印刷技術除用於圖書、期刊印製等文化出版品外，另如鈔票、債券、商標等也具印製能力；古今圖書字畫的翻印，也能透過彩色照相製版、影寫機等，有良好的印製成果。

商務在印刷技術的精進學習方面，雖然取法的對象為國外日本及歐美等，但在印刷工業的推展上，卻非常重視國家實業的創造。如印刷用的紙張油墨等，堅持以使用國貨為優先；與印刷相關的材料或物

---

[80] 莊俞，〈三十五年來之商務印書館〉，《商務印書館九十五年》，頁 740。

件，亦以自行製作爲原則。如自動鉛字鑄字爐架、鉛字母型的各種字體、大小、花邊的銅模、石印機、鉛印機等機械、儀器標本模型、華文打字機、幻燈影片、運動器械、實驗用品、墨水、膠水、粉筆等各式文具，舉凡與印刷事務有關，或與教育之相關教具等，均採自製自銷的方式。

　　商務對印刷事務的經營方式，其實也透露出商務對於企業體不同領域事業圈的經營，主要採取「自給自足」及「全方位」的經營方向。如機器設備、鉛字銅模，甚至油墨等自製自銷方式，雖然可以避免基本原料或設備「操之在人」的限制，並獲致節省成本的效益。但因先期投資研發及製作的成本極高，故企業需有雄厚的資產作爲後盾，否則很難達成。且自行製作的機器、鉛字、銅模、油墨等，以及打字機、幻燈片、儀器標本模型等，不只供出版發行使用，亦須成爲企業的商品之一，透過量產的方式，才能使企業獲利。商務數十年來爲印刷技術精進，不吝投資大筆資金與人力資源，只爲能與世界先進印刷技術並駕齊驅的企圖，可見商務經營人的恢宏氣度與卓然遠見。

七、出版策略與教育事業

　　商務初期的圖書出版，因夏瑞芳的眼光敏銳與獨到，選訂的出版方向恰能合乎當時社會所需，因此第一波發行謝洪賚牧師譯註的《華英初階》、《華英進階》及《華英字典》等即成爲暢銷書；另《通鑑輯覽》則是看準市場需求，以鉛印本有光紙的出版方式，因僅需原木版發行書約二十分之一的售價，創下高達萬餘部的銷售量。初期出版銷售業務的成功經驗和張元濟的擘畫主導，商務在出版事業經營方針歸

納如下：

一是「向來避免和政治接觸」[81]，在商務日後許多與政治議題相關的接觸事務中，商務莫不採取極謹慎保守的態度。民國初年時局詭譎多變，因此對政治立場的處理，更需慎重。雖因此可能得罪某些政治人物，但寧可不碰也不願招惹麻煩。[82]商務此舉是「在商言商」，保障股東利益，避免影響企業經營。另方面曾經歷清末戊戌政變的張元濟，必然深刻體會政治現實的殘酷無情，因此他在中國近代詭譎多變的政局下，不得不採取趨吉避凶的謹慎態度。

一是「適應環境與潮流，供給教育材料－教科書，並複印本國及譯印各國有用書籍，一方面更盡其餘力，直接舉辦教育事業以為倡導，並輔助教育之不及。」[83]商務擬透過出版品的出版，作為改革中國文化的方法與媒介，因此一方面發揚固有文化，保存國粹；一方面介紹西洋文化，謀中西之溝通。[84]其實，商務數十年來發展與出版的脈絡，就是為落實夏瑞芳與張元濟相約「吾輩當以扶持教育為己任。」的職志。商務初期的發展脈絡與企業風貌，在夏瑞芳延請張元濟加入後，逐一建構、組織並成型。除了確定以出版為重心外，同時期望能作為教育社會大眾、啟發民智的重要媒介與途徑。

除了出版事業之外，另一方面商務也透過相關學校等教育事業興

---

[81] 汪家熔，<商務印書館的經營管理>，《商務印書館史及其他－汪家熔出版史研究文集》，頁44，引李宣龔於1950年6月4日商務股東年會報告。

[82] 如1915年8月袁世凱恢復帝制活動猖獗，商務馬上停印《共和國教科書》，改編印《普通教科書》，以符時勢；1916年帝制失敗，又銷去前書改名《共和》書；另1919年婉拒《孫文學說》的委託代印，因當時孫中山為北洋政府通緝。

[83] 莊俞，<三十五年來之商務印書館>，《商務印書館九十五年》，頁724。

[84] 莊俞，<三十五年來之商務印書館>，《商務印書館九十五年》，頁734-735。

辦,直接擔任起教育民眾的角色。教育事業的創辦,文獻中雖然均未
明確敘述起始的緣由,但以商務早在清光緒31年(1905)年就開辦第一
屆小學師範講習班,時距張元濟進館僅2年,因此商務一連串多元化
教育事業的開展,應與張元濟的主導及推動有極大關係。張元濟對教
育的重視,可由他1913年9月12日致熊希齡札云:「…無論從何方面
著想,終不能不從教育入手…教育則根本中之根本也…雖十餘年來未
嘗捨此他事。」[85]

審視商務經營與發展的背後,均能看到圍繞著「教育」此一主軸
的軌跡,因此商務在中國近代的新式教育史上,以一私人企業而言具
有不容忽略的地位。舉凡各種講習班、函授學校及各級學校的籌辦上,
頗具成效及影響力。由商務成立之初至民國20年,商務籌辦之公共教
育事業如學校、講習班、學社、補習學校、實習所、函授學社、夜校、
管理員訓練班、同人教育補助金委員會等教育單位、活動或設施、制
度等,可看出商務辦理的教育機構,涵蓋之對象年齡層分布廣泛,下
達幼稚園生,上可推至一般社會民眾;開辦之學校性質有一般國民基
本教育(小學),也涵蓋職業教育訓練,舉凡商業、師範、英文等實用
之短期專業講習班、函授學校等均對民眾開設。[86]商務不只開設各種
班別,且長期投入固定的津貼補助支持,績優學員並頒予獎學金或書
卷。商務開設教育機構及短期講習班之效益,除達成提升國民智識,
教育普羅大眾,照顧員工子女及自家員工進修養成的目標外,另方面
也成為商務驗證自家編撰的教科書刊,實際運用於教學或自學時效益
檢視的對象,藉此可作為商務教科書日後內容修訂的佐證參考。如教

---

[85] 張樹年主編,《張元濟年譜》,頁114。
[86] 莊俞,<三十五年來之商務印書館>,《商務印書館九十五年》,頁730-734。

科書及教師手冊運用在「尙公小學」即是一例。

商務初期發展階段，雖與創業之初時在營業規模、資本額、營業額[87]、印刷技術及出版、教育事業等方面，其進展與績效已不可同日而語，甚至成爲文化出版業界的領導地位。但創業期間仍不免有坎坷境遇，如夏瑞芳的橡皮股票風波、中華書局的崛起與教科書之爭等。因中華書局的攻訐，夏瑞芳全力與日方協商收回股權。商務不惜以極大的代價，終於 1914 年成爲完全中資的企業。但孰料僅數日夏氏竟遭暗殺身亡。

第三節　後續發展階段(1915－1949)

夏瑞芳之死，使商務原即存在的書生派與教會派對峙情形，因少了夏氏的居中謀合而產生對立。所謂教會派是指早年清心書院出身的－批創業元老，以高鳳池爲首，視公司爲私產，重用舊人；書生派由讀書人出身爲主，以張元濟爲首，對教會派作爲不以爲然。兩派人馬相互鬥爭，遇事推諉，造成印刷廠、發行所及編譯所各行其事的混亂局面。1914 年陳叔通應張元濟之邀進入商務，他提出三所之上另設總務處，成爲「三所一處」，以解決事權不統一的紛爭。但張元濟與高鳳池在企業拓展及用人方面始終意見相左紛爭不斷。諸多爭議事件下，1918 年 4 月張元濟首先提出辭商務經理一職，1919 年 8 月高夢旦亦請

---

[87] 資本額由光緒 23 年 4,000 圓至民國 3 年 200 萬元，成長 500 倍；營業額由光緒 29 年 30 萬至民國 3 年 2,687,482 元成長將近 9 倍。光緒 28 年之帳簿因火被毀。莊俞，《商務印書館九十五年》，頁 750-752。

辭編譯所所長，未果。1920 年張菊因商務拓展業務事宜紛爭再起，經
調停協商兩人同辭舊職改任監理，董事會另推鮑咸昌為總經理，李拔
可、王顯華為經理。因公司及董事會多支持書生派的見解，故商務才
能順應時勢潮流，靈活調整經營方向及出版計畫，接納當時新文化運
動下建立的新思潮，廣泛吸納學界精英到商務任職，使商務成為 20
年代初期最重要的文化組織機構。[88]1921 年冬王雲五入館，接替高夢
旦編譯所所長一職，商務在王雲五的改革及領導下，所面對的是中國
近代一連串紛擾的政局及殘酷的戰亂。商務在此驚濤駭浪之中，「奮力
發展」、「戰火毀傾」及「苦鬥復興」三者循環輾轉出現於商務歷史中，
展現了企業堅毅卓絕的風範。本節擬探討 1914 年以後商務後續發展的
重要事績，主要以商務企業體的組織發展為主，屬出版事業及圖書館
事業之介紹，將於後續章節提及，此章暫不詳述。以下略依時期次序
分為五四時期商務的改革、胡適考察及王雲五進館、編譯所改組、一
二八之役及戰後復興、抗戰期間至 1949 年等各時期。

一、五四時期商務的改革

　　民國初期的五四運動，造成商務發展上另一次巨大的衝擊。五四
運動中，主張用白話廢文言的文學革命，及以科學與民主為主的新文
化運動，均對身處文化出版界的商務造成影響。陳獨秀首先於 1918
年 9 月 15 日《新青年》第 5 卷第 3 號刊中對商務《東方雜誌》中不分
文章論點提出尖銳批評。時該刊主編杜亞泉[89]雖與新文化運動者對當

---

[88] 楊揚，《商務印書館－民間出版業的興衰》，頁 83。
[89] 杜亞泉，浙江會稽人，原名煒孫，字秋帆，自赴上海設立亞泉學館，發行《亞泉雜
誌》後，以亞泉名之。讀書勤奮，興趣廣泛尤其對自然科學有研究。於 1904 年由張
元濟延攬入商務，自 1910 年起擔任《東方雜誌》主編。

時之教育及政局,同樣持批評意見,但杜氏與新文化運動者不同處在於他雖同樣不主張保皇復辟,但對全盤主張西學的做法亦不贊同,主張應立足本土文化建設,推崇儒學,因此遭陳獨秀等新文化運動者之強烈批評。後世看待此番論爭,咸認雙方僅立足點之差異實無太大矛盾。羅家倫在<今日之雜誌界>一文中更嚴厲批評《東方雜誌》,「毫無主張」、「毫無選擇」、「不能盡一點灌輸新知識的責任」。[90]此外,學術界也向商務當局反映杜亞泉審稿不公正。張元濟鑑於時勢不得不予以調整,因此於 1919 年 5 月 24 日將杜亞泉撤換由陶葆霖接辦,以平息憤怒。

　　羅家倫的文章中除了對《東方雜誌》批評外,對於商務發行的其他雜誌也逐一點名,嚴峻批判。因而使商務決議更換各項雜誌主編。除《東方雜誌》外,另外一系列的雜誌也改換主編,如《教育雜誌》由李石岑編輯(實際負責人周予同);《學生雜誌》編輯楊賢江(實際由朱赤民負責);《小說月報》由茅盾負責;《婦女雜誌》由章錫琛負責。新上任的主編均追隨新文化、新思潮,使商務的雜誌呈現新氣象,除獲致文化界好評外,訂閱數量也隨之大幅成長。商務當初大膽啓用文化新人,除造就商務形象的提升與獲利外,更重要的是這些新文化思想的年輕文人,經常聚會探討社會文化問題,相互激勵思考問題。藉由商務此一優質文化環境與通暢的發行管道,使新文化運動的新思潮與新作爲,得以更流傳廣佈。部分出版品如《小說月報》更成爲宣傳新文化運動的重要陣地。

---

[90] 羅家倫,〈今日中國之雜誌界－1919 年(民國 8 年)〉,《中國現代出版史料(甲編)》,(北京:中華書局,1954 年),頁 79-86。原文刊載於 1914 年 4 月 1 日,《新潮》第 1 卷第 4 期。

　　五四期間，由高等教育機構及學術團體所組成的新式知識份子為五四新文化運動發展主體。商務為爭取這批新式知識份子的支持，拓展業務，因此開始發行由高等教育機構或學術團體所編輯的雜誌。由這些學術團體自行籌稿，商務負責印刷及發行，依此形式來支持學術團體。總計 1919 年至 1931 年間依此方式委託商務發行的期刊有 28種。如中華學藝社的期刊《學藝》在商務的支持下成為高水準的自然科學和人文社會科學刊物。

　　商務於此期間，積極晉用新人，唯才是舉，如鄭貞文(1918)、謝六逸(1920)等人均此時進入商務。1921 年進館的有楊賢江、鄭振鐸、周建人、周予同、李石岑、王伯祥、楊端六等；1922 年進館者有朱經農、唐鉞、竺可楨、段育華、任鴻雋、顧頡剛、范壽康等人[91]，以上多人日後均成為中國近代文化史的名人。在積極延攬賢才中，最受矚目者，為延請北大教授胡適到編譯所任職。1919 年 2 月商務出版胡適名著《中國哲學史大綱》後，當年 4 月張元濟致書商務北京分館經理孫壯，擬透過陳寶泉[92]約聘胡適，未果；1920 年張元濟與高夢旦商議成立商務第二編譯所，專辦新事項，擬重金請胡適於北京主持，亦未成功；1921 年 4 月張元濟派高夢旦親赴北京力邀胡適入主商務編譯所。胡適在盛情難卻之下，應允當年暑假到上海商務短期考察。

---

[91] 《商務印書館百年大事記》，1918 年－1922 年。

[92] 陳寶泉(1874－1937)，字筱莊、小莊、肖莊，中國近代教育家。天津人。1896 年在維新思潮影響下參加康有為創辦的強學會。1897 年考取京師同文館算學預備生。1901年任天津開文書局編校工作。1912 年 7 月，被教育部任命為北京師範大學的前身－北京高等師範學校的校長，並應教育總長蔡元培之約，出席「全國臨時教育會議」，參與民國初年教育改革。1912－1920 年，任北京高師校長。參見：http://www.hoodong.com/wiki/%E9%99%88%E5%AE%9D%E6%B3%89，2007.12.13 檢索。

二、胡適考察及王雲五進館

高夢旦面對新文化運動，自認不適應新潮流，外語方面能力也不足；商務諸多出版物也受到學術界嚴厲批評，他因而與張元濟協商另覓適當人選自代。當時胡適頗受學術文化界敬重，且提倡白話文，成為張元濟積極延攬對象。胡適於 7 月 15 日至 9 月 6 日期間停留上海，與商務編譯所人員會晤並研提改善建議。胡適對商務提供改善的建議多元，其中不少與商務經營的圖書館事業有關。而他對商務提出的建議影響最大者，莫過於推薦中國公學時期的老師王雲五替代自己到編譯所任職。王雲五主持大陸期間的商務長達四分之一個世紀，帶領著商務度過中國近代戰亂頻仍的風雨歲月。

王雲五(1888－1979)，原名雲瑞，號岫廬，廣東省中山縣泮沙村人。年少曾擔任五金店學徒，半工半讀，勉力自修學習，16 歲進入同文館修業，17 歲時任同文館教務助理員。後轉任益智書室教師。1908年入中國新公學擔任 4 年的英文教員，教授文法及修辭學，學生包括胡適、朱經農、楊杏佛等。辛亥革命後應孫中山臨時大總統之邀，擔任英文秘書。1912 年因提出教改建議，受蔡元培器重延攬至教育部任職。1912 年 4 月兼任北京《民主日報》撰述，另 9 月又兼任北京國民大學英文教授達 4 年多，自離開教育部後於該校擔任專任教師。1914年春，他於籌辦全國煤油礦事宜處，擔任編譯股主任，翻譯有關煤油礦的英文論著單年累積達 70 餘萬字。1916 年改任江蘇、廣東、江西三省禁菸特派員，於 1917 年 6 月因收買存土案後續引發之養廉獎金紛爭，黯然離開官場。自此王雲五居家讀書並完成 20 餘萬字《社會改造原理》翻譯稿。1920 年春原中國公學學生趙漢卿與友人合辦「公民書

局」，約請王雲五主編一套《公民叢書》，王氏選定 34 種圖書，第一年即出版 20 餘種書。[93]

　　胡適雖經商務再三挽留，但他認為「不應放棄自己的事，去辦那完全為別人的事。」[94]他於 1921 年 8 月向高夢旦推薦王雲五自代，而王雲五於當年中秋節之際進入商務先任實習。他觀察商務不滿兩個月隨即提出《改進編譯所意見書》，送交張元濟及高夢旦考慮。張、高經呈轉部分董事後，遂同意王雲五接任編譯所所長，並支持他對編譯所進行大刀闊斧的改革。1922 年元月 17 日商務董事會第 268 次會議議決：「…自 11 年份起請王岫廬君為編譯所所長，仍請高夢旦在編譯所一同辦事。」[95]故僅約實習 3 個月，王雲五就正式執掌編譯所所長一職，而他隨即進行商務的改革計畫。

三、編譯所改組及科學管理法

　　胡適考察商務期間，與新進商務具有新思維的編譯所同人晤談，除瞭解業務介紹外並聽取他們對商務的建議。胡適返回北京後，於當年 10 月為商務提交的考察報告中(約萬餘字，內容分設備、待遇、政策、組織四部份)，諸多建議事項其實就是彙整這批新進人才的意見而成。

　　王雲五掌編譯所後，參考胡適的建議及自己的觀察，於一年內即

---

[93] 有關王雲五早期經歷及存土案、養廉獎金等事項緣由，參見：郭太風，《王雲五評傳》，(上海：上海書店出版社，1999 年)，頁 1-65。

[94] 孫娟，<五四時期的張元濟與商務印書館>，《民國春秋》，(2001 年第 4 期)，頁 50。

[95] 王建輝，《文化的商務》，(北京：商務印書館，2000 年)，頁 15。轉引自：陳原，<一個愛國智者的思路歷程>，《陳原出版文集》，中國書籍出版社，1995 年，頁 396。

展開編譯所的初步整頓計畫。主要分三方面。一是改組編譯所，延聘專家主持各部；二是編輯各科小叢書，以爲他日編印《萬有文庫》之準備；三是將原附設之英文函授科擴充，改稱函授學社，另增設算學科及商業專科。[96]對編譯所的改組，他酌情調整並添設許多部門，使編譯所合乎學術分科性質[97]，編輯人員也擴增到兩倍以上。此時除兼職人員外達 240 人之多(尚不包括勤務員)。其中 1921 年 9 月後新進商務者共 196 人，許多老資格的編輯被淘汰，另引進諸多學界精英，均爲一時之選。此舉當然引起教會派的反彈，但啓用新人的作法原就與張元濟早年的思維相符，因此仍能順利推行。當時的商務編譯所匯集之知識份子，包括早期留美歸國(任鴻雋、竹可楨、朱經農、吳致覺等)及留日回來(鄭貞文、周昌壽、李石岑、何公敢等)。後來中國創辦之出版業如中華書局、世界書局、大東書局、開明書局之骨幹大多由商務出來；其他許多印刷廠、裝訂廠的老闆，許多都曾任職商務。[98]商務堪稱是中國近代出版、印刷及發行事業人才培育及養成的搖籃。在圖書出版方面，他爲了補充商務有關新學書籍之零星無系統，故由治學門徑著手，編印一系列的叢書；另函授教育方面，也擬擴充函授學科範圍，增設算學及商學科兩科。

1926 年張元濟辭監理一職，被推爲董事長。他於致商務董事會書

---

[96] 王雲五，<初長商務印書館編譯所與初步整頓計畫>，《20 世紀中國著名編輯出版家研究資料匯編》，頁 348-349。原載：王雲五，《岫廬八十自述》，(臺北：臺灣商務印書館，民 56 年)。

[97] 依 1924 年《編譯所職員錄》記載，當時部門有國文部、英文部、史地部、法制經濟部、數學部、博物生理部、物理化學部、雜纂部、英漢實用字典委員會、國文字典委員會、英漢字典委員會、百科全書委員會、事務部、出版部、東方雜誌社、教育雜誌社、小說月報社、學生雜誌社、少年雜誌社、兒童畫報社、婦女雜誌社、小說世界社、兒童世界社、英文雜誌社、英語周刊社、國語函授社、國文函授社、英語函授社、數學函授社、商業函授社、圖書館等。

[98] 葉聖陶，<我與商務印書館>，《商務印書館九十年》，頁 300-301。

95

中再陳：「商務工廠規模較大者如本公司者，元濟愚見尤必須用科學的管理，誠心的結合，…言之匪艱，行之維艱，果欲行之，不能不破除舊習，不能不進用人才。…」[99]足見張元濟對「進用人才」及「科學管理」兩項課題之重視。這或許可解釋，早先王雲五推動編譯所的改革及後來的科學管理，雖然導致商務員工的強烈抗爭與反彈，但張元濟於幕後仍支持王雲五。因他不具歷史及人情包袱，本身又充滿幹勁活力，恰可爲張元濟執行多年來因教會派作梗，以致無法進行的改革作爲。王雲五又有胡適推薦背書，因此成爲張元濟藉助來改革商務的一個外在力量。王雲五曾稱：「張先生贊成和支持我。」所言應真實不虛。張元濟自 1926 年 8 月起至 1950 年 8 月擔任商務最高決策單位董事會的董事主席[100]，相關舉措均需通過董事會授權同意。以張元濟耿介正直的性格，必然是衷心支持王雲五的改革制度。

1929 年 9 月王雲五辭去編譯所所長職，改薦何炳松擔任。半年後因總經理鮑咸昌辭世，董事會經張、高兩人力舉，同意請回王雲五任總經理。王雲五提出成立總管理處，實行總經理制；並於 1930 年 3 月出訪考察世界重要國家成功企業半年，9 月歸國後籌畫引進國外的科學管理作法。當他向商務各級宣布實行《科學管理法計畫》及《編譯所工作報酬標準》，內容主要以資本主義量化方式來管理。但卻造成商務職工強烈反彈，甚至出動上海市政府社會局出面調停，經 5 個月時間，王雲五不得不撤回原案，平息風波。但他仍到處演講，推介他科學管理制度的概念。數年後科學管理制度透過「其他途徑」仍於商

<hr>

[99] 張元濟，民國 15 年 4 月 26 日，參見《商務印書館百年大事記》，1926 年項下。
[100] 董事會每次選出董事 13 人，董事中再選出董事主席。張元濟兩度擔任主席，第一次於 1909 年 3 月至 1912 年 3 月夏瑞芳任職總經理任內。董事會之董事多為上海商人或學術界知名學者。參見王建輝，《文化的商務—王雲五專題研究》，頁 73。

務悄然施行。先由事務及財務著手，後再推及至人事部份。首開中國企業科學管理經營風氣之先，後世稱譽他是「科學管理的先行者」[101]。

　　表面上王雲五似乎於 1930 年才開始宣傳推動科學化的管理制度，但檢視王雲五自 1921 年進入商務主政後，即進行編譯所改組開始，其實他已隱然進行制度化企業經營的舉措。如五四以前商務曾多次發生職工貪污捲款舞弊事件，暴露內部管理缺失。商務透過 1920 年入館且在英國專攻貨幣銀行的楊端六協助，訂立籌辦新會計制度合同，成立籌備處，開辦講習班培訓新式會計人員。1922 年 1 月起施行新會計制度，使原先混亂的財務制度得以改善，並成為其他企業仿效對象，楊端六於 1923 年並被任命為商務會計科科長。完善的會計制度絕對是企業現代化科學管理制度的重要一環。商務日後多次遭遇國難橫逆，企業蒙遭嚴重損失，但仍能復興奮起或維持命脈，此與主持者王雲五運用科學管理的經營作法有關。他於一二八之役後解雇職工、改組機構後自稱：「我的科學管理法，畢竟已悄悄實行了。」[102]

四、一二八之役及戰後復興

　　1931 年九一八事變後，日本軍方期透過開闢新戰場迫使日本政府默許擴張計畫，向世界其他國家展現軍事實力，並為轉移國際聯盟對日軍擴張佔領東三省的鉗制決議，因此買通上海地區無賴製造糾紛事端，傳佈上海抵制日貨謠言，以製造出兵口實，藉以鞏固他們對東三

---

[101] 胡志亮，《王雲五傳》，頁 174。
[102] 王建輝，《文化的商務－王雲五專題研究》，頁 57。原引自章錫琛，<漫談商務印書館>一文。

省的統治地位，並平息日本國內對南進或北進的爭論。[103]日軍 1932 年 1 月 28 日發動對上海閘北的攻擊，史稱一二八事變或淞滬之戰。1 月 29 日上午日軍選擇上海商務為其轟炸目標，後經數日的轟炸及焚掠，商務寶山路東西所有機構包括總管理處、總廠(第一、二、三、四印刷廠)、編譯所、東方圖書館、尚公小學和函授學校約 100 畝的所有建築、設備、機器及產品原料，均被炸燬，火燒數日，廢墟一片，紙灰飛達數十里外，商務損失巨大，號稱世界最大照相機被毀，除約 5000 冊珍善古籍預先移存於金城銀行保險庫，其餘東方圖書館館藏片紙不留；其資產損失達 1,630 萬元以上，佔總資產 80%以上。其中最令痛心疾首者為商務數十年辛勤耕耘之數十萬書籍蒐藏，無可復得。王雲五面對慘狀，思維去留，後轉念展現了他「挫折愈多，奮鬥愈力」的素性，決定朝復興重建之路邁進，同時也展現出他一文化人的道德良知。

他組織一從事復興的專門委員會，由張元濟擔任委員長，王雲五擔任常務主任。後又成立善後辦事處。為商務復興計，他宣布商務主體部分的總管理處、編譯所、印刷所、發行所、研究所、虹口西門兩分店被迫停業，約 4000 名職工領取半個月工資後解雇。此舉造成他承受各方指責的糾紛壓力中。當時胡適給王雲五的信頗能反映他「豈能盡如人意，但求無愧我心」的煎熬苦楚：「南中來人，言先生鬚髮皆白，而仍不見諒於人。」

此次復興以張元濟及王雲五為首作為領導層，運用僅餘資產及物資進行重建。首先選訂教科書為第一目標，由當年秋季開學所需大批

教科書作為第一階段目標。調集全國分館僅餘資金及財力，由廢墟中修復尚可使用的印刷機器，在上海租界租屋開辦小廠，逐漸恢復生產。另進行機構調整，當年 7 月董事會重新認命王雲五為總經理，他進行組織大革新，成立一總經理轄下的龐大總管理處，下設五部門：生產部、發行部、供給部、會計部、稽核部及秘書處，編審、人事等委員會(1934 年總管理處增設編審部)，王雲五兼任生產部長和編審委員會主任。他以個人名義廣發致函國內學術界，希望支持著作委託商務印行。當年 8 月 1 日對外宣布復業，以「為國難而犧牲，為文化而奮鬥」[104]為激勵標語。後續重印書刊於版權頁均加註「國難後第一版」字樣，更為突顯商務復業的悲壯景況，並加印一段文字，說明一二八之役中商務之損失與力圖復興重印舊書等權宜做法。而當年 11 月 1 日王雲五更宣布商務以「日出新書一種」為經營目標。[105]

經過一年的努力，商務復興成績可觀，上海總廠機器增至原有的60%，工人減少一半多，生產力卻提高二倍半[106]；除重版圖書約 2,214種 2,531 冊外，並出版新書 292 種 329 冊。[107]

王雲五在復興商務過程中，除重振商務上下人心，同時也真正鞏固了自己地位。[108]但王雲五復興期間的兩項舉措，也引起後世諸多不

---

[104] 王雲五，《岫廬八十自述》，頁 207。原修改自商務宣傳推廣科戴孝侯提出之「為國難不惜犧牲，為文化繼續奮鬥」語，見汪家熔，<抗日戰爭時期的商務印書館>，《商務印書館史及其他－汪家熔出版史研究文集》，頁 132。
[105] 《商務印書館百年大事記》於 1932 年條下記：「八月一日復業，實行日出新書一種。」參閱其他文獻如《岫廬八十自述》頁 207 及王建輝《文化的商務》頁 85，應於 11 月 1 日宣布。
[106] 王雲五，《岫廬八十自述》，頁 219-220。
[107] 王壽南，<王雲五先生小傳>，《王雲五先生與現代中國》，頁 361。
[108] 老商務人蔣維喬：「…王不辭勞怨，不惜生命，卒成復興之功，然後公司內外，皆信公(按：指高夢旦)之知人善任，有非尋常可及者也。」，<高夢旦傳>，《商務印書館九十五年》，頁 54。

同評斷。一是取消編譯所，代以編審委員會。編譯所由原來 300 人減至編審 6 人、編譯 11 人；二是取消上海商務的印刷業務，代以租界內或分散的小印刷廠。上述兩者與商務早年由印刷起家，強調印刷精美；因編譯所而茁壯，注重出版物質量兼具的優質特色，兩相背離。王雲五採取這些做法的理由，有研究認為他取消編譯所一可避免年輕具獨立見解新思想的編輯人員，帶頭組織工會反對資方(商務以往多次深受勞資糾紛所苦)；另商務的出版方針已擴及一般各類各樣圖書，非專以早年教科書為主，故館內原有編輯人員已無法全然勝任；取消印刷廠則工人數亦連帶精簡，此舉可減少勞資糾紛產生，降低資方成本；且能削弱原以印刷所為主的教會派舊勢力。[109]上述理由均可能是王雲五的考量因素，但以他積極奉行科學化管理制度的思維，上述決策應該是他落實科學管理制度的成果。畢竟一二八之役後，在企業資產及環境設備匱乏的情況下，已無法用舊制度來經營企業。他參考國外卓越出版機構的作法，不辦印刷廠，委託外面廠家代印，可避免勞資爭議；另書稿由外間學者所著，再由編輯人員審閱，或委託外面專家代為審閱。此種做法與現今諸多企業與政府機關，將部分專業製作或勞務事項委託外部公司外包承作的做法完全相符。

五、抗戰期間至 1949 年

時局紛擾，王雲五早於 1936 年 10 月 30 日在商務的董事會議中，已提出戰前因應時局的前置權宜做法。只是因忖戰事未必遽至，故相關前置措施未積極全然落實。如原擬在長沙開設一小印刷廠，但因種

---

[109] 王建輝，《文化的商務》，頁 88-94。

種因素未及時進行。

1937 年七七事變後，王雲五於 7 月中旬赴廬山與蔣介石會面，返滬後面對不可避免的戰事，他與張元濟協商緊急採取三項措施，一是在上海租界建立更多臨時小印刷廠，二是進一步擴建香港印刷廠，三是預見國民政府必將西撤，決定在內地開設新廠。他初步決定將總管理處遷入內地，並選擇長沙作為總管理處所在地。但長沙廠房建造後，人員的內遷調度困難，長沙大火燒毀相關設備及廠房，使商務不得不改內遷至重慶。1937 年八一三戰役期間，商務曾停業數月，自 10 月 1 日起恢復營運。王雲五將上海商務能轉移的資產移轉至內地，並利用商務在各地分廠分館分店，尤其是香港分廠分館持續進行生產和營業。1937 至 1941 年底香港分館為商務戰時的生存與發展提供相當空間。1937 年 10 月王雲五到達香港，設立總管理處駐港辦事處，此後四年以香港作為商務編輯、出版、印刷的重心。因香港屬外國殖民地，故對出版的圖書版權頁上，館址仍註明為長沙南正街(上海出版者亦然)。遷往長沙之舉，曾獲董事會同意，但長沙大火後遷至重慶的決定，僅為總經理王雲五所採取的應變措施。

戰時物資貧乏，讀者購買力下降，王雲五調整編輯出版方針回復至早先以教科書為主，其他出版規模均隨之縮小。出版措施上實施戰時節約版式，盡量減少版面空白，減少用紙；另採用輕型紙張，以減少紙張及運費價格；另並製作航空紙型，紙張輕薄適合由香港快遞至內地，以減省貨物運資。[110]在此艱鉅環境下商務從 1937 年到 1941 年底仍出版新書 2,352 種 3,695 冊，大部頭 9 部[111]3,266 種 4,698 冊，新

---

[110] 王雲五，《岫廬八十自述》，頁 246-248。
[111] 包括《叢書集成 3-6 集》、《萬有文庫第 5 期》、《萬有文庫簡編》、《縮本四部叢刊初編

出各類教科書 155 種 247 冊，五年合計 5,773 種，8,640 冊。[112]

1942 年 12 月 8 日太平洋戰爭爆發，侵華日軍佔據香港及上海，對商務又是另一階段的劫難－兩地資產全數喪失。上海方面日軍查封商務發行所及各工廠，抄去書籍 460 萬冊，鉛字 50 餘噸，使上海出版業陷於癱瘓。張元濟留守上海主持董事會，未變更資本，亦未向汪偽政府申請註冊。原珍藏於銀行保險庫之 5000 冊宋元善本國寶，為不流入敵手，採取分散秘密保存方式，抗戰勝利後才匯集清點。[113]

香港方面商務所有工廠及棧房全數遭查封佔據，物資全遭毀佚。太平洋戰爭爆發之時，王雲五正在重慶參加國民參政會，得悉日軍空襲香港，港辦無法工作，因此留在重慶設立商務總管理處駐重慶辦事處及編審處，持續在重慶延續商務的命脈。在更艱苦物質環境下，王雲五在侷促的狹小空間及極其有限人力下，除持續出版新書(總計此期間共 475 種 502 冊)。另於門市旁開設東方圖書館重慶分館，足見王雲五對圖書館事業的認同及執著，始終如一。1943 年教育部推行教科書「國定本」，委託各家出版教科書的廠商共同負責。其中正中書局、商務及中華書局三家各佔 23%，世界書局佔 12%，大東書局佔 8%，開明書店佔 7%、貴陽文通書局佔 4%，自此教科書市場不再有競爭。但在幾家內遷的書業同行中，教科書之外，商務所出版的一般性圖書仍居各家之冠。

第 3 集書》、《東方文庫續編》、《國立北平圖書館善本叢刊》、《民眾基本叢書》、《中學國文補充讀本》、《百衲本二十四史第 6 期書》九部。

[112] 張人鳳，<為國難而犧牲，為文化而奮鬥－抗日時期的商務印書館>，《商務印書館一百年》，頁 506。又見汪家熔，<抗日戰爭時期的商務印書館>，《商務印書館史及其他－汪家熔出版史研究文集》，頁 157。

[113] 張人鳳，<為國難而犧牲，為文化而奮鬥－抗日時期的商務印書館>，《商務印書館一百年》，頁 508。

　　抗戰勝利後 1946 年 9 月 29 日上海商務董事會召開股東大會，向股東報告 1937 至 1945 年情況。會中提到商務張元濟等董事在敵脅迫下，「堅決抗拒，始終不屈，不開董事會，不改選董事、監察人，不更改組織，甚至連公司股本均未增加。」對張元濟等人的志節極表讚譽。而勝利後的復興計畫經董事會決議已「授權王總經理全權辦理」。但商務內部因戰事阻隔兩地，戰爭期間上海的董事會及避居後方的總經理王雲五，雙方因諸多商務事務的重大事項未按章程辦事，致橫生誤解互有心結。故雙方對由重慶回上海「接管」的氣氛，少了久別重逢的喜悅。此時王雲五因參與政治協商會議及憲法草案審議委員會，極為忙碌，另又受邀擔任經濟部長，1946 年 5 月 20 日董事會不得不同意王雲五辭職。至此王雲五結束了在上海商務長達 25 年的工作生涯，其中有將近約 20 年期間，均屬領導商務復興苦鬥的坎坷歷程。商務的艱困歷程，也正是中國近代文化與社會艱困發展歷程的縮影與寫照。[114]朱經農經胡適推舉繼任總經理兼編審部部長。[115]商務自抗戰勝利後均依 1945 年 8 月 29 日交給李澤彰的《駐滬辦事處辦事大綱》作為行動準則，持續進行圖書出版事宜。《大綱》規定：「印製以教科書工具書及後方出版之繁銷書為主。」但出版事宜持續至 1948 年 11 月謝仁冰擔任編審部部長後，因通貨膨脹已越趨困難。依《商務印書館百年大事記》記載，1946－1948 商務仍勉力發行多樣圖書[116]。1948 年臺灣分館成立，由趙叔誠任經理，1949 年 5 月後因交通阻隔，臺灣商務自行獨立經營。同年上海商務陳叔通及謝仁冰向政府建議商務採公私合營。

---

[114] 王建輝，《文化的商務》，頁 103-104。
[115] 汪家熔，<抗日戰爭時期的商務印書館>，《商務印書館史及其他－汪家熔出版史研究文集》，頁 180。
[116] 如連橫《臺灣通史》、孫本文《社會學原理》、陳寅恪《唐代政治史論稿》、許地山《危巢墜簡》、馮友蘭《新事論》、董作賓《殷虛文字(甲編)》等，創刊《新兒童世界》，編印《新中學文庫》、《新小學文庫》、《國民教育文庫》第一集98種。

自此商務自創立以來維持長達 50 餘年自主經營的發展模式，至此告一段落走入歷史。

第三章

涵芬樓－從傳統到現代的過渡

　　商務對中國近代文化的貢獻，一般多分爲「啓民智，出版新式教材」、「理國故，宏揚傳統文化」、「引西學，汲取異域精華」及「奠基礎，出版國人專著」四方面來列述其豐碩的文化成果。[1]張元濟對此四項文化成就，均由其長期擘畫經營，其貢獻無庸置疑，許多研究對張元濟兼具出版家及教育家的特質咸表肯定。但專就學術成就而言，張元濟致力于古籍、方志的搜集、整理，以及他以此爲基礎所建構的涵芬樓及東方圖書館的成就，就不能忽略他兼具藏書家及圖書館專家的角色；另外他對古籍的整理與傳播出版，使國故文獻在清末民初紛擾變動的時局裏及新舊思潮衝擊的環境下，透過翻印出版得以賡續流傳，化身千萬，他同時也是校讎學家及國故文獻的出版家。

　　商務的成就，除由出版史角度的觀察外，商務對中國近代圖書館的發展也佔有重要地位。它不只有實際參與經營的實體圖書館(藏書樓)，更對中國近代圖書館的專業出版、管理制度、經營制度具開創性

---

[1] 潘文年，<商務印書館的文化貢獻>，《我所嚮往的編輯－第三屆未來編輯盃獲獎論文集》，頁 355。

的作爲。

　　本章擬探討商務編譯所圖書室的成立到涵芬樓的經營；張元濟係影響涵芬樓經營發展最關鍵性的人物，而他早年建立通藝學堂圖書館，已展現他對圖書館教育及學術功能的認知與重視。在掌理編譯所並成立涵芬樓後，他讓涵芬樓除具有內部編務參考的功能外，更爲保存中國傳統文化資產，挽救散佚於民間書肆的藏家舊藏，避免流入異邦。在商務豐厚的財力支持下，運用他舊學出身的紮實學識，以及他與學術文化界的深厚情誼，經數十年的累積，終爲涵芬樓蒐藏了一批內涵與數量兼具的善本古籍與地方志。另對涵芬樓的管理除張元濟外，參與最深者爲商務人孫毓修，他與商務的因緣及其對新式圖書館學的見解，也與涵芬樓的經營與發展有關，尤其商務早年在國學古籍方面的重要出版《四部叢刊》，對各書的解題方面幾乎均出自孫毓修之手。

第一節　涵芬樓的成立

　　涵芬樓的成立，簡言之可謂是「文化的蓄積與傳承」的具體展現。張元濟出身士紳，具深厚的古典學養。應夏瑞芳邀約進入商務，於 1904年接替蔡元培擔任編譯所所長開始，在總經理夏瑞芳支持下，隨即著手蒐購圖書，籌設成立專爲提供商務編譯所同人進行書刊編輯、翻譯等業務參考所需的圖書室。其成立目的除提昇編譯所人員素質，並期改善商務出版書刊內容品質。

涵芬樓成立的緣由，張元濟於<涵芬樓燼餘書錄·序>中自述：「余既受商務印書館編譯所之職，同時高夢旦、蔡子民、蔣竹庄諸子咸來相助。每削稿，輒思有所檢閱。苦無書，求諸市中，多坊肆所刊，未敢信。乃思訪求善本暨所藏有自者。」[2]編譯所圖書室於 1909 年擴大成爲「涵芬樓」，後於 1926 年再擴展成爲中國近代史上東南地區藏書數量首屈一指的「東方圖書館」。

編譯所圖書室至涵芬樓的成立，除供商務內部人員使用目的外，另一重要成就即實踐清末民初士紳們「保存國粹」的理想，亦即對中國傳統文化的傳承的重視。此不專是張元濟個人的堅持，商務當時內部的重要幹部階層也幾乎有一致的看法與共識。如總經理夏瑞芳及國文部部長高夢旦。均對涵芬樓的成立及舊籍蒐藏，極表支持。

高夢旦是商務由建立到後續發展的重要功臣之一。高夢旦，名鳳謙，1870－1936，福建長樂縣人。曾任浙江高等學堂監督，率學生東渡留學，後經夏瑞芳之邀與張元濟約同期進入編譯所擔任國文部部長，參與編輯一系列教科書。對商務事務嫻熟，輔助張元濟、王雲五，被稱爲是商務三十餘年的參謀總長。五四時期任編譯所所長，因感於時局益新，編譯所應適應時潮，故擬延請胡適擔任編譯所所長，因而有胡適 1921 年夏考察商務之舉。後胡適雖改推薦王雲五自代，高氏仍欣然退居出版部部長從旁全力協助，其無私之雍容氣節，深受商務上下一致推崇。

高夢旦在 1909 年涵芬樓成立當年，於《教育雜誌》中暢言：「…

---

[2]　張人鳳編，<涵芬樓燼餘書錄·序>，《張元濟古籍書目序跋匯編》，(北京：商務印書館，2003 年)，頁 343。

國粹應該保存，但須有保存之道，『保存國粹之道奈何？曰：建設圖書館爲保存國粹之惟一主義是矣。』20 世紀初期，新學初萌，傳統舊學有逐漸廢棄之勢，『通都大邑之書肆，欲求經史，往往不可遽得。』高夢旦認爲這種狀況令人『大爲寒心』，因此主張迅速設立圖書館以存國粹。但是，這樣的圖書館又不應僅爲收藏舊學書籍的場所。『新學各書，亦不可不備。使人得其性之所近者求之。』故設立圖書館，『謂之保存國粹也可，謂之推廣新學也可。』[3]可見高氏不只支持設立圖書館，對於圖書館的蒐藏亦不單純拘泥於趨新者的「一切求新」或守舊者的「保存國粹」兩極偏頗觀念，而是主張兩者兼備。後來商務對所屬藏書樓或圖書館的館藏蒐藏方向，大多不脫此原則－新學與舊籍並重。

1907 年商務閘北寶山路佔地達 80 畝的新廈落成，編譯所圖書室隨之遷入。至於編譯所圖書室於何時正式有專屬命名「涵芬樓」，似乎並無文獻明確記載。但依據張元濟與友朋往來書函，推斷此與孫毓修應有相關。孫毓修於 1908 年初進入商務擔任編譯工作，除編譯圖書外也協助張元濟兼作圖書室的管理。有關孫毓修與商務的因緣將於本章後續專節介紹。

依據《張元濟書札》增訂本收錄張元濟致孫毓修的信函達 148 封。其中一封日期爲「10 月初 3」的信函中，張元濟云：「藏書室別定一名，並備異日印行古書之揭櫫，用意甚善。惟以公眾之物，而參以私家之號，究屬不妥。還祈別選一名爲宜。」

---

[3] 史春風，《商務印書館與近代文化》，頁 77，引高鳳謙，<論保存國粹社說>，《教育雜誌》第 1 卷第 7 號，1909 年 6 月 25 日。

該封信未註明年代，但推論爲 1908 年或 1909 年。據此應是孫毓修建議給編譯所圖書室一專名，且該專名與張元濟私人名號相關(筆者推測可能是張氏先祖舊藏書樓名「涉園」等)，故有「私家之號」之謂。但以張元濟凡事公私分明、謹守分際的性格，似乎初步否決了孫氏的建議。

《張元濟年譜》及《商務印書館百年大事記》於 1909 年條目下分別註「編譯所設圖書館，定名涵芬樓」[4]及「設圖書館名爲『涵芬樓』」。兩種說法在描述上，均認定涵芬樓定名在 1909 年。但大陸學者汪家熔認爲應是「1909 年定名『涵芳樓』，次年底改稱『涵芬樓』」。[5]他的理由爲：商務於 1910 年底出版吳曾祺編《涵芬樓古今文鈔》100 冊，該套書於預約出版廣告時稱是《涵芳樓古今文鈔》，另 1910 年 7 月陶保霖致張元濟信中亦稱「涵芳樓」。[6]《教育雜誌》第 2 年第 12 期（1910年 12 月出版）的「紹介批評」專欄，有《涵芬樓古今文鈔》一書的評介，其中標題及文字部份均印稱爲「涵芬樓」。綜合以上幾點，則「涵芬樓」一稱似乎在 1910 年 8、9 月間確定。許多文獻亦稱涵芬樓之命名取「含善本書香、知識芬芳」之意。[7]可能係後來之附會解釋。

張元濟於 1910 年 3 月 17 日起暫離商務展開環球之旅，至 1911年 1 月中才返抵上海。他是涵芬樓的主要負責人，更名定名一節必經

---

[4] 張樹年主編，《張元濟年譜》，頁 79。

[5] 汪家熔，<涵芬樓和東方圖書館>，原載於 1997 年 8 月 5 日《讀者導報》，http://www.cp.com.cn/ht/newsdetail.cfm?iCntno=569，2007.07.16 檢索。

[6] 汪家熔，<商務印書館編譯所考略>，《汪家熔出版史研究文集》(北京：中國古籍出版社)，1998 年，頁 90。

[7] 如<走進涵芬樓>，http://book.sohu.com/s2006/hanfenlou/，<涵芬樓>，http://baike.baidu.com/view/1155479.html；<涵芬樓>，http://zh.wikipedia.org/wiki/%E6%B6%B5%E8%8A%AC%E6%A8%93，2007.11.18 檢索。

過他的認可才是。如汪家熔說法為是,則他應於遊歷海外期間確定「涵芬樓」之名。抑或早於 1909 年就以確定涵芬樓名稱,仍不得而知,但可確定《涵芬樓古今文鈔》是第一套以「涵芬樓」為名出版的舊籍系列。1911 年 12 年 22 日傅增湘[8]至寶山路商務編譯所拜訪張元濟時,他於日記中記載「閱涵芬樓善本書」。[9]可知 1911 年底「涵芬樓」之名已為當時學界周知。現《商務印書館百年大事記》一書於 1904 年條下記「涵芬樓創辦」,應誤。事實上當時應仍在編譯所圖書室時期,「涵芬樓」之名應尚未成立。

自 1904 年至 1909 年商務編譯所圖書室時期,館藏的發展與運作,主要由張元濟負責。他於成立之初經蔡元培介紹,收入紹興徐樹蘭鎔經鑄史齋五十餘櫥藏書,成為圖書室首批重要藏書。[10]後「凡遇國內各家藏書散出時,總是盡力搜羅;日本歐美各國每年所出新書,亦總是盡量購置。」[11]

商務的圖書館事業,依圖書館名稱約可分為三個階段,但主要的經營人為張元濟及王雲五兩人,兩人先後成為主導商務發展的掌舵人。故探討商務在圖書館事業的經營與成就,亦即研究以張、王兩人為主體思維運作下的圖書館事業。涵芬樓後期王雲五雖已入館擔任編譯所所長(約 1921 年中秋節以後),但因當時涵芬樓之制度及館藏規

---

[8] 傅增湘,字沅叔,晚號藏元居士,清同治 11 年(1872)生,為我國女子教育的先驅,宣統三年曾任中央教育會議會長,民國時期出任約法會議議員、教育總長、財政清理處及故宮圖書館館長等職。為近代重要藏書家,藏書處名「雙鑑樓」,頗多宋本,也是民國後校勘古書最多的人。與商務張元濟是知交好友,兩人因書緣往來頻繁,均嗜購書求書及校書等事務,雖各居南北但互通聲息。

[9] 張樹年主編,《張元濟年譜》,頁 101,引傅增湘《藏園日記》。

[10] 張樹年主編,《張元濟年譜》,頁 53,引<涵芬樓爐餘書錄序>。

[11] 張樹年主編,《張元濟年譜》,頁 53,引<在德國捐贈東方圖書館書籍贈受典禮上的講話>。

模,主要由張元濟負責建立;王雲五雖對部分管理制度進行研發(如改採「中外圖書統一分類法」作爲館藏分類規則等),但主要是爲日後東方圖書館的開館作準備。故可略將商務圖書館事業依時期、主要管理者分爲涵芬樓時期及東方圖書館時期兩大區塊,可各自代表張元濟與王雲五兩人的圖書館事業成就。概約分之,屬張元濟掌理期間約在1904-1909 年編譯所圖書室時期及 1909-1926 年涵芬樓前期;1921年王雲五入館任職編譯所所長後,至 1926 前涵芬樓後期及 1926 年後的東方圖書館,則由王雲五負責。

第二節 通藝學堂與圖書館

在清末民初的歷史潮流中,張元濟原屬於官吏士紳階層,他通過科舉的試鍊並獲取官職,成爲知識份子追求功成名就的代表。目睹朝廷多次橫遭脅迫簽訂喪權辱國的不平等條約,迫使部分具遠見的士紳階層,不得不調整傳統價值觀與道德觀,如梁啓超(1873-1929)、蔡元培(1867-1940)及嚴復(1866-1921)等人均是。而張元濟也是其中一員,但不同於康有爲及梁啓超的激進猛烈,而是「試圖以自己的榜樣去勸告別人,而不是依靠群眾性的組織、宣傳和運動;試圖通過建立現代學校和學習外語作爲解決使中國走向現代化這一問題的基礎,但這無疑是一個相當緩慢的進程。」[12]張元濟對於導引中國走向現代化的信念與方式,終其一生,無論外在時局的動蕩,始終堅持「若中國人不能獲得良好的教育和具備充分的知識,中國是不可能實現真正的

---

[12] 葉宋曼瑛,《從翰林到出版家》,頁 24。

現代化。」[13]因此張元濟企圖透過文化手段，促使中國朝現代化邁進的理念，均堅定不移。「通藝學堂」的創立，成爲張元濟早期實踐文化救國理念的舞台，而其中更展現了他對圖書館的見解與經營實務。

一、通藝學堂

「通藝學堂」創立於 1897 年 9 月，由前身「西學堂」更名而來。西學堂的成立爲時代潮流下的產物。1894 年甲午戰爭中國慘敗日本手中。原僅爲中國屬國的日本一躍成爲西方式的帝國主義強國，係因於1868 年推行明治維新，展開政治、社會和經濟的變革所致。此舉刺激當時的知識份子「大家從睡夢裏醒過來」[14]。這些受過高等教育，並受公眾尊敬及居要職的年輕學者、士大夫，爲落實「以天下爲己任」的職志，投入並組織一場巨大的愛國自救運動。許多愛國之士透過成立學會來凝聚共識，以學習西方專門知識，並應用於一系列政治改革爲目標。如 1895 年 8 月至 9 月成立於北京的「強學會」最具代表性。後「強學會」迅遭清廷當局查禁，但仍無法遏止改革派的前仆後繼。

張元濟深刻體認到西方富強的基礎在於現代知識的優越性，因此鼓勵透過學習西方各種學科的成果，成爲他改革的方法與途徑。他除自己開始學習英文外，同時也邀集有志之士一起參與。1897 年 1 月 16日他致友人汪康年書：「…學習英語尚無所得，弟亦不覺其難，現同志日益。願來學者已有二十餘人。明年擬於天津聘一教習。…學舍亦已

---

[13] 宋曼瑛，《從翰林到出版家》，頁 5，引《張元濟書札》對多名友人書函所述。

[14] 張元濟，<戊戌政變的回憶>，1949 年 9 月作，《張元濟軼事專輯》，(浙江：中國人民政治協商會議浙江省海鹽縣委員會文史資料工作委員會，2007 年)，頁 5-11。

賃妥…酌定章程數十條。…」[15]

　　此一學校就是通藝學堂的前身「西學堂」。「西學堂」雖以學習外語入手，但背後救亡圖存的目標仍存在。因此康有為之弟康廣仁在澳門興辦出版的報紙上，將張元濟的學堂稱為「強學小會」。張元濟當時心中似乎仍有顧忌與忐忑[16]，但幸運的是此學堂仍獲得清廷總理衙門的贊助、認可和支持。1897 年 8 月張元濟依好友嚴復的提議，將「西學堂」更名為「通藝學堂」，學堂章程中開章明義第一條：「國子之教，六藝是職。藝可從政，淵源聖門。故此學堂，名曰『通藝』。」[17]此舉讓學堂看起來除致力傳授近代自然科學、社會科學和外語知識，卻又不違背傳統儒學，且完全無政治意味，不致對當權派造成威脅。

　　張元濟為使學堂取得清廷的正式認可，於光緒二十三年 8 月 24 日(1897)以刑部主事張元濟、工部主事夏偕復、內閣中書陳懋鼎、內閣中書王儀通的名義，呈文總理衙門。[18]呈文中說明學堂近半年多來的運作情況，學生為京員及官紳子弟；研習課程「先習英文暨天算輿地，而法俄德日諸國以次推及。其兵農商礦格致製造等學，則統俟洋文精熟，各就其性質之所近，分門專習。」對於學堂日後的發展規劃（如延請洋教習、廣購儀器、建藏書館、譯書館、選派優良學生出國遊歷等）、學生畢業後的任用出路及學堂教習的晉升等，他均予詳細規劃，希望獲取清廷同意後，則能吸引更多青年投入學堂研習國外事務，

---

[15] 葉宋曼瑛，《從翰林到出版家－張元濟的生平與事業》，頁 25，引《汪康年師友書札》，卷 24。另宋氏說明此處所謂「明年」是指下個月，因 1 月 16 日已屆農曆 12 月。

[16] 《汪康年師友書札》，卷 24，1897 年 1 月 16 日。張元濟稱：「強學覆轍不遠，一切概從靜晦，想不致有意外也。」

[17] 張元濟，<通藝學堂章程>，宗旨第一條，《張元濟詩文》，頁 100。通藝學堂更名為嚴復建議，參見張元濟，《戊戌政變的回憶》。

[18] 張元濟，《為設立通藝學堂呈各國事務衙門文》，《張元濟詩文》，頁 97。

而學堂教習更能「實心指授」，使學者「日起有功」。而光緒批覆除允准所請各項，也認同學堂「外交事關緊要，尤須合適人材。…認真造就各項人材，注意時事。」[19]

由張元濟的通藝學堂呈文及與友朋的信函中，可見他視通藝學堂為重要的功績與成就。他對這所培養學習現代技藝及見聞廣博的外交人才的學堂，寄予無限厚望。通藝學堂不但獲得從政當局的支持，甚至影響強學會解散的保守派大將楊崇伊之子，也是通藝學堂的學生之一。在無後顧之憂的情況下，張元濟仔細規劃「通藝學堂章程」。章程中對學堂的宗旨、事業、分職、教習、學生、修費、課程、考試、獎勵、籌款、用款、議事等事宜，均鉅細靡遺按項分列。

通藝學堂在當時應很受朝廷官員重視與肯定。日後張元濟蒙翰林院編修徐致靖向光緒皇帝薦舉召見，摺文中對張元濟描述提及「…在京師創設通藝學堂，集京官大員子弟講求實學，日見精詳。」[20]三天後在光緒皇帝召見張元濟的過程中，也繼續詳問通藝學堂的情況。可見通藝學堂當時已上達天聽。但不久光緒皇帝推動之戊戌變法失敗(1898年9月)，張元濟被革職，創立未足二年的通藝學堂也被迫停辦。張元濟把通藝學堂的全部校產造冊移交給京師大學堂。由張元濟對通藝學堂圖書館的規畫，展現了他早期的圖書館管理思想。

---

[19] 葉宋曼瑛，《從翰林到出版家》，頁27，引《光緒朝東華錄》，(臺北：1960年)，頁3990。
[20] 葉宋曼瑛，《從翰林到出版家》，頁35，引徐致靖，《保薦通達時務人才摺》，1898年6月13日，《大清德宗景帝實錄》。

二、通藝學堂圖書館

《通藝學堂章程》中詳定有學堂組織，包括學堂、誦堂、演驗所(俟有經費再議舉辦)、圖書館、閱報處、儀器房(俟有經費再議舉辦)、博物院(俟有經費再議舉辦)、體操場(俟有經費再議舉辦)、印書處(俟有經費再議舉辦)等 9 項。足見張元濟對通藝學堂的規劃相當多元大器。除學堂、誦堂之外，圖書館及閱報處是通藝學堂初創時首先成立的單位，可見他對這兩項組織的重視。

張元濟對通藝學堂圖書館館藏的充實極為積極：他不斷寫信給上海，要求朋友代購世界地圖、一般科學教科書、天文圖識、百鳥圖識、植物圖識和日本語法書。還蒐集上海書店的有關圖書目錄。為充實學生通曉時事的途徑，又寫信給上海朋友，要求獲得新思維的改革報刊如《湘學報》等。[21]張元濟當時已深知圖書館為課堂之外，提升學堂學生視野、引進國外新知及進行新式教育的重要場所及途徑。他蒐集世界地圖、各學門相關的百科圖識、科普教科書、外文語法書、書店販售圖書目錄及報刊資料等，與現今圖書館徵集書刊的方式幾乎一致。張元濟的圖書館學智識能如此周詳精確，應是與他任職總理衙門，多方接觸涉外事務並閱讀國外文獻有關。他對現代科學與教育的熱情與知識，確實很受肯定。連光緒頒旨給總理衙門，要求介紹一些「新書」，因張元濟為少數京章中既懂英文且讀過許多「新書」，因此為皇帝開列的書單，購書、找書的任務就由他負責。[22]

---

[21] 葉宋曼瑛，《從翰林到出版家》，頁 28。

[22] 張元濟，<追述戊戌政變雜詠>第 3 首，「天祿石渠非所眷，喜從海客聽瀛談。丹毫不厭頻揮翰，詔進新書日再三。」詩後並說明：皇帝交付總理衙門購進的新書，均委由張元濟採購，因書店缺售新書，他還以個人所藏及友朋乞假，湊集進呈的寒傖狀。

　　爲了圖書館的管理建立制度，他特別制定圖書館章程，其中第一條規定「本館專藏中外各種有用圖書，凡在堂同學及在外同志均可隨時入館觀覽。」此堪稱爲我國近代意義上的公共圖書館雛型，所制定的圖書館章程可能爲中國私人自辦圖書館最早形成文字的章程。[23]

　　《通藝學堂圖書館章程》共 12 條，475 字。字數雖極爲簡潔，但內容完整涵蓋圖書館館藏收錄範圍說明及閱覽規則實務作法。章程全文詳見附錄 1。[24]

　　章程的文字雖然不多，但對圖書館提供服務的相關面向均涵括其中，考慮周延但文字簡潔明晰，堪稱是小型圖書館訂立章程時的參考典範。章程中對圖書館的開放對象(在堂同學及在外同志)、收錄館藏主題原則(專擇其有關政教者)、外文譯書(凡同文館、製造局及各教會所印行者，購備全份)及外文書(以淺近切要爲採購原則)、管理人員組織及其執掌(設館正一人、書傭一名、另有司事襄辦)、閱覽調借圖書方式、遺失圖書賠償、外借圖書規定等，均於章程中敘明。

　　通藝學堂除提供圖書館服務外，「閱報處」也擔負起學堂教育的重要處所。閱報處申明「館內所備各報專爲取便同學廣益見聞而設」，故所訂報紙「中文報專取雅馴者，鄙陋者不備；西文報先擇淺近者，深奧者從緩。」此外，爲加強學生對西文報紙的理解，還規定「每逢星、房、虛、昴日，午前九鐘至十鐘請教於西文報中擇要演說」。[25]此規定可謂是通藝學堂中西文報紙館藏政策的宣示；另外爲充分發揮西文報

　　《張元濟詩文》，頁 56。

[23] 張樹年，<先父張元濟與圖書館事業>，《出版大家張元濟－張元濟研究論文集》，頁 529。

[24] 張元濟，《爲設立通藝學堂呈各國事務衙門文》，《張元濟詩文》，頁 100-109。

[25] 張元濟，《爲設立通藝學堂呈各國事務衙門文》，《張元濟詩文》，頁 107-109。

紙的功能效益，還定期安排教習擇要演說，做法上頗具前瞻性及教育性。

第三節　涵芬樓的館藏徵集

張元濟早期對通藝學堂的經營，可瞭解他對館藏徵集的重視，館藏爲圖書館功能的基礎，因此他在商務涵芬樓期間(包括編譯所圖書室時期)，在商務主管階層策略及豐厚財力的雙重支持下，「館藏徵集」成爲商務涵芬樓時期在圖書館事業經營上最主要的任務與作爲。

涵芬樓的特色館藏爲善本古籍及地方志書，此兩項文獻的徵集，幾乎構成涵芬樓發展的主體與重點，同時也是經營者張元濟展現其保存文化、延續文化崇高理想的體現。商務與張元濟也藉此與當時學術界、文化界與知識份子發展出綿密錯縱的交往與關聯，使商務由純商業化的私人企業，躍昇成爲近代文化知識界的學術重鎮。本節擬以涵芬樓善本古籍及地方志書的徵集過程與成就，來展現商務涵芬樓時期的圖書館事業經營成就。

一、善本古籍

涵芬樓時期的古籍徵購，主要由張元濟負責擘畫，孫毓修從旁協助。張元濟豐富的學養基礎、良好的人際關係及文化責任感，爲涵芬樓搜羅善本館藏的主要憑藉；另早期商務創始人夏瑞芳及董事會對此

一發展方向的支持[26]，以及商務豐厚的企業財源後盾，因此張元濟徵集涵芬樓善本古籍成果豐碩。

（一）搜集古籍的緣由

1. 編譯所編輯書刊參考

張元濟主持商務後，在出版發行的規畫上，主要為傳承他引進國外各學科新知新學，提升民智的救國理念。故以教育民眾為經營目標，他首先出版一系列新式教科書及國外重要學術名著的譯印出版。但他出身翰林，也將重心移轉至搶救、整理與影印古籍。他除了對搶救文化遺產具使命感外，同時也為編譯所編輯作業時的參考功能，作務實面的考量。

「余既受商務印書館編譯之責，同時高夢旦、蔡子民、蔣竹庄諸子咸來相助。每削藁，輒思有所檢閱，苦無書，求諸市中，多坊肆所刊，未敢信。乃思訪求善本暨收藏自有者。」[27]

民國 4 年(1915)商務出版耗時 8 年才完成編輯的《辭源》，此部著作被譽為我國新式辭書之創作。辭書編輯緣起，特別提到編輯過程的艱辛：「戊申之春，遂決意編纂此書，其初同志五六人，旋增至數十人；羅書十餘萬卷，歷八年而始竣。是當始事之際，固未知其勞費一至於此也。」[28]

---

[26] 1919 年 9 月 16 日董事會第 229 次會議，提交「因本公司印行《四部叢刊》一書擬添購舊書」議案一件。《張元濟年譜》，頁 176。

[27] 張元濟，<涵芬樓爐餘書錄‧序言>，《張元濟詩文》，頁 282。

[28] 王雲五，《商務印書館新教育年譜》，頁 88。

如此浩大的工具書編輯工程，其背後確需要大量的圖籍作爲撰寫訂定辭書條目內容時參考。另民國 6 年(1917)商務於綜合性辭書後也推出第一部專科性辭書《植物大辭典》。該書序文中也敘述編輯始末：「吾等之作此辭書也，其最初計畫，殊不如是。當時吾等編譯中小學校教科書，或譯自西文，或採諸東籍，遇一西文之植物學名，欲求吾國固有之普通名，輒不可得。…共事者十數人，費時十餘年，始有涯涘。乃漸圖收束，以爲出版之計。」[29]

各種植物的「吾國固有之普通名」則非藉助中國舊籍或地方志的記載不可。因此蒐集古籍對商務書刊的編輯業務有助益，甚至原來僅爲編輯教科書時，查檢植物中文舊稱以比照西方及日本名稱的作爲，日積月累也擴充成爲商務專科性辭書的編輯出版。中國的珍本古籍在商務的蒐藏及運用下，展現不同的現代價值。

當時大型的圖書出版機構爲實務作業所需而設立圖書室的做法，似乎很普遍。除商務之外，其競爭對手中華書局，也於民國初年成立編譯所圖書室，所蒐集之古今書籍，主要也是供編輯作業的參考。

2. 保存中國固有文化使命

張元濟於 1927 年 1 月 21 日致傅增湘函中，提及「吾輩生當斯世，他事無可爲，惟保存吾國數千年之文明，不致因時勢而失墜，此爲應盡之責。能使古書多流傳一部，即于保存上多一份效力。吾輩炳(秉)燭餘光能有幾時？不能不努力爲之也。」[30]。他與繆荃孫往來信函中，

---

[29] 王雲五，《商務印書館新教育年譜》，頁 94-95。
[30] 張樹年主編，《張元濟年譜》，頁 283，原引自《張元濟傅增湘論書尺牘》。

也表達了他搜書仍較以古籍爲重的看法。繆荃孫曾提議圖書館應收藏
一些通行之書，但是張元濟還是認爲「…來書慨然於舊書之將絕，此
亦時會使然。要在有一二先覺者出爲轉移，自有挽回風氣之日。承示
圖書館宜多備通行書，甚是甚是。但難得之舊本，若無公家爲之保存，
將來終歸澌滅。」[31] 一向甚爲低調謙遜的張元濟，認爲那些挽救舊籍
散絕者爲「先覺者」，並以此自我期許。張元濟有感於當時散軼舊籍，
除未被藏書家子孫珍惜，利之所趨，甚至鬻售流落海外，舊有文化命
脈面臨斷絕危機。他致力搶救搜藏古籍，亦非專爲一己私藏，而是「公
家爲之保存」的角色，故商務一系列的古籍的翻印與出版，均呼應他
保存固有文化的使命感。

3. 家學淵源的傳承

張元濟蒐存古籍的職志應與先世祖家學淵源傳承有關。張元濟出
身於讀書及藏書世家。青年時期的張元濟面對破敗的藏書舊址及星散
佚失的先祖藏書，遙想先祖「涉園」藏書的盛況，身爲張家子孫當有
滄海桑田、物換星移之嘆，並升起蒐羅散佚舊籍、傳承文化命脈、捨
我其誰的使命感。他後雖以蒐藏先祖藏書恢復「涉園」舊觀爲職志，
但事實上卻以保存整個國家的文化命脈爲終身不懈的目標。

張元濟耿直不阿、公私分明的性格，也由蒐藏舊籍的作爲看出。
如商務涵芬樓初建，在購入的會稽徐樹蘭鎔經鑄史齋藏書時，已發現
其中有六世叔祖吟廬公收藏的《宋詩鈔初集》，其中並有先人手澤，「余

---

[31] 張元濟，<致繆荃孫筱珊>(7 月 20 日)，《張元濟書札》，(北京：商務印書館，1981 年)，
頁 1。

見而慕之，然以其爲公有之物，不敢遽請爲私有也。」[32]事隔多年，張元濟後來在書肆中又發現同樣的書，且出自原張氏舊藏本鈔錄，當即以銀餠四十枚購得，再與商務同人協商換回先祖舊藏。兼顧情理且秉公無私的品格，令人感佩。對此書他感嘆而言：「吾家舊物，先人手澤，經百數十年，流傳於外，而復能爲其子孫所有，豈非冥冥中有呵護之靈耶！」[33]

足見張元濟對古籍的搜集，爲其志趣及責任感所在，故在古籍搜集時雖面臨諸多艱辛與挫折，但因背後有堅定的搜書信念與樂在其中的志趣，故能沈浸其中，甘之如飴。

張元濟在古籍的蒐藏上，雖以保存文化爲目的，但仍有一己的偏好。如其曾自述「嗜好宋本」。他爲專藏宋本的藏書家潘明訓代撰《寶禮堂宋本書錄》書前序文中除自陳「余喜蓄書，尤嗜宋刻，故重其去古未遠，亦愛其製作之精善。每一展玩，心曠神怡。」[34]。他在該書中對宋版書有其獨到的討論及見解，至今仍爲版本學界重視。

（二）搜集古籍的途徑—求書四法

張元濟搜購徵集古籍的來源，於<東方圖書館概況‧緣起>曾提及搜書來源的諸多藏書家。

---

[32] 張元濟，<《宋詩鈔初集》跋>，《張元濟古籍書目序跋彙編》，(北京：商務，2003 年)，頁 1082。

[33] 張元濟，<《宋詩鈔初集》跋>，《張元濟古籍書目序跋彙編》，(北京：商務，2003 年)，頁 1082。

[34] 張元濟，<《寶禮堂宋本書錄》‧序>，《寶禮堂宋本書錄》，(民國 28 年 2 月 1 日)，(臺北縣：文海，民國 52。)

「…自是會稽徐氏熔經鑄史齋、長洲蔣氏秦漢十印齋、太倉顧氏
謏聞齋藏書先後散出。余均收得，闢涵芬樓以藏之。未幾，宗室盛氏
意園、豐順丁氏持靜齋、江陰繆氏藝風堂藏書亦散，余又各得數十百
種。雖未可謂集大成，而圖書館之規模略具矣。十餘年來，搜求未輟。
每至京師，必捆載而歸。估人持書叩門求售，苟未有者，輒留之。即
方志一門，已有二千一百餘種。」[35]

另張元濟於《涵芬樓燼餘書錄》序文中，也敘述涵芬樓所蒐的古
籍，原均屬前朝諸多重要藏書名家藏本。

「…其曾入於著名藏書家如鄞縣范氏之天一閣、昆山徐氏之傳是
樓、常熟毛氏之汲古閣、錢氏之述古堂、張氏之愛日精廬、秀水朱氏
之曝書亭、歙縣鮑氏之知不足齋、吳縣黃氏之士禮居、長洲汪氏之藝
芸書舍及泰興延令季氏者，不可勝計。印記累累，其流傳固有緒也。」
而《書錄》瞿啟甲序中，更補充所蒐舊籍的藏書家還包括烏程蔣氏傳
書堂。[36]

商務於民國 21 年 1 月 28 日(1932)遭日軍發動淞滬之役(一二八之
役)，所有廠舍及東方圖書館藏書一夕間全燬於無情礮火中。此書錄所
載之燼餘藏書，係戰前預先移置銀行保險庫中的小部分藏書，故能倖
免於難。但燼餘倖存的圖籍中，幾乎均屬明清重要藏書家的舊藏，可
推想原涵芬樓整體善本古籍之豐富，必有更多重要藏書家之故藏。

張元濟總結他歷來搜書的途徑有四種－「求之坊肆、丐之藏家、
近走兩京、遠馳域外」。在圖書的保存上，當然以原書為主，如果「求

---

[35] 張元濟，<東方圖書館概況‧緣起>(1926 年)，《商務印書館九十五年》，頁 21。
[36] 此序撰於 1937 年為瞿啟甲應張元濟之邀撰寫。《張元濟古籍書目序跋彙編》，頁 838。

之於市而不得者」則透過借鈔方式來獲取缺藏的圖籍。鈔書、訪書及購書三項成爲涵芬樓時期的重要工作項目。

　　張元濟窮畢生之力訪求善本，不辭勞瘁堅毅卓絕。其訪書過程，摯友傅增湘在《校史隨筆》[37]序言中對張元濟蒐書的景狀，有生動的描述：「招延同志，馳書四出，又復舟車遠邁，周歷江海大都，北上燕京，東抵日本，所至官私庫藏，列肆冷攤，靡不恣意覽閱。耳聞目見，藉記於冊。海內故家，聞風景附，咸出篋藏，祝成盛舉。」可想見蒐書、購書、藏書、讀書、校書及編印圖書等項事功，幾與張元濟之日常之生活作息，緊密相契。以下僅略依張元濟蒐書來源[38]，探討涵芬樓搜藏善本古籍的經歷。

1. 求之坊肆

　　張元濟對古籍善本徵集的用心，幾與其日常生活緊密結合。無論是赴外地出差、開會，甚至出遊、考察，無時不刻莫不留心於古籍徵集。或留意當地書肆，或拜訪藏家。如其自述：「每至京師，必捆載而歸。估人持書叩門求售，苟未有者，輒留之。」[39]甚至他在自家門口張貼「收買舊書」的標示。[40]此舉與毛晉之張榜求書，堅持保持圖書

---

37 《校史隨筆》爲張元濟古籍校勘學專著。「史」即《二十四史》，內容記錄他主持校勘、輯印《百衲本二十四史》時取得的部分研究成果。原書出版於 1938 年。
38 張元濟，<影印百衲本二十四史>序跋，《涉園序跋集錄》，(臺北：臺灣商務印書館，民國 68 年)，頁 36。
39 張元濟，<東方圖書館概況・緣起>，《商務印書館九十五年》，頁 21。
40 形式爲特製紅底黑字鐵皮招牌。甚至有陰謀份子運用張元濟收買舊書的需求，於待挑選的舊書暗藏炸藥。《張元濟年譜》，頁 115，引張樹年《關於先嚴生活瑣記》紀錄稿。

命脈的用心相擬。[41]而商務舊同人曹嚴冰也回憶:「1918 至 1936 年間,幾乎每天下午五點左右,總有兩三個舊書店的外勤人員,帶著大包小包的木刻書,在商務印書館發行所二樓美術櫃前等候張先生閱看。對一些值得重視的刻本,他都仔細翻閱,然後帶回家去精心鑑別,查核存目,批示價格,那種不辭辛勞的精神,給發行所同人留下深刻印象。」[42]

他每到之處,便走訪書肆。以 1911 年在北京為例,先後獲見或購得《六朝政事紀年》、《蜀鑑》、《脾胃論》、《黃氏補注杜詩》、《王右丞集注》、《李文賓文編》、《文正集》等元明刻本,訪歸即手自批註於《邵亭知見傳本書目》。[43]

透過向商賈、估人或坊肆採購方式而獲得者,許多均為前朝重要藏書家的舊藏,如北京清宗室盛氏意園、廣東豐順丁氏持靜齋及寧波范氏天一閣等散佚淪落書肆的藏書。

「時則北京清宗室盛氏意園、廣東豐順丁氏持靜齋所藏弆者,先後為估人捆載而出。余各得其數種,而以影鈔明洪武刊之《元朝秘史》、宋景祐刊補元大德延祐元統明正統本之《漢書》為之魁。」[44]有別於

---

[41] 吳芹芳,《張元濟圖書事業研究》,華中師範大學歷史文獻學碩士論文,2004 年 5 月,頁 36。

[42] 江凌,《張元濟－書卷中歲月悠長》,頁 58。此說內容雖欲突顯張元濟蒐集古籍之勤,但商務於 1932 年遭逢一二八日方轟炸後,損失慘重極待復興。因此張元濟對古籍之徵集搜購不得不趨於保守,轉以校訂舊籍為主。如 1932 年 12 月 18 日,蔡元培致書張元濟介紹無名氏藏書索價二十萬元,以及康有為舊藏書目,藏書索價十萬元,建議是否為復興之東方圖書館購入?張元濟回覆告知該批書雖稍有贗品,然大多為難得之品。「但公司現在無此力量,亦徒作臨淵之歎而已。」引自《張元濟年譜》,頁 379。故 1932 年之後是否還有書商每日主動提供舊籍供選購,頗值存權。

[43] 張人鳳,《張菊生先生年譜》,(臺北:臺灣商務印書館,1995 年版),頁 100。

[44] 張元濟,<涵芬樓燼餘書錄‧序>,《張元濟古籍書目序跋匯編》,頁 343。

徐氏熔經鑄史齋是透過徐氏後人之手購入商務，盛氏及丁氏的藏書則是得之於商賈之手。張元濟為獲得這套曾輾轉流藏於諸多藏書家，且號稱為士禮居「百宋一廛」中屬「史部之冠」的宋景祐本《漢書》，「余為涵芬樓以重價收之，時距武昌軍興未數月也。」另影鈔明洪武刊之《元秘史》為張古餘覆影元槧舊鈔本，原屬盛園盛伯羲家舊藏。此書透過張元濟的好友傅增湘於書肆中訪見，由張元濟委請傅增湘代為議價為涵芬樓購置。傅增湘於 1912 年 6 月 1 日致書張元濟謂清宗室盛伯羲藏書已落廠賈景朴孫之手。[45] 隨後至當年 11 月傅氏與張元濟為盛伯羲藏書內容、採購與否及詢價、議價等事宜展開頻繁連繫，此一可見兩人情誼之深厚，又可瞭解張元濟為商務搜購古籍之審慎，雖屬公款，在價格方面亦不輕易退讓。[46]

此外，他零星至書肆購置者不少。透過《張元濟年譜》一書編年紀事的記載，可見他在零星購置方面，亦頗有收穫。如 1919 年 7 月 8 日赴蘇州購程榮《漢魏叢書》、7 月 9 日護龍街各書店購舊書及方志、1919 年 10 月 20 日購忠厚書莊書 30 種、1920 年 2 月 13 日購萬玉堂《太玄經》4 種。

---

[45] 張樹年主編，《張元濟年譜》，頁 105。

[46] 如 1912 年 6 月 4 日傅增湘致書，告以盛書情形，抄錄景朴孫處所見宋元版書目。建議善本書先由其購下，除其必需外，以原價讓於商務；1912 年 6 月 7 日傅增湘致書，言在京看盛書事；1912 年 6 月 15 日傅增湘致書，言景朴孫所得意園藏書十種，開價八百八十元。(張元濟批：可以照辦)又抄書目；1912 年 6 月 23 日－7 月 12 日傅增湘多次往返連繫購盛氏意園書事。如宋紹熙三年兩浙東路茶鹽司刊本《禮記正義》，為曲阜孔氏故物，索價四千元、《方言》索價六百五十元。後傅氏代商務購買的意園舊藏善本有影元鈔足本《元秘史》、影宋鈔《事實類苑》、《公孫談圃》、明覆宋《宣和遺事》、《嘉靖本長安志》等；10 月 5 日傅增湘致書，言在京所見各書情形，又言盛書中頗多精刻，還八百元不肯售；10 月 31 日又言景朴孫處《禮記正義》、《張于湖集》頗欲出手，索價六千元。勸張元濟「合收之，為涵芬生色，不然一去不回，未免使人心痛。」(張元濟批：擬以三千元收之。)11 月上旬回覆傅增湘言景朴孫索價昂巨，拒絕之。引自《張元濟年譜》，頁 105-108。

2. 丐之藏家

張元濟處清末民初之際，內值政治體制更替，外則列強環伺侵略，前朝著名藏書家多已殞落，而其後代子孫如又近利短視，誘於私利，則先祖之窮世蒐藏無不毀於旦夕。所謂「革命軍興，故家淪替，楹書莫守」[47]，張元濟沉痛呼籲與感慨，確是感於當時諸多景況的寫照。因此他除透過書肆賈人搜購舊籍外，另項途徑則是在藏書家所藏將散未散之際，直接與藏家連繫搶購。

商務編譯所圖書室購進的首批重要藏書爲紹興徐友蘭熔經鑄史齋五十櫥藏書。「會會稽徐氏熔經鑄史齋之書將散，徐氏故子民居停主人，乞其介歸吾館，旋以數十櫥至，書故不惡，然所需者尤未備也。」，此批圖書的徵購係透過蔡元培的介紹。[48]徐友蘭，號叔蓓，家藏宏富，其藏書處所除熔經鑄史齋外，還有鑄學齋、孟晉齋、逑史齋和融經館等處，爲江南地區重要的藏書家。此外，太倉藏書家顧錫麟的聞謨齋，其藏書中屬宋元善本者多達數十種。顧氏歿後其藏書部分歸入上海藏書家郁松年之宜稼堂，其餘歸涵芬樓所有。

商務編譯所圖書室成立之初，張元濟對搶購陸心源家皕宋樓[49]藏

[47] 張元濟，<涵芬樓燼餘書錄·序>。

[48] 蔡元培於光緒 12 年起在徐樹蘭家讀書、校書長達 5 年，光緒 16 年入京會試，18 年補行殿試，成為張元濟壬辰科同年。後張元濟被黜出京，蔡也請假返紹興，任徐氏所辦中西學堂監督。光緒 26 年兩人同任上海南洋公學，張元濟入商務也推薦蔡氏任編譯所所長。引自蘇精，《近代藏書三十家》，(臺北：傳記文學出版社)，民 72 年，頁 61。

[49] 中國清末陸心源藏書樓之一。以皕宋為樓名，意謂內藏宋刻本有 200 種之多，但實際不及此數，陸心源(1834－1894)，字剛甫，號存齋，晚號潛園老人，浙江歸安(今吳興市屬)人。咸豐時舉人，曾任福建鹽運使等官，家資富足，購得圖書 15 萬卷，於其月河街寓所樓上闢皕宋樓和十萬卷樓兩藏書室。皕宋樓貯藏宋元舊槧本，十萬卷樓收明刻善本、名人手抄手校本及清代學者著作。至於一般常見鈔本、刻本則另藏

書失之交臂一事，成為他在徵購古籍上耿耿於懷的一大挫敗。這次扼
腕與遺憾的經驗，更強化他終其一生極力徵購與蒐藏古籍，保存傳統
文化的堅定信念。

「…時歸安陸氏皕宋樓藏書謀鬻於人。一日夏君以其鈔目示余，
且言欲市其書，資編譯諸君考證；兼以植公司圖書館之基。余甚韙之。
公司是時資金才數十萬元，夏君慨然許以八萬。事雖未成，亦可見其
願力雄偉矣。」[50]

當時商務資本僅 43 萬元，總經理夏瑞芳主動支持採購陸氏皕宋樓
藏書，雖以供編譯所人員工作參考及建立圖書館館藏基礎為理由，卻
也隱含著對張元濟的支持與肯定。張元濟對夏瑞芳的知遇之情，銘感
於心。張元濟於夏瑞芳 1915 年遇刺身亡的數十年後(1926 年)，於東方
圖書館開館之際，仍念茲在茲，情深義重。

皕宋樓是陸心源的藏書樓，陸心源歿後其子陸樹藩無力保存藏
書，願轉手出售。1905 至 1906 年間日人島田翰數次登樓表示願意購
買全部藏書。期間購買皕宋樓藏書一事，因陸氏開價過高而暫時無法
談成。[51]張元濟於 1906 年因學部奏調入京任學部參事，因聽聞陸氏後
代陸樹藩將以 25 萬元售與日本，故就近力勸時為軍機大臣的榮慶撥款
10 萬購書，以作為京師圖書館之基礎，但未獲採用。後陸家於 1907
年秘密以 10 萬元將皕宋樓珍貴古籍悉數售予日本岩崎家族，並運往東
京「靜嘉堂文庫」。張元濟為此不只一次提及該事「每一追思，為之心

於潛園守先閣，允許外人閱覽。引自《中國大百科智慧藏》電子資料庫。
[50] 張元濟，<東方圖書館概況‧緣起>(1926 年)，《商務印書館九十五年》，頁 21。
[51] 部份資料記載，當時張元濟聞訊後開價 5 萬元，但陸樹藩要求 10 萬元。但此說似與
夏瑞芳出資金額矛盾。

痛。」[52]皕宋樓藏書東渡，似乎也引起讀書人的感嘆「全國學子，動色相告。世有賈生，能無痛哭。」[53]。

　　張元濟從此對清末重要藏書家的藏書流向也多所留意關心，深恐如皕宋樓藏書般流入異邦之手。今由《張元濟年譜》、《張元濟書札》中可看出他與當時學者碩儒及商務同事的諸多往來信函中，無不諄諄以其他藏書家圖書之流向爲念。如獲悉藏書家的舊家藏書即將流出，則拜託友朋就近連繫、詢價能否採購；如藏家藏書尚存，則一再透過商借、抄錄或相互餽贈等方式極力獲取涵芬樓缺藏舊籍。僅以 1919 年約年底時期爲例，張元濟進出友朋家中，閱書、挑書、借書的紀錄，就能反映他蒐書態度之執著、勤勉與認真。而另一方面也能看出張元濟與當時許多藏書家間交遊情誼之深廣。[54]

　　近代藏書家中與張元濟往來最密切頻繁者，應屬雙鑑樓主人傅增湘。傅氏於民國 2 年起即定居北京，因他本身是教育家，在繼承父祖藏書後，因與繆荃孫、楊守敬等交遊，因而展開四十年的書堆生涯。在執書市牛耳的北京，傅增湘積極地爲張元濟蒐集並傳達北京故家藏書的動態，並爲涵芬樓代購古籍、提供書訊、訪價、居中殺價，或協商合購價昂古籍。雙方更互借藏書供抄錄、校核、借印或翻印出版。

---

[52] 張樹年主編，《張元濟年譜》，頁 60，引 1911 年 9 月 12 日<致繆荃孫書>。

[53] 呂長君，<商務印書館的涵芬樓>，《出版史料》(2004 年第 3 期)，頁 103。引汪叔子，<文廷式庚子日本之行>，《中日文化交流史研究通訊》第 4 期，1982 年，頁 76。

[54] 張樹年主編，《張元濟年譜》，頁 174-181。記載：8 月 25 日向袁伯夔借《皮子文藪》、《越絕》各一部；8 月 26 日向蔣汝藻密韻樓借《元豐類稿》等 6 種；8 月 30 日向劉承幹借《渭水集》等書；1919 年 9 月 2 日向劉承幹借宋本《尚書大傳》，葉景葵處借《孟東野集》，9 月 4 日向傅增湘借古籍 9 種；1919 年 9 月 13 日向沈曾植借宋本《黃山谷集》。10 月 10 日訪顧蘭萍，觀其藏書。遂晤瞿啟甲、丁秉衡、宗舜年等。…晚訪瞿，交擬借書單一紙。…11 日于瞿宅觀書，12 日于瞿宅觀書，交擬借影鈔書單，約定明春派人往照。辭別，偕葉德輝、孫毓修至顧蘭萍家閱書；…1919 年 12 月爲影印《四部叢刊》向蘇州顧麟士、鄧邦述、長沙葉德輝借書。

兩人書信往來頻繁，由後人彙整出版的《張元濟傅增湘論書尺牘》[55]，可以看出其情誼深摯，以書會友。

除傅增湘以外，群碧樓主人鄧邦述、觀古堂葉德輝、梁啓超、葉景葵、揚州何秩輩、繆荃孫、蘇州顧麟士等許多近代重要藏書家，均爲張元濟徵集古籍曾交遊的對象。如繆荃孫與張元濟因古籍知交往來亦非常頻繁，繆氏 1919 年底去世以後，涵芬樓爲蒐購繆氏藏書還專爲擬定購入辦法。[56]

因皕宋樓藏書未能阻其流向東瀛，張元濟對晚清其他家舊藏的流向特別關心。1909 年他透過繆荃孫借印江南圖書館所庋浙江丁氏八千卷樓藏書；另對聊城海源閣藏書亦多次詢問繆荃孫，表達擬購意向；或請孫毓修直接與楊氏子孫連繫。[57]甚至直言：「楊君是否作古，其書務請設法保存，切勿任意流入東瀛等語。」另常熟瞿氏鐵琴銅劍樓也是張元濟蒐藏古籍的來源之一。除登樓觀書，並借影借鈔藏書，甚至由商務準備材料在該樓進行照看作業。[58]1927 年 11 月張元濟並擬具商務向瞿氏鐵琴銅劍樓租印善本書的合同內容共 10 條。[59]足見其往來知頻繁。

嘉業堂主人劉承幹與張元濟也是相交相知半世紀的好友。劉承幹爲張元濟在古籍徵集及出版方面無私相助，而劉承幹在成爲民國初年

---

[55] 傅增湘，《張元濟傅增湘論書尺牘》，(北京：商務印書館，1983 年)，392 頁。

[56] 1921 年 3 月 24 日擬定購入江陰繆氏藏書辦法。《張元濟年譜》，頁 204。

[57] 1910 年 6 月 22 日張元濟致書孫毓修，談購書，鈔補宋元版舊書事。並請孫氏代以張元濟具名方式去函詢問海源閣藏書事。《張元濟年譜》，頁 86。

[58] 《張元濟年譜》，頁 178。有關張元濟與瞿氏的合作，可參見張人鳳，<商務印書館與鐵琴銅劍樓的合作－兼述張元濟與瞿啟甲、瞿熙邦父子的交往>，《張元濟研究論文集》，(上海：學林出版社，2006 年)，頁 425-433。

[59] 張人鳳編，《張元濟古籍書目序跋彙編》，北京：商務印書館 2003 年版，頁 1269-1270。

私人藏書家巨擘的過程，也蒙張元濟經常予以支持與援助。張元濟運用嘉業堂古籍的方式有整本借用、部分內容影印配補及校勘文字三種。[60]張元濟與嘉業堂訂了一份「特約」，互相借鈔各自藏書。[61]如《古今圖書成》、南監《廿一史》及南監宋梁陳北齊等史。均是張元濟借自嘉業堂的珍善本。

在張元濟商務退休以前，他為涵芬樓購買的兩批較大量的古籍，分別是 1925 年 1 月購置揚州藏書家何氏古籍及烏程蔣汝藻密韻樓藏書。

1925 年 1 月初張元濟赴揚州為涵芬樓購書，見其中精品不少，親自組織裝箱押運返滬。正遇到第二次江浙戰爭爆發，交通受阻。「市易既定，輦車而出」。後趁戰爭間隙，張元濟冒著危險及嚴寒用船押運古書由揚州返滬。[62]

涵芬樓購買蔣氏密韻樓藏書係透過葉景葵[63]的介紹。烏程(今浙江湖州)蔣氏為藏書世家。蔣孟萍(名汝藻)有志繼承前輩藏書事業。於清末民初之際，大量搜購各家散出之藏書，對祖輩家藏之散出的遺書搜羅更為賣力。因有鎮庫之寶宋刊孤本《草窗韻語》一冊，故以此書名為「密韻樓」。後蔣汝藻經商失敗，將書典押浙江興業銀行。1925 年

---

[60] 李性忠，<張元濟與嘉業堂主人劉承幹>，《張元濟研究論文集》(上海：學林出版社，2006 年)，頁 571-579。

[61] 1925 年 2 月 19 日覆劉承幹：「承示嘉業堂藏書與涵芬樓，彼此可訂一特約，互相借抄，極所欣願。」引自《張元濟年譜》。

[62] 第一次江浙戰爭在 1923 年，當時原江蘇督軍齊燮元與浙江督軍盧永祥因爭奪上海地盤而動干戈，雙方傷亡慘重，累及江浙滬一帶百姓。第二次江浙戰爭則是以孫傳芳、齊燮元的江浙聯軍為一方，奉軍張宗昌部為一方，最後奉軍勝利告終。柳和城，《張元濟傳》，頁 202-203。

[63] 葉景葵，字揆初，任董事長兼經理。浙江人，早年就讀通藝學堂，後致力實業救國，曾任漢冶萍公司經理、浙江鐵路公司股款清算處主任、浙江興業銀行董事長。

葉景葵告知張元濟蔣氏抵押之古籍因期限將至無力贖回而擬出售的訊息。張元濟在葉景葵陪同下批閱此批藏書後，驚嘆不已，並於 1926 年 1 月 19 日總務處會議上談收購古籍一事。

「…蔣君收藏，費十餘年之心力，誠屬不易。在銀行用作抵押，雖為呆滯，在本館則因有影印舊書為營業之一種，如《四部叢刊》、《續藏》、《道藏》、《學津討原》、《學海類編》、《百衲本資治通鑑》、《二十四史》、《續古逸叢書》等，有數種均已售完，雖有幾種銷量數無多，然從未有不銷而虧本者。此項舊本頗多善本，可以影印者實屬不少。共計宋本五百六十三本，元本二千零九十七本[64]，明本六千七百五十三本，抄本三千八百零八本，《永樂大典》十本。鄙意久思再出《四部叢刊》續編，留心訪求，已有數年，無如好書極不易得。如能將蔣氏書收入，則《四部叢刊》續編基礎已立，再向外補湊若干，便可印行。影印之後，原書尚在，基本價值並不低減，將來如有機會仍可售出也。」[65]

蔣氏藏書原開價 20 萬兩銀子，後由商務以 16 萬兩議定購入。該批購入的圖書，成為涵芬樓歷年來蒐藏最珍貴的一批藏書。這批藏書也引起其他圖書館的注意。如 1926 年 4 月 14 日時任北京圖書館館長的梁啓超致函張元濟：

「聞涵芬樓購取蔣氏密韻樓藏書，欲請將複本而可以見讓者分與北京圖書館。並求東方圖書館書目一部。」[66]「由願一窺所藏地志

---

[64] 柳和城，《張元濟傳》，頁 217，則稱此批藏書元本有一千零九十七冊，與《張元濟年譜》，頁 263，引會議記錄打印稿少了一千冊，柳氏可能引用有誤。

[65] 張樹年主編，《張元濟年譜》，頁 263，引會議記錄打印稿。

[66] 張樹年主編，《張元濟年譜》，頁 265。

也。」[67]

寧波范氏天一閣的舊藏，因涵芬樓購置吳興蔣汝藻傳書堂抵押於銀行圖書而流入。天一閣建於明嘉靖年間，爲目前現存最早的藏書樓。天一閣藏書雖偶有散出，但清末民初之際約還有藏書三千部。1914 年上海數名舊書商買通盜匪薛繼渭潛入天一閣盜書，歷時數十日。本批被盜圖書數量約一千多部，幾達全部藏書之四分之一，盜出圖書被運帶至上海，輾轉由舊書店轉歸至南方藏書家。除部份零星出售外，最後由蔣汝藻以八千元全部購入，共 712 部。以明代史料及名人詩文集兩類最多。[68]商務因購入蔣氏藏書，故天一閣的登科錄及明季史料也成爲涵芬樓的典藏。

趙萬里於 1930 年獲邀登東方圖書館涵芬樓觀書時，特別紀錄下涵芬樓中屬天一閣舊藏的舊籍精品 26 種，並鈔出一份目錄：其中屬傳記類 10 種、邊防類 4 種、屬地誌類 12 種，均爲明代刻本，其中多屬絕無僅有的秘笈。此外當時還有明代登科鄉試諸錄至少七八十種，只抄名目，未及錄內容及序跋。[69]趙氏登樓時，未見已移存金城銀行保險庫的涵芬樓精品。這批移存銀行的精品，張元濟於日後編成《涵芬樓燼餘書錄》。該《書錄》中屬天一閣舊藏者共 7 種。[70]

[67] 張樹年主編，《張元濟年譜》，頁 265。引丁文江、趙豐田《梁啟超年譜長編》。

[68] 蘇精，《近代藏書三十家》，頁 212。係統計《傳書堂藏書志》所載，其中經 12 部、史 179 部、子 162 部、集 341 部。

[69] 趙萬里，<從天一閣說到東方圖書館>，1934 年，《中國古代藏書與近代圖書館史料》，頁 494。

[70] 包括《岳陽風土紀》(不分卷，宋范致明撰，明鈔本，一冊)、《夢梁錄》(不分卷，宋吳自牧撰，明楊循吉刪，明抄本，一冊)、《漫堂隨筆》(不分卷，明堯舜咨鈔本，一冊)、《獨異志》(三卷，明李冗撰，明鈔本，一冊)、《佛祖歷代通載》(殘二十卷，宋僧念常撰，明宣德刊本，十六冊)、《錫山遺響》(十卷，明莫息編，明正德刊本，三冊)、《詩記》(一百五十六卷，明馮惟訥編，明嘉靖刊本，四十冊)。

　　涵芬樓最後一批購入的大批古籍爲民國 20 年(1932)來自江陰何氏「悔餘齋」的 4 萬冊書。可惜尚未及整理，悉數燬於次年的一二八戰役中。此外，張元濟爲涵芬樓購進的著名私家藏書還有長州蔣氏秦漢十印齋、豐順丁日昌持靜齋、涇陽端方寶華齋、江陰繆荃孫藝風堂、巴陵方功惠碧琳琅館、南海孔廣陶三十三萬卷樓，以及荆冊田氏、海寧孫氏等諸家。[71]此外，在《張元濟年譜》中也可看到多則有關購買其他藏書家藏書的紀錄。如：1911 年 7 月 21 日覆孫毓修書，談購過雲樓書及影照《唐人選唐詩》等事[72]；1911 年 8 月 7 日覆孫毓修書，談購顧氏藏書…[73]。1911 年 8 月 29 日繆荃孫致先生書。言收購袁氏書事[74]。1911 年 9 月 12 日覆繆荃孫書。謂「袁氏書索價過昂，無可與商，只得還之。」[75]

3. 近走兩京

　　此處的「兩京」當指北京和南京兩地。北京爲人文薈萃的舊都，清末之際藏書自藏家流出後，輾轉淪落於爲數眾多的書肆中。張元濟爲涵芬樓徵購古籍，自然不能捨棄北京此一文化重鎮。事實上張元濟搜購圖書的地點遍至全國各地，舉凡他開會、旅遊、訪友或洽公所到之處，無不悉心關注當地藏書家及書肆的藏書狀況，故此處所謂北京與南京應僅是地域廣被之象徵意義。《張元濟年譜》中有許多他在北京與南京蒐書狀況的紀錄，均可見他爲涵芬樓圖書蒐羅之勤懇不懈。約

---

[71] 張翔，<張元濟與涵芬樓>，《大學圖書情報學刊》，(1988 年第 1 期)，頁 59。
[72] 張樹年主編，《張元濟年譜》，頁 96。
[73] 張樹年主編，《張元濟年譜》，頁 97。
[74] 張樹年主編，《張元濟年譜》，頁 99。
[75] 張樹年主編，《張元濟年譜》，頁 99。

列述 1911、1912 及 1918 年間數則如下：

(1)1911 年 7 月「囑開列本館舊書缺本寄京，以便在京配補。」[76]

(2)如前述 1911 年 8－9 月在北京期間，曾於書肆訪書多次，先後曾購得或見到《六朝政事紀年》、《蜀鑒》、《脾胃論》等元明刻本，就版本、款式一一批注於《邵亭知見傳本書目》有關處眉頭。[77]

(3)1911 年 8 月 23 日告知孫毓修「京師圖書館宋版書多不全者，無可鈔。」

(4)1911 年 9 月 12 日遊琉璃廠書肆。9 月 8 日由北京抵太原訪書，「舊書竟無一可購者」。[78]

(5)1912 年 2 月 13 日偕傅增湘至南京購書。[79]

(6)1912 年 2 月 14 日在寧期間，「雨後道濘，奔走兩日，了無所得。」[80]

(7)1918 年 6 月 14、24 日「於南京購方志書數種」。[81]

(8)1918 年 6 月 26 日「於琉璃廠為涵芬樓購方志書數種」。

(9)1918 年 7 月 25－6 日偕家人遊琉璃廠訪書，為《四部舉要》未有各書標出於京補書。為涵芬樓購《墨海金壺》殘本。

(10)1918 年 8 月 10－21 日在北京訪福隆寺、傅增湘、天華錦緞莊、訪福開森(看字畫)。

(11)1920 年 10 月 7 日與傅增湘赴琉璃廠觀書。

---

[76] 張樹年主編，《張元濟年譜》，頁 95。

[77] 張樹年主編，《張元濟年譜》，頁 99，張人鳳，《張菊生先生年譜》，(臺北：臺灣商務印書館，1995 年版)，頁 100。

[78] 張樹年主編，《張元濟年譜》，頁 99，引張元濟 9 月 9 日<復汪康年書>。

[79] 張樹年主編，《張元濟年譜》，頁 103，引《涵芬樓燼餘書錄》中《戰國策》跋。

[80] 張樹年主編，《張元濟年譜》，頁 104。筆者按：南京亦簡稱為「寧」。

[81] 張樹年主編，《張元濟年譜》，頁 153。

(12)1920 年 10 月 10 日訪舊書爲涵芬樓購《古唐類範》等。

(13)1920 年 10 月 16、20 日北京福隆寺看古書。17 日兩日赴帶經堂買宋本《六臣注文選》及地方志數十種。21 日購《永樂大典》岩字韻一冊等。22 日至福隆寺帶經堂、鏡古堂購影宋鈔《韓非子》，27 日帶經堂買元本書，本次共購 2,870 元。

4. 遠馳域外

張元濟數十年致力古籍蒐集，對長期積極徵購中國古籍的鄰國－日本，其已蒐藏之成果自然非常重視。早年皕宋樓藏書外流日本，大批重要古籍遠渡重洋，成爲岩崎氏靜嘉堂文庫的重要基礎。張元濟對於此批藏書始終未能忘懷。他於 1919 年 11 月 7 日約日本友人白岩、龍平、須賀、虎松及葉德輝晚餐，商借岩崎靜嘉堂所購皕宋樓書[82]；另 1921 年 1 月 10 日擬送靜嘉堂岩崎氏一部商務出版的《四部叢刊》以方便日後借書。[83]均可見他爲蒐集留存日本的中國舊籍，已積極建立與岩崎氏家族的良好關係。

1928 年 10 月 15 日張元濟以中華學藝社榮譽社員名義，偕同東方文化事業總委員會委員鄭貞文等赴日訪求中國古籍善本。受到日本漢學家服部宇之吉、狩野直善、長澤規矩也等人熱情招待與協助。他們參訪許多圖書館，甚至特別准許進入日本宮內省讀書寮閱書三日。於日本停留二個多月期間(12 月 2 日返國)，張元濟由宮內省圖書寮、內閣文庫、東洋文庫、靜嘉堂文庫借得中國古籍 46 部，並翻攝成膠片返

---

[82] 張樹年主編，《張元濟年譜》，頁 179。
[83] 張樹年主編，《張元濟年譜》，頁 203。

國。返國後四個月間，留日學生及中華學藝社馬宗榮，爲落實此行張元濟所開列擬向日本借照之古籍清單事宜，遭遇諸多問題。這些於中國失傳的圖書，先後由中國學藝社影印出書；後又分門別類，以單行本或與其他珍本配套方式出版。[84]

二、地方志書

（一）方志的價值與徵集數量

除了中國善本舊籍外，地方志書也是張元濟爲涵芬樓徵集的重點館藏之一。

所謂方志，爲四方之志，地方之志，亦即地方之史。指以地區爲中心，專詳於某一地區的風俗、民情、方言、古蹟，以及疆域、人物等，並依時代先後敘述各事物的發展變化，也稱作地方志書。[85]「方志」之名起源甚早，最早見於《周禮》：「外史掌四方之志、誦訓掌道方志以詔觀事。…」其所記載不外爲「一方地理之沿革、疆域之廣袤、政治之消長、經濟之隆替、人物之賦否、風俗之良瘼、文化之盛衰、遺獻之多寡，以及其地之遺聞佚事，蓋無異一有組織之地方歷史與人文地理也。」[86]方志在廣博的中國文獻中，其體例相對於一般史書依時代爲中心來敘述史實，且多圍繞政權爲中心來描述古今或某朝史實的方式；它屬於「橫的敘述方式」，雖然歷來爲多數學者認爲是正史的

---

[84] 王益，<中日出版印刷文化的交流和商務印書館>，《編輯學刊》，(第 1 期，1994 年)，頁 6。

[85] 張舜徽，《中國文獻學》，(臺北：木鐸出版社，民國 72 年)，頁 205。

[86] 朱士嘉，<方志之名稱與種類>，《禹貢半月刊》，(第 1 卷第 2 期，民國 23 年 3 月)，頁 26。

旁支，但因其內容對當時社會真實史料的保存特別具有價值，因此方志成爲展現某朝某地之社會民情等實況的文化櫥窗。

方志的起源可上推周朝末期，各國均有記載本國的史書。如《孟子》所稱：「晉之乘，楚之檮杌，魯之春秋，其實一也。」這是最古的方志。[87]以後歷朝名稱各異。[88]清代輯修方志的風氣發達，因此現存由宋至今約八千種共十餘萬卷方志，其中百分之八十爲清人編纂。[89]

方志的價值，在於補正史之缺。如中國文獻學專家張舜徽對方志備極推崇，他認爲「方志的價值，不但與國史相等，其作用往往比《廿四史》、《九通》之類的書籍，還重要的多。」[90]民初史學大師柳詒徵先生也肯定各省縣方志「卷帙浩繁，比國史所記載尤爲詳備，應該充分利用，以補國史之所不足。」[91]方志是正史的補充，舉凡風俗習慣、民生利病等正史未載的社會現況，如賦役、戶口、物產、物價等類資訊，反而經由方志得以留存；而如方言、風謠、金石、藝文等類，又可作爲與正史史部類考證之用。

明清以來地方志的價值，早年未受正統學者肯定。故諸多藏書家中，其蒐藏以方志著稱者幾稀。藏書樓以蒐藏地方志著稱而廣受讚譽者，首推迄今已有 430 餘年歷史的「天一閣」。天一閣主人明代兵部右

---

[87] 張舜徽，《中國文獻學》，頁 205。
[88] 如宋朝以來最通行者稱「志」或「誌」，《隋書經籍志》稱「圖經」，三國吳至隋唐則通稱「記」或「紀」，晉朝及清代有稱「圖志」或「圖記」者，另外少數稱「書」、「錄」、「乘」及「傳」等。依其種類又可分為通志、都會志、路志、府志等 22 種。參見朱士嘉，<方志之名稱與種類>，《禹貢半月刊》，第 1 卷第 2 期，民國 23 年 3 月)，頁 26-30。
[89] 清雍正 7 年(1729)朝廷下詔各省重修志書，以上呈諸使館，以備修《大清一統志》時採擇參考。後又令各州縣志書，每 60 年一修。張舜徽，《中國文獻學》，頁 208。
[90] 張舜徽，《中國文獻學》，頁 209。
[91] 張其昀，<六十自述>，《傳記文學》，(第 280 號，1985 年 9 月)，頁 21-27。

侍郎范欽，以其獨到遠見與眼光，蒐藏明代地方志和科舉文獻。其中現藏明代地方志達 271 種，大部分屬海內孤本。張元濟雖出身科舉且受傳統經史典籍薰陶，但他仍肯定方志的價值，並實際行動全力爲涵芬樓徵集各省府州縣遺存志書。1926 年商務購入蔣汝藻密韻樓藏書，其中因包括許多天一閣流出的明代方志。梁啓超以北京圖書館館長身份，特別致書張元濟提及「尤願一窺所藏地志也。」足見涵芬樓所藏天一閣方志頗獲肯定。

方志因較不爲一般藏書家重視，故價格也遠不如善本古籍。「據說在清末時，普遍地方志沒有人買，只有日本人買，書鋪以"羅"論價，一元一"羅"。所謂一"羅"，就是把書堆起來有一手杖高。即使是少見的善本志書，因爲無人過問，價錢也很便宜。」[92]故大量志書遭毀棄或外流東瀛。經常留連書肆的張元濟必然也觀察到此一景況，因此以實際行動投入方志徵集之列。

有關涵芬樓蒐藏方志的數量，1926 年張元濟自稱「即方志一門，已有二千一百餘種。雖多遺闕，要爲巨觀。」[93]。1933 年他又稱：「有清之季，余爲東方圖書館蒐藏全國方志，歷二十年，凡得二千一百餘種，綜二十有二行省，並邊遠各區計之，十有其九。」[94]另又稱「…積二十年，方志一門凡得一千四百餘種，總二萬餘冊。」的說法。[95]張元濟對地方志的蒐藏，始於清末，跨至民國，二十餘年間之職志未曾間斷。1951 年 5 月張元濟於《涵芬樓燼餘書錄序》回憶涵芬樓致力蒐

---

[92] 張翔，<張元濟與涵芬樓>，《大學圖書情報學刊》(1998 年第 1 期)，頁 60。

[93] 張元濟，<東方圖書館概況‧緣起>，《商務印書館九十五年》，頁 21-22。

[94] 張元濟，<續修勝縣志序> (1933 年)，《張元濟古籍書目序跋彙編》，頁 1100。

[95] 張元濟，<題嘉慶十年路鐸續修《平湖縣志》後> (1945 年)，《張元濟古籍書目序跋彙編》，頁 1099-1100。

藏方志的景況:「民國之始,余銳意收集全國方志,初每冊值小銀錢一角,後有騰至什佰者。此雖不在善本之列,然積至二千六百餘種凡二萬五千六百餘冊。亦非易易,今無一存焉。其間珍貴之紀述,恐有比善本爲尤重者。」[96]張元濟對方志的蒐集,獨具眼光起步甚早,故深刻感受二十年來之書價起伏,但也因而累積可觀的數量。

涵芬樓所藏地方志書確切數字爲 2,641 種(其中元、明刊本 141 種)計 25,682 冊。[97]所藏方志區域極廣,所有省志已齊全;至如府、廳、州、縣志應有 2,081 種,而涵芬樓收藏 1,753 種,達全部之 84%。其蒐集之週延與完備爲當時國內其他圖書館之佼佼者,除國立北平圖書館及北平故宮博物院圖館以外,殆無與爲匹焉。[98]涵芬樓所藏方志的另項價值爲:同一地方志不只一種修本。如《上海縣志》一種即有康熙、乾隆、嘉慶、同治和民國 7 年等五種修本;《上虞縣志》有明萬曆、清康熙、嘉慶、光緒四種修本,前後相隔二三百年,此對研究社會的演變歷程爲極珍貴的史料。

另在數量上當時也是全國第一。如日本外務省於北平設立的東方文化總委員會,其所屬東方文化圖書館也搜藏方志。該館也以搜藏中國地方志爲重點,每年購書經費達五十萬元,但至 1940 年止,其館藏地方志總量才達 1,700 多種。[99]

---

[96] 張元濟,《涵芬樓爐餘書錄序》(1951 年 5 月),《張元濟古籍書目序跋匯編》,頁 345。

[97] 有關東方圖書館所藏地方志的數量,王紹曾,<記張元濟在商務印書館辦的幾件事>,《商務印書館九十五年》,頁 27,引《中國出版史資料補編》,頁 441,張靜廬注第二條。王氏稱東方圖書館所藏方志數量同樣爲 2,641 種,但冊數多達 65,682 冊,王氏之數據與張元濟自述數字相差甚多,應誤。

[98] 參見劉作忠,<1932 年中國典籍大劫難:文化寶藏全毀日軍炮火之下>,引自:朱士嘉,<中國地方志綜錄初稿序>,《地學雜誌》,(1932 年第 1 期)。

[99] 趙玲,<張元濟的藏書思想>,《圖書館界》(第 3 期,2005 年 9 月),頁 18。

（二）徵集方志的途徑

張元濟對方志的搜集途徑，與徵購善本舊籍相同，亦即均與他日常作息與行止緊密結合。如登覽名勝、遊歷名山大川之餘，也未忘情對古籍及方志的蒐集。如1909年9月30日張元濟赴山東時致書孫毓修：「弟此行擬由泰安鄒縣、峰縣、沂州府、郯縣入江蘇境，至海州乘舟至淮安，循運河南下。擬向圖書館再假沿途志書，…」[100]

赴他地開會、洽公，張元濟也流連書肆親爲涵芬樓購置方志。此外，張元濟交遊廣闊，也不乏透過知交或商務分館同人就近協助。外地友人如汪康年、黃炎培、丁文江、黃齊生等多位友朋均曾協助參與方志的蒐集。[101]以黃炎培爲例，1927年間張元濟因聽聞大連圖書館的方志藏書豐富，故請託他代核對大連、商務兩館所藏方志異同，並商請該館代爲抄錄商務缺藏方志等事宜。

「…敝館所缺各種，如爲大連圖書館所有者，即乞查明出版年月、纂修人名及卷數、冊數。不知該館能否代爲抄錄？如何規劃，統祈詢明示知爲荷。該館如欲向敝處抄錄，亦可代辦也。(東方圖書館)書目用畢後即祈轉送該館。」[102]

張元濟去函約兩星期後，黃炎培致明信片回覆「告以大連圖書館特別允許，每日別室核對志書。開工三日，直隸、山東、山西、陝、甘數省已了，發見東方所無者不少。」[103]黃氏前後約運用一個星期時

---

[100] 張樹年主編，《張元濟年譜》，(北京：商務印書館，1991年)，頁82。

[101] 張學繼，《出版巨擘－張元濟傳》，(杭州：浙江人民出版社，2003年)，頁262。

[102] 張樹年主編，《張元濟年譜》，1927年9月2日條，頁292。

[103] 張樹年主編，《張元濟年譜》，9月17日條，頁292。

間完成大連圖書館與東方圖書館志書的檢閱核對工作，並回覆大連館省通志、府州廳志、縣志共 638 種。其中東方圖書館缺藏者共 84 種，有而不完全者 6 種。後經多次連繫與書目核對，部分因屬年次版本差異或已有翻印本，張元濟僅要求將商務缺藏者 5 種補鈔。[104]此次透過黃炎培的協助，張元濟對商務所藏方志的質量更具信心。

「…先是客有自大連來者，爲該館所藏吾國方志幾於全被，爲之神往。今知乃僅有六三八部，才當本館三分之一弱，殊爲失望，因此又不禁津津自喜矣。」[105]同年 10 月黃炎培又致書張元濟告以「在大連圖書館檢得台灣志書八種書目」。[106]1930 年 2 月 1 日黃炎培更介紹對方志專研有成的莆田人康修給張元濟認識。[107]

著名的地質學家丁文江也參與商務方志的徵集。1929 年丁文江赴西南調查地質，張元濟於 12 月 18 日致函請其代爲蒐集貴州縣志。次年 1 月 31 日丁文江回覆張元濟「貴州屢遭兵禍，舊志遺失殆盡，惟聞新修《大定縣志》，尚爲東方圖書館所未有，已函託人轉購。」3 月 1日張元濟仍致函託丁氏：「先生行蹤所至，如遇有志書爲敝館所無者，務祈代購，不能購則託人代抄，雖費多乞不惜也。」[108]張元濟爲涵芬樓蒐集各地方志不惜再三請託及投注金錢的堅定用心可見。

張元濟方志的徵集方式約有以下數種：

---

[104] 張樹年主編，《張元濟年譜》，頁 293。

[105] 1927 年 9 月 27 日張元濟復黃炎培書函。《張元濟年譜》，1927 年，頁 293。

[106] 張樹年主編，《張元濟年譜》，頁 293。

[107] 張樹年主編，《張元濟年譜》，頁 334。

[108] 張樹年主編，《張元濟年譜》，頁 331,334。

1. 價購

如 1922 年 3 月在廣州購《佛山志》、《德慶州志》及《廣東縣志》8 種。7 月到北京訪琉璃廠訪書購書，購《寧都州志》。另經由搜購蔣氏密韻樓的藏書，也購進天一閣舊藏明代方志。

2. 借鈔

嘉業堂主人劉承幹在張元濟徵集方志上，也是提供借鈔的主要知交之一。1923 年 7 月[109]張元濟致書劉承幹：「弟十餘年來已爲購藏圖籍約可得十餘萬冊，其中以各省方志較爲有用。求之於市而不得者，則輾轉借鈔，然尚有百數十種無從乞借。」並進而協商是否允登嘉業堂「錄存副本，借供眾覽」。同年 10 月胡適也允出借《績溪縣志》予涵芬樓抄錄。

1923 年 9 月 27 日張元濟請託當時任職國史館的科舉同年金兆藩：「公司附設圖書館搜羅各省府廳州縣志書已得千六百種。約尚缺二百種，訪購有年，迄未可得。現向各處借抄，冀成完璧。聞清史館除藏各省志書甚多，…附去目錄一紙，託代查，再請設法假鈔。」10 月 8 日金氏回覆言抄補志書經核對得 62 種，約來單三分之一。張元濟即請人抄錄後存於涵芬樓。[110]

另張元濟的兒女親家，也是清末民初浙江平湖重要藏書家葛嗣

---

[109] 吳芹芳，《張元濟圖書事業研究》，華北師範大學碩士學位論文，頁 39-40，引《張元濟友朋書札》，記爲 1921 年 7 月，應誤。
[110] 張喜梅、楊杰，<張元濟‧東方圖書館‧地方志>，《滄桑》，2002 年 3 月，頁 56。

澎，其藏書樓傳樸堂所藏方志與涵芬樓所藏方志，兩者也相互假借傳
鈔，互動頻繁。方志與書畫爲傳樸堂的兩大特色館藏，據稱所藏方志
數量與涵芬樓相類，其中多有精品。如涵芬樓藏《平湖縣志》僅有乾
隆高、王本及光緒彭本，而葛氏獨有嘉慶 10 年路錦續修《平湖縣志》，
張元濟曾讚嘆：「《路志》十分珍罕，其價值勝過普通宋元版書。」；另
1924 年 7 月葛氏代涵芬樓搜得志書 10 種，張元濟於致謝回函中，除
對葛氏新獲之《天門縣志》誌慶外，另對涵芬樓所藏中闕漏者表示「亦
擬乞借之」。[111]

3. 贈送

　　友朋間之致贈也是涵芬樓志書來源之一，不過多屬零星記載。如
1922 年 12 月 20 日胡適贈涵芬樓《全椒縣志》[112]；另 1927 年余紹宋(越
園)也贈送《龍游縣志》一部給涵芬樓[113]。

　　張元濟廣闊的人脈關係，非常有利於涵芬樓在地方志書及善本舊
籍的徵集蒐購。我們幾乎很難想像，如果缺少了張元濟許多友朋的協
助，商務涵芬樓的藏書想必遜色不少。但另方面而言，商務如非張元
濟的參與經營，以及一連串蒐書、校書及編印圖書的因緣，因而造就
中國近代諸多學者、藏書家、圖書館學家、目錄、版本學家的頻繁互
動，雖偶有衝突競爭，卻又爲中國傳統文化資產之保存或發揚而相互
協助、切磋。因而造就中國近代文化史豐富多元的成果。張元濟他蒐

---

[111] 參見柳和城，＜平湖藏書家葛嗣澎＞，http://www.housebook.com.cn/2k11/16.htm，
　　2007.12.07 檢索。另《張元濟年譜》頁 248，1924 年 7 月 31 日及 8 月 18 日條下，均
　　有商借葛氏志書記載。
[112] 張樹年主編，《張元濟年譜》，1922 年 12 月 20 日條，頁 230。
[113] 張樹年主編，《張元濟年譜》，1927 年 9 月 4 日條，頁 292。

書、藏書、讀書、校書、編書、印書，一人即涉獵多元的文化活動，
藉此與當時的學術界文化界交織出綿密的關係網絡，此舉也爲商務在
中國近代圖書史及圖書館史上建立具影響性的地位。

（三）蒐藏方志對文化的貢獻

1. 提供編印書刊的參考

　　工具書是商務出版品重要的一環，如 1912 年商務增修《康熙字典》
的缺失而編輯出版《新字典》、1917 年編輯我國出版的第一部專科詞
典《植物學大辭典》、1921 年出版《中國人名大辭典》、《中國醫學大
辭典》等大型人名、地名或歷史辭書等等，商務所蒐藏質量兼備的地
方志，絕對是編輯時重要的參考資源。

　　孫毓修協助張元濟兼管涵芬樓所藏善本舊籍達 15 年，孫氏除有原
目錄學的專長背景，每日浸淫涵芬樓舊籍資料，也完成我國目錄版本
學上最具代表性的著作《中國雕刻源流考》。這本堪稱是「老一輩圖書
館員都讀過」的著作，被認爲是孫毓修在商務涵芬樓期間對中國古籍
版本研究的概述。[114]該書內容分爲四部分，其中地方志部分，引用許
多早期地方志來說明古籍版本的樣式，其中如萬曆《龍游縣志》就是
涵芬樓在 1927 年 9 月 4 日得自余紹宋(越園)贈送的館藏。因此方志不
只作爲商務編輯書刊時的參考，對於商務同人學術研究的撰著，也是
重要的佐證來源之一。

---

[114] 陳燮君、盛巽昌編，《二十世紀圖書館與文化名人》(上海：上海社會科學院出版社，
2004 年)，頁 32。

2. 提供民初新修方志的參考資料

方志內容雖以記載一地之風俗民情社會現況爲主，但文化層面之展現，仍多有其傳承脈絡與軌跡，故後世新修或修訂舊志時，仍需參閱前朝或歷次已修舊志內容。張元濟爲涵芬樓所徵方志，正能發揮此項效益。「…民國既建，腹地議修新志者，書缺有間，每馳書相假，圖書館借鈔者又絡繹不絕。竊自幸於文獻之徵稍有裨助。」[115]

3. 與學界建立關係之媒介

藉特殊館藏與當時藏書家及學術界建立互動關係，係商務的重要文化活動。涵芬樓蒐藏之善本舊籍及地方志在數量上既達相當規模，因此吸引當時各方學界的重視與參考。

以地方志爲例，1923 年 1 月 30 日張元濟回覆北京大學歷史系主任朱希祖[116]謂：「承詢購求志書方法。弟從事於此已十餘年，且有各省分館以爲之助，至今尚未滿十之八。雲貴川甘極爲難得，然安徽、福建、廣西各省亦頗不易。…敝處凡遇時代不同之本，一律收藏，故有一縣多至數部者。」「如北京大學有意收羅，敝處亦可相助。現尚登報訪求，故各省尚有開單訪求者。只請將所缺各種抄一清冊存在敝處，即可代爲購辦。」[117]張元濟於 5 月 15 日囑北京大學開立擬購志書清冊，且又寄上商務已購志書複本清冊。「如貴校未備，盡可奉讓。敝處志目

---

[115] 張元濟，<續修滕縣志>，《涉園序跋集錄》，(臺北：臺灣商務印書館，民國 68 年)，頁 135。

[116] 朱希祖(1879 年－1944 年)，字逖先，浙江海鹽人。是章太炎的得意弟子，魯迅的師兄，爲南明史研究專家，嗜好蒐集方志。

[117] 張樹年主編，《張元濟年譜》，1923 年 1 月 30 日條，頁 231-232。

現正重印，印就即寄呈。」可見張元濟對北京大學協助購置志書的態度非常積極。朱氏於 6 月 8 日回覆挑選 10 種志書。

此外張元濟他對知交友朋的需求，也多予協助。如 1927 年王甲榮致張元濟書「請代查安徽休寧縣志中明朝王氏科第官職等。」[118]1931年 2 月「復瞿宣穎[119]書，告以已與東方圖書館商定，於圖書館主管辦事室內分置一席，供瞿每日下午前往取閱各省志乘。」[120]瞿宣穎亦曾任職河北通志館館長。對方志素有研究的王重民，都曾向瞿宣穎商量修志的辦法[121]。故張元濟雖已自商務退休，但仍對這位方志專家給予特別禮遇的安排。

張元濟對於涵芬樓蒐藏志書能提供各方學界參考，發揮文獻功能與效益，頗具自信。「…元濟曩在商務印書館，曾藉其力設一圖書館，搜輯全國方志，迄于今日凡約二千餘種。海濱通衢，舟車雲集，四方之士，出于其途有來觀者，偶檢其鄉閭之事，無幾不滿所欲而去。」[122]

---

[118] 張樹年主編，《張元濟年譜》，1923 年 1 月 30 日條，頁 288。
[119] 瞿宣穎(1894～1973)，字兌之，因其父有維新理念，命其注重新學。先在京師譯學館、上海聖約翰大學肄業，後畢業於復旦大學，獲文學士學位。北洋政府時期(1912-1927)，宣穎曾任職於國務院及中央各部，並就任國史編纂處處長。1927 年南京國民政府成立後，退出政壇，先後任燕京大學、南開大學、清華大學、北平師範大學、輔仁大學等名校教授。著述宏富，有《方志考稿》、《長沙瞿氏家乘十卷》、《方志考稿甲集》六編等，被稱爲方志學專家。引自：邱永君，<學有淵源　士林耆碩>，《中國社會科學院院報》，2006 年 1 月 25 日，http://jds.cass.cn/Article/200720070320175828.asp，2007.10.13 檢索。
[120] 張樹年主編，《張元濟年譜》，頁 349。
[121] 陳紅彥整理，<王重民學術生平>，《文津流觴》第 11 期，2003 年 9 月，http://www.nlc.gov.cn/old/old/wjls/html2003/11_09.htm，2007.10.13 檢索。
[122] 張樹年主編，《張元濟年譜》，1927 年 9 月 4 日條，頁 292。

三、其他藏書

涵芬樓庋藏之善本珍籍及地方志書除最受人稱道之外，它所收藏的新書，其實也有不可替代的價值。如商務的「發家」出版品 － 教科書，更是特色之一。商務本以教科書起家，編撰出版教科書一直是該館最主要的業務。早年夏瑞芳延攬張元濟入商務，因蔡元培的建議及發起，認為編印適合當時學童使用的教科書為當務之急，因此著手進行。張元濟接任蔡元培編譯所所長之職，且當時有高夢旦、蔣維喬等有志之士參與，另與日方向以教科書編印聞名的金港堂合股經營，及日方先進印刷技術的引進，使商務編印之教科書發行後，因內容及印刷品質優異，佔全國教科書半數以上市場，因而奠定商務的發展根基。因此涵芬樓裏不僅藏有商務出版的各類教科書，還蒐羅了當時各家書局、出版社所出版的教科書，是收藏晚清以來教科書最齊備的圖書館。[123]

此外，涵芬樓中蒐藏的英文、東文(日文)書刊，數量也相當可觀。另外文原版圖書約 2 萬餘冊，甚至還有 15 世紀前出版的歐洲古籍多種，但似乎未整理妥當。1916 年 7 月進入商務工作的沈雁冰(茅盾)晚年回憶涵芬樓：「編譯所圖書館裏英文書很多，不過雜亂無章。它藏有全套的《萬人叢書》(*"Everyman's Library"*)，裏面收羅很多西方資產階級的政治、經濟、哲學、文學名著，以及英國以外的文史哲名著的英譯本，從希臘、羅馬直到易卜生、比昂遜等。另有一套美國出版的叫《新時代叢書》(*"Modern Library"*)，性質與《萬人叢書》相同。」[124]

---

[123] 王中忱，<關於《涵芬樓藏書目錄》>，http://www.booyee.com.cn/ bbs/thread.jsp? threaded=316375&forumid=84，2007.10.18 檢索。

[124] 茅盾，<商務印書館編譯所>，《商務印書館九十年》，(北京：商務，1897 年)，頁 169。

此外，涵芬樓還藏有大量地圖、掛圖、畫報、照片和明信片，類型多元很具特色。[125]報紙部分全套完整的有上海的《時報》、《神州日報》、《民國日報》，天津的《大公報》、《益世報》等。雜誌則有《新民叢報》、《國聞週報》。另商務自行出版編印的期刊如《東方雜誌》、《繡像小說》、《小說月報》及本版圖書等亦均爲基本館藏範圍。

四、古籍出版與涵芬樓書目

張元濟於<印行四部叢刊啓>謂：「自咸同以來，神州幾經多故，舊籍日就淪亡，蓋求書之難，國學之微，未有甚於此者也。上海涵芬樓留意收藏，多蓄善本。同人慫惠影印，以資津逮，間有未備，復各出公私所儲，恣其搜覽…」[126]，又於<百納本二十四史前序>稱：「長沙葉煥彬(德輝)吏部語余：『有清一代，提倡樸學，未能匯集善本，重刻《十三經》、《二十四史》，實爲一大憾事。』余感其言，慨然有輯印舊本正史之意」。[127]可瞭解張元濟爲涵芬樓蒐集善本舊籍之餘，更擬藉此以發揚國學，彙集善本。其輯印古籍的目的，一是爲搶救民族文化遺産，使其免於淪亡，二是爲解決學者求書之難，滿足閱讀的需要，三是爲了彙集善本，彌補清代樸學家所未能做到的缺陷。此外，他在<校史隨筆自序>提到一個更爲重要的任務:「襄余讀王光祿《十七史商榷》，錢官詹《二十二史考異》頗疑今本正史之不可信。會禁網既弛，異書時出，因發重校正史之願。」[128]由張元濟的自序中，可瞭解張元濟蒐藏、輯印並重校古籍善本之用意與理念。

---

[125] 依<涵芬樓借閱圖書規則>內容可看出館藏類型之多元性。

[126] 張人鳳編，《張元濟古籍書目序跋彙編》(下冊)，頁 857。

[127] 張人鳳編，《張元濟古籍書目序跋彙編》(下冊)，頁 984。

[128] 張人鳳編，《張元濟古籍書目序跋彙編》(上冊)，頁 28。

　　另依據現存相關文獻，商務以涵芬樓爲名之書目有數種。部分屬正式發行，部分爲內部使用，此係掌握涵芬樓時期藏書內容最直接的依據。因商務古籍系列的輯印，其成果大部分亦屬涵芬樓善本特藏內涵的呈現，故以下將古籍系列規模較大者與涵芬樓書目並列述於下，以期完成呈現涵芬樓藏書書目。

（一）《涵芬樓秘笈》

　　涵芬樓蒐集的古籍，經數年來累積，數量已具相當規模，內容上亦不乏珍善本、稿本等人間稀見之書。爲使這些珍罕古籍流通，張元濟仿毛晉刻《津逮秘書》[129]及鮑廷博刊《知不足齋叢書》[130]之例，選印涵芬樓珍藏古籍編爲叢書，此即爲《涵芬樓秘笈》。所收以舊抄、舊刻、零星小種，世所絕無的版本爲原則，故稱之爲秘笈。採分集陸續出版，每一集爲線裝本 8 冊，包含古籍若干種。主要採原書或原稿影印，少部分用鉛字排印。自 1916 年 9 月推出第一集，以後每年出版兩集，到 1921 年 4 月出版至第十集止，共收錄舊籍 51 種，分裝成 80 冊。所收內容除第四集《靜業堂補遺》借錄自張元濟好友傅增湘及第

---

[129] 爲明末清初知名藏書家、出版家毛晉所輯，爲一部很有特色的叢書。收錄許多罕見而又有實用價值的筆記雜錄。尤以宋人之筆記爲多。他一反明代編輯叢書刪節割裂之陋習。收書多爲首尾完備的足本，注重選擇善本，進行校勘。參考：李春光，<毛晉和《津逮秘書》>，《圖書館論壇》2002 年第 5 期。

[130] 鮑廷博(1728－1814)，字以文，鮑家經商，家饒財資，故於藏書、刻書均有足夠的經濟實力。鮑廷博數十年如一日，訪書不懈，名聲斐然。鮑廷博嘗取家藏珍籍二百餘種，於清乾嘉年代刊爲《知不足叢書》二十七集，爲我國古代著名大型叢書之一。內容搜羅精選許多世所罕見的古籍善本、孤本及流失於海外的奇書秘笈，補充修定和校正許多有價值的古舊殘書和劣板書，使之由殘編斷簡成爲完璧，或去僞得真恢復原貌；由於編纂者識鑑高明，精加評點，使許多被忽視和埋沒的好書，得重現光采。參考：何慶善，<評《知不足齋叢書》的文獻價值和歷史意義>，《安徽大學學報(哲學社會科學版)》，2001 年 06 期。

十集《進呈書目》原爲美國國會圖書館館員在廣州購得，孫毓修向之借錄以外，餘均爲涵芬樓藏書。[131]《秘笈》的編印工作均由當時管理涵芬樓的孫毓修負責。體例上仿《知不足齋叢書》及《津逮秘書》，每書均附跋文。除《敬業堂集補遺》及《雪庵字要》兩書由張元濟親寫跋文之外，其餘均由孫毓修具名負責撰寫。

此叢書雖不能呈現涵芬樓舊籍全貌，但依其收錄，得呈現涵芬樓善本中的珍罕古籍的內容。且《涵芬樓秘笈》的發行，爲商務初期涉獵館藏古籍善本翻印及編校作業，其過程與經驗，必然爲商務後續進行相關古籍及文史著作發行的重要參考。

（二）《四部叢刊》

《四部叢刊》係商務發行的大型古籍影印叢書。於 1919 年始至1923 年完成，包括經史子集四部書中的必要書籍，各書採選定善本影印原則，因「神州幾經多故，舊籍日就淪亡；蓋求書之難，國學之微，未有甚於此時者也。」[132]共蒐四部圖書 323 種，8,573 卷，裝訂成 2,120冊。所蒐各書底本，除涵芬樓藏書之外，還包括廣蒐自海內外藏書家之精藏。所收選目將各宋元明舊本縮印成體式一致的版式，並於每書首頁詳載原書版式，以存其原貌。1934 年後續輯印《四部叢刊》續編，收書 77 種，1,438 卷，1936 年續有《四部叢刊》三編，收書 71 種，1,910 卷。《四部叢刊》另有《書錄》一冊，記載書名、卷數、著者、借自何家所藏何種版本、版本特色及藏家印記。由孫毓修撰寫，經張

---

[131] 久宣，《出版巨擘商務印書館：出版應變的軌跡》(臺北縣：實島社，2002 年)，頁 160。共 265 頁。

[132] 張元濟，<印行《四部叢刊》啟>，《張元濟古籍書目序跋彙編》，頁 857。

元濟改訂。1927 年《四部叢刊》出編重版，部分圖書更換更佳版本，種數未變、卷數增加。[133]

（三）《百衲本二十四史》

「百衲本」指採用各種版本，彼此補綴而成，猶如僧服的「百衲衣」般。百衲本的圖書形式始出於清代初期的宋犖，他用兩種宋本、三種元本，配置成一部《史記》80 卷，稱為百衲本《史記》。傅增湘用幾種宋本拼配了一部《資治通鑑》，稱為百衲本《資治通鑑》。張元濟認為當時流傳最廣的清武英殿本《二十四史》，校刻不精，錯誤不少。為求史實之真，糾正殿本缺失，故仿前人作法，蒐集各史傳世之宋元明舊刻等較早刻本為底本影印，且又校改了其中較明顯的訛誤，吸收其他版本優點編印而成。歷史學家張舜徽曾稱譽此書為「最標準的本子」。[134]此書商務於 1916 年出版，全套共 820 冊，對歷史學發展頗具影響。

（四）《續古逸叢書》

《續古逸叢書》為張元濟追隨賡續前人《古逸叢書》之編印。清光緒六年，湖北宜都人楊守敬擔任駐日公使何如璋的秘書，趁職務之便，也進行海外佚書蒐訪，未及一年已成果豐碩。光緒八年(1882)古文家黎庶昌接任公使，知楊守敬訪書事，乃有輯刻《古逸叢書》的計畫，兩人合作，在黎任內輯刻《古逸叢書》二十六種，凡二百卷，校

---

[133] 久宣，《出版巨擘商務印書館：出版應變的軌跡》，頁 161-162。
[134] 韓文寧，<張元濟與《百衲本二十四史》>，《江蘇圖書館學報》(1998 年第 1 期)。

刻工作始於清光緒八年(1882)，成於清光緒十年(1884)。《古逸叢書》彙宋元孤本、古寫本於一編，縷版十分精細，可與宋槧元刊齊驅，其中尤以在日本東京使署初印的美濃紙本爲佳。

張元濟完成《四部叢刊》和《百衲本二十四史》之後，仿照黎庶昌之例，博訪罕傳珍本，輯成《續古逸叢書》，該續編共收書 47 種，由商務印書館影印出版。其中 46 種是在民國年間印行的，第一種影宋本《孟子》，印於 1919 年，後因抗日戰爭而中輟，最後一種影宋本《杜工部集》於 1957 年問世，首尾相距 38 年。

（五）《涵芬樓藏書目錄》[135]

大陸上海圖書館藏有鉛印本《涵芬樓藏書目錄》，出版年爲清宣統 3 年(1911)。(索書號：線普長 6338，線普 553390)。

（六）《涵芬樓藏書目錄》

民國初年商務編印有《涵芬樓藏書目錄》。約 461 頁，四冊，高 23 公分，精裝。分「初刊」及「續刊」兩種，每種又分「舊書分類總目」及「新書分類總目」兩類，各一冊。因「初刊」的「新書分類總目」欄所收圖書出版年份最遲爲民國 3 年，故推定該目應編於民國 3 年(1914)。後發行包含初刊及續刊的四冊裝《涵芬樓藏書目錄》，因「續刊」前所印的「借閱圖書規則」標明是「民國八年六月改訂本」，且未

---

[135] 以下將蒐集所得之相關涵芬樓藏書目錄訊息列述於下，多引之文獻資料記載，未得及見，部分目錄現藏於中國大陸的圖書館中。

頁又以編者識方式注明「民國九年八月續刊至五六○○號爲止」，據此推知「續刊」編印的時間在民國 9 年 8 月。[136]

今大陸上海圖書館藏《涵芬樓舊書分類總目》，出版訊息不詳，版式爲 24×16cm，逐頁題名「涵芬樓藏書目錄」(1 冊，中圖分類號：Z842，索書號：297587)，應即爲上述目錄。

上海圖書館館藏另有涵芬樓編之《涵芬樓舊書目錄再續編》(中圖分類號：Z842，索書號：297597；索書號：線普長 607053)，262 頁，24×16cm，逐頁題名「涵芬樓藏書目錄」。該書爲鉛印本，於民國 9 年出版，可能爲上述目錄之「續刊」。但上海圖書館另又有：涵芬樓編之《涵芬樓舊書三續編分類總目》(中圖分類號：Z842，索書號：297601；索書號：線普長 607054)，166 頁，24×16cm，逐頁題名「涵芬樓藏書目錄」。則民國 9 年以後應還有第三次續編的藏書目錄。

《民國時期總書目(1911－1949)綜合性圖書》中[137]載錄有關涵芬樓藏書目錄訊息如下：「《涵芬樓藏書目錄（舊書分類總目、再續、三續)》，3 冊(819 頁)，23 開，精裝。…收該館所藏線裝書，按經、史、子、集、叢書 5 類編排。書前有"借閱圖書規則"，"舊書編目芻言"，"分類編目"。」則此處所指應爲今上海圖書館所藏的三本舊書分類目錄。

《民國時期總書目(1911－1949)綜合性圖書》中另載錄有：「《涵芬樓藏書目錄(新書分類總目)》，461 頁，23 開，精裝。收該館藏中文平裝本，分哲學、教育、文學、歷史、地理、政法、理科、數學、實

---

[136] 王中忱，＜探訪《涵芬樓藏書目錄》＞，《中華讀書報》，2006 年 4 月 5 日，http://www.fjsow.com/dushu/ArticleShow.asp?ArticleID=3079。經查臺灣「全國圖書書目資訊網」(NBINet)，雖查獲該目錄書目資料，但無臺灣地區圖書館的館藏紀錄。

[137] 北京圖書館編，(北京：文獻出版社，1986 年)，頁 190。

業、醫學、兵事、美術、家政、叢書部、雜書等 14 部。書前有"借閱圖書規則"。」此處亦未載出版年,但因頁數於前述《涵芬樓藏書目錄》初刊新書分類目錄頁數相同,故推斷爲同一書。

大陸中國國家圖書館館藏有 2005 年攝製之《涵芬樓藏書目錄》微捲 2 捲,由北京全國圖書館文獻縮微中心攝製,原書藏於瀋陽遼寧省圖書館,但透過該館館藏目錄記錄,原書之出版資訊不詳,僅知爲 1 冊(384 頁)高 22cm。依上述書目資訊無法推斷所拍攝之藏書目錄版次。

(七)《涵芬樓宋元本書目》

大陸中國國家圖書館館藏古籍中有《涵芬樓宋元本書目》一冊,抄本,綠格,出版地不詳,出版者爲「海甯陳乃乾慎初堂」,出版年代爲「民國間」。書名據卷端題,著者項載「商務印書館藏,佚名編」。則此書目內容是否即載錄涵芬樓所藏之宋元本藏書,抑或僅是藏於涵芬樓之宋元書目抄本,尚待確認。

(八)《涵芬樓藏善本目錄》

早在前述《涵芬樓藏書目錄》之前,涵芬樓似已有館藏善本書目。張元濟於 1911 年於北京參加中央教育會議時,於 7 月 14 日曾致書孫毓修:「…顧氏書目乞將全份寄京,本館善本書目亦乞速寄。」張元濟於 7 月 7 日才要求將館藏舊書缺本目錄寄京,僅 7 日又要寄上全份目錄,足見張氏補書之殷切。可證當時已編訂有善本目錄。[138]7 月 21 日

---

[138] 張樹年主編,《張元濟年譜》,頁 95。

張元濟回覆孫毓修函中，又提及「本館善本書目請用小冊子速鈔，擬添購舊書免重出，並示諸藏書家之用。愈速愈好。」[139]據此則當時確有善本書目，且願意提供其他藏書家參考。不詳除有手鈔本外，是否另有印刷形式的書目。

大陸中國國家圖書館現藏有抄本《涵芬樓藏善本目錄》3冊(索書號：目352.1/3670474)，商務印書館藏、編，民國19年國立北平圖書館出版。

（九）《涵芬樓志書目錄》

涵芬樓所藏地方志書也是重要的特色館藏之一。涵芬樓除一般性書目及善本書目錄外，針對地方志也編訂專題書目。如查「全國圖書書目資訊網」(NBINet)，有《涵芬樓志書目錄》一種，民國17年出版，216頁，高26公分，出版地及出版者不詳。時東方圖書館已開放供眾閱覽，該志書目錄應載錄涵芬樓所蒐藏的舊籍方志總貌，臺灣地區圖書館未有館藏。大陸中國國家圖書館藏有此目，書目內容提要載稱：「收地方志目錄近3000條。列出志名、編纂人、出版時期、卷數、冊數等項。」

涵芬樓的方志目錄除民國17年(1928)的版本外，應還有更早的版本。如1923年5月15日張元濟致清史館朱希祖函中提及「敝處志目現正重印…」[140]1924年7月7日與胡適連繫時，又提及「贈予新印志

---

[139] 張樹年主編，《張元濟年譜》，頁95。
[140] 張樹年主編，《張元濟年譜》，頁234。

目一部。」[141]可見商務於 1923－1924 年間另編印有涵芬樓藏志書目錄。1927 年 9 月 2 日張元濟致黃炎培函「⋯東方志書目早屬圖書館寄去，不知何以遲誤？敝寓尚有存本，印成後續收者亦一列補入。」[142]據此則知確有早於民國 17 年編印出版的志書目錄。且隨地方志陸續蒐存，館藏目錄亦隨時補錄。

《民國時期總書目(1911－1949)綜合性圖書》中[143]載錄有：「《涵芬樓藏書目錄(直省府廳州縣志目錄)》，174 頁，23 開。收該館所藏方志，按清朝府、廳、州、縣次序排列。書前有「例言」及 1919 年 6 月改訂的『借閱圖書規則』」。此書應早於前述目錄，但不詳是否為商務志書目錄的最早版本。現大陸中國國家圖書館有藏。該館另有《涵芬樓直省志目》鉛印本一冊(索書號：144167)，其他書目資訊不詳。北京大學圖書館亦藏有相同題名之《涵芬樓直省志目》一冊，216 頁21cm，其他書目資訊不詳。後者與《民國時期總書目(1911－1949)》所載名稱略近但頁數不同，恐為另一版本。又，大陸上海圖書館現有《涵芬樓志書抄目》(線普 568315)，應屬另一版本。

（十）《涵芬樓燼餘書錄》

民國 15 年(1926)年涵芬樓更名東方圖書館對外開放。原涵芬樓所藏善本舊籍隨東方圖書館新館落成遷入四樓，仍維持涵芬樓舊稱，但因屬珍貴舊籍之特藏，故未開放一般讀者閱覽。

---

[141] 張樹年主編，《張元濟年譜》，頁 247。
[142] 張樹年、張人鳳編，《張元濟蔡元培來往書信集》，(臺北：商務印書館，民國 81 年)，頁 134。
[143] 北京圖書館編，(北京：文獻出版社，1986 年)，頁 190。

民國 21 年(1932)一二八閘北之役，造成東方圖書館及存放善本之涵芬樓燬燼一空。但不幸中之大幸，因張元濟之卓知遠見，預先將五千冊宋元善本移存金城銀行保險庫中，故得倖免於難！

這批燼餘珍善典籍於一二八閘北之役後，仍暫存銀行保險庫中。張元濟痛心涵芬樓數十年苦心積慮蒐藏一夕覆滅，深感於藏書「慮其聚久必散也」，因此將倖存善本逐書撰寫解題四卷，敘其緣由。每書著錄書名、撰者、版本、冊數、版式、書錄、題詞等。除以宋諱缺筆考訂年代，也以刻工姓名判斷刊刻地域。透過藏印更可溯其藏書流藏之源流始末。期藉此留存各書詳目與解題，恐日後如仍遭難，尚可尋其始末。

此批解題書錄完成後並未付梓，直到 1950 年張元濟因商務老館友李拔可之催促下，始將藏於書篋的涵芬樓燼餘書錄結集出版。出版期間張元濟因病中輟，李拔可商請顧廷龍(起潛)賡續進行完成。顧氏於《涉園序跋集錄》後記中有協助整理《燼餘書錄》的記述：「…先生秉賦特厚，神明強固。曩歲承命佐理校印《涵芬樓燼餘書錄》時，病偏左未久，偃仰床笫，每憶舊作，輒口授指畫，如某篇某句有誤，應如何修正；又如某書某刻優劣所在，歷歷如繪。蓋其博聞強識，雖數十年如一日。此豈常人所能企及，謂非耄耋期頤之征而何。」張元濟於《涵芬樓燼餘書錄》序言稱：「題曰『燼餘』，所以志痛也。…起潛邃於流略之學，悉心讎對，多所匡正，不數月逐觀厥成，滋可感也。」[144]《燼餘書錄》總計有宋刊 93 部、元刊 89 部、明刊 156 部、鈔校本 192 部、稿本 17 部，總計 547 部 5,000 餘冊。[145]涵芬樓原藏善本古籍經統

---

[144] 張人鳳編，《張元濟古籍書目序跋彙編》(中冊)，頁 345。
[145] 張人鳳編，《張元濟古籍書目序跋彙編》所收《燼餘書錄》後增附有瞿啓甲於 1937

計爲 3,745 種，35,083 冊，據此則涵芬樓燼餘舊籍尙不足原藏之 15%，其餘 85%有餘均不幸於礮火中灰飛湮滅。張元濟終身每思及此，無不揪心斷腸，雖時隔二十年但仍以「志痛」誌之。

該《燼餘書錄》於 1951 年 5 月正式出版，爲直排線裝本，共 5 冊。每書末或附有原書「藏印」係按印章原文式樣排列。另 2003 年北京商務印書館出版《張元濟古籍書目序跋彙編》三冊，其「中冊」即爲《涵芬樓燼餘書錄》全貌，惟改爲簡體字版，且藏印採以印章文字方式呈現。

該書於《燼餘書錄》後另附《涵芬樓原藏善本草目》，分經、史、子、集四部分列。張元濟於序文稱，「涵芬善本，原有簿錄，外人有借出錄副者。」顧廷龍謂該傳鈔本藏於北京圖書館，爲窺涵芬樓古籍全貌，建議借歸並印入燼餘目錄之中。張元濟檢視該傳鈔本書目後，對內容似乎頗失望。「審係草目，凌躐無序，就余記憶所及，遺漏甚夥。蔣、何二氏之書，無多未列。然所記書名，汰其已見是錄者，猶千有七百餘種。異日史家纂輯《藝文》，或可稍資探擇。」[146]他對該草目所載雖不滿意，但爲了能留存原涵芬樓舊籍紀錄，故仍附列於書後。一千七百餘種僅將近原藏之半數，故確實如張元濟記憶所及「遺漏甚夥」。現檢閱《涵芬樓原藏善本草目》中各書記載簡略，多數僅略有書名、版本，間有藏印註記及撰者。大陸學者汪家熔稱：「涵芬樓先後編有古籍藏書目錄四編三冊，但不含上述倖存的善本精品。「一二八」事

年應張元濟之邀撰寫的序文一篇，其中稱「幸有六百餘種多孤行罕見之書，儲於金城銀行保管庫，得免於難。」實際尚不足六百種。

[146] 張人鳳編，《張元濟古籍書目序跋彙編》(中冊)，頁 345-346。

變後編製了《涵芬樓燼餘書錄》，附錄已毀善本 1700 種。」[147]

　　現大陸中國國家圖書館藏有抄本《涵芬樓藏善本目錄》3 冊(索書號：目 352.1/3670474)，商務印書館藏編，民國 19 年國立北平圖書館出版。此書應係由抄本轉印發行，不知是否即汪氏所稱之古籍藏書目錄？民國 40 年 4 月 16 日張元濟致丁英桂函，囑查 1939 年(民國 28 年)寄存東方圖書館之涵芬樓善本卡片，「…如能覓得，擬與《燼餘錄》及附錄草目一對。倘有多出之書，仍擬補入草目。」可見早年涵芬樓之善本書均逐一編有卡片目錄；且此份目錄於一二八之役中倖存，且當時曾寄存於復興時期的東方圖書館中，故張元濟商請丁英桂尋找卡片目錄下落，俾補入《涵芬樓燼餘書錄》一書後附草目清單中。[148]

第四節　涵芬樓的經營

　　商務涵芬樓時期的經營概況，當時似無完整紀錄供參考，但藉由《涵芬樓借閱圖書規則》等相關文獻內容，可還原當時的大致景況。現存《涵芬樓借閱圖書規則》[149]詳見附錄 2，應是還原涵芬樓閱覽服務管理規定，最直接的參考文獻。

---

[147] 《中國大百科智慧藏》，「涵芬樓」條下，http://203.72.198.245/web/Content.asp?ID=351，2007.10.17 檢索。

[148] 張樹年主編，《張元濟年譜》，頁 559。

[149] 李希泌、張椒華編，《中國古代藏書與近代圖書館史料(春秋至五四前後)》，(北京：中華書局，1982 年)，頁 381-382。本《規則》文末稱「錄自《涵芬樓書目》」，因《涵芬樓藏書目錄》於民國 3 年(1914)出版，故該規則之訂定應不晚於 1914 年；依據《涵芬樓藏書目錄》「續刊」前所附之「借閱圖書規則」標明是「民國 8 年 6 月改訂本」，故《規則》應曾經過多次修訂，但此處所錄不詳為哪一年度的版本內容。

由「涵芬樓借閱圖書規則」條文記載，可歸納涵芬樓的管理方式重點：服務對象僅限編譯所同人編譯時參考之用，製作有書本式目錄及卡片式目錄兩種，作爲提調圖書時查閱運用，但屬善本精品舊籍，非經張元濟認可，不開放借閱瀏覽。一般藏書採閉架方式管理，由使用者填調閱單交管理員提調。館藏書刊供館內瀏覽閱讀，亦可外借。借期規範未明訂，但以半年爲期，暑假及年假期間則需完整歸還。涵芬樓對外開放時間比職工上班時間略長，俾使編譯所同人公餘期間瀏覽借閱。對借閱書刊之保護珍惜與遺失破損罰責，也於規則中訂定。館藏排架約分爲八區歸類爲：

天字　舊書

地字　教科書及教科參考書

元字　東文書

黃字　英文書

宇字　日報、雜誌、章程

宙字　地圖、掛圖、雜畫

洪字　照片、明信片

荒字　碑帖

檢視《涵芬樓借閱圖書規則》因屬公司內部圖書室規定，規範對象單純，因此條文簡短且內容淺顯。早年張元濟曾訂定《通藝學堂圖書館章程》，其語法與筆調與此《借閱圖書規則》不同，推想或許是由孫毓修負責編訂。至於涵芬樓是否另訂定其他的管理章程不詳。

卡片目錄爲涵芬樓呈現完整館藏最主要的憑藉。商務老職工黃警頑於 1907 年進館，經過 4 年學徒訓練後，調到「編譯所去搞涵芬樓的

卡片」[150]。但涵芬樓經營近 20 餘年期間，除張元濟及孫毓修爲主要參
與者外，編譯所中究竟有多少人力曾投入涵芬樓的作業管理中，或其
組織上除前述「總編譯長」、「管理員」及負責卡片人員外，是否還有
其他安排？其各自之職掌爲何？屬全職與兼職者幾何？均因文獻不足
不甚明瞭。

　　涵芬樓館藏雖僅開放供內部人員編輯參考，但屬商務發行的本版
書則不在此限。1915 年至 1918 年幾年間，發行所曾在樓下沿交通路
的一邊，開闢一間圖書閱覽室[151]，又稱陳列室，陳列全部本版圖書及
商務製作銷售的儀器、標本、模型，讀者可透過接待員借取，於陳列
室中免費閱覽。前述曾負責涵芬樓卡片的黃警頑，亦曾爲該閱覽室招
待員。[152]除每日於櫥窗展示新書，並聯繫作家、讀者、本外埠同業、
各級學校校長、教師、學生等，延請至陳列所欣賞新書。此閱覽室於
東方圖書館成立後於 1926 年 9 月移設在東方圖書館樓下，名爲「商務
印書館出品陳列所」。

　　此外，巡迴文庫於民國初年已成爲圖書館界讀者服務的一種形
式。商務於 1922 年在張元濟等創議下也設立類似巡迴文庫的流動圖書
館。商務的作法較類似圖書巡迴展的形式。主要派遣職工黃警頑、張
敏遜兩人攜帶大批圖籍，赴浙江、江蘇各縣、鎮，供公共機關陳列、
借資展覽，並藉此調查當地社會教育狀況，受到各界歡迎。[153]

---

[150] 黃警頑，<我在商務印書館的四十年>，《商務印書館九十年》，頁 90。

[151] 依黃警頑的回憶爲「兩間」圖書室，<我在商務印書館的四十年>，《商務印書館九十年》，頁 91。

[152] 曹冰巖，<張元濟與商務印書館>，《商務印書館九十年》，(北京：商務，1987 年)，頁 26-27。

[153] 張樹年主編，《張元濟年譜》，頁 230，引自 1922 年 12 月 1 日《申報》記載。

　　張元濟之子張樹年也回憶道：「父親在主持商務期間還提議舉辦『流動圖書館』，由商務派人將書籍用船隻運到江浙等地，沿途展出，供當地學子閱覽，為一些僻遠的小城鎮送去了文化食糧。」[154]當時商務的流動圖書館名為「廣智流動圖書館」，由黃警頑擔任主任。該流動圖書館當時應頗受圖書館界矚目，故民國 13 年 6 月(1924)「上海圖書館協會」創立時，黃警頑被視為是「⋯從事圖書館事業的人，在這幾年中也在非常的努力鼓吹和運動」，因此被選任為協會創立人及籌備委員。[155]黃警頑回憶：「(商務)辦東方圖書館，後來又辦流動汽車圖書館，水上巡迴書船。後者每年在冬季把精神食糧直接送到江浙農村地區。」[156]則商務的流動圖書館服務，至東方圖書館成立之後，似仍持續辦理。

　　在東方圖書館未成立之前，商務的圖書館服務方式，已顧及偏遠地區民眾的需求，雖然其中仍隱含商業推廣及市場調查的目的，但以偏遠農村為對象，其啟發民智與教育群眾的理想，仍值得肯定與讚許。商務的圖書館服務模式，日後由封閉的藏書樓(涵芬樓)走向開放的新式圖書館(東方圖書館)經營，由此時商務流動圖書館、水上巡迴書船的運作，已稍可見它對讀者服務觀念的轉換。

　　文獻中商務在流動圖書館此部分敘述文字雖然不多，但已見張元濟對當時圖書館發展潮流，頗為重視。巡迴文庫的歷史可追溯至光緒 17 年(1891)，上海租借工部局因上海圖書館當年增加較多預算，故有

---

[154] 張樹年，<先父張元濟與圖書館事業>，《出版大家張元濟－張元濟研究論文集》，頁 530。

[155] 胡道靜，<上海圖書館協會十二年史>，《蔡柳二先生壽辰紀念集》，收錄於《民國叢書》第二編(上海：上海書店，1989 年)，頁 172。

[156] 黃警頑，<我在商務四十年>，《商務印書館九十年》，頁 96。

位董事建議該館應於各警務署舉辦「免費的巡迴文庫」。[157]1910 年代巡迴文庫一度頗為盛行[158]；商務發行的《東方雜誌》於 1912 年曾發表謝蔭昌的<巡迴文庫普及方法議>一文，足見該議題當時仍持續受到關切。1913 年教育部視察第一區學務總報告，奉天省、吉林省等多處均已設巡迴文庫，僅奉天省遼陽縣一處據稱巡迴文庫已設至 24 處以上；而 1914 年武漢文華公書林成立時也設立巡迴文庫，將館藏圖書裝箱送到學校等機構陳列，另中國近代圖書館發展初期，許多文獻中均已提及流動圖書館的做法。如 1918 年中央教育部舉行臨時教育會議，討論蒙回藏教育計畫案中有設巡迴圖書館的文字；另當年度臨時大總統公佈修正教育部官制時，第八項為關於通俗圖書館巡行文庫事宜。1923 年全國教育會聯合會第九次會議決議中，也有「提倡設立公共圖書館與巡迴文庫案」[159]，足見該措施對民眾教育方面的效益已獲肯定。

巡迴文庫可謂是商務成立公共圖書館事業的前導作為。但以商務多角化的業務發展與靈活周延的經營手法，商務的流動圖書館，其實也兼具巡迴書展的功能；除能以豐富的圖書內涵，服務偏遠地區民眾，也順道調查當地社會教育狀況。這對於商務商品的廣告宣傳及教科書等書刊的業務拓展，絕對具有加分作用。

涵芬樓藏書在制度上限商務內部職工參考使用，未對一般民眾開放，但因所藏多善本舊籍，頗多孤本或善槧特殊館藏，很吸引當時其他藏書家或學者、文化教育界人士興趣。況且張元濟為蒐羅舊籍或編

---

[157] 胡道靜，<外國教會和外國殖民者在上海設立的藏書樓和圖書館>，《中國古代藏書與近代圖書館史料》，頁 515。

[158] 范并思等，《20 世紀西方與中國的圖書館學》(北京：北京圖館出版社，2004 年)，頁 178。

[159] 張錦郎、黃淵泉編，《中國近六十年來圖書館事業大事記》(臺北：臺灣商務印書館，民國 63 年)，頁 2, 5, 36。

印出版古籍所需，亦多赴其他藏書家觀書、借書或鈔錄缺藏，基於交流情誼，互通有無，當時許多藏家或學者仍能破例登樓觀覽涵芬樓所藏。

由《張元濟年譜》中可看到多則賓客登樓訪書的記載。如 1909年 7 月 26 日張元濟致孫毓修書「…並通知今晨沈曾植、夏曾佑來看書，『請接待』。」[160]；1910 年張元濟進行環球之旅期間，5 月 24 日孫毓修告知：繆荃孫來上海，「於三月間來申，至館縱觀藏書，贈《藝風藏書記》刊本。並允代為補鈔盛宣懷藏書。…」[161]；1911 年 12 月 22 日傅增湘赴編譯所訪張元濟，「閱涵芬樓善本書。」[162]；1916 年 7 月 20日法國漢學家伯希和至涵芬樓看舊書。[163]；1919 年 12 月 4 日徐森玉來訪，看涵芬樓藏書。[164]；1920 年 2 月 11 日陶湘來訪，陪觀涵芬樓藏書；1920 年 3 月 27 日約傅增湘、蔣汝藻、徐乃昌至涵芬樓觀書。[165]；1920 年 4 月 23 日王揖唐、曹纕衡、徐乃昌、李振唐來涵芬樓觀書；1920 年 6 月 7 日偕伍建光至涵芬樓觀書[166]等等。均可見當時涵芬樓已成為商務與學術界文化聞人往來互動的重要場所之一。

民國 10 年(1921)胡適應商務高層邀請到商務作客並訪視 3 個月，受託為商務經營現況提供興革建議，並擬訂一個改良的計畫。此期間他約談商務諸多部門幹部，以瞭解商務的內部運作，藉此也掌握了商務內部幾位新進人員對編譯所的改革建議。當時商務內部職工提交胡

---

[160] 張樹年主編，《張元濟年譜》，頁 81。
[161] 張樹年主編，《張元濟年譜》，頁 86。
[162] 張樹年主編，《張元濟年譜》，頁 101。
[163] 張樹年主編，《張元濟年譜》，頁 127。
[164] 張樹年主編，《張元濟年譜》，頁 180。
[165] 張樹年主編，《張元濟年譜》，頁 188。
[166] 張樹年主編，《張元濟年譜》，頁 193。

適諸多對編譯所的改革建議，其中與涵芬樓及整理舊書有關者約有以下數項：

1. 整理舊書：「照原書印成，沒(不)加上整理、考訂、校誤和說明，不能算作大貢獻。以後印行舊書，宜聘專家來整理。可另置舊書整理部以統其事。」(華超建議，《改革編譯所芻議》第 5 條，《胡適日記全集》民國 10 年 7 月 21 日。)[167]

2. 擴充圖書，盡量購入西文圖書。(華超建議，《改革編譯所芻議》第 6 條。)

3. 編譯所組織改分為編書部、譯書部、舊書整理部、圖書館及庶務處五部分。圖書館下設中文課、西文課、東文課。(華超建議，《改革編譯所芻議》。)

4. 圖書館應確實改組，另聘專門人才經理之。(楊端六建議，《商務印書館編譯所改組辦法大要》，見《胡適日記全集》民國 10 年 8 月 8 日。)[168]

　　胡適於訪視商務期間觀覽涵芬樓藏書後，於日記中紀錄對涵芬樓藏書印象。

　　「西文書甚少，中文書中志書頗多，但遠不如京師圖書館。善本書頗不少，不能細看，今天見的有一部黃堯圃藏的宋本《前漢書》二十冊，價二千元。其實二千元買一部無用的古董書，真是奢侈。他們

---

[167] 華超，字國章，江蘇無錫人，1921 年 1 月進商務，1932 年離館。華氏應是入館未久，所以不甚瞭解張元濟對古籍刊校的貢獻。引自陳達文，<胡適與商務印書館－胡適日記和書信中的商務資料>，《商務印書館九十年》，頁 581-582。
[168] 陳達文，<胡適與商務印書館－胡適日記和書信中的商務資料>，《商務印書館九十年》，頁 583-584。

爲什麼不肯拿這筆錢買些有用的參考書呢？」[169]

「到所。看涵芬樓的兩部怪書。(1)《直說通略》，元監察御史鄭鎮孫編，…全書用白話；…很容易懂得，全不像元朝上諭那樣難讀。…(2)《西儒耳目資》，明天啓六年丙寅泰西耶穌會士金尼閣撰。…這書主張用字母拼音法來代替中國的反切舊法，是提倡字母最早的一部書。」[170]

「到編譯所。翻看那珂世通印的《崔東壁遺書》，此書印的很好，校對也不壞。《幾輔叢書》本無崔述的文集及《古文尚書考》等，此係依據陳履和本刻的。」[171]

胡適對涵芬樓雖肯定其中部分特殊古籍價值，但因未及細看，故整體概括印象似乎對西文圖書數量太少及部分善本舊籍投資過高頗具微辭[172]，甚至對張元濟一向自詡的方志，也予批評。胡適當時對商務的評論，相當嚴格而直接，如7月27日於日記中寫到：「到編譯所。翻看他們的中學教科書，實在有許多太壞的。」教科書尚且如此，其他方面亦多所批評。胡適於日記中對商務現況的諸多批評與建言，當時是否已讓商務高層獲悉不詳，但胡適返回北京後，以書面文字撰寫

---

[169] 曹伯嚴整理，《胡適日記全集》民國10年7月19日(臺北：聯經出版社，2004年)，頁209。

[170] 陳達文，<胡適與商務印書館－胡適日記和書信中的商務資料>，《商務印書館九十年》，頁587-588。又見於《胡適日記全集》民國10年8月15日。

[171] 陳達文，<胡適與商務印書館－胡適日記和書信中的商務資料>，《商務印書館九十年》，頁583-584。又見於《胡適日記全集》民國10年8月16日。

[172] 胡適批評一部書二千元價格過高，依當時一般賣稿每千字約3或4元；茅盾初入商務月薪24元，在編譯所工作10年者約月薪60元；編譯所職工169人中月薪達百元以上者僅37人，30元以下者108人；民國9年張元濟月薪350元，為編譯所中月薪高於300元之兩人其一。故二千元在當時確實屬高價。

《商務印書館考察報告》，提供商務編譯所經營改善參考。

胡適結束考察後給商務的報告中，特別針對商務日後圖書館之發展作出五點建議，其中有三點均是針對館藏部分。建議如下：

「此時即籌一筆較大的款(約一萬元)，為西書基礎購置金。此款為購置各種必不可少之西洋書籍之用，凡辭典、類書、名著、門徑書、史書、學史叢書、學術雜誌(有許多可以交換的)等書，皆可由專家開出書目，儘先購買，不必待圖書館造成。」

「籌定以後常年購書費(至少常年三千元)，為逐年添置中西書籍之用。或可先規定約百分之幾為中文書、百分之幾為西文書之用。」

「於編譯所中設圖書委員會，專管書籍的購置。各部擬添購之新書，宜先由各部主任開單交圖書委員會審查登記，然後交出定購，以免重複，且可不致超過每年經費。」[173]胡適當年的建議於今看來，仍非常具有前瞻性及建設性。商務後來於東方圖書館成立之際或後來復興東方圖書館期間，均逐年提列一定比例的經費來購書，或許即是落實胡適當年的建議。

胡適日記中稱：「夢旦說，前年公司提出五萬金，欲在大馬路一帶辦一個公開的圖書館。我勸他即用此款辦一個圖書館，專為編譯所之用，但也許外人享用。」日記中也提及商務職工及胡適均認同商務「備一個完備的圖書館－此議大家都贊成。…」[174]以及「建築圖書館」。[175]

---

[173] 曹伯嚴整理，《胡適日記全集》民國 10 年 9 月 30 日(臺北：聯經出版社，2004 年)；頁 341。

[174] 曹伯嚴整理，《胡適日記全集》民國 10 年 7 月 27 日，頁 229-230。

[175] 曹伯嚴整理，《胡適日記全集》民國 10 年 8 月 8 日，頁 340-341。

商務對東方圖書館的興置規畫其實早於民國 10 年 2 月初,張元濟已向董事會提出。此次又經胡適一再提及突顯,並認定為必要緊事,對後續東方圖書館的發展,當更有催化作用。

第五節　孫毓修與涵芬樓

一、生平

　　商務涵芬樓之經營,出力最多者除張元濟外,孫毓修算是實際管理涵芬樓最有貢獻者。在提及中國近代圖書館發展歷史重要人物中,同樣出身前清秀才的孫毓修,雖不如許多其他名人受重視,甚至較少被提及,但透過文獻探討,其實孫氏對近代圖書館事業的作為與貢獻,似應還原其應有的地位。

　　孫毓修(1871－1922)[176],字星如、恂如,江蘇無錫人。寫作時又署名:東吳舊孫、留庵,或小綠天主人等。他曾自設一小型藏書樓取

---

[176] 有關孫毓修的生卒年,有不同說法。如陳燮君、盛巽昌主編,《二十世紀圖書館與文化名人》,頁 33,載孫氏生卒年為 1871－1922;《上海圖書館事業志‧人物篇》http://www.shtong.gov.cn/node2/node2245/node4457/node55985/node60345/node60347/userobject1ai48969.html,2007.10.17 檢索)將孫氏生卒年記為 1869－1939;范並思等著之《20 世紀西方與中國的圖書館學》(北京:北京圖書館出版社,2004 年),頁 182,記孫毓修的生卒年為 1871－1923;胡道靜稱孫氏生卒年應為:清同治 10 年 6 月 29 日(1871 年 8 月 15 日),卒於民國 11 年(1922)冬,享年 52 歲。引自<孫毓修的古籍出版工作和版本目錄學著作>,《商務印書館九十五年》(北京:商務印書館,1992 年),頁 82。今檢閱《張元濟日記》及《張元濟年譜》1922 年的內容,均未有張元濟提及孫氏去世的記載。而當年恰為商務印書館完成《四部叢刊》發行的年份,孫氏為此部叢書重要參與工作者,但為何張元濟於日記或相關文件均未提起,甚感疑惑。甚至孫氏於何年離開商務亦未見記載。

名「小綠天」。[177]早年肄業於南菁書院，該書院爲江南一流書院，號稱有藏書十萬餘卷，可供學生自由入樓取閱。孫氏具古文基礎也會寫駢體文[178]，在書院主要學文章考據學，並另隨繆荃孫學圖書版本目錄學。後又在蘇州美國教堂跟外國牧師研習英文，並閱讀歐美文學圖書。[179]他爲清末秀才，因屢試不中放棄科舉，故轉而學習英文及各種西學，並從事各種著譯工作。

在商務同事茅盾眼中所描述的孫毓修，卻有些許不堪。茅盾於1916 年 8 月初入商務時與孫毓修共事且互動頻繁，他描述孫氏之外貌，「孫毓修年約五十多(筆者按：當時孫氏實爲 46 歲。)，是個瘦長個子，有點名士派頭。…是個高級編譯。他似乎又有點自卑感；後來我才知道這自卑感來自他程度實在不算高。」提及學經歷時，又以「半路出家，底子有限」形容，或稱他爲「自負不凡的老先生」，認爲其所編《中國寓言初編》「寓、喻不分…不倫不類」，頗不認同孫氏的文字表達與行事作風。[180]但茅盾的描述仍不能抹滅孫毓修他對中國近代童話故事、古籍校編及圖書館等多方面的成就。

---

[177] 今國家圖書館館藏有《小淥天孫氏鑒藏善本書目》(北京：商務印書館，2005 年)，頁421-456。列爲《中國著名藏書家書目匯刊‧近代卷；27。》，原民國鉛印本，即爲他所藏及編之書目。孫氏藏書亦頗可觀，張元濟輯印《四部叢刊》時，廣蒐各家善本，小綠天所藏被微影印者達 17 種 403 卷，包括影宋抄本、影元抄本、明翻宋本、明本、明活字、高麗本、舊抄本、清精刊本等，足見藏書之精，所藏善本書凡 489 種。孫氏歿後，子孫將其藏書全數鬻與涵芬樓。見王紹曾，<小綠天善本書輯錄>，《目錄版本校勘學論集》，頁 117,124。

[178] 任職商務編譯所的茅盾曾稱：「當時商務編譯所中有兩人善駢文，一是孫毓修，一是王西神。」引自茅盾，<商務印書館編譯所>，《商務印書館九十年》，頁 168。

[179] 陳燮君、盛巽昌主編，《二十世紀圖書館與文化名人》，頁 29。

[180] 茅盾，<商務印書館編譯所>，《商務印書館九十年》，頁 153-157。

二、與商務的因緣

孫氏進入商務係透過沈縵雲[181]的引薦。沈氏於 1908 年持孫氏所著《地理讀本》敘言十頁，經夏瑞芳轉交張元濟展閱，即獲肯定而進入商務。張元濟於 3 月 9 日致函沈縵雲：「…孫君現屬何處？年歲幾何？…敝處極願延聘」；而 3 月 23 日張元濟已直接致書孫氏「送上《科學界》譯稿六冊，…請修潤。…」。至 5 月 17 日張元濟於寓所招飲編譯所同人時，孫毓修已為座上客之一。故推測他進入商務的時間應約在 1908 年 4、5 月間。[182]

孫毓修被譽為是『中國童話故事的開山祖師』[183]，係因 1909 年起他在商務投入兒童文學的編譯工作。他於 1909 年創刊《少年雜誌》擔任主編達 6 年期間，每期均有他編寫的兒童寓言故事，如《伊索寓言》的「龜兔賽跑」等；1909 年 3 月主編兩集童話叢書，計共一百零餘冊，大部分內容均由孫毓修主筆。如取自《泰西五十軼事》的《無貓國》被茅盾稱是「中國歷史上第一次有兒童文學」；中國最早介紹安徒生並編譯現今《格林童話》中耳熟能詳的「小紅帽」、「美人魚」及「小鉛兵」等童話故事的也是孫毓修。《童話》叢書是中國第一部童書採用叢書方式出版，並且依學童年齡分寫成字數不同的兩種版本。此外他還

---

[181] 沈縵雲，金融實業家，祖籍無錫，1869 年 2 月 7 日生于江蘇吳縣。名懋昭，字縵云。20 歲考中舉人，但放棄仕途，在沈家自辦的鐵工廠、碾米廠學習技術和經營管理，助理家業。後在上海創辦信成銀行，任協理，並受聘擔任復旦公學校董、上海商務總會議董等職，並加入同盟會。曾資助反清革命，譽為「反清革命銀行家」。

[182] 有關孫毓修的進商務的年代，亦說法紛紜。陳江，<中國童話的開山祖師孫毓修先生>，《商務印書館九十五年》，頁 587，推測孫毓修約在 1906 年進館；另陳燮君、盛巽昌主編，《二十世紀圖書館與文化名人》，頁 29 則謂孫毓修進商務時間為 1907 年。此據《張元濟年譜》，頁 76-77。

[183] 陳江，<中國童話的開山祖師孫毓修先生>，《商務印書館九十五年》，頁 586-593。

編撰《常識談話》、《少年叢書》、《演義叢書》、《模範軍人》和《新說書》等五種叢書。其中《常識談話》可說是中國兒童科普叢書的先驅、《少年叢書》則是一套歷史讀物，專門介紹中外的歷史人物故事。除了外國童話之外，約 1916 年底，孫氏另規畫編印一本開風氣的書－《中國寓言初編》。他商請茅盾合作，透過閱讀先秦諸子、兩漢經史子部諸書來搜集資料。

如前述茅盾對孫毓修的文字表達方式未必認同，但孫毓修仍算是中國近代早期重要的兒童文學家。他秀才出身，故較精於古文、駢文、目錄版本學的傳統漢學背景，但卻投入當時知識份子或士大夫出身者少有人涉獵的兒童文學領域，由翻譯、改寫西洋童話，轉而編輯中國歷史的兒童叢書等等。其間學科跨距的大轉折頗耐人尋味。有人認為他投入兒童文學是因為早年商務領導人張元濟、高夢旦重視小學教育。尤其高夢旦自日本考察歸國後，發願編一部適合中國學生的小學教育學。「孫毓修先生對學齡兒童的教育本來就很重視，再經夢旦先生如此大力倡導，一批供兒童閱讀的讀物從他筆下脫穎而出，那就十分自然了。」[184]據此則孫氏投入兒童文學的編譯工作，除了商務高層的規畫之外，應該也有個人興趣及使命感驅使，故能賡續 10 餘年耕耘不墜。雖然在茅盾筆下的孫毓修隱隱透出名士派的多烘氣息，但由他跨足兒童文學並有許多具體成果，另在古籍目錄版本及西方圖書館學理論方面也有涉獵，可見他仍具有多元的識見與才情。

孫毓修也是一位目錄版本學家，在任職商務期間更發揮這方面長才。他在商務擔任編輯約 15 年期間，除兒童文學之外，在古籍出版、

---

[184] 陳江，〈中國童話的開山祖師孫毓修先生〉，《商務印書館九十五年》，頁 589。

古籍蒐購及涵芬樓管理，以及版本目錄學撰著等方面均有建樹。他不只是一個理論家，同時更是真正投身圖書館實務的實踐者。

1909 年 10 月 25 日張元濟離滬遊山東途中，回覆孫毓修信曰：「圖書館事本不易辦，創始尤艱，…然兄經營半年，漸有端緒，感荷之至。現改辦法，惺、夢兩公來信均欲借重長才從事編譯，似比管理圖書館事於公司較為有益，願我兄勿為誤會也。」[185]函中稱孫氏經營圖書館達半年，推知孫毓修雖於 1908 年進入商務工作，但兼職掌理編譯所圖書室約在 1909 年 3、4 月間。張元濟此函內容似乎擬將孫氏調離圖書室管理崗位，但後來似乎並未執行。

統計《張元濟書札》中張元濟致孫毓修的信函多達 148 通，僅次於丁英桂(941 通)、傅增湘(266 通)、劉承幹(250 通)，在該書所收錄數百名往來信函人物中，算與張元濟互動相當頻繁。檢視張元濟致書孫毓修的信函內容，十分之八九幾乎全環繞在舊籍的徵書、訪書、購書、選書、議價、討論古籍印行細節、篩選古籍叢書書目、找補書匠修補圖書及清點館藏等公務往來事宜；少部分提及閱覽室的管理、一般問候及邀約見面。可看出孫毓修管理涵芬樓期間工作項目相當多元繁複，儼然是涵芬樓經營的實際掌理者。張元濟致函孫氏時曾曰「…以圖書館事固由公專辦也。」[186]而孫氏自己也以協助涵芬樓事務為其第一要職。如 1916 年 8 月孫毓修初次與茅盾見面時自我介紹：「我是版本目錄學家，專門為涵芬樓(編譯所的圖書館)鑑別版本真偽，收購真正善本。有暇，也譯點書。…」[187]似乎孫毓修也很重視涵芬樓的工作。

---

[185] 張樹年主編，《張元濟年譜》，頁 82。
[186] 《張元濟書札》，頁 502，第 132 條。
[187] 陳江，<中國童話的開山祖師孫毓修先生>，《商務印書館九十五年》，頁 88。

在張元濟致孫氏的 148 封信函中主要仍以徵購古籍之連繫爲主，如囑請孫氏代爲協助提供涵芬樓缺書目錄以便作徵購參考、「囑開列本館舊書缺本寄京，以便在京配補。」[188]、影借他人書籍歸還、偕同赴古書流通處訪書、書價商議、是否購置某批古籍的磋商、聯繫配抄他人藏書、協尋《日本帝室圖書寮書目》等等。如 1909 年 4 月 17 日張元濟遊歐期間，還囑咐孫氏外部購書催到、連繫接洽借鈔圖書、監督修補舊籍，並請孫毓修留意「各處有佳本『爲本館所未有者，幸勿失之交臂也』。」[189]信函中另外對商務古籍出版如《四部叢刊》、《續古逸叢書》等目錄訂定(如:「選印舊書，彙成叢刻，先請選定種類，寄弟處一閱，再行動手。」)、印製細節等事宜，亦諄諄細商，多所囑咐，甚至撰寫《續古逸叢書》發行廣告也是託孫氏進行。另外如代張元濟回友人信函撰寫、接待訪涵芬樓觀書的藏書家、協助張元濟友人傅增湘購書書款代墊等諸多瑣事，亦均請託孫氏代爲處理，足見孫氏對涵芬樓事務之投入。且以他對舊籍目錄版本的專業知識，確實爲張元濟在涵芬樓的經營與管理上協助很多。此外，涵芬樓《借閱圖書規則》和涵芬樓的首版善本書目，極可能是由孫毓修負責訂定

由文獻記載中，張元濟對孫氏雖然多所倚重，但字裏行間仍可看出張元濟對孫氏某些作爲似不甚滿意。尤其孫氏接掌編譯所圖書室初期，1910 年 5 月 10 日張元濟致陶葆霖及高夢旦對圖書館事再次叮囑:「圖書館事總需請孫星翁切實清理，不可含糊。若再遲延，將來總無清理之日。如無幫手，添人換人均無不可。然總需星如妥爲調度也。」同一信函後又提「繆小山所送《說文部首》係送弟者，並非直送本館，

[188] 張樹年主編，《張元濟年譜》，頁 95。
[189] 張樹年主編，《張元濟年譜》，頁 85，1910 年條下。

故問彼無從接洽。共有兩冊，如何竟尋不見？圖書館事誠難辦，然亦非十分難事，但略須靜細耳。」當時必定發生了涵芬樓藏書遺失的情況，這對苦心徵集舊籍，且惜書愛書的張元濟而言，應是又氣又急。同年 5 月 26 日張元濟致高夢旦書「…鄙見圖書館究屬形式上之事，星翁主持未免大才小用，似可仍請專意翻譯，於本館較為有益，伏候卓裁(以餘力辦圖書館亦只能持其大綱，不可親躬瑣屑。)」。

此處張元濟主動提出希望孫毓修能全心任職編譯圖書的工作，此距前次(1909 年 10 月 25 日函)對孫氏工作調整建議約隔半年餘，而孫氏負責商務圖書館的業務協助恰值一年。不知當時張元濟心底的考量為何？是否對當時孫毓修任職涵芬樓的整理工作覺得不滿意？還是衷心認為孫毓修擔任編譯圖書的工作較佳？

但由次月 6 月 22 日，身居英倫的張元濟仍和孫毓修談購書、鈔補送元版舊書事，另再三關心海源閣藏書動向。「楊君是否作古，其書務請設法保存，切勿任意流入東瀛。」[190]則孫氏似乎仍負責涵芬樓徵購古籍事。

8 月 27 日，張元濟致陶葆霖及高夢旦書又再提及圖書館事宜。「圖書館事為難竟至於此，殊非初意所及。所失所缺之書，應請星翁及在事之人，實力查究。現在無人辦理，惟有實行封鎖，俟弟歸來再行想法。原欲求便同人，而不料事有出我意外，不能如我之願者，實在無法。弟嘗詢所到之圖書之管理員，據云缺書事極少，而我國竟如此，真為可嘆。」[191]本函應是針對 5 月 10 日張元濟因涵芬樓發現有圖書遺

---

[190] 張樹年主編，《張元濟年譜》，頁 86，1910 年 6 月 22 日條下。
[191] 張樹年、張人鳳編，《張元濟蔡元培來往書信集》，(臺北：臺灣商務印書館，民國 81 年)，頁 131。

失，要求切實清理的後續發展情況。由張元濟回覆的內容看來，當時涵芬樓遺失的圖書應該不只前面所提的《說文部首》一書。則編譯所圖書館事務初期，管理上似仍有諸多缺失。

張元濟致孫氏信函中，談及涵芬樓管理的條目約僅數條，且似乎多集中在提取善本的事項上。如 1917 年提醒孫氏提善本書供覽時，需有館員「認真監督，切勿任他人著手，千萬千萬。」其間滿溢殷切焦急之情；張元濟發覺圖書有錯置廚櫃情形，雖自圓其說告知孫毓修：「想弟攜來修補暫存耶。」[192]。但背後仍可感受張元濟的憂慮與不滿。1919年 8 月 20 日函中，張元濟以較長篇幅與孫氏討論提書事宜。「近來尊處提閱精本書籍以備影印《四部叢刊》之用，亟應隨提隨奉，以免耽誤公事。…嗣後尊處提取精本不能迅速檢呈，務祈鑒諒。再，請同時勿提取多種，以免收回之時卷冊過多，萬一事忙之時，經種種手續，或有錯誤之處。」[193]

1919 年以後孫氏身體違和經常請假休養，故晚期信函中有多封張元濟問候孫氏病情，或約孫氏見面討論購書事宜。但孫氏不知為何似乎並未隨即回應，張氏字裏行間隱約藏著焦慮。孫氏卒於 1922 年，但他何時離開商務，或去世時是否仍任職商務亦或已離職，均未見於相關文獻；甚至連《張元濟日記》等資料中，於 1922 年前後，均未見張元濟對這位協助涵芬樓及古籍徵集、編校的工作同人有所著墨，頗深覺疑惑。

除參與涵芬樓古籍的購集、管理外，孫毓修對商務古籍出版工作

---

[192] 《張元濟書札》，頁 484。
[193] 《張元濟書札》，頁 487。

亦有建樹。如1916年張元濟規畫選印涵芬樓所藏珍秘古籍成《涵芬樓秘笈》。該古籍叢書的編印工作，主要即由孫毓修負責。該叢書除《敬業堂補遺》、《雪庵字要》兩書外，其餘每書均有孫氏具名撰寫的序跋；1919年商務規劃印製另一部巨型的古籍叢書《四部叢刊》，所選錄圖書的標準與《涵芬樓秘笈》不同之處在於，《秘笈》僅主觀的選擇涵芬樓中的善本予以輯印，無論其內容是否為學者日常「家弦戶誦」之書；《叢刊》則是先客觀擇訂選目，再依此選目蒐集善本作為輯印的底本，因此所收不一定屬涵芬樓所藏，而需求之於公私藏家。經張元濟號召，共有25位藏書名流或目錄學家回應各出所藏。不足之處，商務於1919年7至8月間派孫毓修與茅盾駐南京的江南圖書館。因該館擁有清末杭州丁氏八千卷樓的全部善本書藏，孫氏在此期間逐一清查館藏，為《四部叢刊》採選善本，逐一紀錄，並與館方商議借用辦法。茅盾回憶當時「孫毓修很忙，他把整個江南圖書館的藏書都瀏覽一番。」[194]《四部叢刊》自1919年底開始印製，相關具體作業幾乎均委託孫毓修主持。《四部叢刊》共收書323種，用六開線裝本印成2,100冊，至1922年12月完成，當時孫氏應已去世。但1921年(民國10年)暑期胡適赴商務參訪時，胡適在他的日記中也提到「孫君現主管《四部叢刊》事，我與他談，勸他加入一些明代的文集。他說此時他們正在擬《四部叢刊》續編的目錄，我何妨出點主意呢。」足見《四部叢刊》的編印確實由孫氏負責，藉此也可看出他在版本目錄學方面的專長。孫氏在版本目錄學的專精也可由《四部叢刊》另編的《書錄》一冊中可覩。該書記載《四部叢刊》所收諸書之書名、卷數、著者、借自何家所藏、何種版本及版本特點、蒐藏家印記等，也是重要的版本學著作。該書

---

[194] 陳江，<中國童話的開山祖師孫毓修先生>，《商務印書館九十五年》，頁588，引茅盾，《我走過的道路》，頁151-152。

也是出自孫毓修的手筆，由張元濟改定。[195]

除了協助涵芬樓徵集蒐購古籍，參與系列古籍叢書編印出版及善本題錄撰寫外，孫毓修在版本目錄學方面的專業，也透過個人撰著之《江南閱書記》和《中國雕刻源流考》展現。《中國雕刻源流考》是孫毓修的代表作，初版時列入《文藝叢刊》中，後經數次再版，後又選入《萬有文庫》中，被譽為是「老一輩圖書館員都讀過它」的經典之作。[196]全書摘引了 123 種古書中有關版本條目，共分雕版之始、官本、家塾本、仿刻本、活字印書本、中麻本、朱墨本、刻印、書籍書價、紙、裝訂等十部分，部分條目並作按語。這部書於 1908 年由商務印書館出版(初版時署名留庵)，呈現了孫毓修數年來對中國古籍版本研究的概述。他所參考利用的古籍大致有：(一)古雜史筆記、(二)地方志、(三)繆荃孫藝風堂所藏書籍、(四)諸家藏書樓目錄等四方面。

三、圖書館學觀念與理論

大陸學者柳和城曾以「近代圖書館學奠基者」為題來介紹孫毓修與近代圖書館發展的定位。[197]孫氏對現代圖書館學的投入，據稱是因為他懂英文、且負責編譯所圖書室(涵芬樓)的管理，因此開始鑽研西方圖書館學的現況與發展。他「援仿密士藏書之約，慶增紀要之篇，參以日本文部之成書，美國聯邦圖書之報告」於 1909 年完成<圖書館>一文，並於該年度創刊發行之《教育雜誌》上連載。《教育雜誌》

---

[195] 胡道靜，<孫毓修的古籍出版工作和版本目錄學著作>，《商務印書館九十五年》，頁 77。

[196] 陳燮君、盛巽昌主編，《二十世紀圖書館與文化名人》，頁 32。

[197] 柳和城，<近代圖書館學奠基者孫毓修>，http://www.unity.cn/2737/cc2.htm。

當時由陸費逵擔任主編，倡導以「教育救國」爲宗旨。孫毓修撰述之
<圖書館>一文自第 1 年第 11 期(1909 年，宣統元年 10 月出版)起開始
至第 2 年第 11 期(1910 年，宣統 2 年 11 月出版)止，斷續共登載 8 期，
發表了長達 2 萬餘字與圖書館經營有關的文章。

　　部分學者多認爲《圖書館》一文原應爲專書性質，但現今透過《教
育雜誌》片段內容，已難窺原文全貌。至於《教育雜誌》登載時爲何
未依順序持續刊登(1910 年 2 月至 7 月期間中斷)，甚至在全文未完成
刊載的情形下，刊至 1910 年 10 月戛然中止，原因不詳。即使如此，
近期學者仍給予<圖書館>極高的評價，認爲「這是中國學者對圖書館
系統論述的第一部專著，具有開創性的意義。」[198]

　　當時《教育雜誌》刊登與新式圖書館發展有關的篇章此非唯一，
但多屬單篇小品。如第 1 年第 8 期有蔡文森的<設立兒童圖書館辦
法>，第 2 年第 5 期有<歐美圖書館之制度>。另宣統元年(1909)商務出
版的《世界教育狀況》一書中，也特別爲「圖書館」專立一編，可印
證見當時社會風氣已肯定「圖書館」爲教育之一環的觀念。孫氏這篇
<圖書館>專文的特色在於參考了美國、日本圖書館現況，融合中國傳
統藏書樓及他個人圖書版本的專業學識，研提中國籌辦圖書館時的規
畫建議。當時正值清末傳統藏書樓過渡現代圖書館時期，恰約爲公共
圖書館運動時期。孫氏在該篇文章中所提的觀點與說法，今日看來似
理所當然，但在當時確是屬於前瞻與先進的新思維。孫氏此文於 1912
年還受到時任教育部長的蔡元培肯定。[199]

---

[198] 范并思等編著，《20 世紀西方與中國的圖書館學：基於德爾斐法測評的理論史綱》，
　　　頁 182。
[199] 范并思等編著，《20 世紀西方與中國的圖書館學：基於德爾斐法測評的理論史綱》，

　　孫氏撰述<圖書館>專文的緣由，係主編陸費逵邀稿、張元濟指示或自行撰述投稿不得而知。1909 年時距孫氏到館僅約一年，且始初投入協助涵芬樓圖書徵集、整理及管理事務(約同年 4、5 月間)，撰寫此文雖與他實務工作相關，但他主要仍以徵集舊籍爲主，故此篇引進新式圖書館新知的規畫書，更顯特殊。文章全篇以文言文寫成。

　　<圖書館>全文內容包括：簡述中國及海外藏書源流、圖書館收書兼顧新舊的意義。章節分爲建置、購書、收藏、分類、編目、管理及借閱七部份，從結構看幾已完整包括圖書館學概論性著作範圍。但事實上孫氏的文章僅連載至「分類」章節就中止。《教育雜誌》刊載該文之卷期、日期、主題及內容概述約如下表：

表 3-1　《教育雜誌》刊載孫毓修<圖書館>一文內容分析

刊載卷期	發行日期	內容主題	簡述
第 1 年第 11 期	宣統元年(1909)10 月	綜述、建置、購書(部份)	圖書館類型、成立資金來源、分館之重要性、設立之理想地點；購書以先購局板書爲宜。
第 1 年第 12 期	宣統元年(1909)11 月	購書	各方出書版本優劣比較、藏書首在識鑒、叢書爲四部總彙應優先購置、私家藏書自本鄉起、圖書館所藏照片圖畫與書籍並重。西文書籍採購應重實用。設立兒童圖書館。

（續下頁）

頁 183。引自柳和城，<近代圖書館學奠基者孫毓修>，http://www.unity.cn/2737/cc2.htm

第 1 年第 13 期	宣統元年(1909)12 月	收藏	圖書館設立地點、建築經費規畫、建築方法、空間規畫、高廣尺寸。
第 2 年第 1 期	宣統 2 年(1910)1 月	收藏(續)	屋頂高度、列舉現今圖書館房舍之弊 7 種、書架及書櫃形式、4 種排架方式。
第 2 年第 8 期	宣統 2 年(1910)8 月	收藏(續)、舊書分類(部份)	國內圖書排架方式介紹、報紙、雜誌、照片儲櫃方式、館藏分門類保存俾借閱流通。介紹舊法分類法。
第 2 年第 9 期	宣統 2 年(1910)9 月	舊書分類(續)、新書分類(部分)	列述舊書分類及新書分類類目、細類及類目內容說明。
第 2 年第 10 期	宣統 2 年(1910)10 月	新書分類(續)、東文書分類、西文書分類(杜威十進分類法)	列述新書及東文書分類類目、細類及類目內容說明；杜威十進分類法類目說明。
第 2 年第 11 期	宣統 2 年(1910)10 月	西文書分類(杜威十進分類法)(續)	列述杜威十進分類法類目及類名(中英對照)。

資料來源：筆者自行歸納分析。

在《教育雜誌》第 2 年第 11 期本篇文末註有「(未完)」字樣，但事實上該篇連載至此期就告終止。

孫毓修在第 2 年第 10 期中表達他對圖書館經營的看法。他「保舊而啓新」的辦館宗旨，頗受矚目。「今之開圖書館者，大率意在保舊。汲汲皇皇以其竭蹶之經費，廣蒐宋槧舊鈔，鑑別不精，又往往受賈市之欺。而新書則不屑一顧及之。嗚呼誤矣。圖書館之命意，原以備一

國或一鄉人士之閱覽而增進其智識。非如私家藏書之斤斤於目錄校勘之學而已。…吾願今之左右其事者，慎勿自護己短而張圖書館部藏新書之說也。」孫毓修雖然也曾擁有小型藏書樓，且專精古籍目錄板本之學，但對圖書館經營的想法，能跳脫傳統藏書樓思維，主張圖書館應收新書，而非僅爲「國粹保存處」。他主張「圖書館之意，主於保舊而啓新，固不當專收舊籍，亦不當屏棄外國文。」這種見解在孫氏提出的 17 年後，仍受當時圖書館學家李小緣肯定，認爲「孫毓修先生論斷最是。」[200]

對於圖書館的設立，他主張「欲保古籍之散亡，與集新學之進境，則莫如設地方圖書館。」當時最早的省級地方公共圖書館－湖南圖書館已於 1904 年 3 月創設；學部在上呈清帝的《學部奏分年籌備事宜折》中明確宣稱：宣統元年(1909)「頒佈《圖書館章程》」、「京師開辦圖書館(附古物保存會)」、宣統二年(1910)「行各省一律開辦圖書館」。早在學部頒布前，各省多已建有圖書館，學部的命令加速建設圖書館的進度，至 1910 年全國各省都設有圖書館。因此孫氏「設地方圖書館」的主張與當時圖書館發展的大環境狀況相符。至於如何設置公共圖書館，他主張學習歐美，成立國立圖書館、都會圖書館、學會圖書館和鄉鎮圖書館，多層次、多類型、遍及全國範圍的圖書館網。對於圖書館所能發揮的功能他認爲是「開啓地方新風、協助著作家『博覽深思』、增進青少年知識、提高市民道德休養等。」可見他的觀念較偏向當時通俗圖書館的經營理念，以啓迪民智、教育社會群眾爲重心。

在圖書採購及徵集方面，孫氏諸多見解現今看來似乎簡明易解，

---

[200] 李小緣，<公共圖書館之組織>，《圖書館學季刊》，(第 1 卷第 4 期，民國 15 年 12 月)，頁 616。引孫毓修見解原載《教育雜誌》，第 1 年第 11 期，頁 47。

但以當時專業智識未開,更顯出他前瞻性的眼界。就古籍而言,他比較了官刻本、私家刻本、坊作刻本及書院刻本之優劣。認為私家刻本最佳,理由是「家刻善本,藏極于家」,最差者為坊作刻本「採購圖書不能用坊本,有二缺:一是刻本不足;二是校對不審。」

他也主張採取英美國家圖書館版本庫辦法,建議訂定規定,凡出版書籍需建立贈送圖書館制度,「出版之家,刊一新書,冀其流行,則莫如捐贈圖書館若干冊,任人縱覽而知其善,能為地方公益計,凡圖書館來購,量予減價則尤善。」孫氏此說已具圖書送存圖書館典藏制度的精神。「京師圖書館呈請教育部規定全國出版圖書在內務部立案者應以一部交國家圖書館度藏文」及「教育部請飭內務部將立案之出版圖書分送京師圖書館度藏文」分別於1916年2月及1916年3月6日始公佈[201],文中所述與孫氏的見解完全相符,但時間約晚於孫氏約7、8年。

另外對當時新出版的翻譯圖書因數量龐多,孫氏提醒採購時需謹慎水貨,並列述可能的陷阱情況,如同書而多家譯作、偽托譯作、冒中國舊作、盜版、有缺等。這些論點如非因具親身實務經驗,很難由其他文獻中歸納。

在蒐藏文獻的形式上,他並強調圖書館不同於藏書樓,除蒐藏書籍之外,還應蒐集報刊、照片、圖畫等多樣類型的資料。孫氏將此種觀點運用於涵芬樓的館藏上,因此由「涵芬樓借閱圖書規則」中,可看到該館資料類型包括地圖、掛圖、雜畫、照片、明信片及章程等異

---

[201] 李希泌、張椒華編,《中國古代藏書與近代圖書館史料》,頁212-213。分別引錄自《京師圖書館檔案》及《教育部公報》第3年第4期。

於當時一般圖書館館藏的型式。涵芬樓之成立原爲供商務編譯所同人編譯工作上參考，因此蒐集多種形式的資料，對佐證或引用當有裨益。但孫毓修在<圖書館>一文中，提出圖書館館藏應具多元類型的見解，或許係因觀察當時其他圖書館少有圖書以外的館藏。[202]

在《教育雜誌》第 2 卷第 9-11 期三期中孫氏主要探討圖書分類的議題。除了傳統古籍之外，他將其他新書分成哲學、宗教、教育、文學、歷史地志、國家學、法律、經濟財政、社會、統計、教學、理科、醫學、工學、兵事、美術及諸藝、產業、商業、工藝、家政、叢書、雜書共 22 部，各部下又分若干大類。新書分類之外，他還介紹訂定的東文書分類法及西文書分類法。其中西文書分類法介紹歐美流行的「杜威十進分類法」。此文爲「杜威十進分類法」首次在中國介紹的文字，對中國近代圖書館發展史，具開創性的特出地位。

除內容意義外，以撰著年代而言，孫氏<圖書館>一文發表於民國前 3 年(1909)。民國 6 年(1917)北京通俗教育研究會譯日本圖書館協會之「圖書館小識」，稱爲我國圖書館書籍之濫觴[203]；民國 12 年(1923)楊昭悊的《圖書館學》譽爲我國第一部圖書館學概論性著作，也是國外圖書館學傳入中國時期「中國圖書館學自撰書籍之最完備者」。[204]但此兩部具時代意義的著作，距孫氏<圖書館>一文的撰作時間達 8 年以上，可看出孫氏的著作在時代上的價值，可謂是開山之作，被譽爲是中國近代「開始有系統撰述圖書館學的文字。」但是孫毓修在中國圖

---

[202] 如 1916 年教育部調查「各省圖書館一覽表」中，收錄 23 所各省圖書館相關資訊。其中就書籍一欄，除 2 所提及有圖畫典藏外，均未見有紙本圖書以外的館藏描述。表見《中國古代藏書與近代圖書館史料》，頁 252-256。
[203] 嚴文郁，《中國圖書館發展史》，頁 197。
[204] 范并思等編著，《20 世紀西方與中國的圖書館學》，頁 211。

書館發展史上，似乎未受到對等的重視。[205]因此近期學者對孫氏在圖書館學上，兼具理論基礎及實務應用的特質，給予高度肯定之餘，莫不為其抱屈。認為當時圖書館界「事方草創，前乏師承」，孫氏之作具啟蒙與奠基作用。

推想孫氏長期以來未受重視的原因，具多方面因素。一是當時圖書館發展初期，「保存國粹」仍屬主流思潮，如 1910 年頒佈的《京師圖書館及各省圖書館通行章程》，明確規定圖書館的目的是：「…所以保存國粹，造就通才，以備碩學專家研究學藝，學生士子檢閱考證之用。」然後才是「…以廣徵博採，供人瀏覽為宗旨。」；而孫氏提出的理念較以教育民眾為先，重視新書的徵集，這在當時非屬主流較難引起共鳴。另外孫氏全文雖然訂有完整架構，涵括了圖書館經營的七項主題，但終究僅在《教育雜誌》上刊載約三項餘，僅為原規畫內容的一半。已發表的部份雖然具有前瞻性與參考性，但後半全文內容未見，虎頭蛇尾，其影響力自然大為降低，否則這將成為我國圖書館學專書的第一本。

---

[205] 如《中國大百科全書智慧藏》http://203.72.198.245/web/default.asp，2007.10.18 檢索。下「圖書館學‧情報學‧檔案學」收錄 40 多名圖書館學家，卻沒有孫毓修詞條；《二十世紀圖書館與文化名人》(上海：上海社會科學院出版社，2004 年)收錄 95 位與圖書館有過關連及交往的名人，孫毓修終得列入其一。

第四章

東方圖書館－現代化圖書館的典範

第一節 發展沿革

一、緣起

隨著時間推移,涵芬樓在張元濟的主導及商務的政策支持下,館藏數量逐年擴增且具特色,因此在學術文化界的影響力及重要性亦隨之提昇。

據涵芬樓的閱覽規則,除部份當時少數的鴻儒碩彥或與商務關係匪淺的貴賓摯友得入樓觀書外,主要仍以開放供內部職工閱覽。但張元濟對圖書館服務,早年已具開放公眾運用的觀念。如光緒 23 年(1897)8 月 24 日由張元濟具名報呈總理事務衙門設立的「通藝學堂」,章程中所附「圖書館章程」第 11 條規定該圖書館可「開放學堂以外的同志來館讀書」。宣統元年(1909)張元濟致繆荃孫信函時謂:「晚頗擬勸商務印書館抽撥數萬金,收購古書,以爲將來私立圖書館張本,想

老前輩亦樂爲提倡也。」[1]所以他很早就有開辦圖書館，以供眾閱覽嘉惠士林的開放胸襟。

涵芬樓二十餘年的豐富藏書，獲致學術界肯定，成爲商務與學術文化界交流，建立關係提昇形象的資產。另外，運用這些館藏除作爲商務其他書刊編印發行的參考用，也用於出版一系列古籍商品，除使企業於出版營業上實質獲利，同時無形中也提昇職工素質，培育人才。圖書館的設置對商務而言具多方面的好處。因此，在涵芬樓藏書數量達相當規模，原有館舍不敷使用的情況下，張元濟提議另構建一更大且新型的圖書館。以商務當時在中國文化、出版及教育界已具相當地位，且企業資本雄厚、獲益豐厚，這項建議果然獲得商務董事會及執行階層一致的支持。

民國 10 年(1921)商務創辦 25 周年之際，張元濟於 2 月 1 日第 256 次董事會議建議將公益基金用於專辦公共圖書館。張氏認爲：「若不將此項存款指定撥爲公用圖書館之用，則留此公益名目，難免外人不生覬覦，前來要求，至難應付。且爲數無多，一經分析更難成事。不如專辦一公共圖書館，於社會尚較有益。」[2]張元濟以公基金恐引起外人紛爭爲由說服董事會成員，使設立公共圖書館之經費來源無虞。半年後胡適來商務考察時，對商務設立公共圖書館的規畫，也頗爲肯定。

五四時期當時商務時任編譯所所長的高夢旦，擬讓賢另覓能領導商務順應時代潮流的有識之士接任，考慮對象爲北京大學的胡適。胡適未即首肯，但同意 7 月到商務短期考察「看看編譯所的情形，替他

---

[1] 《張元濟書札》增訂本，(北京：商務印書館)，1997 年，下冊，頁 1271。
[2] 張樹年主編，《張元濟年譜》，頁 204，引自《商務印書館董事會議簿》。

們做一個改良的計畫書。」[3]在一次與許多商務編譯所新進職員餐敘會談的場合中，胡適回應商務人鄭貞文對商務的直言批評，[4]，提出幾條路：「(1)每年派送一二人出洋留學或考察，…(2)備一個完備的圖書館－此議大家都贊成。…(3)辦一個試驗所。…」[5]在第二點下，胡適日記中記載「夢旦說，前年公司提出五萬金，欲在大馬路一帶辦一個公開的圖書館。我勸他即用此款辦一個圖書館，專爲編譯所之用，但也許外人享用。」高夢旦所指應是年初張元濟向董事會爭取成立公共圖書館(1921 年 2 月 1 日)一事。

胡適對圖書館事業向來極爲重視。他於留學美國期間(1910－1917)已體會美國公共圖書館的好處，返國後不禁積極呼籲：「…無公共藏書樓，無博物館，無美術館，乃可恥耳。」；民國 7 年北京大學圖書館的設立，也是在胡適等人的奔走下才得以完成。他不只是思想家、教育家、史學家、社會活動、外交官與政府官員，另外對圖書館事業也有很大貢獻。如前述北京大學的成立、中華圖書館協會擔任第一屆董事會董事兼檢索委員會委員、北京大學圖書館委員會常委等。在多次講演中，他一再提及圖書館的重要性，並提出「能供給真正知識者惟有圖書館耳。」的見解。[6]

胡適訪問商務期間，商務編輯中多人均積極提供建言，如楊端六於 8 月 8 日主動向胡適提出「商務(印)書館編譯所改組辦法大要」。[7]研提 14 項建議中有一項爲「圖書館應切實改組，另聘專門人才經理之。」

[3] 汪家熔，《近代出版人的文化追求》，(南寧：廣西出版社，2003 年)，頁 283。汪氏引自《胡適的日記·上》，頁 144。
[4] 鄭貞文說：「一個學者在商務編譯所久了，不但沒有長進，並且從此毀了。」
[5] 《胡適日記全集》民國 10 年 7 月 27 日，(臺北：聯經出版社，2004 年)，頁 229-230。
[6] 安向前，<胡適對圖書館事業的貢獻>，《圖書館建設》，2006 年 2 月，頁 21-23。
[7] 《胡適日記全集》民國 10 年 8 月 8 日，(臺北：聯經出版社，2004 年)，頁 268。

可見當時商務人認為圖書館不只應該存在，還期許它能有更健全的制度建立。胡適離滬返京之後為商務撰寫的《商務印書館考察報告》中，透過設備、待遇、政策、組織四方面為商務提出改進建議。在「設備」項下提及最需要者設置者有三項，其中第一項就「建築圖書館」。[8]當時商務已有涵芬樓作為編譯所業務參考用，而商務又有設公開圖書館之議，因此胡適認為「與其造兩個都不完備的圖書館，還不如用全力造一個極完備的大圖書館；況且編譯所需要此甚急，實不容捨己之田而耘人之田。」胡適雖未如商務預期接任編譯所所長一職，但考察之後，他從此成為商務最有影響的人物之一。胡適對商務的肯定與支持，與商務對胡適的託付與倚重，頗類似商務草創初期蔡元培對此一小小印刷所的支援。[9]商務後來果然依胡適的建議將涵芬樓與東方圖書館結合一體，兼顧編譯所與公共服務需求。有胡適見解的加持，商務對建立並設置完善的公共圖書館的發展方向更形確定。

　　王雲五於民國 10 年接任商務編譯所所長職，商務自此由早年的張元濟時代進入王雲五時代。他任職上海商務的 25 年期間，進行了多次大刀闊斧的改革，除振興商務，並多次引領商務自戰亂挫折苦厄中復興茁壯。在出版事業方面，他出版質量兼具的出版品，不隨波逐流，卻以「激動潮流」為目標，使商務成為近代中國獨占鰲首的出版機構。在圖書館事業上的經營，則完全承繼張元濟的志業與理想。[10]由涵芬樓到東方圖書館，是張元濟和王雲五商務兩代文化強人攜手合作下所成就的具體成果。王雲五傳承張元濟涵芬樓的成就更發揚光大，將東方圖書館建設成當時全國最大館藏最豐富的圖書館，而此圖書館卻是

8　《胡適日記全集》民國 10 年 8 月 8 日，頁 340-341。

9　張曉唯，《蔡元培與胡適(1917－1937)－中國文化人與自由主義》，頁 234。

10　王建輝，《文化的商務》，(北京：商務印書館，2000 年)，頁 184。

由私人經營，且其管理制度及作業規範，影響擴及當時全國三分之一以上的圖書館。王雲五及其所經營的「東方圖書館」，在中國近代圖書館界也同樣扮演著「激動潮流」的角色。

王雲五非常重視圖書館的重要性，這與他「憑藉私人圖書館而讀書」的求知經歷有關。他多次自述年輕時期斷斷續續的求學過程，總計真正在學堂讀書的時間不滿 5 年，其餘均靠自己借書、蒐書、購書的自學歷程來累積學問，個人累積的新書舊籍及中外語文藏書也多達萬冊以上。他進入商務任職編譯所所長後，面對涵芬樓所藏二三十萬冊舊書及英日德法等五六萬冊外文書，又恰逢商務董事會對張元濟所提建立一供眾開放圖書館的支持，種種因緣使東方圖書館成為王雲五圖書館實務運作的對象。

二、建置

商務在當時以一私人企業設立面對大眾的公共圖書館，在當時算是開風氣的先進作法。如中國教育改進社[11]於 1923 年決定以美國退還中國庚子賠款的三分之一來建造一批圖書館，此舉尚晚於商務決議成立對大眾開放的公共圖書館。1922 年 1 月 17 日商務董事會第 268 次會議決定成立「公用圖書館委員會」，推舉張元濟、高夢旦、王雲五為委員籌備一切事宜；暫擬在公益基金中提撥 4 萬元為經費，充任租屋、購書、開辦一切經費，並以 2 年為期，由公司每年另撥 8,000 元為常年經費。在購置圖書館館藏方面，張元濟建議先就普通圖書著手，但

---

[11] 為舊中國教育團體之一，1921 年冬季成立，由實際教育調查社、新教育共進社、新教育編輯社合併而成。總社設在北京，下設 32 個專門委員會，它以調查教育實況，研究教育學術，力謀教育改進為宗旨。參考「智慧藏中國大百科資料庫」條目。

仍酌備高等用書，以提供教育界參考。[12]1922 年 3 月 21 日第 270 次董
事會議決議以 14 萬兩銀購入印刷廠對面家慶里地產，建公共圖書館、
同人俱樂部及尚公小學。[13]4 月 25 日高鳳池報告建公共圖書館、同人
俱樂部及尚公小學籌建情形。6 月 13 日特別董事會「討論公共圖書館
事，議決除提用公益公積 4 萬元外，再由公司公益項下提出 2 萬元，
尚缺 1.6 萬元由公司津貼。…教育品陳列所改列於公共圖書館之下。」[14]
1923 年 1 月 16 日鮑咸昌報告公共圖書館籌建情形，議決由魏清記營
造廠承建，建築費 11 萬兩。[15]

　　至於首先倡議成立東方圖書館者，為張元濟或是王雲五，文獻所
載各有差異。如王雲五編著的《商務印書館與新教育年譜》於民國 11
年(1922)下記載：「同年四月，商務印書館議決增資為五百萬元。余利
用此機會，向張菊生、高夢旦諸君建議，向新董事會提請將原附屬於
編譯所之涵芬樓，另建館屋，除供自用外，並公開閱覽。」[16]但依據
前引商務董事會議簿資料，建設新圖書館之議，在 1922 年 4 月之前已
經過董事會多次討論。以當時初入商務僅約半年的王雲五[17]，或許不
是發起者，但他後續對東方圖書館的建置與經營，卻是真正的主導者
與執行者。舊涵芬樓時期主要由張元濟主導，展現張元濟的圖書館經
營理念，但東方圖書館時期則由當時商務的掌理人王雲五一手推展。
兩者所展現的是不同的時空及不同的經營者專長下，風格迥異的圖書

[12] 張樹年主編，《張元濟年譜》，頁 219，引自《商務印書館董事會議簿》。
[13] 張樹年主編，《張元濟年譜》，頁 222，引自《商務印書館董事會議簿》。
[14] 張樹年主編，《張元濟年譜》，頁 226。
[15] 張樹年主編，《張元濟年譜》，頁 231。引自《商務印書館董事會議簿》。第 278 次會
議決定。
[16] 王雲五編著，《商務印書館與新教育年譜》，(臺北：商務印書館，民 62 年)，頁 120。
[17] 王雲五於 1921 年 9 月始入商務，11 月正式受聘為編譯所所長。

館風貌。

商務新建館舍的完成時間，約在 1923 年底及 1924 年初，施工期僅約 1 年。1923 年 7 月 15 日張元濟致劉承幹的信中曰：「蔽公司建設圖書館，秋冬之際館屋可以落成，即便開幕。」[18]新館建築在當時頗受各方矚目與肯定，如民國 18 年四川省立中山圖書館成立，其館舍即摹仿上海東方圖書館建築[19]；另李小緣在<圖書館建築>一文中稱：「今日國中之圖書館有建築而防火者，當以清華大學圖書館、南京之孟芳圖書館、上海之東方圖書館，而以清華之館最優。」[20]

商務編譯所於 1924 年 3 月遷入新房舍中，開始籌備公開閱覽種種事宜。新建築為五層鋼骨水泥之構造，與該館總務處及總廠隔馬路相對。[21]民國 13 年(1924)4 月 18 日印度詩人泰戈爾訪滬，上海二十餘團體假東方圖書館會議廳舉行歡迎會，由泰戈爾演說，徐志摩翻譯，當時之盛會熱烈，依據《申報》報導出席者多達 1,200 人。[22]民國 14 年(1925)4 月中華圖書館協會成立活動期間，來華參與的美國鮑士偉博士並曾於 29 日參觀東方圖書館。故「東方圖書館」雖未正式對外開放但已成為當時圖書館界的重要事件與成就。

---

[18] 張樹年主編，《張元濟年譜》，頁 236。

[19] 張錦郎、黃淵泉編著，《中國近六十年來圖書館事業大事記》，(臺北：商務印書館，民國 63 年)，頁 88。

[20] 李小緣，<圖書館建築>，《圖書館學季刊》第 2 卷第 3 期，頁 385。

[21] 有關東方圖書館建築究屬四層或五層，說法不一。依據王雲五編著，《商務印書館與新教育年譜》，(臺北：商務印書館，民國 62 年)，頁 144；及商務資深館員莊俞，<三十五年來之商務印書館>，《商務印書館九十五年》，頁 727 之敘述均稱有四層。但東方圖書館的閱覽空間分配及一二八之役後文獻均謂原東方圖書館「屬五層樓建築」。今由舊照片中觀察，第五層似屬於頂樓部分，高度較其它樓層低，故造成認定上的差異。民 15 年 6 月《圖書館學季刊》第 1 卷第 2 期，頁 361 報導東方圖書館開幕稱「該館建築共分五層，占地面積二百方丈。」

[22] 張樹年主編，《張元濟年譜》，頁 245-246，引自 4 月 19 日《申報》記載。

有關「東方圖書館」館名訂定的時間，民國 12 年(1923)1 月 16 日董事會討論時，仍稱之爲「公共圖書館」。前述民國 13 年(1924)4 月《申報》報導的新聞，已稱爲「東方圖書館」，故應於建築館舍期間(約 12 年至 13 年初)訂定。至於訂名者，部份學者認爲是張元濟[23]；但王雲五曾自稱：「…取名東方圖書館，聊示與西方並駕，發揚我國固有精神之意。」[24]此說則由當時編譯所所長王雲五取名。由張、王兩人的學識背景及處事風格看來，王雲五受新文化運動白話文的影響較深，而「東方」一詞較爲平實淺易，故推論應出自王雲五之手才是。

1921 年 9 月王雲五就任編譯所所長，提出《百科小叢書》的編輯計畫後，隨即著手進行編譯所改組，添設許多部門，編輯人員增加兩倍以上。依據 1924 年商務《編譯所職員錄》記載，此時東方圖書館的負責人由江畬經兼任，共有職員 14 名。[25]江畬經[26]於 1914 年進入商務編譯所任事務部部長。他兼管東方圖書館及涵芬樓圖書館的時間，推測應是在孫毓修離開商務之後，孫氏於 1921 年 10 月胡適造訪商務時仍任職，孫氏卒於 1922 年，則江畬經接任孫氏之職兼管涵芬樓及東方圖書館，預估約在 1922 年初。1924 年(民國 13 年)7 月 15 日商務董事會第 296 次會議，討論圖書館開辦事宜。會中推舉高鳳池、張元濟、鮑咸昌、高夢旦、王雲五爲董事；王雲五爲館長、江伯訓爲副館長[27]，

[23] 戴仁，《上海商務印書館》(北京：商務印書館，2000 年)，頁 38。
[24] 王雲五，〈東方圖書館概況‧序言〉，《商務印書館與新教育年譜》，頁 199。
[25] 郭太風，《王雲五評傳》(上海：上海書店，1999 年)，頁 87。
[26] 字伯訓(1863－1944)，爲清舉人，曾任浙江山陰縣知縣，寧波府知府；入民國後曾任福建民政司司長(一說爲內務司司長)。他於 1914 年進入商務編譯所任事務部部長，主管輿圖、圖畫、美術、圖版、書樣、校對、成本會計及普通庶務、文牘、會計事務，直至上海抗日戰役編譯所被毀止，任職將近二十年。引自鄭貞文，〈我所知道的商務印書館編譯所〉，《商務印書館九十年》(北京：商務印書館，1987 年)，頁 207。
[27] 張樹年主編，《張元濟年譜》，頁 247，引自《商務印書館董事會議錄》。

同年 8 月 19 日商務董事會第 297 次會議通過東方圖書館竣工決算報告。[28]據此可知江奮經兼任圖書館職約至 1924 年上半年止。1929 年起東方圖書館副館長改由何炳松接任。[29]

張元濟述東方圖書館之成立緣由:「因檢取中外典籍堪供參考者,凡二十餘萬冊,儲之館中,以供眾覽。今海外學者,方倡多設圖書館補助教育之說。滬上爲通商巨邑,天下行旅,皆出其途。黌舍林立,四方學子負笈而至者,無慮千萬,其有需于圖書館者甚極。」[30]

可見東方圖書館的設立,仍一貫他扶持教育,啓迪民智的宗旨;另外他對夏瑞芳早年的支持也衷心感念:「…同人踵夏君之志,歲輸贏金若干,購地設館。今且觀成,命名東方圖書館。…故人有知,庶幾稍慰於九泉之下乎。」[31]東方圖書館由早年編譯所圖書室到涵芬樓一脈發展而來,初期如無夏瑞芳在政策及財力上支持張元濟廣泛蒐購圖書,開展商務累積豐富館藏的契機,則商務無從由單純的出版企業,轉型擴展成重要的社會教育機構,落實張元濟「扶持教育爲己任」的宏願。

「群書充積,而罕見之本亦日有增益。書室狹隘不能容,時人方以圖書館相督責,乃度工廠前寶山路左曩所置地,構築層樓,而東方圖書館以成,舉所常用之書實其中,以供眾覽。區所得宋元明舊刊暨

---

[28] 張樹年主編,《張元濟年譜》,頁 248,引自《商務印書館董事會議錄》。
[29] 何炳松,字伯臣,清光緒 16 年(1890)生,卒於民國 35 年。自民國 13 年起任職商務編輯,後升史地部主任,一二八之役商務上海總廠及東方圖書館毀於炮火,何氏參與重建工作,並自民國 23 年起任副總經理及編譯所副所長及復刊《教育雜誌》之主編。
[30] 張元濟,<東方圖書館概況‧緣起>(1926 年),《商務印書館九十五年》,頁 21-22。
[31] 張元濟,<東方圖書館概況‧緣起>(1926 年),《商務印書館九十五年》,頁 22。

鈔校本、名人手稿及其未刊者為善本，別闢數楹以貯之，顏曰『涵芬樓』。」[32]可見原涵芬樓空間不足，也是東方圖書館設立的另一主因。但屬「宋元明舊刊暨鈔校本、名人手稿及其未刊者」在新落成的東方圖書館中另室儲藏，仍保留「涵芬樓」舊稱，善本舊籍中均鈐有涵芬樓印章，屬商務私產[33]，故未開放供眾閱覽。

　民國 15 年(1926)5 月商務恰逢成立三十週年，東方圖書館擇此慶典宣布於民國 15 年 5 月 3 日[34]正式對外開放。前一日 5 月 2 日舉辦開幕儀式並開放參觀，當日《申報》刊登開幕啓事云：「商務印書館二十餘年來，所儲中外書籍達數十萬冊，其初僅備該館同人編輯參考之用。近乃別建書樓，兼備社會公眾之閱覽。取名東方圖書館，定 5 月 2 日開幕。塵世囂塵之中，有此石渠祕閣，吾知有書癖者，當必人手一編也。」[35]次日《申報》報導：「…上午十時起開始參觀，該館重要職員李拔可、王岫廬等均親自接待。閘北寶山路上車水馬龍，均為參觀而來，人數達千餘以上，內並有西人數人。」足見當時之熱鬧景況，屬藝文界及文化界之年度盛事。[36]當日出席參觀者，多為學界、新聞界為最多，政界為最少。[37]由此再次印證商務的經營一向避免與政治牽連的傳統原則。

---

[32] 張元濟，<涵芬樓爐餘書錄‧序>，此序實由顧廷龍執筆，《張元濟古籍書目序跋彙編》，中冊，頁 344。

[33] 謝剛主，<三吳回憶錄(上)>，《古今文史半月刊》(第 15 期，民國 32 年 1 月 16 日)，頁 3。

[34] 王雲五，《商務印書館與新教育年譜》，頁 197。

[35] 吳栢青，<張元濟在商務印書館與其圖書館事業>，《國家圖書館館訊》，(第 87 卷第 4 期=總 78 期)，(民國 87 年 11 月)，頁 16。

[36] 張樹年主編，《張元濟年譜》，頁 167，記「參加東方圖書館開幕式。」

[37] 著者不詳，<東方圖書館開幕>，《圖書館學季刊》(第 1 卷第 2 期，民國 15 年 6 月)，頁 362。

第二節　東方圖書館的經營

一、行政組織

東方圖書館成為商務的附屬組織之一，民國 20 年(1931)商務的組織圖如圖 4-1。[38]

圖 4-1　民國 20 年商務印書館總組織系統表

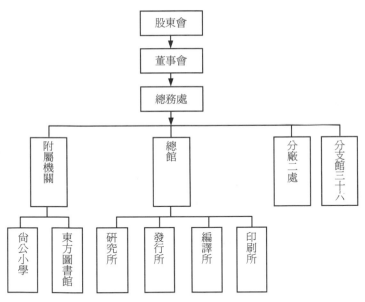

資料來源：莊俞，<三十五年來之商務印書館>，《商務印書館九十五年》，頁 747。

依商務董事會第 296 次會議(民國 13 年 7 月 15 日舉行)，議定由

---

[38] 王雲五，《商務印書館與新教育年譜》，頁 316。

總務處酌訂圖書館辦事章程。東方圖書館的最高組織為董事會，由商務印書館總務處推選五人組成。當選者有高鳳池、鮑咸昌、張元濟、高夢旦和王雲五。館內設館長，副館長各一人，由董事會任命董事兼任。第一屆由王雲五為館長、江伯訓為副館長。董事會的職權為議決每年經費預算案和由館長提議的各種重要事項，議決後再提交商務印書館總務處通過。館長主持圖書館一切事務，董事及館長、副館長之職均係業務擔任，主任、保管員、庶務員、辦事員也都各有職責範圍。[39]館長下分設總務、中文、西文三部。民國 18 年(1929 年)籌設另增「流通部」。[40]其組織架構如圖 4-2。民國 21 年(1932)另增設研究所。[41]

圖 4-2　民國 18 年東方圖書館組織圖

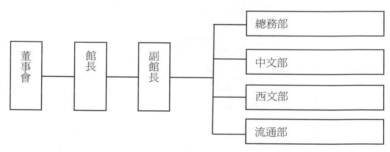

資料來源：莊俞，<三十五年來之商務印書館>，《商務印書館九十五年》，頁 728。

　　民國 10 年胡適為商務提出的考察報告中，參酌商務人鄭貞文、華超兩人的建議，對編譯所的組織表建議為[42]：所長、副所長以下設編

---

[39] 楊寶華、韓德昌編著，《中國省市圖書館概況》，頁 151，稱各部主任下有管理員、庶務員及書記若干人。工作人員職稱稍有不同。

[40] 莊俞，<三十五年來之商務印書館>，《商務印書館九十五年》，頁 728。

[41] 部分文件稱是「研究部」，依東方圖書館內組織體系多以「部」稱之，但許多文獻中又稱為「研究所」，該部門因戰亂存在時間不長，確實名稱尚待確認。

[42] 胡適，《胡適日記全集》第三冊，頁 361。

譯會議、事務部及圖書館主任三部分,編譯會議下設國文部、整理舊書部、生物科學部、數學部、物理學部、化學部、生物學部、英文部、東文部等;編譯會議另成立雜誌委員會、字典委員會、叢書委員會、教科書委員會、圖書委員會、部委員會(如函授學社、尚公小學等)、試驗學校委員會等七項委員會;編譯會議中圖書委員會下還列明:「圖書館主任爲當然委員」。依此規畫則圖書館主任的位階與編譯會議及事務部兩者平行,同屬編譯所下附屬之三項機構之一。

東方圖書館真正成立後的組織規畫,由總務處推舉成員組成董事會爲圖書館最高單位,另圖書館章程的訂定,由總務處負責。圖書館設館長、副館長職,也都由董事推舉產生。東方圖書館在組織上跳脫編譯所層級,較屬任務編組性質,比前述胡適考察報告中規畫的層級更爲提昇,可看出商務對東方圖書館的重視。

東方圖書館開放之初,商務撥給圖書館的預算爲 22,000 元,其中16,000 元用於購書(分配中國著作 4,000 元、外國著作 9,000 元、期刊3,000 元)[43];民國 17 年度爲 3 萬元,購書費 1 萬 9 千元(中文 2,000 元、外國文 1 萬 4 千元、期刊 3000 元),薪工 8 千元,餘爲雜支;19 年度爲 5 萬 2 千元,內購書費 3 萬 5 千元,薪水 1 萬 1 千元,設置 2 千元,餘爲雜支。[44]圖書館的發展經費,全部由商務負責承擔。每年由董事會制定預算案,提交商務核批,劃撥款項。所撥經費主要用於購書費及員工薪資。[45]

---

[43] 戴仁,《上海商務印書館》,頁 38。引自《東方圖書館概況》,頁 3。
[44] 宋建成,<岫廬先生與東方圖書館>,《中國圖書館學會會報》(第 31 期,民國 68 年12 月),頁 96。原引自盧震京編,《圖書學大辭典》,頁 268。
[45] 吳相,《從印刷作坊到出版重鎮》,頁 225-226。

　　無論是早期的涵芬樓或後來的東方圖書館，商務以一私人企業營利機構，數十年來均致力圖書館業務的開展，雖有張元濟、王雲五等掌舵者的耕耘、推動，但民國 15 年初張元濟欲收購蔣汝藻密韻樓藏書，卻遭部份董事作梗，致使他不得不在董事會中澄清辯駁。[46]，足見凡與公司獲利相關的舉措與發展，仍不得不有商業經營利益上的考量。部分研究者認為張元濟具有「以出版扶助教育、以教育促出版繁榮」兼容並包的大出版觀，在「大出版觀」的指引下，商務呈現出興旺發達、欣欣向榮的美好景象。由編譯所圖書室到後來的涵芬樓及東方圖書館，也是依循著類似的發展模式與規畫，展現出商務企業本體交互助益的共贏模式。但無論如何，企業獲利的考量仍是最高指標，故所有發展基本上仍不能背離於此，經營者必須有充分理由，說服董事會及股東們，告知各種作為均有利於公司之營利。東方圖書館的設置亦然。

　　探究商務成立東方圖書館的緣由，除文化傳承與民眾教育等理想外，以商務企業體獲益立場考量，約有以下數點：

　　(1)開放公眾服務，強化企業公益形象，提升企業在文化、教育及社會上的影響力。

　　在中國近代發展史上，商務除在出版印刷事業，扮演由傳統轉為現代化關鍵角色，另在文化與教育方面，也佔有重要的一席地位。「文

---

[46] 1926 年 1 月 19 日第 696 次董事會討論購買密韻樓藏書事。張元濟發言中有「…在本館因影印舊書為營業之一種。…影印之後，原書尚在，基本來價值並不低減，將來如有機會仍可售去也。」，引自《張元濟年譜》，頁 263。1926 年 4 月 26 日張元濟即提出辭職書予董事會堅辭退休。部分文獻認為此舉與稍早因購蔣氏書遭中傷質疑有關。當時商務館內外各界強力慰留，張元濟於 5 月 7 日回覆富光年等人，告以辭職理由全非股息公積一事。《張元濟年譜》，頁 268。

化的商務」、「教育的商務」與「出版的商務」、「印刷的商務」同樣都
具備精采絕倫的內涵。由初創時期夏瑞芳、張元濟,商務企業體發展
就確立「教育」為重要的發展主軸。故由商務發跡的教科書編印、符
合各級民眾使用的圖書出版,以及教育機構如養真幼稚園、尚公小學
及函授學校的建置與運作,均是商務貫徹「教育」此一發展主軸的具
體成果。但東方圖書館的開放,讓民眾以極低的花費就能運用商務數
十年來豐富的館藏,更再次強化私人企業推動社會教育的決心,展現
企業回饋社會的優質形象。透過商務豐富多元的館藏,及宏偉壯觀的
現代化圖書館建築,讓普羅大眾更能深刻感受商務企業王國的恢弘氣
度,及其深耕教育、扶植文化、啟發民智的用心。

(2)透過涵芬樓歷年蒐集豐富之散佚善本舊籍,持續與學術界、文
化界建立頻繁互動的良好關係。

舊涵芬樓時期的閱覽規則,所藏圖書主要供商務內部參考使用,
雖然仍有部分學者破例登樓觀書,但實際並未對外公開。東方圖書館
的開放,更能使當時學界一窺其堂奧之富。另透過所藏數十年來蒐集、
校訂及輯印之海內外善本古籍,仍持續與中國當代文化界、學術界之
學者專家,甚至政商名流建立良好密切的連繫。

(3)作為商務書刊編輯參考之功能仍持續存在,強化企業輔助資源
內涵。另提供商務職工自學場所,提升員工素質。

優質的人才是商務成功的重要因素之一。商務發展初期及中期,
藉由來自各方之專家學者投入,人才濟濟,藉此建立了商務的穩固根
基及發展動能。因此有人稱商務為培養人才的搖籃,也有人稱它「既

是一個印書館，也是一個育才館。」[47]商務對人才培養的方式除送職員參加各類學校培訓外，另一重要方式爲提供豐富的圖書資料供職員提供自學學識和技能。如由練習生起家的胡愈之，他原僅有初中二年級學歷，後得任職數學及科學部，並曾擔任《東方雜誌》主編(1932－1933)，主要即運用商務的圖書館來自學；另中國近代重要作家譽爲「文學巨匠」的茅盾(本名沈雁冰)，他於 1916 年(民國 5 年)進入商務編譯所任職，也提及利用商務的蒐藏來讀書作研究「…在此不爲利不爲名，只貪圖涵芬樓藏書豐富，中外古今齊全，藉此可讀點書而已。」[48]。葉聖陶也認爲商務能人才輩出，主要與商務擁有齊備的圖書資料相關。[49]

如 1920 年仍屬涵芬樓時期，當時被指派接任《婦女雜誌》主編的章錫琛稱：「…我感覺到在《婦女雜誌》中非討論到婦女問題不可。但一向對這問題沒有研究，只得臨時抱佛腳，到東方圖書館裏找出幾本日文書籍來，生吞活剝地來介紹一點。」[50]

1927 年才正式調入商務編譯所參與《教育大辭書》編寫的沈百英，也回憶工作上對東方圖書館的倚重。「我初出茅廬，肩此重任，未免有些膽怯，好在商務有個圖書館可做靠山。開始幾個月，我天天浸在圖書館裏，見到直接有用的材料，仔細抄錄下來；見到間接有用的

---

[47] 費孝通，<憶《少年》祝商務壽>，《商務印書館九十年》，(北京：商務印書館，1987年)，頁 375。

[48] 時與茅盾共事的孫毓修，因茅盾進館 5 個月已爲商務翻譯兩本半的圖書，卻只獲得加薪 6 元月薪 36 元的對待，相較他人之月薪六七十元差距甚多，故出面爲他打抱不平時茅盾的回應。引自鄭彭年，《文學巨匠茅盾》，頁 67。

[49] 吳相，《從印刷作坊到出版重鎮》，頁 224。

[50] 章錫琛，<從商人到商人>，《20 世紀中國著名編輯出版家研究資料匯集》，頁 462。當時應尚無東方圖書館所指應爲涵芬樓。

材料，寫個題綱以便日後再查。圖書館藏書豐富，要什麼有什麼，而且同樣的資料不止一本兩本，可以任我選擇。…三百多條有關初等教育的條文，不到一年，全部整理完畢，準時交出。」[51]商務員工運用東方圖書館豐富的藏書來進行商務工具書的編輯，此為一例。

由尚公小學畢業，校方保送至商務編譯所當學徒的謝菊曾，對寫作文章極感興趣，他回憶常由編譯所借西文雜誌，從中翻譯外國笑話和海外奇聞等短文，投稿《申報·自由談》獲刊登賺取稿費[52]；另任教於商務附屬的尚公小學的文史學家郭紹虞，利用涵芬樓藏書於民國9年完成中國第一本《中國體育史》，頗具意義。[53]

此外，中國近代歷史學家張其昀約於民國13至16年間，為商務編輯初中和高中的地理教科書約達四年。張氏回憶東方圖書館館藏對商務職工學識提升的貢獻。「因為我並非正式職員，得以整天在東方圖書館縱覽群籍，博觀約取，費時極多，當時報酬菲薄，生活清苦，但精神食糧，特為豐盈。」[54]職工素質提高，識見寬闊，也必然影響商務編譯、出版的書刊品質，更合乎時代潮流與社會需求。

(4)成立本版書陳列室，蒐藏商務歷年出版的圖書、雜誌及各式產品，一可作為商務出版成果的檔案室，另開放外界閱覽，形同櫥窗展示的廣告功能。

商務在中國近代的出版事業上，其出版的圖書、期刊數量驚人。

---

[51] 參考汪凌，《張元濟－書卷中歲月悠長》，頁22；及沈百英，<我與商務印書館>，《商務印書館九十年》，頁287-288。

[52] 謝菊曾，<商務編譯所與我的習作生活>，《商務印書館九十五年》，頁136-137。

[53] 珞琳，<東方圖書館被焚紙灰從閘北落到滬西>，http://china.sina.com.tw/news/cul/2005-01-06/2898.html，2006.02.01 檢索。

[54] 張其昀，<六十自述>，《傳記文學》，第280號，1985年9月，頁21-27。

依據統計由 1902 年起至 1930 年止，商務的出版物總量 8,038 種，18,708 冊。[55]早在涵芬樓時期已有本版書陳列室的設置，成立東方圖書館無疑更能擴大本版書的陳列空間。更重要的是，經過精心安排，更能成為出版品的展示櫥窗，達到推銷廣告的效益。東方圖書館的館室配置，除設於一樓商務印書館出版品陳列室外，還有三樓的商務印書館樣書書庫。自稱是「三點連一線」的學者胡道靜[56]就提及在商務閱讀最多的就是樣書以及與同行交換的圖書。「這些書要比書店早三五天，所以先睹為快。」由胡氏的回憶，可知商務對新出版的樣書陳列非常即時快速，遠早於一般發行通路，故新書陳列的廣告意味濃厚，自然對營業業績自有裨益。

商務在行銷方面，已瞭解與讀者的良性互動有助於商機提昇，故特別強調門市的服務。如老一輩商務人回憶，在商務發行所裏，專門開闢了一個讀書的地方，並擺有桌椅，讓讀者找到他所需的書以後，有地方坐下來閱讀，此儼然已是書店結合圖書館的複合式經營規畫。現今國內少數較具規模的書店也有類似的安排，但距今將近七八十年前的商務已有此作法，其前瞻的眼光，殊為難得。當時許多窮苦學生因買不起書，就每天到商務門市讀書。可貴的是當時商務並不因學生只看書不買書就感到不滿，店員還經常幫讀者找尋所需要的書籍。使讀者增加了知識並培養讀書的好習慣。據說通過此種做法，商務反而

---

[55] 吳相，《從印刷作坊到出版重鎮》，頁 98，引自：李彰澤，<三十五年來之中國出版業>，《最近三十五年之中國教育》。

[56] 胡道靜自稱為「三點連一線」的角色，所謂「三點」就是家庭、工作機構和圖書館。他於 1931 年起於持志大學畢業後，即進入柳亞子主持之上海通志館參加編撰上海新地方志。1935 年他調查蒐集的成果《上海圖書館史》發行，內容囊括 1847－1935 百餘家上海中外供公私圖書館的概況，其中他實際親訪者達 50 餘家。盛巽昌，<胡道靜：「三點一線」的讀書人>，http://www.pubhistory.com/img/text/0/2070.htm，2006.10.30 檢索，原刊登於《出版人‧圖書館與閱讀》2006 年 9 月第 2 期。

增加了書籍的銷路。這些經驗對於商務建立並開放東方圖書館，應具有觀念上的啓發與影響。

有學者稱東方圖書館的成立宗旨有四項，一爲編譯所提供古今中外各種備用參考書，以提高編譯所人員素質，保證書刊品質；二是扶持教育，供學校師生及各專業人員進行教育、研究之用，特別爲無力購書的窮學生提供免費閱讀；三爲防止古籍珍本爲外國購去而散失，保存民族遺產；四爲整理、出版影印古代文獻提供母版，使之流傳後世。其中第一、三、四項功能其實於涵芬樓時期即已具備，東方圖書館僅予以傳承並強化。至於第二項扶持教育並公開所藏提供民眾閱覽，這應是東方圖書館超越涵芬樓，並能在中國近代圖書館發展史上佔有地位的重要因素。

東方圖書館從正式對外開放到燬傾，雖僅短短五年餘時間，但是以一私人性質且仍需兼顧營利考量的出版企業，卻能無私的提供且實踐圖書館社會教育功能，無論其背後是否仍隱含商業性質考量，但其作法確屬難能可貴。

二、館藏

東方圖書館的館藏係賡續其前身涵芬樓舊藏而來。但開辦之初商務由公益基金中提撥 4 萬元充任租屋、購書、開辦一切經費，並以 2 年爲期，公司每年另撥 8,000 元爲常年經費。此常年經費推想應用於購書、管理人員薪資及雜費等，但其分配比例不詳。早在涵芬樓時期，商務主事者即十分重視館藏圖書搜集、購買。不惜重金，持之以恆，四出蒐集尋覓，以收購大量古今中外名著及古籍中善本、珍本、孤本

等，涵芬樓前後約二十年期間，陸續徵購所累積的館藏數量已相當可觀。民國 15 年開館之初，王雲五撰著《東方圖書館概況》時對館藏數量的描述爲：「館中共有藏書 33 萬餘冊，中外雜誌 900 多種，中外報刊 45 種，地圖約 2,000 餘幅，各種照片約 2 萬餘張。」其中未提及雜誌報章及善本古籍、地方志的數量。張元濟於民國 15 年撰<東方圖書館概況·緣起>一文，主要說明東方圖書館前身涵芬樓對古籍善本的徵集過程梗概，並認爲「雖未可謂集大成，而圖書館之規模略具矣。」對當時館藏數量敘述「即方志一門，已有二千一百餘種。雖多遺闕，要爲巨觀。」他另提及當時館藏還包括「日本歐美名家撰述暨歲出新書，積年藏弃，數亦非鮮。…因檢取中外典籍堪供參考者，凡二十餘萬冊，儲之館中，以供衆覽。」[57]

有關東方圖書館的館藏數量，各種文獻說法因不同時期及其對標的描述各異而略有出入，約整理如下表：

表 4-3 東方圖書館各時期館藏統計表

	民15年(*資料出處1)	民15年(*資料出處2)	民15年(*資料出處3)	民18年(*資料出處4)	民19年(*資料出處5)	民20年(*資料出處6)	民20年12月(*資料出處7)	民21年前夕(*資料出處8)	民21年被毀前(*資料出處9)	民21年一二八被毀後損失(*資料出處10)
中文書	20 餘萬冊	16 萬餘冊	330,000 冊	26 萬餘冊(均改訂為洋裝，以便取閱，共6萬巨冊)	268,000 冊	268,000 冊	398,765 冊			268,000 冊(平均三四本合訂一冊)

（續下頁）

西文書	2.4 萬冊(英文 2 萬冊、法文 2,000 冊、德文 2,000 餘冊)		39,000 冊(英文27,000冊、法文 3,000 冊、德文 8,000 冊、其他各種語文約千餘冊)	46,000 冊	80,000 冊			80,000 冊
東文書	1.5 萬冊		25,000 冊	28,000 冊				
圖畫、照片	地圖 2,000 幅，照片 10,000 餘張	地圖：2,000 幅；照片：20,000 張			圖表、照片 5,000 餘張，中國古畫十餘軸		圖表、照片 5000 餘種	5,000 套
雜誌報章	中西雜誌 800 種，中西報章 30 餘種	900 種	雜誌900種，裝訂成 12,000 冊；中外報章 45 種，裝訂成 17,000 餘冊	報刊裝訂者 30,000 冊				40,000 冊
善本書				2,378 種[58]	2,745 種，35,083冊(不包括江陰何氏的 4 萬冊)	3,745 種，35,083 冊	宋刊本 129 種，2,514 冊	3,203 種，29,711 冊(經部 274種，2,364冊、史部996種，10,201冊、子部876種，8,436冊、集部1,057 種，8,710冊)。另何氏善本40,000冊。
地方志	2,100 餘種						2,640 種(中有元明刊本141種)65,682冊(應25,6825之誤)	2,641 部，約25,682 冊

（續下頁）

---

[58] 《商務印書館與新教育年譜》頁 293 誤記經部少 100 種。

備註							德、英、美諸國所出版的地質地圖，人體解剖圖，西洋歷史地圖以及商務出版的各種古畫、油畫和照片的原底等。	調查合計502,765冊，民國20年6月國立北平圖書館新館落成，藏書總量達40萬冊以上，居全國第一位。	合計518,000餘冊，《圖書年鑑》記載，當時北平圖書館藏書僅40餘萬冊。	東方圖書館被燬前的藏書數量達463,083冊，而同時國立北京圖書館藏書不過371,752冊，中華書局圖書館，1934年的藏書僅90,000冊。東方書館當時成為首區一指的大圖書館。	463,000餘冊(不含圖表、照片)

資料來源：筆者自行整理表列。

*資料出處1：張元濟，<東方圖書館概況‧緣起>，《商務印書館九十五年》，頁21-22。

*資料出處2：吳相，《從印刷作坊到出版重鎮》，頁226。

*資料出處3：王雲五，《東方圖書館概況》。

*資料出處4：王紹曾，<東方圖書館小志>，《目錄版本校勘學論集》，頁868。

*資料出處5：莊俞，<三十五年來之商務印書館>，《商務印書館九十五年》，頁728。另汪家熔，<涵芬樓和東方圖書館>，原載於1997年8月5日《讀者導報》，http://www.cp.com.cn/ht/newsdetail.cfm?iCntno=569，2005.07.16檢索。亦從此說。

*資料出處6：楊寶華、韓德昌編，《中國省市圖書館概況，1919－1949》，(北京：書目文獻出版社，1985年)，頁146。

*資料出處7：張錦郎、黃淵泉，《中國近六十年圖書館事業大事記》，頁96，引自丁致聘編，《中國近六十年來教育記事》，頁257。備註部分引自頁94，亦引自丁氏《記事》，頁246。另《商務印書館與新教育年譜》，頁330，數字亦同。

*資料出處8：王紹曾，<記張元濟在商務印書館辦的幾件事>，《商務印書館九十五年》，頁27，引自《中國出版史資料補編》，頁441，張靜廬注第二條。

*資料出處9：吳相，《從印刷作坊到出版重鎮》，頁233-234。

*資料出處10：何炳松，<商務印書館被燬紀略>，《商務印書館九十五年》，頁248。

　　由上引各種文獻記載，館藏數據不甚一致，但大致可歸納出一般中文圖書約 26 萬 8 千餘冊；外文書 8 萬餘冊。在善本舊籍的數量上，因原屬涵芬樓時代的累計，且此部份深受學術界與文化界矚目，在數量分析上較爲一致。一般而言，民國 20 年時東方圖書館涵芬樓的善本書總數應爲 3,745 種，35,083 冊，但尙不包括張元濟購自揚州江陰何氏的 4 萬冊舊籍。[59]依版本分析各類善本舊籍的收藏數量如下：

表 4-4　民國 20 年東方圖書館涵芬樓所藏古籍數量統計表
（依版本別）

版本別	種　數	冊　數
宋本	129	2,514
元版	179	3,124
明本	1,449	15,833
清代精刻	138	3,037
鈔本	1,460	7,712
名人批校本	288	2,126
稿本	71	354
雜本	31	383
合計	3,745	35,083

資料來源：王紹曾，＜東方圖書館小志＞，《目錄版本校勘學論集》，頁 869。

　　如按經、史、子、集四部分類統計，其種數及冊數如下：

---

[59] 引自何炳松，＜商務印書館被燬紀略＞，《商務印書館九十五年》，頁 242；又楊寶華、韓德昌編，《中國省市圖書館概況，1919－1949》，(北京：書目文獻出版社，1985 年)，頁 147 稱爲 2,745 種，應誤；另吳芹芳，《張元濟圖書事業的研究》，華北師範大學碩士學位論文，2004 年，頁 40，引鄭偉章：《文獻家通考》，中華書局，1999 年版，頁 1636。同樣描述善本書數據，但錯誤甚多，且有遺漏。

表 4-5　民國 19 及 20 年東方圖書館涵芬樓所藏古籍數量統計表（依四部別）

	種　數	冊　數	備　註
經部	354(民 19 年 200 種)	2,973	
史部	1,117(民 19 年 652 種)	11,820	部分文獻記為 117 種，應誤
子部	1,000(民 19 年 703 種)	9,555	
集部	1,274(民 19 年 823 種)	10,735	
合計	3,745(民 19 年 2,378 種)	35,083	部分文獻記為 2,745 種，應誤

資料來源：王紹曾，<東方圖書館小志>，《目錄版本校勘學論集》，頁 869。

東方圖書館善本館藏之良善，由當時諸多學者親自登樓參觀中，最能顯其突出之處。1929 年 9 月 23 日南潯嘉業堂管理人周子美[60]與友人參觀東方圖書館後，云：「密韻所藏，均在庫中，得以暢觀。…涵芬樓所藏精本，以及宋版書諸種，亦足驚人。秘笈搜羅之富，真不愧東方第一矣。詢之館員，謂此接長者一手之力。嘉惠士林，保存古籍，兼而有之。所惜書目尚未流傳，…竊謂斯事亦不可緩也。」[61]

周氏此處對涵芬樓古籍蒐藏推崇之餘，但遺憾「書目尚未流傳」，此處所指「書目」應是涵芬樓的古籍書目。涵芬樓的藏書目錄於民國 3 年及民國 8 年曾先後編輯出版，其中亦包括舊籍部分，但已相隔多年。民國 18 年時涵芬樓應無新編之有善本書目，故周延年才有此嘆。

---

[60] 周子美(1896－1998)，原名延年，字君實，號子美，浙江省湖州市南潯人。1924 年，周子美出任嘉業藏書樓編目部主任。1929 年 1 月參加了在南京召開的中華圖書館協會第一次年會，並成為協會宋元善本書調查委員會十二位委員中的一員。從書樓落成到 1932 年離職，周子美掌管嘉業藏書樓達 8 年之久，為書樓各項業務的開展和他個人以後的發展奠定了基礎。周子美對嘉業藏書樓的最大貢獻，就是與施韻秋一起，以五年時間編成《嘉業堂藏書目錄》，總計 12 冊。引自：李性忠，<周子美與施韻秋─記南潯嘉業藏書樓的兩任主任>，《圖書館研究與工作》2007 年第 1 期(總第 109 期)。

[61] 張樹年主編，《張元濟年譜》，頁 327。

前章敍述今大陸國家圖書館館藏有民國 19 年國立北平圖書館出版由
「商務印書館藏並編」的《涵芬樓藏善本目錄》3 冊，不知是否爲回
應民國 18 年周延年的建議所新編的成果？

　　張元濟爲保護涵芬樓的珍希典籍，故於 1924 年將部分善本古籍移
至金城銀行保險櫃，但所餘的古籍圖書仍頗足可觀。如 1930 年盛夏趙
萬里[62]獲張元濟招待登涵芬樓閱書兩天。當時張元濟還特別「切託同
人，在館之書，恣其翻閱。」[63]可見對趙萬里的禮遇。趙萬里時任職
中央研究院歷史語言研究所且精於古籍目錄版本學，於涵芬樓拜訪期
間，每日工作 7 小時以上，終日埋首綜覽所藏。對當時涵芬樓藏書質
量之豐，非常肯定。

　　「涵芬樓要算當時江南惟一的大藏書庫，方面之廣，質量之多，
無論宋元舊槧、明清舊鈔，足足塞滿了二三十個大木櫃子。然其中名
貴的，已經盛了幾十個大衣箱運到租界裏金城銀行內庫避風火去了，
剩下的一部分，據我看來，還是值得羨慕。」[64]設在東方圖書館裏專
藏舊籍的處所雖仍延涵芬樓舊名，但似未懸掛室名招牌，故趙氏描述
當時所見：「所謂涵芬樓，大約就是東方圖書館第三層樓上的一角。」[65]

---

[62] 趙萬里(1905－1980)，字斐雲，號芸盫，年 20 拜清華學校(清華大學前身)研究院教授
海寧王國維(字敬安，號觀堂)爲師，奠定史學、文學、戲曲、金石、考古、版本、目
錄學良基。民 17 年轉往北海圖書館，歷任中文採訪組組長、善本考訂組組長、編纂
委員、善本部主任，兼中央研究院歷史語言所特約及通訊研究員，故宮博物院圖書
館和文獻館專門委員，並在北京大學、清華大學、中法大學、輔仁大學等校任教，
講授中國史料目錄學、目錄學、校勘學、版本學、中國雕版史、中國戲曲史、中國
俗文學史、詞史等課程。朝夕浸淫宋元舊刻、名校精鈔，由研治版本而至校讎、辨
僞、輯佚等項學問。參考 http://www.guji.cn/openzjml.php?id=13，2007.10.20 檢索。
[63] 張樹年主編，《張元濟年譜》，頁 342，7 月 25 日<復傅增湘書>。
[64] 趙萬里，<從天一閣說到東方圖書館>，1934 年，《中國古代藏書與近代圖書館史料》，
頁 490。
[65] 趙萬里，<從天一閣說到東方圖書館>，1934 年，《中國古代藏書與近代圖書館史料》，

　　東方圖書館裏的涵芬樓，除有舊四部古籍善本書外，另一項特藏
－地方志，也是重要館藏。民國 20 年時所蒐藏的地方志數量達 2,641
種，25,682 冊。有全國各省府廳州縣志整套，數量居當時國內圖書館
之冠，其蒐藏各省方志數量如下表：

表 4-6　民國 20 年東方圖書館涵芬樓所藏地方志內容數量統計表

省　　名	種　　數	冊　　數
河北省(直隸省)	230	1,798
遼寧省(盛京)	27	160
吉林省	3	58
黑龍江省	3	16
山東省	194	1,597
江蘇省	160	1,268
山西省	192	1,408
河南省	172	2,084
安徽省	115	1,421
江西省	221	2,622
福建省	95	1,198
浙江省	188	2,466
湖北省	122	1,468
湖南省	119	1,524
陝西省	133	776
甘肅省	77	451
新疆省	1	30
四川省	222	1,754
廣東省	159	1,481
廣西省	67	576
雲南省	91	1,010
貴州省	50	516
合計	2,641	25,682

資料來源：王紹曾，<東方圖書館小志>，《目錄版本校勘學論集》，頁 869-870。

頁 491。

以上二十二省地方志，以版本而言其中有元本 2 種，明本 139 種。
而且除省志比較齊全外；全國府廳州縣志應有 2,081 種，東方圖書館
收有 1,753 種，已達全部的百分之八十四。

比較當時世界公藏中國方志較多的地方計十一處，以其數量多寡
排列如下表，則可見東方圖書館收藏方志的地位：

表 4-7 民國 20 年東方圖書館涵芬樓所藏地方志與 其他圖書館數量比較表

名　次	館　名	方志數量(種)
1	國立北平圖書館	3,844
2	故宮博物院圖書館	2,814
3	東方圖書館	2,641
4	金陵大學圖書館	2,104
5	徐家匯天主堂藏書樓	1,778
6	美國國會圖書館	1,600
7	南京國學圖書館	1,561
8	北平燕京大學圖書館	1,500
9	上海南陽中學圖書館	1,388
10	中央研究院歷史語言研究所	1,200
11	內政部	1,000

資料來源：楊寶華、韓德昌編，《中國省市圖書館概況，1919－1949》（北京：書目文獻
　　出版社，1985 年），頁 149。

如此周延且大量的地方志蒐集，即便在今日亦非易事。文獻中雖
未見張元濟及王雲五曾敘述對地方志完整徵集的緣由，但可確定他們
地方志重要性的肯定，並積極努力蒐集典藏。

館藏多元化是東方圖書館的另項重要特色。這或許與圖書館館藏
主要供商務編譯書刊參考有關，但也突顯從涵芬樓到東方圖書館，主
事者張元濟及王雲五兩人，對圖書館館藏徵集範圍的認知具前瞻性。

涵芬樓及東方圖書館的館藏除一般紙本圖書、報刊、雜誌外，也包括其他多種型式的文獻資料；在特色內涵上除中國古籍及地方志外，許多文獻中亦敘述圖書館的其他特殊館藏。[66]

如國外出版品方面，有張元濟從羅馬帶回的梵帝岡皇宮所藏明末桂王[67]、太后、皇后、王太子及司禮監皈依天主教、上書羅馬教皇的影片；還有王雲五從歐洲購回的 15 世紀前所印西洋古籍多卷。此外，如德、英、美諸國所出版地質地圖、人體解剖圖、西洋歷史地圖及商務出版各種古畫、油畫及照片之原底，尤為不可勝數。另有荷蘭出版的《通報》("Tung Pao")，上海亞洲文會北中國支會所出的《會報》("Journal of the North China Branch of Royal Asiatic Society")[68]、德國出版的《大亞洲》("Asia Major")等雜誌都備有全份。1832 年(道光十二年)至 1851 年(咸豐元年)間香港出版久以絕版的《中國匯報》("Chinese Repository")、福州及上海出版的《教務雜誌》("Chinese Recorder")、《哲學評論》("Philosophical Review")、《愛丁堡評論》("Edinburgh Review")等著名期刊，多為難得珍本，無一缺期；尤其出版長達百餘年的德國《李比希化學藥學年鑑》("Libige Annalen der Chemic und Pharmacie")初版全套，為遠東唯一孤本，尤為著名。其他西方政治、經濟、哲學、文學名著及《人人文庫》、《新時代叢書》等，亦都具備。

國內出版報紙、雜誌更為齊全，如上海《時報》、《神州日報》、《民國日報》，天津《大公報》、《益世報》，清末光緒至宣統年間《京報》、

---

[66] 有關東方圖書館所藏特殊資料文獻多引自何炳松，<商務印書館被毀紀略>一文。以下係整合多篇文獻敘述。

[67] 王紹曾，<《近代出版家張元濟》增訂本餘話>，《目錄版本校勘學論集》，頁 759。稱讀者指正此應為桂王永曆而非唐王。一般文獻多記為「唐王」。

[68] 部分文獻記為英國亞洲文會出版的《學報》。

《諭折彙存》等著名報章、雜誌該館都全份收藏。另上海出版的《申報》、《新聞報》，該館收藏都達 30 年以上。《外交報》、《新民叢報》、《國聞周報》等雜誌收藏也很齊全。還有 29 年來商務出版的《東方雜誌》以及其他雜誌也都無一缺期。另中國字畫 10 餘軸也是張元濟於國外遊歷時購入。

　　東方圖書館館藏的多元性，依據《中國省市圖書館概況，1919 －1949》一書收錄此期間重要省市圖書館共 49 所，分析各館的館藏資料類型，除國立北平圖書館因歷史淵源[69]，故保有兩館原有館藏，類型較為多元，包括善本舊籍、一般圖書、雜誌外，另有金石拓片(1,700餘種)、地圖(至 1933 年有 2,718 幅)；及國內外個人或單位寄存該館的文獻如名人墨跡、未刊稿及私人信件等；其餘省市圖書館館藏除少部分藏有特殊類型文獻如木刻書版(江西省立南昌圖書館)、金石古物(山東省立圖書館)、圖表、地圖、碑帖(湖北省立圖書館)、稿本、鈔本、信札、日記、手稿(湖南省立中山圖書館)、刊本佛經(廣州市立圖書館)、歷朝石碑、名人墨跡、金石舊物(陝西省立第一圖書館)等外，其餘多仍以傳統之紙本圖書雜誌為主，且特殊資料的數量，亦難與東方圖書館匹敵。

　　曾獲得商務張元濟資助，而得以完成在英法留學學業，躊躇滿志歸國的羅家倫，在行篋中攜回豐富的中國史料，其中包括巴黎舊書店蒐得已絕版之康雍之際寓華傳教士通信若干冊等。他於 1926 年 8 月 3

---

[69] 該館係合併兩所圖書館而來。一是原國立京師圖書館(1912 年 8 月 27 日開館)改稱的國立北平圖書館(1928 年 7 月成立)；另一是 1925 年 11 月成立的國立京師圖書館籌備處，於 1926 年 1 月改名北京圖書館，於 1928 年 10 月又改名為北平北海圖書館。1929年 1 月中華教育文化基金會接受教育部建議將國立北平圖書館與北平北海圖書館合併改組為「國立北平圖書館」。

日致函張元濟，囑意由東方圖書館「備款購存」。後來東方圖書館是否購置不詳，但東方圖書館的館藏類型多元，且主事者致力蒐藏國內外重要學術研究文獻及史料的作法，深獲學術界肯定與支持。[70]

以館藏圖表及照片爲例，雖統計數字或因標準不同而不甚一致，但可知其數量不在少數，且這些資料在當時文化界應頗負盛名。如許廣平回憶 1928 年魯迅編輯期刊《奔流》時的風格，他喜好更換封面、強調內容插圖豐富，編排調和，間或在刊物中每篇文稿前後插些寸來大小圖樣。

「因爲編《奔流》時需要很豐富的插圖，卻沒有地方可借。雖則偶然可以託建人先生[71]向「東方圖書館」借到一二，但不敢拿去製版，恐怕污損了沒法送還。」[72]由此足見東方圖書館蒐藏圖版之質量俱豐，深受當時各界肯定。

東方圖書館被燬前的藏書數量達 463,083 冊，而同時國立北京圖書館藏書不過 371,752 冊(著者按：一說爲 40 萬冊；依《商務印書館與新教育年譜》頁 301，說民 20 年 6 月 25 日國立北平圖書館新館告竣，因結合兩館館藏，藏書總冊數達 40 萬冊以上，「在公立圖書館中居第一，而與私立之東方圖書館相伯仲。」)，與商務相競爭的中華書

---

[70] 柳和城，<張元濟與羅家倫>，《中外雜誌》，(第 56 卷第 3 期，民國 83 年 11 月)，頁 60。

[71] 周建人(1888－1984)，浙江紹興人，魯迅胞弟。他協助主編章錫琛編輯並革新《婦女雜志》，翻譯和撰寫了一批提倡婦女解放和戀愛自由的文章，產生了一定的影響。1925年，他被主編新創刊的雜志《自然界》。爲商務十大期刊之一，1926 年 1 月創刊，1932年一二八之役後停刊。

[72] 引自許廣平著，《魯迅的寫作和生活‧許廣平憶魯迅精編》，(上海文化出版社 2006 年 7 月出版)，<魯迅與中國木刻運動>篇，原載 1940 年 4 月《耕耘》雜誌，http://www.wenyipub.com/news/news_detail.asp?id=2895，2006.12.08 檢索。

局的圖書館，1934 年的藏書僅 90,000 冊。東方圖書館當時成為首區一
指的大圖書館。[73]

三、閱覽服務

新成立的東方圖書館，館舍外觀雄偉，為一幢五層樓的建築體，
佔地 2,600 平方公尺(786.5 坪)。內部的陳設與規畫，在當時應屬先進，
且已具防火功能。[74]東方圖書館與原涵芬樓的主要差異在於開放公眾
閱覽服務，這也是近代圖書館與傳統藏書樓本質上的最大差異。在大
門口掛著「東方圖書館」、「商務印書館同人俱樂部」、「商務印書館編
譯所」三塊招牌。[75]

東方圖書館在對外服務組織方面設普通書庫、善本室、本版保存
室、閱覽室、裝訂室、繕寫室、事務室等專室。[76]另將「宋元明舊刊
和鈔校本、名人手稿及其未刊者為善本」，別闢專室珍藏，仍稱作「涵
芬樓」。[77]因此，涵芬樓在東方圖書館時代成為其善本藏書室的名稱。

東方圖書館的館舍空間規劃，各樓層的閱覽及相關功能空間分配
如下：

---

[73] 吳相，《從印刷作坊到出版重鎮》，頁 233-234。

[74] 李小緣，〈圖書館建築〉，《圖書館學季刊》(第 2 卷 3 期，民國 17 年 3 月)，頁 385。

[75] 〈東方圖書館〉，http://www.zblib.com/zbrw/whyz/whyz2.htm，2007.10.17 檢索。

[76] 莊俞，〈三十五年來之商務印書館〉，《商務印書館九十五年》，頁 727。

[77] 張元濟，〈涵芬樓燼餘書錄序〉，《張元濟古籍書目序跋彙編》，中冊，頁 344。

表4-8 東方圖書館館舍空間及功能分配表

樓　層	規　劃　空　間
底層	流通部藏書室、商務同人俱樂部、出版品陳列室[78]、寄存物品室、簽名處、售卷處[79]
二樓	閱覽室、閱報室、雜誌陳列室和辦公室
三樓	涵芬樓珍藏善本書陳列室、裝訂室及本版圖書保存室[80]
四樓(部分)	善本室(涵芬樓)
四樓	普通書庫(佔地4,600多平方公尺，置書架56排，共370餘架，可容書40萬冊)
五樓	雜誌、報章、地圖、照片保存室
其他	館南空場為花園；南面建西式平房五間，為兒童圖書館

資料來源：筆者依文獻彙整整理。

東方圖書館所提供的閱覽服務，由當時實際利用圖書館，仍屬學生身份的胡道靜回憶：

「從中學到大學畢業一直是東方圖書館的熱心讀者。他曾回憶：『進東方圖書館看書，要納兩個銅板的入門費，連同來回的車資，大約用掉一毛錢，可是對於我這個矮矮個子的學生想來，世界上再也沒有比這個更合算的事情了，因為每次都能讀到不少想讀而不能或無力備有的書…還有它的一個甚大的特點，就是那長達四十來米的寬敞的大閱覽室，實行開架的。這個閱覽室，除了一扇中門以及卡片目錄櫃和出納台以外，兩壁多層的書架上陳列的工具書、百科全書和常用圖書大約兩萬多冊，那是讀者可以自由取閱的，感到十分方便。』」

由胡道靜的回憶，可確知東方圖書館部分閱覽空間採開架閱覽方

---

[78] 底層設有商務「出版品陳列室」，參考吳相，《從印刷作坊到出版重鎮》，頁228。

[79] 著者不詳，<東方圖書館開幕>，《圖書館學季刊》(第1卷第2期，民國15年6月)，頁361。此處亦參考該文陳述。

[80] 部分文獻記載，本版圖書保存室在最上層五樓。如鄭逸梅，《書報話舊》，頁11。

式。圖書館採取開架閱覽方式，對讀者瀏覽圖書方便，但在管理上館藏容易遺失爲最大困難。但東方圖書館從建館之初就倡導私家藏書向社會開放並採用觀念先進的開架閱覽方式，此舉在當時屬開先河之列。1929 年 11 月，王雲五在無錫民眾教育館發表圖書館學的演講，王雲五闡述圖書館應有不怕掉書的觀念。[81]此與美國圖書館專家鮑士偉所提倡:「圖書館之於書籍，猶工廠之於煤也,煤之燒毀,理當然耳。」的觀點相符。[82]而東方圖書館開架制度的做法，也成爲它管理方面最受矚目且合乎最新潮流的表現。[83]圖書館開架閱覽制度，直至民國 20左右才較普遍。[84]

從當時所攝的老照片中，可看到東方圖書館的書庫及閱覽室的景致。[85]書庫中間爲甬道，左右兩旁爲排列整齊的書架，約可看出爲七層高度，書架上書籍排列整齊，隔局與現今圖書館幾乎一致。閱覽室則寬敞明亮，照片中自然光線透過長型窗戶灑入閱覽室，照得閱覽室地板更顯晶亮寬闊。中間有長型閱覽桌和座椅，兩旁爲開架書架，圖書隨手可取。這與胡道靜回憶中描述的開架閱覽室完全相符。

東方圖書館內附設的涵芬樓善本館藏數量，如前述四部各種版本書合計爲 2,745 種，35,083 冊。部分儲於三層涵芬樓珍藏善本書陳列室內，室內陳列玻璃櫥九座，內藏都是稀世之寶[86]:

[81] 莫傳鳴、何瓊，<王雲五與圖書館>，《圖書館》(2003 年第 3 期)，頁 91-92。
[82] 金敏甫，《中國現代圖書館概況》，頁 44。
[83] 金敏甫，《中國現代圖書館概況》，(廣州：廣州圖書館協會，民國 18 年)，頁 70。
[84] 高踐四，<三十五年來中國之民眾教育>，《最近三十五年之中國教育》，收錄於《民國叢書》，第二編，v.45，頁 172。文中謂:「…現在圖書館取開架式及巡迴文庫等方法者日多一日。」
[85] 汪凌，《張元濟－書卷中歲月悠長》，(鄭州：大象出版社，2002 年)，頁 20-21。
[86] 楊寶華、韓德昌編，《中國省市圖書館概況，1919－1949》(北京：書目文獻出版社，

第一、二櫥：置宋本，如《周易》、《通鑑記事本末》、《說苑》、《陶淵明集》等。

第三、四櫥：置元本，如《陳氏易傳》、《後漢書志》、《農桑輯要》、《王右丞集》等。

第五櫥：置明本，15 種。

第六櫥：置黃蕘圃校本 18 種，均有題跋。

第七櫥：置名家批校本，如王念孫所批《楚辭》、王引之所批《杜詩會粹》、毛斧季所校《鮑氏集》、翁覃溪所校《瘦子消夏錄》、盧抱經所庀《能改齋漫錄》、孫淵如、顧千里校《說文解字》等。

第八櫥：置何義門、顧千里之校本 14 種，均有題跋。

第九櫥：置《永樂大典》21 冊及《四庫全書》數冊。

　　此外，該室另設有玻璃櫥四座：

其一，置各家精抄，如汲古閣毛氏，綉古亭吳氏、文瑞樓金氏、知不足齋鮑氏諸家抄本。

其二，置古今奇書，如明天啓間所刻《西儒耳目資》、萬氏《直音總綱》等。

其三，置各名人手稿，有毛子晉、吳梅村、孫淵如、陸敕先、吳兔床諸家手寫稿本。

1985 年)，頁 148-149。

其四，置古本蝴蝶裝，宋元明本各若干。

　　透過東方圖書館訂定的《閱覽章程》，可瞭解當時東方圖書館對外進行閱覽服務的狀況。此《閱覽章程》不確定出自張元濟或王雲五之手，但可看出商務對東方圖書館相關制度的訂定，非常重視與謹慎。商務曾於民國 14 年(1925)5 月致函全國圖書館，徵集各圖書館文件(如章程、規則、目錄、組織概況)「以彙整陳列，供眾研究」。民國 15 年 3 月又復徵集，並於該年 5 月 24 日舉行圖書館文件展覽會。[87]商務徵集全國各圖書館文件，雖名為「陳列以供眾研究」的用途，甚至還為此舉行展覽，但應該也藉此機會參考其他各館規章，以作為東方圖書館訂定相關典章制度及經營運作的參考，藉由審視各圖書館現行文件內容，來規畫訂定最先進與周延的圖書館經營規章。《東方圖書館閱覽章程》詳如附錄 3。

　　東方圖書館所訂的《閱覽章程》，類似今圖書館所訂定的《閱覽規則》。《章程》共分為閱覽時間、閱覽場所、閱覽手續及附則四章，各章下分條列述，計有 17 條。閱覽開放時間為每日下午二時至五時，六時半至九時半，星期日無夜班，故每星期開放閱覽服務時間達 39 小時。閱覽場所分圖書及雜誌報章兩閱覽室。採收費閱覽方式，零星入覽者交銅元二枚，長期入覽者，半年 1 元。圖書館入覽收費，是當時許多私人圖書館採取的做法。收費確實影響一般民眾使用圖書館的意願，但東方圖書館為私人圖書館，入館閱讀雖予收費，但金額在當時應屬低廉，故如前述學生身份的胡道靜認為「合算」。屬商務印書館的職工則可免費進入。因當時尚無閱覽證件核發，入館閱讀採登記方式。

---

[87] 張錦郎、黃淵泉，《中國近六十年來圖館事業大事記》，頁 50，原引自俞爽迷編撰，《圖書館學通論》，頁 216。

圖書閱覽及期刊報紙閱覽分開取牌，藉此可掌握進館讀者人次及閱覽圖書報刊的讀者人數統計，甚至到館的讀者職業分析等數據。借閱非開架圖書因有複寫借閱單，因此也可統計借閱圖書數量、主題及讀者分析等。此與現今圖書館進行圖書館業務統計所欲掌握之相關數據相似，故當時商務設計之閱覽流程與方式，堪稱詳密且具前瞻性。附則所列(第 11 至 17 條)，係基於保護館藏及維持閱覽室秩序，所訂定之限制與要求。檢視《章程》中的許多規定，多仍沿用至今。

除針對讀者訂定閱覽規定外，對執事館員也訂定《辦事細則》以為遵循依歸。東方圖書館的《公開閱覽辦事細則》如附錄 4。《辦事細則》分別規定圖書閱覽室、雜誌報章閱覽室及閱覽室外辦事處、售券處等單位辦事員的人數及職掌；附則四點則統論辦事員的每日應到館時間、請假、遞補人員等相關規定。依《辦事細則》可知每日執行基本閱覽服務的館員至少 7 名，此尚不包括藏書室負責提閱圖書的館員及技術服務方面負責採購徵集、分類編目圖書文獻的館員人數。

東方圖書館於民國 15 年對外開放閱覽後，在民國 16 年(1927)期間竟遭突來之兵燹災禍。其事故緣由為：同年 4 月國民政府之國民革命軍入上海後，上海總工會乘機設糾察隊總部佔據東方圖書館。4 月12 日總司令部下令解散工會，並收繳其槍械，糾察隊以東方圖書館為據點激烈抵抗，終夜始屈服。此舉導致館內書刊器物遭受損害，中西書籍散失極多，遍佈破書零頁，幸涵芬樓古籍已先移他處倖免於難，但圖書館也暫停開放約半年餘。

為避免再遭遇橫逆，商務呈請上海市政府特別保護。[88]商務在取

---

[88] 著者不詳，<東方圖書館之浩劫>，《圖書館學季刊》(第 2 卷第 1 期，民國 16 年 12

得上海市政府及軍方出具「…自應妥爲保護以宏教育而存國粹，…各軍隊一體遵照，毋得任意駐紮致礙文化…」的保護函，在師部保護下，館員才得以「修葺摭拾遺亡」，積極恢復重整，至同年 11 月 5 日才恢復閱覽服務。[89]

恢復開放後的東方圖書館「每日前往閱覽者，擁擠異常。」因此對閱覽空間的配置重作調整。如將原設於 2 樓的雜誌報章閱覽室改設於五樓，二樓之圖書閱覽室分爲兩區，一爲自由閱覽室，另一爲書目卡片查閱檢借書籍區。自由閱覽架上之書與指定借閱藏庫之書，各分界限。[90]原涵芬樓珍本書籍因兵事移至他處者，亦予移回。爲恢復東方圖書館的開放，商務此次是透過上海市教育局協助才得以解決，但相對的，上海市政府教育局亦提出五條意見，徵求(要求)商務同意：(一)公開性質是永久的；(二)以後商務印書館永不得借用別種名義妨礙公開成約；(三)圖書館閱覽章程應呈教育局備案；(四)凡屬市政府之職員及市立學校教職員經證明者到館閱書時得免納入館費；(五)市政府及各局，由市長或秘書長之簽證得將該館圖書借出閱覽，每次以五部爲限，借閱時間至多不得超過一星期，如有損壞照價賠償。[91]

此舉似乎將東方圖書館視同是上海市政府專門圖書館及上海市立民眾圖書館般，令人有因勢脅迫之感。東方圖書館當時尚未開放流通借出服務，此舉頗爲市政府職工開放特權。上海市遲至民國 19 年才有

月)，頁 173。

[89] 張錦郎，<王雲五先生與圖書館事業>，《中國圖書館事業論集》(臺北：臺灣學生書局，民國 73 年)，頁 162。

[90] 著者不詳，<東方圖書館恢復後之事業>，《圖書館學季刊》(第 2 卷第 2 期，民國 17 年 3 月)，頁 325。

[91] 著者不詳，<市教育局籌劃圖書館>，《圖書館學刊》(第 2 卷第 2 期，民國 17 年 3 月)，頁 327。

一所小型的流通圖書館，民國 21 年才有第一所市立圖書館。此期間東方圖書館對上海市民眾的圖書館資訊服務重要性可想而知。

依到館人數可瞭解該館對外服務的績效。民國 18 年全年開放 334 天，平均每月到館讀者人數 2,416 人次，全年閱覽人數 28,999 人次；民國 19 年全年開放 337 天，每月平均升至 3,066 人次，年度閱覽人數高達 36,800 餘人次，借閱圖書 45,517 冊。[92]東方圖書館民國 18 年及民國 19 年各月份各界閱覽人數表如附錄 5[93]。依此兩年閱覽人分析，當時到東方圖書館的讀者主要是學生、店員、工人、教師、少部分政界人士和外國人。依讀者類型分析，總數 65,799 人中以學界共 34,785 人次最多，約佔總數的 52.9%；次為學界 28,291 人次，佔約總數的 43%，餘為工界 2,296 人次、政界 220 人次、女界 155 人次、外國人 82 人次。學界及商界的讀者合計約佔總數的 96%，比例極高；另值得留意者是，依此兩年比較，學界的讀者人數減少 21.3%，商界讀者卻大幅成長約 136%，商界數的成長趨勢高於學界數也顯示了上海商業蓬勃的事實，同時也反映東方圖書館真正服務了當時廣大的社會群眾。他們多已未在校或在學，而公眾開放的東方圖書館，正彌補他們無處查閱資料的困擾，同時提供持續閱讀，學習求知的條件，落實發揮社會教育功能。

[92] 吳相，《從印刷作坊到出版重鎮》(南寧：廣西教育出版社，1999 年)，頁 232-233，原文引自《1897－1949 上海商務印書館》，第 40 頁，商務內部刊。
[93] 張喜梅，<王雲五對圖書館事業的貢獻>，《國家圖書館學刊》2001 年第 3 期，頁 91。稱 1929 年東方圖書館到館閱覽人數近 3 萬人，但 1931 年為 31.6 萬多人。人次暴增 10 倍有餘，不知所據為何，應誤。

表 4-9　商務印書館民國 18 及 19 年度閱覽讀者類型比較表

	學界	商界	工界	政界	女界	外國人	共計
民 18 年	18,223	8,836	1,699	120	95	56	28,999
民 19 年	16,562	19,455	597	100	60	26	36,800
民 19 年較前一年增加人數	-1,661	10,619	-1,102	-20	-35	-30	7,801
民 19 年較前一年成長%	-21.3%	136.1%	-14.1%	-0.3%	-0.4%	-0.4%	99.6%
人數合計	34,785	28,291	2,296	220	155	82	65,799
兩年合計%	52.9%	43.0%	3.5%	0.3%	0.2%	0.1%	100.0%

資料來源：筆者依附錄 5 之表格統計分析

　　當時許多學者都曾是東方圖書館的忠實讀者。如民初歷史學家、書法家王蘧常於復旦大學擔任講師時，「時余尚少，未三十也，學又淺薄，書復無多，去授課，必經東方圖書館，欲往乞靈焉。…每下課，草草進餐，即進館…如入寶山，目不暇給，遂作札記若干冊，余之考古學講義二卷，大半取材於此。」並追憶「及此館與工廠同毀於日寇戰火，紙灰揚天，余不禁潸然出涕焉！」[94]由此可知他對東方圖書館的深厚情感與倚重。

　　學者胡道靜也回憶在東方圖書館的收穫：「從 1926 年 5 月，它開始對外開放，從那時，我就是它的閱覽者了…每次都能讀到不少想讀而不能或無力備有的書，筆記本上總是密密麻麻的，滿載而歸。」[95]

---

[94] 王蘧常，<我對商務印書館之回憶>，《商務印書館九十年》(北京：商務印書館，1987年)，頁 412-413。

[95] 顧其生，<張元濟與東方圖書館>，《出版大家張元濟-張元濟研究論文集》(上海：學林出版社，2006 年)，頁 597-598。原引自王蘧常，《我對商務印書館之回憶》及胡道靜，《我讀在上海的圖書館裏》。

　　1935 年作家巴金回憶對東方圖書館的感激：「雖然我每次到那裏去都要花幾個銅板買門票，雖然那裏的辦事人沒打出為國家做什麼做什麼的招牌，但是在那裏我得到了一切的便利，使我時時覺得只有那才是為讀者大眾設的圖書館。…相比而言，那花了我們父兄的血汗建築起來的宮殿」－北平圖書館，卻『只是一個點綴文化城的古董。對於中國的青年完全沒有用』。」[96]

　　民國 17 年(1928)3 月 19 日東方圖書館為擴大服務讀者層面，在南面的西式平房 5 間內設立兒童圖書館，每日下午三時至六時對中小學生開放，以便放學的兒童閱覽，另於民國 19 年增設兒童借閱部。[97]如此，東方圖書館的讀者服務由成人惠及到少年兒童。由當時照片[98]可清楚看出兒童圖書館的外觀及內部陳設，靠牆處有一整排的掛圖多幅，旁處之書架上陳列經分類的圖書。因此推測兒童圖書館的服務應和東方圖書館一樣，部分(或全面?)採取開架閱讀方式。教學用具也是商務經營項目之一，故兒童圖書館內除掛圖外，應該還陳列有商務所製作銷售的相關教具。

　　民國 18 年春(1929)東方圖書館籌設流通部[99]，開辦費 2 萬元，採購新書數萬冊，專門提供讀者外借閱覽。該部於民國 20 年 5 月 6 日(1931)正式開幕設於東方圖書館底層，因而吸引更多讀者。為此另訂有圖書出借簡章 15 條，凡繳納保證金 5 元於銀行，以銀行存摺作為擔

---

[96] 史春風，《商務印書館與中國近代文化》，(北京：北京大學出版社 2006 年版)，頁 2-3 頁，引用巴金，《巴金全集》18，(北京：人民文化出版社 1991 年版)，頁 352-353。
[97] 周武，《張元濟：書卷人生》，(上海：上海教育出版社，1999 年)，頁 206。
[98] 刊登於《教育雜誌》第 20 卷第 11 期，1928.10.20。
[99] 部分文獻記載為起另創辦流通部。

保，均可憑證借書。[100]5 月借書次數有 249 次，借出圖書 520 餘種，以文學書籍爲主，社會科學次之。[101]

商務設立於 1930 年 10 月設立研究所，也屬國內創舉，辦公地點設在東方圖書館樓上。1930 年他出任總經理後，考察了歐美 10 國約半年時間，除帶回所謂的科學管理方法，並從美國直接招聘了一批博士、碩士，包括專攻商學、工學、印刷、人事管理的專才回國爲商務服務，擔任研究員，成立了研究所。王雲五曾寫道：「我並通信聘定實業部勞工司長，現正赴日內瓦，以我國政府代表地位，出席勞工會議之朱懋澄君爲該研究所副所長，而由我自己以總經理兼任所長。」[102]機構則有秘書到研究員、事務員、庶務員等，就商務的組織、運作提出改革建議，關注歐美值得借鑒的經驗，並將研究成果與初步改革建議彙成專刊在 1931 年 10 月出版。該研究所任務是要研究商務本身改革與發展問題，並成爲科學管理精神中樞，非僅研究圖書館的經營業務。

早在涵芬樓時期，因其藏書豐富已引起學術界文化界人士登樓觀書，但大都需藉私人情誼，如《張元濟日記》中有許多學者或藏書家到涵芬樓訪書觀書的記載。此雖與涵芬樓僅限商務職工用書的規定不符，但因早年涵芬樓的蒐書過程，藉助海內外學者或藏書家助力甚多，

---

[100] 宋建成，<岫廬先生與東方圖書館>，《中國圖書館學會會報》（第 31 期，民國 68 年 12 月），頁 98。另<「一二八」商務印書館總廠被燬記>，《中國現代出版史料丁編下》，頁 428，稱借書方法為繳納保證金 5 元，手續費 1 元。

[101] 宋建成，<岫廬先生與東方圖書館>，《中國圖書館學會會報》（第 31 期，民國 68 年 12 月），頁 98。

[102] 他另聘任孔士諤(推廣業務計劃)、王士倬(機械管理改革)、關錫琳(工商企業統計)、周自安(印刷製版、成本會計)、林朗培(分館業務研究)、殷明祿(工廠管理、工資獎勵制度)、趙錫禹(人事管理制度)、賴彥予(印刷工藝改革)8 位研究員。參見：汪耀華，<一個成就夢想的文化聯合體，記老商務、中華的多元經營>，http://www.pubhistory.com/img/text/7/1217.htm，2005.11.15 檢索。

透過引介學者登樓觀書，使涵芬樓成為商務與學術文化界往來應酬，論書議文的重要場所。東方圖書館在性質上屬私人公共圖書館，因此也對一般來賓開放參觀，故訂定參觀規則如附錄 6。

東方圖書館的開放，放諸中國近代圖書館發展舞台上，具有三點特別的意義。[103]

一是首創私家藏書開放之公開，以一私人機構卻有以私化公的胸懷，在中國圖書館史上堪稱是畫時代的大事。此舉無論在當時或是現今看來，均屬罕見。此項政策雖經過商務董事會的認許，但主事經營者如張元濟及王雲五的爭取擘畫才能落實並持續。如抗戰時期商務雖逼居重慶一隅，在極惡劣的經營條件下，王雲五仍執著重慶分館的設置開放，可證經營者之意志確為主導圖書館成敗的關鍵。

一是商務雖屬文化性質事業，但在商言商，仍以營利為重。商務除開辦圖書館大批資金投入外，另每年由盈餘提撥款項支持幾乎無獲利商機的圖書館經營，別具意義。

一是倡導開架圖書館。開架的圖書館經營方式，現今雖是普遍的作法，但在當時圖書館發展尚屬起步階段，開架的閱覽方式算是開風氣之先。開架的缺點是圖書容易遺失，但王雲五卻由開架式圖書的優點著眼，認為可節省讀者找書時間及館員取書還書的手續。他在 1929年(民國 18 年)11 月在無錫民眾教育館演講圖書館學時，指出圖書館如能準備給人家偷書，即算經營成功；開架還能「免去學識庸庸而好漂亮者難為情與恐懼之觀念。」。比照亦於當年(1929 年)合併成立的國立

---

[103] 張錦郎，《中國圖書館事業論集》，(臺北：臺灣學生書局，民國 73 年)，頁 164-165。

北平圖書館,其所訂定的<國立北平圖書館普通閱覽室暫行規則>,仍規定閱覽圖書需填據領書證,尚無開架閱覽的設計。東方圖書館以一私人公共圖書館卻具卓然先進的識見,頗爲難得。

四、館藏組織

東方圖書館館藏係延續涵芬樓舊藏而來,除數量豐富,涵括多種語文及資料類型,且古籍新書並存。涵芬樓時期如前述已編有多種紙本館藏目錄,另依《涵芬樓借閱圖書規則》第四條有「檢閱片目,宜按照次序歸還原位,切勿隨手插放,致有紊亂。」足見當時涵芬樓的藏書除粗分爲舊書、教科書及教科參考書、東文書、英文書、日報雜誌章程、地圖掛圖雜畫、照片明信片、碑帖等八類外,也編有卡片式目錄供作檢閱圖書的工具。負責協助張元濟管理涵芬樓的孫毓修,在其於《教育雜誌》連載之<圖書館>一文中,對舊書、新書及東文書的分類類目、細目及類目內容說明等有相當篇目的陳述,另並介紹杜威十進分類法及其類目說明。[104]推想孫毓修極可能將文章中所提對舊書、新書及東文書的分類法,實際運用於他對涵芬樓藏書的整理上。葉宋曼瑛謂:「東方圖書館正式開放時,張元濟也曾有效的動用自己的目錄學體系完成 40 萬冊圖書的卡片索引。」[105],此說應指涵芬樓時期張元濟所編製的卡片目錄系統,而非東方圖書館正式開放時的作爲。

---

[104] 刊載於《教育雜誌》第 2 年 9-11 期(宣統 2 年(1910)9-11 月)。但此部份介紹分類的篇章於第 11 期尚未刊畢卻嘎然中斷。
[105] 葉宋曼瑛,《從翰林到出版家－張元濟的生平與事業》(香港:商務印書館,1992 年),頁 188。但葉宋曼瑛未註明此說資料出處。

大陸學者王建輝引用此說，並認爲一般圖書館都有幾套目錄系統。[106]

東方圖書館開館之前，王雲五已將館藏運用《中外圖書統一分類法》及《中外著者統一排列法》，全部重新組織，故張元濟應無需此時重作 40 萬冊目錄學體系的卡片。館藏經王雲五重新分類編排後，推想孫毓修管理期間的卡片目錄，除善本舊籍外，其餘應已暫棄不用。

民國 13 年 3 月東方圖書館落成，館藏對外開放爲既定之發展策略，但面對館藏中外數十萬新書舊籍，王雲五認爲「惟館中藏書既有新舊中外之殊，目錄編製自不能不別立新規。加以公開閱覽，檢查效率，最關重要。雲五謬長館務，乃取中外分類方法融會而變通之。又別創索引之法，以便檢查。」[107]他並認爲籌設期間最主要工作是將數十萬冊中外藏書一一分類。[108]

王雲五此處所述「取中外分類方法融會而變通之」，係指他創立的「中外圖書統一分類法」。而這項創舉與他的另項發明「四角號碼檢字法」緊密關聯。他自述「這兩項是我自民國十三年迄十五年集中注意與研究之工作。…分類法賴檢字法而完成，檢字法亦賴分類法而磨練。兩者有相互的關聯。」而他對分類法的研究工作還早於檢字法，始於民國 13 年 3 月成于民國 16 年 4 月。[109]

故東方圖書館館藏的整理與組織，主要依循王雲五所創研的「中外圖書統一分類法」及「四角號碼檢字法」爲主軸進行。

---

[106] 王建輝，《文化的商務》(北京：商務印書館，2000 年)，頁 154。引用宋葉曼瑛的說法並加延伸說明。

[107] 王雲五，＜東方圖書館概況・序＞，《商務印書館與新教育年譜》，頁 199。

[108] 王雲五，《商務印書館與新教育年譜》，(臺北：臺灣商務印書館，民國 62 年)，頁 144。

[109] 王雲五，《岫廬八十自述》，(臺北：臺灣商務印書館，民國 56 年)，頁 85。

　　「四角號碼檢字法」是王雲五最自得的三件成就之一。所謂三件成就，分別是萬有文庫、四角號碼檢字法及科學管理法。有學者形容他對「萬有文庫」是鍾情，對「四角號碼」是得意，對「科學管理」是靈魂。[110]而王雲五也有「四百萬」的外號，此稱據說是早期商務內部教會派反對他進行改革給他取的外號，嘲諷他這三大計畫耗費了商務 500 萬股金的五分之四。但後來「四百萬」卻成為他在商務的大功績的寫照，分別是「四角號碼檢字法」、「百科全書」及「萬有文庫」。有學者認為「四角號碼」、「百科全書」及「中外圖書統一分類法」為王氏三大出版文化符號。[111]有關王雲五發明四角號碼的過程及其優劣將於後章再討論，此處先介紹四角號碼檢字法的作法與規定。

　　王雲五在《四角號碼檢字法》<自序>中強調，因字典辭典為幫助讀書的工具，故檢字法的難易和讀書難易有關；另外又提到圖書目片、人名目錄、商業名簿、電話簿及其他種種索引，都是按字檢查，所以檢字法的難易影響時間的經濟。王雲五研創四角號碼檢字法，是為解決我國文字查檢不便的問題。舊時的部首法、音韻法或筆劃法雖行之有年，但費時又不便。所以檢字法原來並非專為圖書館館藏整理的角度研發，但是在完成後卻與後續的分類法、排架法、索引法等技術規範密切相關。他運用科學方法，經過兩次改訂，變通舊式永字八法歸納筆畫為十種。依照平上去入四聲的圈發法，依序採一個字的四角之筆(左上角、右上角、左下角、右下角)的四角筆畫為標準；又仿電報號碼形式，以十數筆代表數筆，另以"O"兼代表無筆畫之角，每字可

---

[110] 王建輝，《文化的商務》，頁 57。
[111] 王建輝，《文化的商務》，頁 145。

得四位數碼。筆畫和號碼的對照表[112]。

為便於記誦，胡適還為此作筆畫號碼歌：「一橫二垂三點捺，點下帶橫變零頭；叉四插五方塊六，七角八八小是九。」

該檢字法的規則僅四條，其附則亦僅四條，但王雲五對該種檢字法的效益極為肯定。他採取「單字同碼統計表」、「語詞同碼統計表」、「檢查單字速率表」及「檢查語詞速率表」四種統計來驗證該檢字法的便利性。[113]另他還透過三項實驗方式，分別以初小二年級至高中三年級學生、東方圖書館暑期實習所實習員及商務發報處訂戶名單為對象，測試四角號碼檢字法相較於部首法、筆畫法的易學、速檢的特性。[114]另為測試檢字法的優點，於民國17年的暑期講習班，以80幾個機關派來參加之146名學員為對象，舉行部首法、筆數法和四角號碼檢字法三種競爭試驗，結果四角號碼最速只需10秒點9，比部首法及筆數法平均每一單字可省一分半鐘，錯誤程度卻不及部首法八分之一。[115]

四角號碼檢字法發明後被廣泛運用於商務編印發行的許多參考工具書上，如《四角號碼學生字典》、《王雲五大詞典》、《王雲五漢英大

---

[112] 王雲五，《四角號碼檢字法》，文前附頁。

[113] 如「單字同碼統計表」中他比較一般字書的字數約在七八千字左右，用部首法者，同部首之字多至四百餘字，用筆畫法同筆畫之字多至八百餘字。而採四角號碼法，同號碼字數最多不過三十八字，同碼字在十字以內者約佔百分之八十，十五字內者約佔百分之九十。「語詞同碼統計表」則採《中國人名大辭典》、《辭源》、商務印書館雜誌訂戶、東方圖書館名片、上海華洋電話簿等五項標的由中取樣，來驗證同碼，見王雲五，＜我的圖書館生活＞，《舊學新探－王雲五論學文選》，頁26-43。「檢查單字速率表」及「檢查語詞速率表」兩項，以單字而言四角號碼每字僅需17秒多，遠低於部首法的1分19秒多及筆畫法的2分8秒多。參見：王雲五，《四角號碼檢字法》，頁62-64。

[114] 王雲五，《四角號碼檢字法》，頁55-57。

[115] 王雲五，《商務印書館與新教育年譜》，頁209。

詞典》、《王雲五小辭典》、《辭源》、《辭源續編》、《四庫全書總目提要》、
《中國人名大辭典》、《中國古今地名大辭典》、《動物學大辭典》、《地
質礦物學大辭典》、《植物學大辭典》、《教育大辭書》、《中國醫學大辭
典》、《現代外國人名辭典》等書的索引表部分。而四角號碼檢字法也
融入王氏對東方圖書館館藏組織的分類法中。

　　另王雲五也運用他修訂的《中外圖書統一分類法》作爲組織東方
圖書館館藏的主要依據。分類法研究成功後,開始用於涵芬樓,他說:
「我遂開始督同涵芬樓各同人,把原藏及新增的中外圖書,彼時合計
不下五十萬冊者[116],除了善本孤本向不公開閱覽者照原狀保管外,所
有準備公開者一律依中外圖書統一分類法實施分類編目,結果證明依
此分類法每書各有一定地位,無論從分類的卡片上或書架上檢閱均甚
便利。」[117]民國15年東方圖書館開館之前,王雲五已完成館藏數十萬
冊擬開放閱覽圖書的分編工作。此距王雲五開始研擬中西文圖書統一
分類的構思僅兩年。兩年之內,不只完成新分類法的研訂,還完成執
行所有藏書的分編整理,如此說屬實,則商務動員商務同人進行藏書
分編的能力,實不可小覷。

　　向爲商務競爭對手的中華書局,於民國14年初藏書約僅6萬冊時
將原附設之圖書室改稱「中華書局圖書館」,創辦人兼總經理陸費逵特
別商請當時圖書館專家杜定友來館指導圖書登記、分類、編目、出納、
典藏等業務。爲使所有藏書納入正規管理,「陸費逵親臨一線,發動編
輯所全體人員,每天加半個夜班做分類編目,長達半年。」[118]以藏書

---

[116]當時應尚無藏書達此數量,應約30萬冊圖書。
[117]王雲五,<我的圖書館生活>,《舊學新探－王雲五論學文選》,頁26-43。
[118]王震,<陸費逵:出版家的圖書館構建>,收錄於:陳燮君、盛巽昌主編,《二十世紀
　　圖書館與文化名人》(上海:上海科學院出版社,2004年),頁53。

數量 5 倍於中華書局圖書館的商務而言，卻能在約一年時間內完成數十萬冊圖書的分編作業，其績效頗令人驚詫感佩。

王雲五自謙「中外圖書統一分類法」並不是一種發明，「…而是建築在美國杜威氏的十進分類法的基礎上，加上若干點綴，使更適於中國圖書館的應用而已。」[119]所謂「中外圖書統一分類法」是以新創的「十」、「卄」、「士」三項符號加於原杜威分類法之中，此一方面仍可維持杜威分類法舊有類號體系，但因三項符號所新添的類號，則可彌補中文書無足夠類別可歸納的問題，且同類別的外文書與其譯本可藉此排列一起，中國古籍及西方圖書性質近同或類似者，也能置於相同或相近的位置，達到圖書分類「性質相同的放在一處」的理想。東方圖書館的數十萬冊館藏，除善本孤本不公開閱覽者照原狀保管外，其餘在王雲五的督導下，全數依此分類法進行分類編目。

「十」、「卄」、「士」三項符號的運用法意義不同但均加於原杜威分類法類號之前，代表原分類號的新增號碼。「十」代表屬於中國的事項。如杜威分類法的 390 代表「習俗禮制」，十 390 代表「中國古禮儀」、301 代表「社會心理；社會哲學」，十 301 代表三民主義。有「十」號者排於無「十」之相同號碼之前。「卄」位於連接許多新號碼之前，這許多新號碼須從整數起首，可以繼續到整數九為止。如卄 110 為中國哲學、卄 111 為易經、卄 112 為儒家、卄 113 為道家、卄 114 為墨家、卄 115 為名家、卄 116 為雜家、卄 117 為近古哲學家、卄 118 為近代哲學家等。「士」號的功用介乎「十」、「卄」號之間，「士」號不問是

---

[119] 王雲五，<我的圖書館生活>，《談往事》，(臺北：傳記文學出版社，民國 54 年)，頁 5, 12。王雲五自稱創意的來源是參考鄰居新建房屋的門牌給號，介於兩號之間的門牌增加 A、B 字樣，因而想到在杜威十近分類法的基礎上以新增符號來擴充類號。

否有無小數及小數大小一律排在整數號碼之前如士 327 為中國外交、士 327.1 為中美外交、士 327.2 為中日外交、士 327.3 為中英外交…。以上有「士」號者須排在一起。整體而言,「十」只能排在絕對相同的號碼之前、「廿」可以排在十位相同的任何號碼之前、「士」號可以排在整數相同的任何號碼之前。所以王雲五新創的三種符號不只新增與中國有關的類號,同時在分類號的排列次序上也予規範。

王雲五曾於民國 17 年由商務發行《中外圖書統一分類法》(商務,民 17 年初版,民 36 年第 5 版。)一書,詳細介紹該分類法創始的緣由、規則。全書除介紹三項新創符號類目給訂的原則外,對於類目中屬中國地名給訂,則建議依地名採取第一及第二字的四角號碼,成為小數點以下的複分(如江蘇為.34,浙江為.31),對於縣名加省名或號碼重複時的給號方式也予規定。分類法中也附有四種活用表,分別是九小類活用表(包括(1)功用意義、(2)概論意義、(3)字典辭典意義、(4)論文;講演錄意義、(5)雜誌意義、(6)學會議錄報告意義、(7)教學意義、(8)叢書提要意義、(9)歷史意義等九項。)、國別活用表、時代活用表、類別活用表。

圖書的排列除依照內容分類號碼外,還需按照著者姓名所定義的著者號順序,使同類號圖書得依著者號再續分排序的先後。東方圖書館開館之初,雖已按「中外圖書統一分類法」將中西文圖書排列一處,但中文著者號方面因時間緊迫,採用聖約翰大學圖書館的辦法,把中國著者的姓用羅馬字母音譯,取其第一個字母和姓氏筆畫數合成一個符號,如蔡元培的「蔡」羅馬拼音為 Tsai,首字字母為"T",T 後再加筆數 15,著者號就成為 T15。王雲五對此頗不以為然。[120]在西文書方

---

[120] 王氏所持的三個理由是:第一是為何由中國字翻譯成羅馬拼音,而非外國姓名由中

面依據美國圖書館學者 Cutter 氏所編的著者姓名表而來。如著者
Monroe 氏的著者號取用方式是第一個字母"M"加上姓氏表一萬多個
姓名的次序編號。如 Monroe 氏的著者號為 M753。依姓氏表次序來給
訂著者號完全沒有意義與註記功能。因此喜好發明事物的王雲五依四
角號碼檢字法原理，創發另一項與圖書排架有關的「中外著者統一排
列法」。這項排列法的原則是用十個號碼代表二十六個字母，編成羅馬
字母號碼表如下：

0	1	2	3	4	5	6	7	8	9
A	B	C	D	E	F	G	L	M	S
OH	P	K	T	IJY	VUW	Q	R	N	XZ

依據王雲五的構想，由 0-9 每一個號碼代表幾個字母。其中除 A、
B、C、D、E、F、G、L、M、S 十個字母依序排列，極易記憶外，O
因聲音與 A 相近所以附屬於 A；又 H 讀如 Ha(哈)音，也是相類；此外
P 和 B，K 和 C，T 和 D，IJY 和 E(J 字德文讀作 Yot 音)，V、U、W
和 F，Q 和 G，L 和 R，M 和 N，S 和 X、Z 等都容易聯想在一起。只
需花費幾分鐘記熟字母表，則不需透過查檢姓名號碼對照表，也能迅
速給訂著者號。如取姓的四碼 Henry 的著者號為 0487，Monroe 的號
碼為 8087；如姓氏之外再取名字為首字母各一字，Henry, O.B.的著者
號為 048701。此種做法將著者號原先字母與號碼並列的方式改為完全
的數字形式。號碼位數的長短，由圖書館依館藏規模自行決定。至於
中文著者姓名的部分，則依據四角號碼法編為號碼，因此中西文著者
姓名依此則能有類似形式的著者號，配合中外統一分類法的類號及純

國字音譯；第二為究竟依據哪一國譯音才對；第三中國字各地讀音不同，因此需依
何種發音為準。王雲五，《四角號碼檢字法》，書末附頁。

數字形式的著者號就能達到同類圖書無論中西新舊都能統一排列的理想。

在王雲五的推動下，東方圖書館所有約三十餘萬冊的中外圖書，於民國 17 年底以前，已完成改以「中外著者統一排列法」改編著者號的作業。依據王雲五的描述，當時著者號原擬採用六碼數字，但後改採四碼數字。中文著者取姓氏兩碼，名字兩字各一碼，單名者則姓氏及名字各取兩碼。如蔡元培的號碼爲 4414，胡適的號碼爲 4730。西文著者則依上項原則，組成四位碼的著者號。如 Henry, O.B.的號碼 0401。如依此法仍有重複的號碼，則對於相同號碼再按書名第一字的第一角或第一字母，加一位小數在上述四碼之後。此法原則雖然非常簡易，但經過三十萬冊館藏的實際驗證運用確實可行無礙。

東方圖書館館藏除依新制度給訂分類號及著者號外，另爲提供閱覽人方便查檢，在每張目片上另需給訂一個標題。標題包括類別的標題、著者的標題及書名的標題三種。在西文圖書方面，東方圖書館舊時作法是依美國圖書館協會(American Library Association)訂定之《標題彙典》(“A.L.A. Subject Headings”)所列標題爲依循；至於中文圖書方面則較無統一的標準。對此王雲五也認爲有改善的必要，因此針對圖書分類標題法、著者標題法及書名標題法三種標題的取名原則予以規範。如分類標題法中對四個字以上的類名，一律分開，名詞在前，形容詞排列在後，如「書目－知見」、「化學－有機」等。相關規則共訂定 10 項；著者標題法也規定取用原則 7 項，如「複姓之著者以其第一字爲姓，餘字照名例。」；書名標題法取用原則有 2 項，如「所有訂正、足本、大字、繪圖，及從前習用之欽定御批等形容詞，一律改書小一

號字,不作為標題。」[121]

　　一般圖書館提供讀者查檢運用的卡片目錄有書名片、著者片、類別片及叢書片四種。此四種卡片各依據所列標題依序排列組織,提供讀者透過翻檢查閱卡片能瞭解館藏內涵虛實,擇取所需,確認館藏位置,以進行調借或取閱。因此卡片組織的方式,影響讀者查閱館藏之效益。當時各圖書館採取部首或筆畫數來排列,或僅採分類號排列目片。王雲五對東方圖書館的卡片目錄則主張用四角號碼檢字法排列。他認為此法因「同碼單字已極少,同碼的書名尤其少…,檢查時間比按舊法排列的減省極多。」甚至因此主張「…就可以照外國圖書館索引方法,把所有類別著者書名叢書各種目片,混合排列,就是一律按照四角號碼排列。」[122]

　　由此大致可瞭解當時東方圖書館對館藏的組織與採行規範,受館長王雲五的推展影響極大。東方圖書館當時對館藏技術服務所採行的制度,藉由商務開設圖書館專業人員教育訓練課程,及圖書分類法等相關規範系列出版品的發行,將影響力擴展至當時其他圖書館界,此部分將於後章再詳細介紹。但透過商務多年發展的教育事業與出版事業的整合輔助,因而成就商務另一項文化版圖-「圖書館事業」的蓬勃與壯大。

　　王雲五曾自述專文<我的圖書館生活>,敘述他一生與圖書館的因緣,自稱「以上所述,不外說明我以一己對於圖書館之熱烈需求,一旦有了機會,主持彼時全國最大的出版家與最大的圖書館,因而推己

---

[121] 王雲五,《中外圖書統一分類法》,頁 34-39。
[122] 王雲五,《中外圖書統一分類法》,頁 40-41。

及人，而有上述的貢獻。」[123]整個東方圖書館的成就，所展現的是張元濟原數十年來對涵芬樓的經營基礎，加上商務豐厚的財力支援，以及王雲五獨到的圖書目錄學智識的總結。王雲五個人也因圖書館方面的貢獻，被推舉擔任當時上海圖書館協會委員長(第三、四屆，約 1926－1927 年)、執行委員(第六至八屆)及中華圖書館協會執行委員等專業社團重要成員。

第三節　東方圖書館的劫難

當東方圖書館正在中國近代圖書館事業版圖上蓬勃發展之際，豈能料及它竟只有不足五年的歷史！當時在學術文化界均佔鰲頭的商務及其所屬之東方圖書館、涵芬樓、尚公小學、函授學校等，竟一夕之間於日軍炮火中灰飛煙滅。一二八淞滬之役對商務的發展歷史而言，為一極重要的轉折點，如不是因「遭此奇變」[124]，則商務在中國近代文化史、出版史乃至圖書館學等各方面的發展成就及地位，將更有具深遠影響。在這場浩劫中，傷害最為深遠者，莫過於東方圖書館的毀傾，雖然事後商務曾力圖復興，但因外在政局動盪及商務內部矛盾等諸多現實限制。如稱一二八之役後東方圖書館走入歷史不復存在，嚴格而言確也是真實的描述。

早在民國 13 年(1924)因時局不安，張元濟對涵芬樓藏之善本舊籍

---

[123] 王雲五，<我的圖書館生活>，《王雲五論學文選》(上海：學林出版社，1997 年)，頁 26-43。

[124] 傅增湘致張元濟函(1932 年 2 月 12 日)，收入：北京商務印書館編輯部編，《張元濟傅增湘論書尺牘》(北京：商務，1983 年)，頁 283。

之安危,心中已隱然不安。他於民國 12 年 12 月 8 日(1923)致函汪希祖謂:「數月以來,南北擾攘。…上海雖未作戰場,然槍砲之聲時時得聞。閘北駐兵尤多,幾如遍地,火線隨時可以爆發。」[125]當年又逢商務寧、漢分館(指南京分館和漢口分館)遭受火災之殃,因此張元濟對天災人禍的無常與無情,深有所感。張元濟於<涵芬樓燼餘書錄・序>回憶道:「北伐軍起,訛言日至。東方圖書館距滬寧鐵道車站不半里,慮有不測,乃擇其優者移存故租界金城銀行保管庫中。戰事粗定,而揚州何氏之書又有求沽之訊。余溯江而上,登門乞觀。察其書,多有用,且饒精本。市易既定,輦書而出。迨至鎮江,而江浙之戰又作。間關達滬,幸無遺佚。既入庫,分別部居,急擇其珍秘者登諸涵芬,並簡其前所未及者續移之金城庫中。部署甫竟,而倭寇遽至。」[126]北伐戰爭在民國 15 至 17 年間,國民革命軍北伐前準備工作約在民國 13 年(1924)成立黃埔軍校開始。張氏移存圖書的確切日期不詳,但推想應採多次移存方式,時間約在北伐期間開始,約於民國 13 年開始進行移存工作。[127]

民國 19 年 6 月 22 日(1930)張元濟覆傅增湘書,詢「趙萬里未知何日南下,甚思一見。涵芬樓書現均裝箱寄存銀行,然其所欲見者,必當取出若干示之,以饗其望,且副諄屬。」[128]一二八事變前,總計張元濟移存銀行的善本古籍有宋刊 93 部、元刊 89 部、明刊 156 部、

---

[125] 張樹年主編,《張元濟年譜》,頁 249。引自《張元濟書札》。

[126] 張人鳳編,《張元濟古籍書目序跋匯編》,(北京:商務印書館,2003 年),中冊,頁 344。

[127] 王紹曾於《近代出版家張元濟》(增訂本)頁 38 中稱:「…五百多種善本書早於一九二七年移存金城銀行倉庫,幸免劫火外…」所說似未精確。張元濟移存善本於金城銀行應早於 1927 年前,且非採一次移存方式。

[128] 張樹年主編,《張元濟年譜》,頁 341。據此當時涵芬樓善本已裝箱寄存銀行,為歡迎趙萬里來訪,張元濟原規畫至銀行取書供其觀賞,但後來似未進行。

鈔校本 192 部、稿本 17 部。其總價值於戰後預估僅爲 15 萬元。[129]如非張元濟事先防範，這些古籍亦將隨其他館藏化爲灰燼。事故後張元濟不禁感慨：「大難未臨，余何幸乃能爲思患之預防，不使此數十年辛勤所積之精華同歸於盡，可不謂天之所祐乎。」[130]

民國 26 年(1937)年 4 月 26 日，日人渡邊幸三持長尾楨太郎信函，赴商務找張元濟請求觀看館藏善本書。時東方圖書館雖已被燬，但張元濟於次日「答拜渡邊幸三，晤自然學研究所梅田洁、西村舍也，偕往金城銀行看書。」[131]可見一二八事變後這批善本古籍當時似仍存藏於金城銀行保險箱內。又東方圖書館雖毀於日軍炮火之中，但張元濟對於故舊長尾楨太郎介紹而來的日籍友人，似乎仍持相當友好的態度。民國 28 年顧廷龍獲張元濟許可，赴金城銀行保管庫借閱傳鈔這批燼餘善本，以供合眾圖書館運用時，顧廷龍稱當時爲他提書的是任心白、丁英桂兩人，並讚許每部古籍都附有一張紀錄該書頁數、字數或破碎污跡的紙張。[132]顧氏所見的書錄表，不詳係當年移存所附，抑或一二八之役後補作。

淞滬戰前除張元濟對時局深感不安外，李宣龔[133]也曾建議將總廠

---

[129] 古籍部數依張元濟，<涵芬樓燼餘書錄‧序>，《張元濟古籍書目序跋彙編》，頁 344-345，部數總計 547 部。另價值估計依<「一二八」商務印書館總廠被燬記>，張靜廬《中國現代出版史料丁編下》，頁 427。其預估存於銀行古籍之價格明顯偏低，推測或因當時需解決職工解職事宜，故不便高估以免引發覬覦。另據楊寶華、韓德昌編，《中國省市圖書館概況，1919－1949》，頁 148-149，稱存於金城銀行保險庫中有 542 種，5,370 冊。部數與張元濟所述稍有出入。

[130] 張元濟，<涵芬樓燼餘書錄‧序>，《張元濟古籍書目序跋彙編》，頁 344。

[131] 張樹年主編，《張元濟年譜》，頁 439。

[132] 顧廷龍，<我與商務印書館>，《顧廷龍文集》，頁 589。

[133] 李宣龔，字拔可，商務人多尊稱為拔翁。1913 年入商務，歷任經理、代總經理及董事等職。常駐總管理處，主持印刷業務及發行所、分館等業務。對商務全國分支館建館業務、主持人安排等均多籌畫，也曾任職總館的營業部長。參考：孝侯、公叔、

中的重要設備遷至安全地帶，但因工程浩大等主客觀因素而未付實
現。戰役後李氏巡視已成一片焦土的商務時，不禁興起「吾謀遷地適
不用，空毀嗜臍付陳迹。」的感慨與痛楚。[134]

　　日方出兵突襲淞滬有其表面的藉口以及背後的野心圖謀。[135]民國
21 年 1 月 28 日晚上 11 點，日軍突襲閘北時，位於寶山路上商務印書
館總管理處與總廠、東方圖書館首當其衝均在閘北火線內，日軍對商
務的轟炸更是蓄意破壞。當時侵逼上海的日本海軍陸戰隊司令鹽澤幸
一認為：「燒毀閘北幾條街，一年半年就可恢復，只有把商務印書館、
東方圖書館這個中國最重要文化機關焚毀了，它則永遠不能恢復。」[136]
日方真正的圖謀與野心－「武力的進逼，輔以文化的消滅」，而商務遂
成為這場征戰中無辜的受害者。[137]

　　另種說法為 1932 年 1 月 28 日晚 11 時後，日本侵略軍突然進犯閘
北，受到十九路軍的堅決抵抗，日軍不得逞，便於次日(1 月 29 日)晨
出動飛機二十多架對閘北區進行狂轟亂炸，湖州會館首先中彈，後又
對商務印書館總廠投下炸彈六枚。日軍飛機於當日上午 8 時，下午 3

　　<經濟文章憶拔翁>，《商務印書館九十五年》，頁 109。
[134] 李宣龔，<戰後視閘北館址感作>，《碩果亭詩》卷下，民國 29 年 2 月刊印。
[135] 日方的表面理由為：1932 年 1 月 11 日上海江灣路有日本僧人 3 人遭受中國人施暴並
　　有 1 人死亡。日本駐上海總領事村井向上海市市長吳鐵雄提出四項嚴厲要求，並要
　　求中方限時於 1 月 28 日下午 6 點以前答覆，並以武力威逼恫赫。日軍將進襲閘北消
　　息傳出，閘北居民多避走公共租界內以求庇護。引自溫楨文，《抗戰時期商務印書館
　　之研究》，碩士論文，新竹：國立清華大學歷史研究所，91 年度，摘要。
[136] 溫楨文，《抗戰時期商務印書館之研究》，碩士論文，新竹：國立清華大學歷史研究
　　所，91 年度，頁 17。引自：張人鳳，《智民之師：張元濟》(濟南：山東畫報出版社，
　　1998)，頁 175。
[137] 有關日方以商務及其東方圖書館為轟炸對象緣由，另有商務出身之出版界老人回憶
　　稱係：日人曾找張元濟談判，欲蒐購涵芬樓全部藏書遭拒堅決部不允，故憤而報復
　　炸燬。參見顧關元，<王雲五與商務印書館>，《瞭望新聞週刊》，(1996 年第 4 期)，
　　頁 39。

時及 1 月 30 日,連續 3 次轟炸商務印書館,總館被毀,範圍包括該館總務處、印刷製造廠第一二三四各印刷工廠及紙棧房、書棧房、存版房及附屬之尙公小學等,均先後被燬。[138]在 1 月 29 日轟炸中,因火勢沖過馬路,波及東方圖書館,但毀損尙小。2 月 1 日上午 8 時許,東方圖書館突發大火,係日本浪人縱火所致。直至傍晚,造型新穎,時爲閘北最高的五層大廈焚毀一空,包含編譯所及研究所均同遭浩劫。

上海耆老清晰回憶當年歷史:「當時火勢很猛,天空中到處都飛揚著紙灰,連十里開外的租借裏也飄落著焦黃的《辭源》等書籍的殘頁,看到的人沒有不心痛的。」[139]外人看到都心痛若此,而歷二三十年辛勞,一手點滴才建構起涵芬樓與東方圖書館館藏的張元濟,目睹此幕,其心傷的感觸想必更無可言狀。

張元濟回憶當時景況:「方戰事至烈之際,飛灰漫天,殘紙墮地,無一非吾商務印書館之書。…」[140]30 多年搜集所得的大量中外圖書、善本古籍,積累多年全部的中外雜誌、報章,極其珍貴的省、府、廳、州、縣地方志及各項文稿、圖表、地圖等,頃刻間陷入火海中,化爲飛灰湮滅。當時紙灰四處飛飄,飄滿上海天空[141],隨東北風由閘北吹到滬西張元濟的居所處,他極目所望,不禁悲憤對其妻許夫人歎:「工廠、機器、設備都可重修,唯獨我數十年辛勤搜集所得的幾十萬冊書

---

[138] <「一二八」商務印書館總廠被燬記>,張靜廬編《中國現代出版史料丁編下》,頁 423。
[139] 褚婷婷,<踏訪文化飄香的商務印書館>,http://big5.chinabroadcast.cn/gate/big5/gb.chinabroadcast.cn/3601/2005/08/18/1266@665814.htm,2006.06.22 檢索。
[140] 王紹曾,<記張元濟在商務印書館辦的幾件事>,《商務印書館九十五年》,頁 27,引《涉園序跋集錄》,頁 132,<大清一統志>。
[141] 鄭逸梅,<毀於戰火的東方圖書館>,《書報話舊》(北京:中華書局,2005 年),頁 10。鄭氏回憶商務及東方圖書館「…慘遭炸毀,燒了三天三夜,紙灰飄揚,甚至南市和徐家匯一帶,上空的紙灰像白蝴蝶一樣隨風飛舞。」

籍,今日毀於敵人炮火,是無從復得,從此在地球上消失了。…這也
可算是我的罪過,如果我不將這些書搜購起來,集中保存在圖書館中,
讓它仍散存在全國各地,豈不可避免這場浩劫。」[142]翰林出身且一生
惜書、愛書、藏書、編書、印書的張元濟,當時心底悲痛之深,竟轉
而自責自怨。誠如張元濟所云,機器、設備的硬體物項,只要資金許
可均能重建,但東方圖書館一經燬傾,則自此走入歷史,永不復存。

這場浩劫中張元濟對所蒐古籍最感不捨的有三部書:一部是眉山
本《七史》中的《周書》,屬海內孤本,因準備編印《百衲本二十四史》
第三期,正在拍照製版,搶救不及毀於炮火[143];一部由太倉顧氏謏聞
齋得來的昭文張金吾輯印的《詒經堂續經解》,全書凡 91 種,迄未刊
行。其中除《三禮疑義》適被北平圖書館借去而得以保全外,其餘部
分均毀;第三部是何焯(義門)手校的《古今逸史》,危急時張元濟曾令
辦事員將此書轉移出來,但倉促慌急中辦事員錯拿他書,故此書亦不
及搶救而燬。事後張元濟思及不禁唷嘆:「變起倉卒,急不暇擇,類是
者不知凡幾,每一念及,使我心瘠。」[144]

2 月初商務校史處同人對商務及東方圖書館被毀,至張元濟寓所
慰問。當時張元濟見到商務同人「幾乎抱頭痛哭,嗚咽的連話都說不
出來。」[145]。張元濟時年已 66 歲,其處世經驗豐富練達,且個性沉穩

---

[142] 張樹年,<我與商務印書館>《商務印書館九十五年》,頁 290。

[143] 張元濟於 2 月 4 日致傅增湘書:告以商務總場全毀,「東方亦毀」。《衲史》照存版片
所餘無幾。最可惜者《周書》,一全部,一缺五卷,均印本精湛,…此殆不可復得《張
元濟年譜》,頁 361,原引自《尺牘》。涵芬樓藏眉山《七史》本《周書》,涵芬樓藏
白黃紙各一部,白紙本缺 5 卷,兩部印本均極精善,與邊遇本不同。王紹曾,<商務
印書館校史處的回憶>,《目錄版本校勘學論集》,頁 750。

[144] 王紹曾,<濟張元濟在商務印書館辦的幾件事>,《商務印書館九十五年》,頁 28。

[145] 王紹曾,<商務印書館校史處的回憶>,《目錄版本校勘學論集》,頁 749。

莊重，對此次浩劫，亦不禁流露衷心性情。面對多年往來知交友朋的來函慰問，張元濟覆函時也多次表達慨然與無奈。如2月5日致汪兆鏞書：「…涵芬樓善本，事前攜出者百不及一，想吾兄聞亦爲之惋惜也。」；2月12日致傅增湘書：「對涵芬樓善本大都被毀，痛憤不已。」；2月14日復劉承幹書：「…商務印書館被毀不若東方圖書館之可惜，即二萬六千冊之全國方志，恐以後不可復得。想我兄聞之亦必爲之長嘆息也。」；3月5日復姚名達書：「…昔有東方圖書館，取攜極便，故自己不多購書。而今後不可得矣。思之又不禁爲之泫然。」；3月17日又復傅增湘書：「…連日勘視總廠，可謂百不存一。東方圖書館竟片紙無存。最爲痛心。」凡此種種足見東方圖書館之燬傾，確實令他痛澈心扉，憤恨不已。

羅家倫也書函慰問張元濟：「先生隻手經營之事業。物質可毀，但文化史上之功績不可磨也。」，並願盡其所能協助恢復，否則「不但文化損失，且於思想界有莫大之危險。」[146]可見東方圖書館在當時文化界、政界及學術界心目中的份量。商務值此浩劫在一般市井小民中也具震撼。如茅盾在創作小說中，曾描述商務被焚，任職商務編輯「李先生」的心理反映：「商務總廠吃著炸彈，全廠都燒著了，…他瞥眼看到孩子們捕捉一些小小的飛揚的黑蝴蝶似的東西，…他立刻明白了！他的心只跳！東洋人砸了他的飯碗，東洋人砸了幾千人的飯碗，東洋人破壞了中國最大的出版機關文化機關了！」[147]

王雲五對公眾發表的<本館被難記>一文中[148]對當時商務毀損情

[146] 羅久芳，<「張菊生先生年譜」序>，《傳記文學》第401號(1995年10月)，頁119-121。
[147] 史春風，《商務印書館與近代中國文化》，頁206-207，引《茅盾文集》第7卷，《右第二章》，人民文學出版社，1963年版，頁265。
[148] 王雲五，<本館被難記>，《商務印書館與新教育年譜》，(臺北：商務印書館，民國62

況描述生動，如歷在目：

「數十年苦心經營之廠所悉成焦土，所有房屋除水泥鋼骨建築者尚存有空殼外，其餘祇見破壁頹垣，不復見有房屋。其存在未燬者僅機器修理部、澆鉛版部、療病房三處而已，各種機器街灣(彎)折破壞，不可復用。所藏之各種圖版及東方圖書館之所藏圖書，全化灰燼。書籍紙張儀器各棧房則一片刼灰並書紙形跡均不可辦(辨)，所存大宗鉛字鉛版，經烈火熔爲流質。道路之上，溝洫之中，鉛質流入者觸目皆是。慘酷之狀，不忍卒覩。因就履勘情形，並根據十九年終之結算報告冊所存資產約略估計共損失一千六百三十三萬元。按本館資產精華悉在閘北總廠及東方圖書館，計占地九十畝。…至于東方圖書館藏有中西圖籍數十萬冊，其所藏我國歷代各省府州縣志凡二千餘部。上海及各埠各種報紙有若干種均自第一號起，完全無缺。其他善本書(僅數年前移存金城銀行庫中五千三百餘本現尚保存)均歷年逐漸搜求。此則更非金錢所能計其損失，誠爲浩劫。」

當時《申報》以「亞東唯一之文化寶藏」、「全部毀於日軍炮火之下，其損失非金錢所能計，實爲世界文化史上莫大浩劫。」[149]的文字來形容此次突來之禍。

一二八事變當時商務印書館的所在地爲寶山路 499 號到 584 號，東方圖書館的舊址爲上海寶山路 560 號，當時「遮日濃煙，漫天紙灰」50 萬冊藏書及 20 多幢大樓和廠房悉數被燬。今日東方圖書館舊址還留有「一九三二年『一·二八事變』中寶山路被日軍炮轟成一片廢墟。」

年)，頁 354-355。

[149] 劉作忠，<1932 中國典籍大劫難：文化寶藏全毀日軍炮火之下>，http://cul.sina.com.cn，2005.11.22 檢索，引《申報》1934 年 2 月 6 日報導。

的字樣。[150]

　　事後商務在瓦礫堆中詳細履勘損失，總計對商務所造成的損失高達 16,330,504 元。[151]在向政府當局呈報的損失清冊中，分別依總廠、編譯所、東方圖書館、尚公小學校四部份列計。何炳松的<商務印書館被毀紀略>一文中，詳細記載商務毀損的房舍、器械、耗材、書籍、儀器、教具等項目、數量及預估損失金額。[152]但所列呈報之金額為原購置價格加以折扣，或圖版工料價格，圖書編譯排校的金額尚未計算在內。

　　東方圖書館的損失品項略依房屋、書籍、生財裝修三項分列，其損失數量及金額如下：

表 4-10　一二八之役東方圖書館資產損失統計表

品　項	數　量	損失金額(元)
(甲)房屋		96,000
(乙)書籍		
普通書		
1.中文書	268,000 冊	154,000
2.外國文	80,000 冊	640,000
3.圖表照片	5,000 冊	50,000

（續下頁）

---

[150] 褚婷婷，<踏訪文化飄香的商務印書館>，http://big5.chinabroadcast.cn/gate/big5/gb. chinabroadcast.cn/3601/2005/08/18/1266@665814.htm，2006.06.22 檢索；另依據 1999 年的照片，東方圖書館原址當時為某大學分校的小操場，操場一角原來一塊書有「東方圖書館」的石碑已碎成兩半，一邊一塊落在基地旁。破敗景況流露無遺。引自：汪凌，《張元濟－書卷中歲月悠長》(鄭州：大象出版社，2002 年)，頁 2-4。

[151] 依《中國新書月報》第 2 卷第 4、5 期載有<上海戰區之出版業損失一覽表>，載商務損失總額為 16,007,294 元，數據略有出入。

[152] 何炳松，<商務印書館被毀記略>，《商務印書館九十五年》，(北京：商務印書館，1992 年)，頁 246-249。原載《東方雜誌》第 29 卷第 4 號，民國 21 年 10 月。

善本書		
1.經部	274 種，2,364 冊	1,000,000
2.史部	996 種，10,201 冊	1,000,000
3.子部	876 種，8,438 冊	1,000,000
4.集部	1,057 種，8,710 冊	1,000,000
5.購進何氏善本	約 40,000 冊	1,000,000
6.方志	2,641 部，25,682 冊	100,000
7.中外雜誌報刊	40,000 冊	200,000
目錄卡片	400,000 張	8,000
（丙）生財裝修		28,210

資料來源：何炳松，<商務印書館被毀紀略>，《商務印書館九十五年》，頁 248-249。原載：《東方雜誌》第 29 卷第 4 號，民國 21 年 10 月。

以上東方圖書館損失合計 6,276,210 元，約佔商務總呈報損失的 38%。該館曾呈報國民政府及市社會局，以及上海市商會和書業公會，請其速向日本政府提出嚴重抗議，並聲明保留賠償損失權力。

南京重要文化團體及教育機關，如中央研究院、中央政治學校、金陵大學、世界學會、中國科學社、中國工程師學會、合作學社、金陵女子文理學院、首都新聞記者聯合會、江寧律師公會等團體，也於 2 月 4 日以「日本焚毀我文化機關慘無人道」為題，特電世界各國民眾，宣佈日本暴行，並請主持公道予以制止。[153]國民黨中央委員孫科、孔祥熙、吳鐵城通電全國稱：日本對中國交通、文化、教育機關輒付一炬，既激同胞公憤，且失世界同情，應即一致奮起，共救危亡。另北平學術界人士胡適、蔣夢麟、丁文江、翁文灝及在滬英、美籍基督教傳教士百餘人紛紛發表通電、宣言，譴責日軍暴行。上海商會致電美國總統胡佛要求主持公道，制止日軍暴行。蔡元培、蔣夢麟(孟鄰)、

---

[153] 當時參與譴責者還有中央大學、上海幼師公會、各大學聯合會、中國著作者會等機關。

鄒魯(海濱)、劉光華等人致電國際聯合會[154]，要求迅速採取有效措施，制止此類殘暴行為。第十九路軍軍長蔡廷鍇向兵士訓話，對日軍轟炸商務印書館、東方圖書館，毀中華文化之罪行極為憤慨，勉勵官兵奮勇殺敵。[155]3 月下旬，以英國人李頓爵士為首的國聯調查團視察被毀遺址，對日軍暴行表示憤慨，對藏書被毀深為惋惜。但事後再多的譴責與惋惜，卻也喚不回涵芬樓及東方圖書館的所有珍藏文獻資源。

第四節　東方圖書館的復興

東方圖書館被毀後，時已自商務退休的張元濟，面對商務浩劫仍不忍離棄，捨身投入復興行列。「弟不忍三十年之經營一蹶不振，故仍願竭其垂敝之精力，稍為雲五、拔可諸子分尺寸之勞。」[156]在與胡適的函中又稱：「商務印書館誠如來書，未必不可恢復。平地尚可為山，況所覆者猶不止一簣。設竟從此澌滅，未免太為日本人所輕。」[157]一向溫文儒雅的張元濟此時也慷慨疾言，展現出其堅毅卓絕不服輸的強韌性格。

另方面時任商務總經理的王雲五，因轉念「敵人把我打倒，我不力圖再起；這是一個怯弱者。…一倒便不會翻身，適足以暴露民族的

---

[154] 關國煊，<評介高平叔先生的「蔡元培年譜長編」>，《傳記文學》(第 434 號)，1998 年 7 月。

[155] 第十九路軍軍長蔡廷鍇向士兵講話：「日本人焚毀我文化機關，凡我軍人均應英勇前進，打倒壓迫欺侮我國之敵人。」

[156] 張樹年主編，《張元濟年譜》，頁 366。引自《張元濟書札》。

[157] 張樹年主編，《張元濟年譜》，頁 362。引自《張元濟書札》。

弱點，自命爲民族文化事業的機構尚且如此，更足爲民族之恥。」[158]仍
決心爲商務復興而「苦鬥」。在張元濟的支持及王雲五的努力下，商務
展開重建復興之途，同時也邁入國難下的另一艱辛經營的發展階段。

　　商務在歷經一二八摧毀之後，並未喪志氣餒，相關善後處理及復
興工作隨即展開。總廠被炸當天，總經理王雲五、經理李拔可、夏筱
芳三人便鎮日展開救援工作。於 1 月 30 日(一說 31 日)在高鳳池家召
開緊急會議商量善後辦法。董事會立即組成特別委員會，處理一切善
後事宜。2 月 6 日，委員會下設立善後辦事處，推張元濟爲特別委員
會委員長、王雲五爲善後辦事處主任，編譯所所長何炳松等原部份雇
員爲工作人員。辦事處首先列出急待處理的 21 項事務，並進行分工及
確認負責人。其中何炳松主持清理存稿存版及版稅、清理圖書館、保
管和宣傳等工作，同時參與清理各種契約及交際工作。後辦事處設立
下屬機構，何炳松擔任稿版處、保管處、圖書館清理處、宣傳處負責
人。[159]何炳松後來於《東方雜誌》(第 29 卷第 4 期，民國 21 年)上刊
載<商務印書館被燬紀略>一文，其中詳細紀錄商務及所屬東方圖書館
於一二八戰役中的損失統計，應與他負責災後圖書館清理工作有關。

　　商務因生財之機具無存，無法開源只有朝節流方向處理。故 2 月
1 日起董事會陸續同意王雲五擬具施行條例共 10 項，主要內容爲上海
停業、總經理及兩經理辭職、員工薪資支付調整、同人活期存款提取
規定、成立特別委員會、留辦人員月支津貼折扣等規定。此雖未言及
職工解雇，但有加發半個月薪資的做法，已隱含資遣意涵。職工爲爭
取權益，引發後續職工抗爭。3 月 16 日董事會發布「總館廠全部停職，

---

[158] 王雲五，<兩年的苦鬥>，《十年苦鬥記》(臺北：臺灣商務印書館，2005 年)，頁 113。
[159] 房鑫亮，<國難後商務印書館的復興>，《探索與爭鳴》(2005 年第 8 期)，頁 50。

職工一律解雇」的公告，職工爲之譁然，質疑商務全體解雇的必要性而持續抗爭。[160]7 月 12 日商務第 297 次董事會議，再度敦請王雲五擔任總經理一職，在王氏以「爲國難而犧牲，爲文化而奮鬥」爲口號號召下，展開商務的復興大業。[161]

在王氏艱苦卓絕身兼數職的投入與努力下，商務在出版事業的恢復能力令人驚歎。同爲出版人的陸費逵，稱「…今年"一‧二八"日軍炸毀閘北，…僅商務印書館一家已經(損失)一千數百萬元。不知如何恢復？更不知何時恢復，…」似乎甚不看好商務的恢復能力。[162]但商務於灰燼中仍力圖復興，以民國 21 年爲例，在年初經一二八之役殘爲焦土的情況下，還能於當年度出版重版書 550 種、921 冊。「…由 21年 11 月 1 日起每日出版新書一種，至年底止，計出新書 52 種，並恢復雜誌 4 種。22 年 1 月至 3 月 22 日已出新書 70 餘種、重版書 690 餘種，預計至本年底止，重版書可出至四千種。」[163]商務後續在出版方面的復興能力，在王雲五落實科學管理辦法，充分運用有限的人力物力資源，及全國其他各地分處或分館彈性調度運作下，其平均出版產能甚至超出一二八之役以前的商務。[164]

涵芬樓及東方圖書館於此次兵燹中幾近全毀，雖然珍本古籍無法

---

[160] 溫楨文，《抗戰時期商務印書館之研究》，碩士論文，新竹：國立清華大學歷史研究所，91 年度，頁 32-33。

[161] 汪家熔，<抗日戰爭時期的商務印書館>，《商務印書館史及其他》，頁 172。該口號雖由王雲五改自商務宣傳推廣科科長戴孝侯的原創：「為國難作出犧牲，為文化繼續奮鬥」，但當時頗獲社會與讀者的同情與矚目。

[162] 陸費逵，<六十年來中國之出版業與印刷業>(民國 21 年 6 月 1 日)，《中國近代出版史料補編》，(上海：中華書局，1957 年)，頁 279。

[163] 王雲五，《商務印書館與新教育年譜》，頁 369。

[164] 依據統計，商務 1911 年至 1920 年的出版物種數為 2,657 種,7,087 冊；1921 年至 1930年的出版物種數為 4,417 種,9,589 冊；1931 年至 1940 年的出版物種數為 5,377 種,7,221 冊。引自<商務五十年>(未定稿，1950 年)，《商務印書館九十五年》，頁 775。

再得，但商務當局仍將東方圖書館列爲復興的項目之一。但相較於出版事業復興的迅速蓬勃成果卓越，東方圖書館的復興作爲僅多集中於一二八之役後的幾年間，在文獻記載方面也較零星片段。

推測商務當局於復興初期，面對解雇職工的質疑，極需藉由出版品發行銷售的營業收入，奠定企業復興基礎的做法可想而知。因此規畫進行一系列提供大學知識份子及普羅大眾各學科入門的大部頭叢書編印，獲致相當的好評及收益。東方圖書館因非屬能迅速貢獻企業獲利的性質，因此商務於復興運作約一年後，才啓動東方圖書館的復興。

民國 22 年(1933)4 月 5 日商務董事會於 408 次會議中，議決以乙種特別公積[165]三分之一(當年約 45,000 元)爲恢復東方圖書館用。張元濟率先捐出 1 萬元。當年 4 月 29 日商務董事會 409 次會議，核議《東方圖書館復興委員會章程》案，通過之《章程》內容詳見附錄 7。《章程》主要規範委員會成員人數（由 5-7 人）、成員性質（由商務印書館董事會就董事及中外學術界實業界中聘任）、職掌及聘用方式。該次會議中議定聘請胡適、蔡元培、陳光甫、張元濟、王雲五爲委員，張元濟擔任主席職務。蔡元培、王雲五爲常委，潘光迴爲書記。復興委員會的主要執掌爲：計畫及籌備東方圖書館之復興、使用東方圖書館基金，復興東方圖書館、爲東方圖書館募捐書籍財物、爲東方圖書館規定適當辦法，以其藏書，供公眾之閱覽、爲商務印書館保存東方圖書館財產五項。執掌內容雖僅短短五則，但事實上所涵括的工作內容非常廣泛。包括復興計畫之訂定、復興基金的運用與管理、捐募書刊財

---

[165] 商務當時有所謂甲種特別公積及乙種特別公積，如民國 24 年 2 月 27 日商務第 422 次董事會會議決議「議定舊廠爐餘房屋修理後擬作價歸入甲種特別公積。」，《張元濟年譜》，頁 405。

務、所蒐館藏還需兼顧公眾閱覽，另還負責保管所有東方圖書館復興期間的財產。憑心論之，以委員成員僅 5 名，且均屬商務主管或全國性知名學者，復興委員會委員之職應屬兼任性質，因此各委員應無餘力全力參與復興圖書館之繁瑣事宜進行。委員成員涵納當時重要學者及商務主管，主要應是宣示表達商務對復興東方圖書館的重視。

民國 22 年 6 月 7 日召開東方圖書館復興委員會第一次會議，推選張元濟為該會主席，蔡元培、王雲五為常委，依章程第 4 條，推定美國人蓋爾(蓋樂)(Dr. Esson M. Cale)、德國人歐特曼(Dr. W. Othmer)、英國人張雪樓(C. J. Chanceller)、法國人李榮(L. Lion)等為委員，請商務董事會照章聘任；當年 6 月 13 日商務董事會第 411 次會議，議決東方圖書館擬聘外籍委員案。[166]復興委員會委員成員最多 9 名，而此處另聘任 4 名屬美、英、德、法等四國代表委員，展現了商務對圖書館事業經營的廣闊識見與胸懷。東方圖書館的復興，不再只是恢復原東方圖書館的面貌，更展現了商務擬將復興後的東方圖書館，建設成為能與國際級先進圖書館並駕齊驅的理想與用心。民國 26 年 3 月 31 日商務董事會第 425 次會議，議決連聘張元濟、蔡元培、胡適、陳光甫、王雲五、高博愛[167]、張雪樓、蓋樂、嘉璧羅[168]等八人為新一屆東方圖書館復興委員，仍保留 4 席為國外人士。

復興東方圖書館館藏的相關募集事宜，另由贊助委員執行。民國

---

[166] 張樹年主編，《張元濟年譜》，頁 378。

[167] 民國 25 年原法籍委員李榮去世，另聘法工部局督學高博愛擔任，於 5 月 19 日商務董事會第 420 次會議議決，《張元濟年譜》中誤記為第 430 次。

[168] 民國 23 年原德籍委員歐特曼去世，推定德人嘉璧羅(A. Kapelle)為委員。董事會於 3 月 24 日第 415 次會議中，議決 3 月 10 日張元濟之提案。

22 年 6 月 17 日召開東方圖書館復興委員會第二次會議[169]，議決組織美、德、英、法(紐約、柏林、倫敦、巴黎)設立贊助委員會，請四位外籍委員分任之。另議決國內組織南京、杭州、北平、廣州、濟南、漢口、長沙七處贊助委員會，推選羅家倫、郭任遠、袁同禮、全湘帆、何思源、楊瑞六、曹典球等分別負責辦理。各贊助委員會須代表復興委員會爲東方圖書館捐募書籍，並具有在預算範圍內支付必需款項的權力。會議中經復興委員會議決另訂定「東方圖書館各地贊助委員會章程」及「東方圖書館募集圖書章程」兩項，內容詳如附錄 8 及附錄 9。8 月 31 日商務印書館董事會第 412 次會議，另議決東方圖書館組織及捐款書籍保管原則[170]如附錄 10。由商務對東方圖書館復興所擬具一系列相關的章程規定，可能看出商務對該事務的程度重視。

對東方圖書館的圖書募集，張元濟好友傅增湘曾於民國 22 年 6 月 16 日致函張元濟，告知他與友人合營之北海書肆將結束營業，欲將貨底讓予東方圖書館。面對好友張元濟仍不改耿直性格，以撙節公家預算爲先，於 6 月 21 日覆函「擬只購普通之版，館中已有者亦除之。」[171]

復興東方圖書館，需有經費奧援爲第一要件，身爲主席的張元濟相當關心。他於民國 23 年 3 月 10 日以東方圖書館復興委員會主席名義致函董事會，請察明東方圖書館現存款項名細。董事會於 3 月 24 日第 415 次會議中，議決 3 月 10 日張元濟之提案。東方圖書館存款自本年一月起，按周年七厘計息。另 4 月 21 日商務印書館第 418 次會議

---

[169] 張樹年主編，《張元濟年譜》，頁 378。
[170] 張樹年主編，《張元濟年譜》，頁 383。
[171] 張樹年主編，《張元濟年譜》，頁 379。

中[172]，討論上年度乙種特別公積支配案。議決三分之一同人福利用，三分之一東方圖書館恢復之用，三分之一保留。商務支援東方圖書館復興之經費概況至此確定。

東方圖書館復興期間兩次海外較大批的贈書分別來自德、法兩國。民國 23 年 10 月 8 日德國科學會、中國學會、遠東學會等搜集德國各科名著三千餘冊，義務捐助給該館。[173]其中有東方圖書館未毀時曾完整蒐藏的李碧氏《化學藥學年鑒》若干冊。這批圖書於民國 23年 7 月底運抵上海。10 月 8 日由德國駐滬總領事克乃百(Kriebel)和東方圖書館復興委員會主席張元濟在原青年會會所舉行贈受典禮，同時舉辦書籍展覽。張元濟致書德國學術互助會，對該會及同志諸團體贈書三千冊表示深切感謝，並回贈商務發行《四庫全書珍本初集》一部。

另民國 24 年上海法租界公董局李榮主席(M. Leon)委託法國漢學家伯希和教授(Prof. Pelliot)代為收集之數百種法文名著，以法國公益慈善會的名義致贈商務名貴書籍 1,500 餘種 4,000 多冊(一說 3,000 種，應誤)。[174]贈書儀式於當年 6 月 6 日假上海法租界公董局舉行。由法駐滬總領事博德斯代表接受，觀禮者約二百餘人。伯希和亦參與贈書儀式。王雲五及李榮致詞外，伯希和、李石曾及張元濟亦有演說。復興委員會回贈《四庫全書珍本初集》一部。

張元濟的友朋間，對東方圖書館復興的圖書蒐集也有採零星贈送方式。如民國 24 年 5 月 27 日蔡敬襄致書張元濟，「記憶先生云，光緒

---

[172] 張樹年主編，《張元濟年譜》，頁 395-396。

[173] 張樹年主編，《張元濟年譜》，頁 400。

[174] 張樹年主編，《張元濟年譜》，頁 408-409，又見《商務印書館與新教育年譜》，頁 543-544；另見王雲五，<法贈書東方圖書館>，《傳記文學》(第 64 期)，1967 年 9 月。

三十一年商務出版《日俄戰記寫真》四冊，東方圖書館僅有一部。至今追思，想已被毀。敝館藏有一部，擬移贈貴東方圖書館，爲復興紀念。」；同年 7 月 18 日張元濟摯友汪康年弟汪詒年致函張元濟，告其藏書 149 件已送東方圖書館，近又檢出《渦陽靖亂紀要》抄本七種擬贈圖書館。汪詒年於民國 26 年 6 月 22 日又告知張元濟擬將《中外日報》、《時務報》捐贈東方圖書館。

由復興委員會章程及贊助委員會章程規定，相關委員任職似均屬義務協助性質，且相關委員除商務董事外，多以學術界及實業界爲對象，應是兼顧學術性及經費奧援的考量。檢視章程中贊助委員們僅能支用捐募圖書的通信及寄遞費用，圖書方面完全由無償捐募獲得；且每月月終委員們尙需向復興委員會報告捐募圖書的總成績。委員既需設法免費募得書籍，另又需擔負每月捐募結果的成績壓力，目前未見文獻中記載當時國內贊助委員捐募圖書的完整成果及細節，但僅由章程規定看來，捐募規定相當嚴格。因此是否能長期維持，頗具挑戰。但成果上民國 24 年 6 月 6 日王雲五稱「由於東方圖書館復興委員會及國內外各地贊助委員會的努力，與中外人士的熱心，先後已收到捐贈的中外文字圖書約兩萬冊。」[175]可謂成果豐碩。

上海中國國際圖書館曾於民國 22 年(1933)12 月 1 日至 23 年 3 月11 日期間對上海圖書館進行實務調查，當時對復興中的東方圖書館名之爲「商務印書館編審委員會圖書室」並註明其沿革：「商務印書館原設涵芬樓，專供編譯所參考之用。…於一二八之役與商務印書館同燬，商務印書館復業後，感於參考圖書之需要，因設是室，一方供給參考，

---

[175] <法國公益慈善會贈書東方圖書館>，《教育雜誌》(第 25 卷第 8 號，民國 24 年 8 月10 日)，頁 125。

一方爲復興東方圖書館之基礎。」調查中並敘述：當時圖書室暫設於上海河南路商務印書館發行所四樓。書庫能容書 8 萬冊，閱覽座位 30 人。當時館藏有中文書 5 萬冊、外國文書 8 千冊、雜誌 2 千冊、新聞紙 6 百本。由徐能庸兼任圖書室主任。「經費來源」：由商務印書館按需要開支。購書費約五萬元。薪俸二千五百元。「制度」：採中外圖書統一分類法及四角號碼檢字法。主供商務同人參考。在「將來計畫」項下，除略述復興委員會組織成員，及預建新館計畫需經費三四十萬元基金之籌集，於商務每年公益金下提三分之一。預計五年建成新館。「新址地點將擇靜安寺路一帶，並擬先租借處所，先行開放，公眾閱覽。」[176]時距復興委員會僅成立半年，就已累積 6 萬餘的館藏數量，且靜安寺路的場地租借一事，後也確實依規畫進行。由上項圖書館調查結果，可掌握商務當時對復興東方圖書館的規畫與現況。如依年度購書經費論，其額度遠高於前述民國 17 及 18 年時的購書費用(各爲一萬九千元及三萬五千元)。此也可證明商務對東方圖書館復興事業的重視。

　　圖書館復興的首要任務在致力館藏的徵集，畢竟館藏爲圖書館服務的根基。復興初期幾年，在成果上頗有可爲。王雲五於民國 24 年(1935)6 月 6 日在法國贈書給東方圖書館的致詞內容[177]，可知當時在復興圖書館的經費上，已得到董事會的支持每年提撥公益金三分之一專充復興圖書館之用，第一年得 4 萬餘元，第二年得 5 萬餘元，第三年得 7 萬餘元，加上張元濟捐款 1 萬元，時已有復興基金達 19 萬元；至

---

[176] 馮陳祖怡編，《上海各圖書館概覽》(中國國際圖書館出版，世界書局印刷，民國 23 年)，頁 118-119。

[177] 王雲五，《商務印書館與新教育年譜》，頁 547-548。另見於<法國公益慈善會贈書東方圖書館>，《教育雜誌》第 25 卷第 8 號(民國 24 年 8 月 10 日)頁 123-125。

於書籍方面，由商務另行撥款，依據早期涵芬樓時期作法搜購參考圖書供編譯所同人使用。

另方面透過復興委員會及海內外的贊助委員會，已收到來自海內捐贈的中外文圖書約 2 萬餘冊。當時對後續東方圖書館的復興，商務抱持著非常樂觀的態度，在充分的經費奧援下，東方圖書館的復興應該在幾年內即可實現。以東方圖書館復興期間僅短短兩年，已累積多達 12 萬冊的藏書量，確屬不易，且已具備恢復對民眾開放的規模；另民國 26 年(1937)時所蒐藏書更高達 30 萬冊。但上海復興時期的東方圖書館一直未開放的原因，應與商務內部的反對議論與時局混亂的大環境有關。

民國 24 年(1935)4 月 12 日陳叔通致書張元濟，爲東方圖書館恢復事告誡張元濟：「近來黨部極窮，亟謀招地盤以養活黨員。…『東方』萌芽，人尚不覺，倘積之稍厚，彼有生心者，或市政府以振興新區域爲名，迫令置館，或黨員借題加入，皆意中事。倘乘此先將地點及中外委員會定議，或竟立一基礎，則可免後患。後輩還是怕外人，非中外合同組織不可。」又告股東中「並非無可以內應之人」，「或以此爲股東財產，不肯公之國人。」[178]陳叔通對初期商務組織之建立，居功厥偉，商務成立總務處使事權分工清楚即爲陳氏的建議。他此處對於東方圖書館復興後續發展可能引起的效應，頗爲憂心，深恐東方圖書館成爲外力介入的切入點，致無法掌控。陳氏提及「先將地點及中外委員會定議，或竟立一基礎」等建議，也反映出當時東方圖書館的復興實況的矛盾－後續發展的規劃基礎並不明確，甚至連重建的地點都

---

[178] 張樹年主編，《張元濟年譜》，頁 406-407。

未確立；且基金累積增厚，蒐集圖書數量日增的優厚條件，反倒可能成為外力覬覦及內部股東紛爭、職工反彈的導火線。

在「東方圖書館復興委員會章程」，章程中委員會職權第一條「計畫及籌備東方圖書館之復興。」，委員會雖訂定相關募集及保管圖書規定，但對未來復興後的東方圖書館，卻未見研提任何具體的籌備規畫藍圖。復興階段幾年來的做法主要仍僅限於圖書資料的蒐購及外來捐贈書刊的爭取，並未見有關東方圖書館復興成立的具體時程規畫。

部分研究者認為這係因東方圖書館在本質上屬「不事生產」的角色，無法直接為商務帶來利潤，重建經費多仰外援，大多數來自商務館內撥款。且質疑商務當局「有無確實撥款？能否全數運用？皆充滿未知變數。」[179]在復興階段商務亟需獲利支撐生存並安撫解雇職工抗爭，故以營利為優先考量勢所必然。但由前述民國 22 年 4 月起至民國 24 年 6 月已累積藏書 12 萬冊，部分文獻更記載至民國 26 年止所蒐館藏高達 30 萬冊(一說 40 萬冊)，僅相隔 2 年卻有約 3 倍數的高成長，仍待驗證，但商務大量徵集館藏，至少恢復了提供職工編譯書刊參考的功能，另伺機等候時機進行東方圖書館的復興。故僅依文獻著墨較少而推論商務未重視東方圖書館館藏徵購，似欠公允。商務未於上海復興期間積極架構後續發展架構，應與當時國內政局不和，外又強敵虎視眈眈伺機侵略的不利環境有關。尤其日軍計畫性的強取豪奪或焚毀滅跡，對當時中國文化典籍無疑是一場大劫難。

如民國 21 年一二八之役日軍對中國的砲火蹂躪，除商務總廠及東

---

[179] 溫楨文，《抗戰時期商務印書館之研究》，碩士論文，新竹：國立清華大學歷史研究所，91 年度，頁 39。

方圖書館遭致嚴重劫難外，另同濟大學、中國公學、復旦大學、上海
法學院、持志學院等處所藏典籍也遭不同程度的損失，甚至連私人藏
書也在劫難逃。[180]此外，日方佔領東三省後於民國 21 年 3 月至 7 月間，
從東三省各圖書館中挑出有關中國歷史、地理、語文、政治等講述中
國文化傳統和宣傳愛國思想的書籍多萬冊加以焚毀；民國 23 年 2 月瀋
陽所藏文淵閣《四庫全書》1 萬餘卷也被日軍劫掠運往日本。證諸抗
戰期間淪陷區和戰區在日方的蓄意轟炸燬壞下，遭遇損失的圖書館高
達 2,118 所，藏書損失總數達 1,000 萬冊以上。僅上海一地遭破壞的圖
書館高達 173 所之多。[181]這或許可解釋商務當時未積極恢復東方圖書
館舊觀，且行事作風低調的原因。除重建資金的累積尚未完成外，背
後應有其安全顧慮的複雜考量。

民國 26 年 7 月盧溝橋事變爆發，11 月上海成為「孤島」。但商務
早在當年 7 月 8 日第 427 次董事會會議中，已「議決出售原東方圖書
館地基連所蓋房屋」。[182]商務應已預測將是一場長期的戰爭，因此「東
方圖書館復館」與《景印國藏善本叢刊》編印計畫一樣[183]，不得不暫
予擱置。

東方圖書館復興委員會在民國 26 年 8 月「八一三」中日滬戰爆

[180] 劉作忠，<1932 中國典籍大劫難：文化寶藏全毀日軍炮火之下>，http://cul.sina.com.cn，
2005.11.22 檢索。
[181] 著者不詳，<圖書館與出版業遭日寇摧折>，http://www.cxybook.com/NewsShow.
aspx?RUID=200510201130026878029, 2006.11.24 檢索。
[182] 張樹年主編，《張元濟年譜》，頁 444。此處所謂「所蓋房屋」不詳所指為商務於東方
圖書館舊址上重新興建的房舍，還是原遭毀傾的舊樓。
[183] 《景印國藏善本叢刊》係 1936 年透過當時歷史語言研究所所長傅斯年的努力撮合，
將北平圖書館、故宮博物院、歷史語言研究所、北京大所藏古籍借出給商務供其編
印出版，第一批預計選印 50 種，宣傳樣本也印製完成，原預定於 1937 年 7 月 1 日
開始收訂。

發前，所蒐集的圖書在王雲五的主導下[184]，「迄於二十六年八月中日戰事蔓延至上海之時，總計已收得書籍三十餘萬冊。」[185]，亦頗有可觀，應非部分研究者所謂：「率口惠而實不至…載沉載浮於世，慢慢步入死亡。」[186]

此時期所蒐圖書在內容上較突出者爲叢書、地方志及年譜三方面。叢書爲此時期所蒐舊書的特色，其中僅優良叢書有數百種。這些叢書結合涵芬樓舊藏善本孤本的「燼餘叢書」數十種，成爲商務於民國 24 年 3 月結集刊印《叢書集成初編》百種四千冊的依據與基礎。方志部分王雲五再行搜購，共計得一千四五百部，內容包括完整的各省通志及府廳縣志約七八成，約爲原涵芬樓舊藏二千六百餘部的半數以上。所蒐各省通志中，經過商務於書末加編詳盡索引後出版者有六個省份。但此項方志印行作業，後因抗戰軍興而停擺。年譜的蒐集也是另一項特色。至民國 25 年王雲五已爲東方圖書館蒐集我國年譜有1,300 餘種，並爲此編製索引。原計畫於民國 25 年 8 月將年譜依序影印，書末附排索引作爲史料佐證，且定名爲《年譜集成》。考慮付印之際，因全面抗戰突發而未能實現。[187]據此則東方圖書館復興所蒐圖籍，也成爲商務翻印出版的標的，兼具出版協助的功能。此與張元濟將所蒐善本古籍整理出版如初一轍，形成商務特殊文獻資源蒐藏特色。所

---

[184] 張元濟雖也是復興委員之一，但此時期由張元濟的相關資料中，已少有他如早期涵芬樓時期積極蒐集圖書的記載，推測一方面因他年事較高，將重心轉於校刊古籍《百衲本二十四史》，致力再製古籍的保存與流通；且他已自商務引退，也不便動用商務資金進行搜購成本高昂的善本古籍；另一二八之役使他數十年來的蒐藏一夕燼盡，悔憤交集之餘，加上時局動盪未靖，已不適宜再蒐集古籍。

[185] 王雲五，<我的圖書館生活>，《王雲五論學文選》，頁 39。

[186] 溫楨文，《抗戰時期商務印書館之研究》，碩士論文，新竹：國立清華大學歷史研究所，91 年度，頁 39。

[187] 王雲五，《商務印書館與新教育年譜》，頁 585。

蒐的圖籍文獻不只作為商務編輯參考，同時也是出版的素材與底本；也是日後供眾閱覽運用進行社會教育的基礎。對所蒐圖籍文獻價值的發揮，可謂達到到淋漓盡致的地步。

在他人捐贈此途徑方面，原《章程》中規畫的圖書館復興委員遍及全國其他地區及海外四個國家。這種跨區域及國界設立在地通訊員或聯絡員的規畫，展現了王雲五具世界觀的識見，用意頗佳。但現存文獻中除德國及法國各於民國 23 年及 24 年兩批贈書，及部分少數朋友間的零星複本轉贈外，各地國內外贊助委員對東方圖書館募捐書籍的具體貢獻，似乎較未發揮效益。如前述民國 24 年館藏透過購置方式者 12 萬冊，而累積捐贈者僅 2 萬冊，僅約六分之一，至民國 26 年其來源比例差距更大。

東方圖書館復興期間逐年累積的圖書，初期原由商務編審部[188]圖書館暫代保管，存於河南路商務印書館總發行所四樓。但在畫分歸屬上，商務董事會曾向復興委員會書面聲明，東方圖書館捐募之一切財物，均尊重東方圖書館的所有權，絕不認為是商務印書館的財產。[189]至民國 26 年「八一三」前，這些藏書因無專門館舍典藏，故商務特別在上海靜安別墅[190]租三層洋房四棟予以存置。商務原先擬定重建東方圖書館新館預算為 40 萬元，新館舍的規畫比舊館舍更為雄偉，新館地址選在上海靜安寺路一帶。至民國 25 年 12 月已累積存款達 254,000 元，原擬於民國 26 年春展開新館重建，但終因抗日戰爭爆發被迫中止。[191]

---

[188] 編審部為民國 23 年 10 月 4 日第 420 次董事會決議新設於總管理處下的新單位。
[189] 曹冰巖，<張元濟與商務圖書館>，《商務印書館九十年》），頁 29。
[190] 宋建成，<岫廬先生與東方圖書館>，《中國圖書館學會會報》(第 31 期，民國 68 年 12 月)，頁 100。地點為靜安寺路 1025 弄 174 號。
[191] 張學繼，《出版巨擘－張元濟傳》，頁 268。

抗日戰爭不只中止了東方圖書館的復興，商務又再次面臨企業繼絕存亡之苦鬥。

民國 26 年八一三戰役後，商務上海各廠因在戰區內無法工作，書棧房亦無法提貨損失嚴重。為維持出版業務，王雲五於是採取趕建長沙新廠及充分利用香港工廠的規畫。民國 26 年並經董事會同意將總管理處移往長沙，但因上海職工多不願意內調至長沙，業務無法擴展。故長沙的部份機器先移往重慶，不久長沙廠遭逢大火全廠被燬，所有機器付之一炬；另民國 28 年 8 月原擬在昆明設立總館管理處駐昆明辦事處，也同樣受阻。[192]在太平洋戰爭(民國 30 年)未爆發前，王雲五將商務內移成功者有兩處，一是在贛縣設立工廠；另一為在重慶設立駐渝編審處。但 12 月日軍偷襲珍珠港太平洋戰爭爆發，商務在上海及香港兩地的貨棧及印刷廠均備日軍所佔。[193]

據王雲五描述：「商務存在港滬之全部資產損失殆盡。」幸尚有此兩個小規模組織，在太平洋戰爭時期發揮極大作用。商務總管理處於民國 30 年移往重慶。重慶時期商務的商務，王雲五認為這是繼一二八之役(民國 21 年)及八一二之役(民國 26 年)後，商務展開的第三次復興與苦鬥的開始。相較於前兩次挫折，王雲五認為「更形惡化，而尤以財政困難為最。」

重慶時期的商務，以王雲五駐留重慶時間自民國 30 年(1941)12 月起至民國 35 年(1946)4 月止，他約分為應變時期(民國 30 年 12 月至 31 年 12 月)、小康時期(民國 31 年 1 月至 34 年 8 月)及復員時期三個階

---

[192] 王雲五，《商務印書館與新教育年譜》，頁 643-644。
[193] 臺灣商務印書館印刷出版，《商務印書館 100 週年/在臺 50 週年》，頁 51。

段。[194]有關商務的應變舉措,有「應付財政」、「調劑貨物」、「加強生產」及「推進營業」四項主要發展方向。其中「推進營業」是指營業之推展,爲吸引讀者上門,所採取的技術性舉措,包括地點的便利、服務的周到與檢取的方便等。而「東方圖書館重慶分館」的成立與開放,即是爲推進營業考量下的產物。

太平洋戰爭開啓後,王雲五致電西南各分館要求各保留樣書兩部,開單寄重慶總處;另一方面檢查重慶分館存書,盡量選定全套,再囑令檢寄彙集,暫時保存於商務於汪山新購的安全石室,連同在渝新版重版二三千種,亦收存於該處以防戰火空襲。另一方面修建重慶白象街部分被日軍炸燬的館屋[195],稍具規模後即闢建房間庋存樣書及新版重版圖書各一冊,至民國 33 年時累積達萬冊以上。

王雲五分別於汪山石室及重慶兩地保存商務出版的樣書,主要應是戰亂下安全的考量,此外亦能兼顧圖書典藏與流通的兩種需求。除了商務的樣書外,王雲五另彙集在重慶其他可能獲得之書籍,開設閱覽室提供民眾使用,此即爲東方圖書館重慶分館。[196]其成立時間約在民國 33 年夏[197]。

重慶的商務分館所在的白象街屬偏僻小道,離開書業中心頗遠,但因強調服務,營業人員特別熱心;另圖書館閱覽室開放時間爲上午

---

[194] 王雲五,《商務印書館與新教育年譜》,頁 757。

[195] 王雲五另一說法為:「…我又以館屋空地,加建數間房屋,設一小規模之圖書館。」,兩說似有矛盾。引自《商務印書館與新教育年譜》,頁 762。

[196] 王雲五,《商務印書館與新教育年譜》,頁 801。

[197] 張錦郎,<王雲五先生與圖書館事業>,《中國圖書館事業論集》,頁 164。該文另補充指出:「《中華圖書館協會會報》19 卷 4 至 6,其合刊所刊載為民國 34 年 9 月 5 日,似有誤。」

九時至晚間九時止，日夜前來閱讀者平均每日二三百人。「…於此偏僻之地，頗為讀書界所習知，而藉閱讀之便利，更鼓其購書之興趣。以故，在一個簡陋而偏僻之商務分館店堂內，常常擁滿了人，以視處在熱鬧地點，備有廣大店面之許多同業，在圖書的營業上，商務竟首屈一指。」[198]可見此時東方圖書館重慶分館的開放，間接協助了商務營業績效的提昇，吸引更多到書店的客源。戰時後方的物資缺乏，「知識食糧」貧匱，且當時重慶公開之圖書館不多，因此東方圖書館重慶分館雖屬地偏一角的閱覽室性質，在當時應已算是較具規模者，且藏書內容也切合後方求知若渴的民眾需求，故「一時來館閱覽者，座上常滿，極為社會所稱道。」[199]有研究者稱東方圖館重慶分館的成立實是「象徵」一種商務印書館專用圖書館的意義，實質上，對於東方圖書館的復興毫無意義。[200]由上述重慶分館成立的緣由與藏書的內涵來看，可知該分館本就與東方圖書館的復興完全無關，除了名稱的延續外，實不見兩者間的相關性。商務質優量多的樣書，確實具備對讀者造成吸引力的條件。此誠如上海東方圖書館的樣書閱覽室一樣，有學者即是為閱讀商務樣書而勤訪東方圖書館。但不可諱言，重慶分館在商務初以「營業利益增進」為目標的前提下，但的確也發揮了教育民眾、啟迪智識、傳佈文化、保存文獻等社會教育的功能。畢竟王雲五與圖書館的淵源深厚，即使物力艱困購書經費無著，但他仍不忘以免費取得的商務樣書來成立閱覽室，除吸引民眾，更落實社會教育、終身學習的理念。

---

[198] 王雲五，《商務印書館與新教育年譜》，頁 762。
[199] 王雲五，《商務印書館與新教育年譜》，頁 801。
[200] 溫楨文，《抗戰時期商務印書館之研究》，碩士論文，新竹：國立清華大學歷史研究所，91 年度，頁 42。

　　民國 34 年 8 月 10 日日軍無條件投降太平洋戰爭結束，商務展開復員工作。當時王雲五仍留於重慶並與阻隔多年的上海商務再度聯繫，惟兩地的立場、想法與作法已異，非短期能謀合。民國 35 年 4 月王雲五返回上海後，即辭去商務總經理職務。故東方圖書館重慶分館此一戰時成立單位的後續發展也未見記載。

　　民國 26 年(1937)抗日戰爭以後上海東方圖書館的復興情況，透過文獻記載相關條目非常有限。如民國 26 年 7 月 8 日記載董事會出售東方圖書館基地後，相隔約 5 年於民國 31 年(1942)5 月 7 日項下又記載一筆「德國駐滬副領事來訪，云擬向東方圖書館贈書。」[201]讀來頗爲突兀，不知是否日期錯置？

　　抗戰時期張元濟居滬期間，東方圖書館的復興因戰事停擺，他將重心轉於合眾圖書館的籌建與經營。合眾圖書館於民國 28 年(1939)由張元濟及葉景葵(1874－1949)共同發起，並邀請燕京大學圖書館採訪組主任顧廷龍主持。圖書館定位爲「專門國粹之圖書館」，宗旨爲「專取國粹之書」及「不辦普通閱覽」。董事會於 1941 年 8 月成立。[202]館藏包括葉景葵、張元濟、蔣仰厄、李拔可、陳叔通、葉恭綽、顧頡剛等多人的贈書。單以張元濟而言 1941 年 4 月 23 日至 10 月 6 日他捐贈或寄存合眾圖書館的書籍，其中捐贈者達 23 次、寄存者達 17 次。[203]可見張元濟對該圖書館的重視與期許，並冀其能成爲「不亞於『東方』

---

[201] 張樹年主編，《張元濟年譜》，頁 495，原引自《葛昌琳日記》。

[202] 董事會成員除葉景葵、張元濟、陳陶遺三位發起人外，另加陳叔通、李拔可二人爲董事。舉陳陶遺為董事長，並由陳叔通擬定圖書館組織大綱與董事會辦事規程。引自：顧廷龍，<張元濟與合眾圖書館>，《顧廷龍文集》(上海：上海科學技術文獻出版社，2002 年)，頁 561。

[203] 溫楨文，《抗戰時期商務印書館之研究》，新竹：國立清華大學歷史研究所，91 年度，頁 80-82 之表單。該文作者參考《張元濟年譜》，頁 488-492 所載內容彙整。

所藏」的嫏嬛福地。[204]張元濟雖屬東方圖書館復興委員會重要成員之一，但此期間卻自行創立合眾圖書館、籌組董事會，並積極捐贈或寄存一己所藏之嘉郡先哲遺著、海鹽先哲遺著等多達 929 種 3,451 冊給該館。推測抗戰時期留守上海的商務當局，對東方圖書館的復興已完全停擺，所謂的復興委員會應也早就名存實亡，張元濟為文化之庚續保存與發揚，轉而貢獻一己之力並結合眾力，致力於新圖書館之創立與經營。

民國 35 年(1946)10 月 26 日張元濟致李伯嘉書中詢問東方圖書館事務負責人為何。「東方圖書館事現由何人擔任?前聞經農(朱經農，1887－1951)先生言有曾習圖書館學者效毛遂之自荐，後來不知見及否？能否有用？祈示及。」(李(澤彰)注：館事暫由陽靜盦君代理。齊魯大學前圖書館主任陳鴻飛君現在滬賦閑，朱經翁正在約談中。)[205]當時王雲五已辭去總經理職務，但張元濟連當時東方圖書館事務的負責人及情況似乎不甚瞭解，足見他抗戰期間對東方圖書館相關事務的非常疏離。同年 11 月 19 日張元濟致函給已轉任國民政府經濟部長的王雲五時提及「…昨閱大公報，載有『我國淪陷區日人所作經濟調查工作』一文，作者為鄭伯彬，記述頗詳…據稱約有一百二十種，從事者約有二百人，其記有冊數者，已有八十二冊，且多已編印發行，弟意此等文件必為　貴部接收，實比何等物資，更為寶貴，如未經取到，務乞從速追查，勿令散失，其已經印行者，可否代取一分，畀為東方圖書館，不勝企禱之至。」[206]可看出當時他對充實東方圖書館館藏的

[204] 顧廷龍，<張元濟與合眾圖書館>，《顧廷龍文集》(上海：上海科學技術文獻出版社，2002 年)，頁 566。
[205] 張元濟，《張元濟書札》，中冊，頁 526。《張元濟年譜》，頁 517。
[206] 臺灣商務印書館編，《張元濟致王雲五的信札》(臺北：臺灣商務印書館，2007 年)，

關心。或許因政局已較穩定，故對復興東方圖書館一事又燃起希望。

民國 38 年(1949)2 月，張元濟提出願捐出一己車馬費供東方圖書館購置書報：「擬將公司所予輿馬費移購近時新出各種雜誌，贈與東方圖書館，緣公司近幾無錢爲該館添書報矣。」[207]；11 月他又捐贈雜誌 52 種(359 冊)，圖書 2 種(2 冊)。雖然張元濟仍念茲在茲東方圖書館，但局勢似已無法掌控。

民國 40 年(1951)張元濟因徐善祥(時任善本保管委員會，商務常務董事之一。)的提議，經與陳叔通協商並經商務董事會（6 月 2 日）同意後，他以 85 歲高齡代表商務致函中共當局總理周恩來談及捐獻商務自涵芬樓時期以來的鎮館之寶《永樂大典》21 冊給國家。「商務印書館舊藏《永樂大典》二十一冊，本係國家之典籍。前清不知寶重，散入民間。元濟爲東方圖書館收存，幸未毀於兵燹，實不敢據爲私有。公議捐贈，亦聊盡人民之職。」[208]商務捐出如此珍貴的典籍給國家，可藉此與新國家新政府建立良好關係[209]，但一生與圖書爲伴愛書藏書的張元濟，其心中隱然不捨。當年 7 月 9 日致丁英桂函談《永樂大典》布函製作事宜。另謂：「一切手續完畢後，乞將全書送下一閱。此生不能再與此書相見，臨別不無餘戀也。」[210]張元濟率真的性格與言語，令人感動。另方面同一年商務於北京設總管理處駐京辦事處，編審部

頁 105。

[207] 張樹年主編，《張元濟年譜》，頁 540-541。1949 年 2 月 10 日張元濟致丁英桂(1901－1986)函。

[208] 張樹年主編，《張元濟年譜》，頁 561，1951 年 10 月 4 日張元濟復周恩來函。

[209] 此舉似乎確實具有影響性。1952 年當時全國展開對資本主義工商業的「五反」運動，陳毅告知張元濟之子張樹年「他已向有關方面打過招呼，不讓商務印書館派人來菊老這裏，影響他養病。後確未有人來。」引自《張元濟年譜》，頁 560。

[210] 張樹年主編，《張元濟年譜》，頁 560，1951 年 7 月 9 日張元濟復周恩來函。

北遷至此。當時商務財政拮据，已無力進行東方圖書館的復興。將鎮館之寶捐獻給國家，此舉也象徵商務當局對圖書館事業至此終止的決議。

東方圖書館復興無望，但合眾圖書館卻有進一步開放民眾使用的規畫。民國 40 年 6 月下旬張元濟致書上海市市長陳毅[211]，告以合眾圖書館創設與藏書規模，謂「邇來為面向群眾，將原有新文化書籍略加補充，別設普通閱覽事以便學習。」[212]足見他已將圖書館的夢想與理想完全移植到合眾圖書館。後續他建議將東方圖書館歷年蒐藏贈書轉予合眾圖書館，更可瞭解他將兩圖書館視作一體的心情。

民國 42 年(1953)商務發佈啓事解散東方圖書館，至此東方圖書館完全走入歷史，無論實體或名義上均不復存在。這一年在張元濟的積極安排處理下，將原擬作為復興東方圖書館用之圖書分別予以安置。1月 28 日張元濟致函總管理處，請將東方圖書館歷年捐贈之圖書館移存合眾圖書館。謂「如蒙核准，則於彼於此，一轉移間，而東方不啻得一替身，而合眾內容，亦更見充實，且於兩館建設之初意，及元濟贈與之目的，均有兩全之美。」[213]東方圖書館復興期間早年的蒐藏，數十年來深鎖庫匱之中，未能發揮效益，張元濟擬藉合眾圖書館成為東方圖書館的替身以發揮功能。但此處建議移贈的圖書似乎僅及當年各方致贈的書刊，其他由商務逐年提撥公積所購置的圖書不知是否有部分亦包含其中，抑或因資產屬商務所有，而未納轉移，需再行相關資料比對。但可確定商務對張元濟此項提議似並無異議，僅短短兩個星

---

[211] 陳毅(1901－1972)，字仲弘，為中共創建初期的重要將領，曾擔任多項軍政要職。自 1949 年 5 月起兼任上海市市長。

[212] 張樹年主編，《張元濟年譜》，頁 560。

[213] 張樹年主編，《張元濟年譜》，頁 567。原引自顧廷龍，《張元濟與合眾圖書館》。

期(1 月 28 日)張元濟致陳叔通書,告以「東方圖書館捐獻圖書即將啓運」。[214]張元濟於 2 月核定並簽署《上海市私立合眾圖書館捐獻書》。合眾圖書館於當年經董事會同意後,亦於 6 月 18 日捐獻給政府,並更名爲「上海市歷史文獻圖書館」。

　　民國 26 年八一三戰役爆發之前東方圖書館所蒐購的圖書已多達 30 萬冊之多,歷經近 10 年來的戰亂及人事變遷,此時張元濟爭取移轉合眾圖書館的東方圖書館圖書數量爲何,不得詳知。戰亂期間商務如何保管原安置於靜安別墅的圖書?或經戰亂後此批圖書是否經仍存全數,亦不得而知。一二八淞滬戰後,倖存於金城銀行保管庫的善本書,於戰役後經董事會決議成立「善本書保管委員會」,由商務老員工丁英桂擔任助理員,但這批圖書何時移出金城銀行亦不詳。

　　除了轉贈給合眾圖書館者,其餘圖書商務採取部分自行留用,部分呈送政府的作法。至於何書送呈何書留用,最後仍由張元濟負責確定。因此 1953 年 3 月底沈季湘、韋傅卿、張雄飛致書張元濟告知「東方留用各書據林斯德兄云,備有草目;尚需整理,俟就緒後即送呈。」[215]4 月 2 日張元濟致書張雄飛「交下東方圖書館書目二十四冊及選書草目一份。」[216]4 月期間張元濟針對選書事與商務同人多次會商聯繫,甚至有「又選定總數仍不足一萬冊,已請林君就二十四本清冊中權爲加選。」[217]似乎是針對商務擬呈送政府的圖書進行再次確認。此次所選圖書應該指原存於金城銀行的善本書,據載這批善本後捐獻給政府

---

[214] 張樹年主編,《張元濟年譜》,頁 567,原引自 1 月 18 日。陳叔通致張元濟函批注。

[215] 張元濟當時對此份目錄似乎不甚滿意,曾告知也對此份目錄感興趣的顧廷龍謂:「『東方』送與政府,其報目錄共有二十四本,編次蕪雜。昨交來樣本一份,即需交還。兄如願一視,乞枉臨翻閱。」《張元濟書札》,(北京:商務印書館,1997),頁 894。

[216] 張樹年主編,《張元濟年譜》,頁 568。

[217] 張樹年主編,《張元濟年譜》,頁 569。

者，除明嘉靖內府寫孤版《永樂大典》二十一冊捐給北京圖書館外，其餘宋刊 93 部、元刊 89 部、明刊 156 部、鈔校本 192 部、稿本 17 部，共 547 部，由丁英桂及沈季湘兩位護送至北京，「於 1953 年歸售中央文化部撥交北京圖書館入藏。」[218]。因此選書事宜大約於 4 月底完成後，才正式啟運送呈。6 月 24 日張元濟回覆翦伯贊函稱「…該館(指東方圖書館)已於數月前結束，有書籍 453 箱又 204 包，均經呈獻中央人民政府，由中央社會文化事業管理局鄭振鐸先生接收。鄭君亦已令上海市文化局取去，計有目錄二十四冊。弟就商務印書館留存 300 餘箱中又檢(撿)得抄本《入寇志》四冊…」[219]。

據此可知商務解散東方圖書館之際，對涵芬樓舊籍及東方圖書館復興初期的館藏處置流向，約包括北京圖書館、上海市文化局及商務自留參用三部分。其中北京圖書館所蒐包括商務呈獻捐贈的《永樂大典》二十一冊外，尚有「歸售」中央文化部移撥而來的善本精品 547 部；其他部分約 453 箱又 204 包則無償捐贈給政府；商務自己留存者約 300 餘箱。名義上附屬於商務長達 28 年的「東方圖書館」，至此則完全走入歷史。

東方圖書館於民國 15 年開館至 21 年初燬於戰火，其真正開放供眾使用的時間僅 5 年餘。一二八之役後至八一三之役(1932－1937)的東方圖書館復興期間，商務於此 5 年間迅即徵購約 30 萬冊的館藏作為復興圖書館之用。後因戰事紛擾建館復館無望。但商務前後時期的兩位領導者張元濟及王雲五，仍各自努力以不同型態展現「復興東方圖

---

[218] 趙而昌，<於細微處見精神－記丁英桂先生>，《商務印書館九十五年》，頁 152。此處作者採「歸售」一詞，似以販售方式歸給北京圖書館。
[219] 張樹年主編，《張元濟年譜》，頁 571。

書館」的精神。兩人一留守上海，一遠遷重慶，但仍運用手邊的少數資源，分別以「合眾圖書館」及「東方圖書館重慶分館」兩種不同型態的圖書館服務，來實踐各自爲保留文化遺產、傳播知識、啓發民智的服務理念。一二八之役日軍炮火，其能燬者，只是實體的館舍建築及館藏書刊；其不能燬者，是商務人堅毅奮發不服輸的精神。

第五章

中國近代圖書館發展的推手

　　透過對涵芬樓與東方圖書館的經營，商務經歷並體驗了中國近代圖書館發展史上，由傳統藏書樓過渡到西式近代圖書館的歷程。在此兩種不同的經營模式下，商務所展現的成就均屬當代的佼佼者，足堪爲兩種圖書館經營模式的典範。此外，商務在近代圖書館發展史上也展現了其他相關成就。如圖書館專業圖書的出版、提供專業論著刊載的平台、圖書館管理規範的訂定、專業人才的培育及圖書館用品的製作與用品展等，凡此堪稱是中國近代圖書館發展的重要推手。本章將針對商務相關業務中，對中國近代圖書館發展具觸發或協助性質者逐一探究，以突顯商務對中國近代圖書館發展的重要與影響。

第一節　推動圖書館學理論與實務

　　商務在圖書館學理論與實務推動上，主要展現在出版圖書館專業圖書、訂定圖書館管理的規範、圖書館專業人才的培育及圖書館用品

271

的製作與用品展四方面。其中圖書館學專書的出版,為呈現當時圖書館學最新發展理論與實務的重要媒介;圖書館管理規範的訂定,更成為當時許多圖書館整理館藏時採行的準則,尤其新式檢字法的發明,大量運用於商務出版的工具書上,更普遍影響當時教育界與學術界查閱工具書或查檢圖書館卡片的方式與習慣。圖書館專業人才的培育,更是商務於籌辦東方圖書館之餘,另一項無私的扶植全國圖書館事業發展的表現;圖書館用品的製作,則是在當時物資缺乏的大環境下,藉由商務深厚的企業根基,才能同時製作數十種圖書館所需用品供應全國各級圖書館使用。且因屬國產自製品價格較低廉,也為圖書館界撙節了採購經費。

一、出版圖書館學專業論著

自清末以來,以中文撰述之圖書館學論述主要由西洋傳教士執筆為主,內容多介紹外國圖書館的各種措施為主,著述也大多刊載於西洋傳教士主編的報刊上。[1]如前第二章提及國人對圖書館學較有系統的著述,始於宣統元年 10 月(民國前 5 年,1907),由商務人孫毓修撰述之「圖書館」一文,連載於商務出版的《教育雜誌》第 1、2 卷各期上。商務對我國圖書館學專業論著的發展,由此揭開序幕,商務藉由多元的書刊發行網絡,成為提供國人刊載發表圖書館學論著的重要平台。

有文獻統計民國 38 年以前出版的圖書館學專書約有二百多種,其中 14 年至 25 年約有 140 種。[2]另有文獻依《民國時期總書目》(北京

---

[1]　張錦郎,《中國圖書館事業論集》,頁 184。
[2]　張錦郎,《中國圖書館事業論集》,頁 185。

圖書館編，1994 年，書目文獻出版社)、《圖書館學書籍聯合目錄》(李鍾履編，1958 年，商務印書館)兩書交叉分析 1909 年至 1949 年(清宣統元年至民國 38 年)中國近代圖書館學著作。[3]統計該 40 年間共發行的圖書館學著作 727 種，並略分成出版發端期(1909－1927)82 種、出版高峰期(1928－1937)467 種及出版蕭條期(1938－1949)135 種，出版年代不詳 43 種三個階段，並據此驗證圖書館學的著作出版與近代圖書館事業發展一致。

上述兩者統計結果差異極大，同樣以民國 14 年至 25 年期間比較，一高達 469 種，另一僅 140 種。因兩者均未附詳細書目，故無法比對其間差異。但調查結果為 727 種者，其中屬「圖書館事業」性質達 340 種，比例高達 46.8%，內容多為圖書館概況、工作報告、統計、圖書館組織發展規畫及工作會議等。其中 30 頁以下的小冊子多達 96 種。其次為「分類編目」佔 17.7%達 129 種；另在「出版地區」分布上，上海地區高達 190 種，約佔總數的 26.2%。

商務為中國近代出版史上最重要的出版機構，主事者張元濟及王雲五均對圖書館具有啟發民智及文化保存等任務功能有深刻體會，故如前章所述，除實際參與圖書館的建置與經營，另運用其出版、印刷等既有之優勢條件，也出版了數量豐富且內容多元的圖書館學專書論著。且這些專書作者，多為當時推動中國圖書館學理論或事業發展的重要風雲人物，專書的發行成為傳播新式圖書館學理論或新知的媒介。不但是圖書館學教育時的重要教科書，也是國內各級圖書館館員

---

[3]　胡俊榮，<中國近代圖書館學著作的出版>，《圖書與情報》，2000 年第 3 期，頁 74-77。該文分依出版年代、學科、出版地區和著者進行統計。

實務經營時的重要參考。今依據《全國總書目：3》[4]、《商務印書館圖書目錄(1897－1949)》[5]、《圖書館學論著資料總目：清光緒十五年－民國五十七年》[6]及張錦郎，<王雲五先生與圖書館事業>一文[7]彙整商務於 1949 年前出版發行之圖書館學專書清單如附錄 11，總計約 80 餘種。該附件對部分出版品發行年代相異者，仍予分別陳列；另部分有書名不一致，但因作者與年代相符，仍視同一書但於書名處略加註記；但部份因註錄不甚一致，無法判讀是否同屬一書者，則仍分別列述，避免遺珠。另未查獲出版年代者，統列於全表之末。

此附錄 11 所列數量與大陸邵友亮，<商務印書館與民國時期圖書館學>一文[8]所載統計不相符，邵文統計：屬自著者 57 種、屬譯著者 9 種，合計 66 種。計 66 種，)；筆者彙整統計[9]：屬自著者 74 種、屬譯著者 9 種，合計 83 種如表 5-1。但因邵文未列出詳細書目資訊，故難予核對異同。

如依邵文統計、筆者統計與胡俊榮，<中國近代圖書館學著作的出版>一文比照，約可獲悉商務出版之圖書館學專書與全國所有出版專書之比例各為 10.5%及 13.2%(如表 5-1)。但依張錦郎，<王雲五先

---

[4] 收錄於《民國叢書》，第三編，100 集綜合類，平心編，上海書店，1991 年版，依據 1935 年版影印。

[5] 商務印書館編，(北京：商務印書館，1981 年)，263 頁。

[6] 王征、杜瑞青編，(臺中市：文宗出版社，民國 58 年)，190 頁。

[7] 張錦郎，《中國圖書館事業論集》，頁 185-186

[8] 邵友亮，<商務印書館與民國時期圖書館學>，《江蘇圖書館學報》，(1996 年第 3 期)，頁 42。邵文統計參考來源有四：1.平心編《全國總書目：3》、2.李鍾履《圖書館學書籍聯合目錄》、3.盧震京《圖書館學辭典》及 4.《商務印書館圖書目錄(1897－1949)》四種書所載統計。

[9] 筆者依《全國總書目：3》、《商務印書館圖書目錄(1897－1949)》、《圖書館學論著資料總目：清光緒十五年－民國五十七年》及張錦郎，<王雲五先生與圖書館事業>一文所載彙整。

生與圖書館事業>一文(頁 185)所述,他認爲民國 38 年前出版的圖書館專書約 200 多種,其中 14 年至 25 年約 140 種。而 200 多種中由商務印行者佔了近 50 種,則比例約爲 25%。此與胡文所核計之全國圖書館專書出版數量頗有出入。故商務所出版的圖書館學專書佔全國圖書館學專書之比例,尚待進一步釐清。

另景海燕<近百年來我國圖書館學譯作出版情況概析>一文[10]則是針對近百年來圖書館學譯作出版情況分析,該文統計 1901 年至 1999 年中國出版圖書館學譯著 259 種,發表譯文 3,346 篇。分依各年代譯著及譯文數量繫年列述。

表 5-1　商務印書館有關圖書館學著作出版及全國出版
　　　　比較統計表（1917－1949 年）

（單位：種）

年份	邵文統計自著	邵文統計譯著	邵文合計	胡文全國合計	佔全國比例（邵文/胡文）%	筆者統計自著	筆者統計譯著	筆者合計	景文譯著	胡文全國合計	佔全國出版比例(筆者/胡文)%
1917		1	1	4	25.0	1		1	1	4	25.0
1923	2		2	4	50.0	1		1	0	4	25.0
1924		1	1	8	12.5	1	1	2	2	8	25.0
1925	2		2	16	12.5	2		2	0	16	12.5
1926	6		6	12	50.0	6		6		12	50.0
1927	1		1	9	11.1	1		1		9	11.1
1928	3		3	24	12.5	8		8		24	33.3

（續下頁）

---

[10] 景海燕,<近百年來我國圖書館學譯作出版情況概析>,《圖書館》(2000 年第 5 期),頁 18-20+42。

1929		2	2	26	7.7	3	1	4	3	26	15.4
1930	1	1	2	38	5.3	1	1	2	1	38	5.3
1931	4		4	40	10.0	4		4		40	10.0
1933	4		4	54	7.4	4		4	4	54	7.4
1934	3		3	74	4.1	5		5	9	74	6.8
1935	4	1	5	60	8.3	4	1	5	4	60	8.3
1936	4		4	82	4.9	5		5	5	82	6.1
1937	3	1	4	35	11.4	3		3	2	35	8.6
1938	1		1	16	6.3	1		1	1	16	6.3
1939	2		2	13	15.4	0		0		13	0.0
1940	3		3	8	37.5	3		3	1	8	37.5
1941	1	1	2	19	10.5	2	1	3	2	19	15.8
1942						1		1	1	0	
1943						1		1		0	
1944	1		1	3	33.3	1		1	2	3	33.3
1946	2		2	7	28.6	1		1		7	14.3
1948	1		1	28	3.6	1		1		28	3.6
1949		1	1	7	14.3				2	7	0.0
年份不詳	9		9	43	20.9	14	4	18		43	41.9
合計	57	9	66	630	**10.5**	74	9	166	40	630	**13.2**

資料來源：邵友亮，<商務印書館與民國時期圖書館學>，《江蘇圖書館學報》，（1996 年第 3 期），頁 42（簡稱「邵文」）；胡俊榮，<中國近代圖書館學著作的出版>，《圖書與情報》，2000 年第 3 期，頁 74-77（簡稱「胡文」）、景海燕，<近百年來我國圖書館學譯作出版情況概析>，《圖書館》(2000 年第 5 期)（簡稱「景文」），及筆者彙整相關文獻統計。

　　分析附錄 11 商務圖書館學出版著作，其中屬自作者 74 種，譯著 9 種。這些圖書館學專書中，其發行總數相較於商務其他出版品，也許不算突出，但其中部分圖書對中國近代圖書館學發展歷史而言，確具意義。如民國 6 年(1917)朱元善編的《圖書館管理法》，這是中國出版機構出版的第一本圖書館著作，也是中國出版機構出版的圖書館學著作之一(另一本是同年北京通俗教育會翻譯印刷的《圖書館小識》)。

276

另楊昭悊的《圖書館學》一書則是國人自撰的第一本圖書館學著作。該書為中國首次使用「圖書館學」名稱且以此為書名,象徵當時將圖書館視同一門獨立的學科的存在和發展。全書分為 8 篇 50 章。在第 1 篇第 4 章中第一次以科學方式畫分和確定圖書館的體系結構。該書出版時有蔡元培(子民)、戴志騫、林宰平分別作序。其中蔡元培還讚譽該書「在我國今日,真最應時勢的好書」。[11]商務在何種背景下發行該書不詳,但其開創性的眼光則值得肯定。其他具開創性者還有:陳逸譯《兒童圖書館之研究》(1924 年)是第一本兒童圖書館學著作;洪有豐著《圖書館組織與管理》(1926 年)是第一本總結中國圖書館工作經驗及心得之著作;杜定友的《學校圖書館學》(1928 年)是第一本學校圖書館的著作;楊昭悊、李燕亭合譯之《圖書館員之訓練:"*Training for Librarianship*"》(1929 年)是第一本圖書館教育論著;錢亞新之《索引和索引法》(1930 年)是第一本索引學著作;鄭鶴聲等編之《中國文獻學概要》(1935 年或記為 1933 年出版)是第一本文獻學著作。[12]此外由附錄清單中,有三筆屬商務函授學校編印的出版品。由此可推想商務函授學校編印者,應不只此數;另商務至少舉辦過兩期圖書館學暑期講習班,課堂上授課之講義教材,應另有編印,但可能因非正式發行故未見於書目收錄中。

　　許多圖書館學圖書被收錄於叢書中,依附錄 11 所載被歸入叢書者有 24 種。商務發行的圖書館學著作中,數量上屬自著(74 種)者遠多於譯著(9 種)。其實這也是中國近代整體圖書館學出版品的現況。依前述

---

[11] 邵友亮,<商務印書館與民國時期圖書館學>,《江蘇圖書館學報》,(1996 年第 3 期),頁 42。原引楊昭悊《圖書館學》,1923 年。

[12] 邵友亮,<商務印書館與民國時期圖書館學>,《江蘇圖書館學報》,(1996 年第 3 期),頁 43。

景海燕文統計，1901 年至 1949 年譯著共 44 種，相對於胡俊榮文至 1949 年約共 630 種的圖書館學專業圖書佔約 7%。顯示民國以來圖書館學新知的傳遞或智識的引進，翻譯國外論著的作法已非主流，而是透過當時中國本土的專業學者或圖書館館員自行撰述專書或專文等途徑，來架構並傳遞中國本土性的圖書館學理論與實務。而商務以其出版機構的角色，及主政者的開創性眼光及支持，提供了中國圖書館學萌芽、發展時期傳播專業智識，發表實務見解的知識平台。

概略分析附錄 11 表列商務出版的專書類別，其中商務出版的圖書館學專書仍以探討傳統古籍目錄及版本學最多約 22 種(約佔 27%)，其次為一般圖書館學綜論專書約 18 種(約佔 22%)，次為技術服務探討分類及編目規範約 11 種(約佔 13%)，三項合計已約 61%。因王雲五研發四角號碼檢字法，因此商務也為此出版專書，與相關索引主題者共 7 種。專題性書目 6 種、兒童及學校圖書館經營者 4 種、一般行政管理 3 種、閱覽服務者 3 種，其他主題(圖書館教育、設備用品等) 6 種。可見商務出版的主題範圍廣泛，現代圖書館與傳統目錄版本兼顧。

民國以來新式圖書館學發展，國人撰述的圖書館學專書或單篇論文也陸續出版問世。藍乾章教授於<圖書館學研究>系列文章中，將 1873 年至 1968 年以來的圖書館學論著，依播種時期(1873－1911)、萌芽時期(1912－1927)、茁壯時期(1928－1937)、晦暗時期(1937－1945)、振興時期(1948－1968)五個時期，統計各時期發表之論著數量。各時期下並將論著依類別分列。[13]依據該統計分析 1945 年以前的 4 個時期，其論著數量分別為 47 篇、640 篇、4,065 篇、510 篇，總計共 5,262

---

[13] 藍乾章，<我國早期的圖書館學>，《圖書館學刊(輔大)》(第 10－13 期，民國 70－73 年)。

篇。此項統計主要以單篇論著爲主,非以專書爲對象。

　　商務對中國近代圖書館事業的發展,透過專書出版及期刊中單篇論文的刊載,對專業知識傳遞及教育功能也具有貢獻。如商務發行的定期刊物中,以討論教育爲名的《教育雜誌》及介紹時論摘要及中外大事紀爲主的《東方雜誌》中,均有圖書館學論著發表。在《教育雜誌》中所發表的單篇期刊論文或照片等,共約 67 筆。數量上雖不算太多,但圖書館學爲教育領域中重要的一環,則無庸置疑。

　　該刊登載篇目中最著名者首推孫毓修於宣統元年(1909)開始連載的<圖書館>一文共 8 期,此爲國人首次有系統撰述圖書館學論文之始,書中擬將中國傳統藏書樓管理經驗與東西方新式圖書館管理方法結合,可惜未完整刊載;另民國 2 年王懋鎔譯,日本文部省發表之<圖書館管理法>,連載 6 期,可看出當時師法東洋的風潮。民末清初國內本土新圖書館學尚未發達,故多師法西方及東洋的圖書館管理制度。而清末以師法東洋爲主,至民國初年韋棣華、沈祖榮等人倡導之下,才轉而師法歐美的圖書館學制度。另外探討兒童圖書館相關的篇章及插圖約佔 20%,比例頗高。雖然許多研究均指稱《教育雜誌》雖以討論教育學術爲名,但目的是作爲商務推廣教科書的工具。但雜誌中多篇對兒童圖書館的介紹,除了所謂的兒童讀物的商機外,對影響當時教育界重視兒童圖書教育的扎根工作,仍具貢獻與影響。《教育雜誌》中刊載之圖書館學篇章依吳美瑤等編《教育雜誌(1909－1948)索引》[14]所輯列述如附錄 12,所附類別依原編者歸類。

---

[14] 筆者摘錄自吳美瑤等編,《教育雜誌(1909-1948)索引》,(臺北:心理出版社,2006 年),650 頁。

　　至於在商務發行歷史最長的《東方雜誌》，創刊於 1904 年 3 月 11 日，在五四運動興起前(約 1919 年)所刊載內容主要是介紹國外的科學技術與學術思想，後轉成對國際問題的評論與研究，並增加對中國的哲學、文學、經濟、政治的研究論文，轉型成爲一社會科學的大型綜合性期刊。檢視《東方雜誌總目》[15]內所載與圖館學相關的篇目僅約 28 篇，類目詳如附錄 13。

　　我國專業的圖書館期刊雜誌的編印，最早創刊者爲民國四年杭州公立圖書館發行之《浙江公立圖書館年報》[16]，以下約十年間竟無其他專業期刊創編，至民國 13 年 8 月才有《北平圖書館協會會刊》(不定期刊)、及民國 14 年 6 月之《中華圖書館協會會報》(雙月刊)、民國 15 年 3 月北平中華圖書館協會發行之《圖書館學季刊》等多種協會或各地圖書館發行之圖書館學專業期刊。[17]因此民國 15 年以後，才有較多專業期刊的創刊編印。故商務的《教育雜誌》及《東方雜誌》成爲民國初年圖書館學相關論著的發表平臺，在國內圖書館界尚屬萌芽階段的環境下，許多國外知名圖書館的概況介紹及國外圖書館學發展現況等新知的傳遞與引進，均能透過此途徑讓各界獲悉；民國 15 年以後雖已有大量專業期刊發行，但商務此兩種期刊仍零星刊載相關篇章，持續發揮傳播近代圖書館發展情況的功能。

---

[15] 筆者摘錄自三聯書店編輯部編，《東方雜誌總目－1904 年 3 月－1948 年 12 月》(北京：三聯書店出版，1957 年；上海：上海書店重印，1980 年)，580 頁。

[16] 嚴文郁，《中國圖書館發展史》，頁 204-209。

[17] 嚴氏收錄之圖書館學專業期刊共 55 種，依據創刊年代統計，民國 4 年 1 種，民國 11－15 年 4 種，民國 16－20 年 16 種，民國 21－25 年 23 種，民國 26－30 年 3 種，民國 36 年 2 種。由此也可看出中國近代圖書館學發展各時期的盛衰消長。

二、訂定館藏組織管理規範

　　商務對中國近代圖書館學發展的貢獻，除前述涵芬樓及東方圖書館等實體圖書館的建置與經營外，同時透過圖書館學專書論著的出版及期刊篇章的刊載，對圖書館學專業智能之傳播與教學之輔助，也具相當成就。但論及對圖書館館藏組織方面，在王雲五的研發下，亦自成一發展體系。相關制度發明成果，透過商務豐厚的企業實力、出版品流通發行網及王雲五活躍靈活的推廣手腕，使這些制度擴展至全國供許多圖書館運用。這對當時圖書館界甚至學術文化界，具有相當程度的影響力。商務對圖書館館藏組織的貢獻，主要為王雲五的「中外圖書統一分類法」、「中外著者統一排列法」及「四角號碼檢字法」等三方面。

　　這些館藏組織的研發訂定，不只是純學術理論的探討，最重要的是它的可操作性。因王雲五為準備東方圖書館開放進行館藏整理時，已全面採用並經大量的實務操作驗證(見第五章「東方圖書館的館藏整理」)；期間遭遇問題時他也勇於修訂改版，以符所需。故商務或王雲五在推介此三項規範時，均能自信滿滿，原因即在此。有關此三項管理規範的內涵，已於前第四章中敘述，且「中外著者統一排列法」附於「中外圖書統一分類法」一起運用中，其內容較簡易已於前章敘述。本章主要介紹「中外圖書統一分類法」及「四角號碼檢字法」兩項之發明緣由及其運用概況。

（一）中外圖書統一分類法

中國古代學術向來注重目錄學，清代學者王鳴盛說：「目錄之學，學中第一緊要事，必從此問途，方能得其門而入」(王鳴盛《十七史商榷》)。目錄學之所以被視爲學中第一緊要，就因爲它是引導治學的門徑。而王雲五認爲「圖書分類爲新目錄學之綱領。」圖書分類的背後，代表了當代人們對於知識的理解線索和對價值的判斷標準。[18]

中國舊籍經史子集的四部分類法已行之有年，民初圖書館界也引進國外通行的圖書分類法。但王雲五仍投身研究中西圖書分類法的緣由，係因民國 13 年 3 月涵芬樓經董事會決議日後將公開供眾閱覽。他認爲「舊日四部分類法失諸粗疏，專供舊書的分類，尚覺不適於用，況現代圖書館兼收西方新籍與其譯本，及近人對新學術的著述，其不能以舊法爲之統馭，更屬明顯。」因此認爲「涵芬樓之所藏，固以舊籍爲多，新書與各國文字之圖書，亦復不少；要採用何種分類法始能統馭中外新舊之圖書，實有亟予研究之必要。」[19]

他對圖書分類的中心思想是依循美國卡特(Cutter)說：「圖書分類是集合各種圖書，選擇其性質相同的放在一處」。經引申解釋圖書分類的兩項必備條件一爲需按「性質相同」分類，另一爲「圖書依類別陳列，同類書不分開」[20]。針對當時國內引進的各種國外分類法，經分析評估後，他決定採取杜威十進分類法作爲改良圖書分類法的基礎。因王雲五認爲此種分類法「很能活用，很有伸縮力。」杜威分類法的

---

[18] 王建輝，《文化的商務》，頁 158。
[19] 王雲五，<我的圖書館生活>，《舊學新探－王雲五論學文選》(上海：學林出版社，1997年)，頁 32。
[20] 王雲五，《中外圖書統一分類法》，頁 1。

類目號碼具人類知識發展意義，且僅分十大類，相較於其他分類法十八類或二十六類，較易理解記憶。但該分類法主要缺失爲：本質以西方爲主體，對中國事物只留給一個很微小的地位，對以中國書籍爲主的圖書館頗不適用。

他參考國內當時其他圖書館或專家學者沿用杜威分類法，並修訂改良的現況，如清華大學圖書館杜定友的「世界圖書分類法」、洪有豐的「圖書分類法」及武昌文華大學沈祖榮、胡慶生的「仿杜威書目十類法」等。但仍覺得諸多作法無法達到同類別的中文書及外文書排列一起的目標。他認爲中外學術有相通之處，如因分類法而將中西相通之圖書分別排列，不僅參考使用時不便，且中外圖書分別排架，將使一本西文書和它的中譯本遠置兩處，失去圖書分類的意義。因此他一心以「中外圖書統一分類」爲大原則。[21]如此才能將學科類別相同者歸於一處；原本與譯本也能並列；甚至古籍內容類別與西方著作性質相同者也能並列。

有關「中外圖書統一分類」推出的年代，胡道靜《上海圖書館史》稱 15 年發表，洪有豐在民國 15 年春爲杜定友著《圖書分類法》一書寫序，也說我們的分類表有「東方圖書館王雲五著中外圖書統一分類法」。惟據姚名達著《中國目錄學年表》所載及金敏甫評<王雲五的中外圖書統一分類法>一文所載，則稱是 17 年 12 月出版，因此約可推斷分類法推出的時間較早，但期間經過修訂約至民國 17 年才正式定稿出版。

---

[21] 王雲五，<我的圖書館生活>，《舊學新探－王雲五論學文選》，(上海：學林出版社，1997 年)，頁 35。

　　王雲五於 15 年初(或 14 年底)左右，在杜定友著《圖書分類法》一書的序文，有「余不才，復忝長該(東方圖書)館，其實余所最慮者即為圖書之分類；因館中藏中西書籍頗富，西書數萬冊既悉照杜威法分類，改弦更張非數歲不為功，固有仍舊貫之必要；新舊籍或者譯本之性質相同者不宜異處，故中西分類又以統一為宜。思之重思之，遂決於杜威原類屬之外，增若干新類屬；然原有號碼既無可變更，乃悉冠新增者以特殊符號，而依類比附銷納之。初尚若齟齬難合，兩年來增改再四，卒舉三十萬冊之藏書悉納於同一分類碼之中，無論為東西文原本為漢譯本或漢文原著，果其性質無異，則其所居之地位悉同。…俟余書印訂成冊…當乞杜君為我糾正…」。據此證明民國 15 年初該分類法尚未正式出版。但由他「兩年來增改再四，卒舉三十萬冊之藏書悉納於同一分類碼之中」的描述，則他已成功運用該分類法於東方圖書館的圖書整理中。對於該分類法能成功運用於東方圖書館，他非常欣喜並自我評價：「結果證明依此分類法每書各有一定地位，無論從分類的卡片或在書架上檢閱均甚便利；加以那時候我先有四角號碼檢字法的發明，對於圖書館索引片編制排列，可使檢查極為便利。」

　　如前所述，王雲五對分類法的鑽研其實是和檢字法合一的。他自述「這兩項是我自民國十三年迄十五年集中注意與研究之工作。…分類法賴檢字法而完成，檢字法亦賴分類法而磨練。兩者有相互的關係。」且研究分類法的工作之始還早於檢字法，始於民國 13 年 3 月，成於民國 16 年 4 月，[22]他認為該分類法才算真正完成。時距東方圖書館正式啟用開放約一年以後，足見他對該分類法要求完善，故持續修訂的認真與用心。該分類法至民國 17 年 12 月才正式出版，期間又間隔約一

年半餘，應又持續再經修訂。

　　該分類法共 271 面，「除分類表佔九十五頁，中西文索引佔一三三頁而外；還有四十三頁，分做五章：第一章緒論；第二章中外圖書統一分類法；第三章中外著者統一分類法；第四章標題法；第五章索引法」。[23] 書前有蔡元培序文，除概述分類法的組成緣由，並讚譽王雲五「博覽深思」，且推崇「該分類法的優點，就是性質相同的書，不會分開，不同類的書，不會攪入。」並介紹該分類法的主要優點，在分類法部分：「一方面維持杜威的原有號碼，毫不裁減；一方面卻添作新創的類號來補充前人的缺點。這樣一來，分類統一的困難便可以完全消除了」；針對「中外著者統一排列法」：「著者姓名，中文用偏旁，西方用字母，絕對不能合在一列。若是把中文譯成西文，或把西文譯爲中文，一定生許多分歧。…要一種統一而又有意義可尋得的方法，莫如採用公共的符號，可以兼攝兩方的。這種公共的符號，又被雲五先生覓得了。」[24]

　　劉國鈞於民國 16 年提出對當時中國圖書分類法的問題研析：當時圖書館的分類法有四種，一是沿用四庫舊制而稍遷就，以容概其他學科之書；一則將書籍分爲新舊，舊籍依四庫舊制，新籍依杜威分類法或自定新類表；另一則修改杜威十類分法，如東方圖書館則屬此法；另也有自創一分類表，如沈祖榮之《仿杜威十類分法》，杜定友之《世界圖書分類法》等。依劉氏看法認爲一圖書館不應有兩套分類體系，無論依出版年代先後來區分新籍、舊籍分別分類，或依語文別將中文

---

[23] 金敏甫，<評王雲五的中外圖書統一分類法>，《圖書館學季刊》(3 卷 1/2 期合刊，民國 18 年 6 月)，頁 279。

[24] 王雲五，<蔡子民先生與我>，《傳記文學》(第 2 卷第 2 期)，頁 7-14。

書與其他語文圖書分開排架列置分類，均不可取。他贊同將：「圖書館中分類儲藏等手續，宜絕對統一，不必分為中西文者。如清華學校及杜定友、王雲五諸君，皆毅然主張此說者也。自圖書館辦事之理想上言之，此說故甚宜得人讚許。」[25]杜定友及劉國鈞為當時圖書館學界的重要學者代表，兩人均認同中西文書籍應統一分編排架的做法，因此王雲五的《中外圖書統一分類法》當時應屬較主流的分類法之一。

當時長期致力於圖書館學發展的中國圖書館學家蔣復璁先生，也肯定王雲五的分類法認為：「當時出版分類法及索引法的很多，雲五先生在商務印書館革新發展的時候就已經發明了分類法，他是參照比利時國際目錄學院擴展杜威分類法來編制，增加中文圖書的分類。這個分類法有學理上的依據，是一種杜威圖書分類法的擴大。中西圖書可以編在一起，影響很大，當時用的圖書館也很多。」[26]此處為文獻中唯一提出王雲五發明修訂該分類法「參照比利時國際目錄學院」的說法。

《中外圖書統一分類法》一書甫發行，次年金敏甫旋於《圖書館學季刊》「書評」專欄中嚴格指出該書的一些缺失。[27]金氏提出的論點歸納起來約有以下幾點：一是針對該書的內容，認為既名為「分類法」但第三、四、五章均屬編目範疇，卻又列入全書正文，致書名與內容不符，建議應另書出版或列入附錄。二是針對分類法部分，他認為杜威分類法本就存在有中國舊籍沒有相當號碼對應及中國歸類方面分配

---

[25] 劉國鈞，＜中國現在圖書分類法之問題＞，《圖書館學季刊》，(第 2 卷第 1 期，民國 16 年 9 月)，頁 73-77。

[26] 蔣復璁，＜我所認識的王雲五＞，《傳記文學》(第 35 卷第 7 期)，頁 43-45。

[27] 金敏甫，＜評王雲五的中外圖書統一分類法＞，《圖書館學季刊》，(3 卷 1/2 期合刊，民國 18 年 6 月)，頁 279-288。

不當兩項缺點。但王雲五的分類法仍以杜威分類法為基礎「而小小的加以『點綴』」，此舉除破壞原分類法的組織架構及原作精神，連唯一「十分制度(Decimalism)」的特點也不復存在。對於王雲五發明的十、卄、卅等鏈結中西文圖書分類於一處的符號，認為這些符號無註記功能，且依這些符號結合原杜威類號的排列會導致「混亂排列次序」；至於第三章「中外著者統一分類法」他認為有「同號碼字太多」及「混亂字順排列」的缺點，並認為不比卡特氏著號碼表便利；第四章「標題法」則因概念上與國外習用的標題表(subject heading)意義不符，因國內當時尚無標題表，故對於王氏此處列出十條給館員「訂定標題的方法與原則」，作為給訂類別的標題、著者的標題及書名的標題時的參考，頗不以為然；第五章索引法主要用於各類型卡片(分類、著名、書名)的排列，金氏對此仍指出會有書碼過長及次序不能整齊的缺失。

除了架構方面的缺失，在使用方面也有意見批評，認為「不容易掌握，使用也不很方便」。問題在於該分類法添加許多符號，因此進行分類及排架時，需加入許多館員的個人判斷；且屬於中國的類目多置於原杜威類目之前，以「張揚民主自尊」，因此配合十、卄、卅三項符號的運用訂定，給訂者自有思維判斷，很難有共同一致的看法，易造成取號不一致。且該分類法非完全依需求新創，僅依附於杜威十進分類法之中，雖然較容易成功，但相對較難呈現特有的生命力。[28]上兩項說法，確實是該分類法的缺失，也可能造成後來該分類法未能持續沿用的原因。但在當時多種分類法風起雲湧之際，王雲五的分類法仍造成不小的影響。

---

[28] 郭太風，《王雲五評傳》(上海：上海書店，1999 年)，頁 124-125。

當時採行王雲五《中外圖書統一分類法》的圖書館，全上海市公私圖書館 36 所，用杜威法的 12 所，用杜定友及王雲五的各 5 所。[29]民國 23 年統計全國採用《中外圖書統一分類法》的圖書館中，較具規模者達 20 餘所；[30]另民國 24 年全國 2,520 所供公眾閱覽的圖書館中有 889 所推行《中外圖書統一分類法》[31]，依此則比例約為 35%。又據何多源統計，民國 25 年當時國內圖書館所用的分類法，以王雲五的分類法為最多。

王氏分類法的普及率各引用文獻數據雖不一致，但民國 25 年左右應是高峰期。這應該與該分類法除用於東方圖書館館藏整理後，又被運用於商務《萬有文庫》一二集及《叢書集成》初編等叢書出版的分類編目上有關。因當時購買《萬有文庫》一二集而成立的圖書館極多，《萬有文庫》各書書背上均印有《中外圖書統一分類法》的分類號與著者號，各館為節省人力故多沿用依循。據莊文亞編之《全國文化機關一覽》(民國 23 年)一書所載，當時有很多著名的圖書館，也採用王雲五的分類法，如：湖北省立圖書館、浙江省立圖書館、陝西省立第一圖書館、湖南省立中山圖書館、江蘇省立鎮江圖書館、廣東國民南通學院農科圖書館等 20 餘所。[32]上海採用過該分類法的圖書館有市立、青年會、浦東中學、申報流通館等。後來早年臺灣商務發行的圖

---

[29] 依張錦郎引用胡道靜<上海圖書館史>一書。胡道靜調查搜集的《上海圖書館史》於 1935 年問世，該書囊括自 1847 年上海最早出現的「上海圖書館」到 1935 年上海前後出現的百餘家中外公私圖書館的概況。引自：盛巽昌，<胡道靜："三點一線"的讀書人>，http://www.pubhistory.com/img/text/0/2070.htm，2007.11.02 檢索。

[30] 吳永貴，<著眼全國圖書館發展大局－論商務印書館對我國近代圖書館事業的貢獻(之三)>，《圖書館雜誌》，(2001 年第 9 期)，頁 54。引莊文亞 1934 年編寫之《全國文化機關一覽》。

[31] 吳相，《從印刷作坊到出版重鎮》(南寧：廣西教育出版社，1999 年)，頁 232。

[32] 張錦郎，《中國圖書館事業論集》，頁 170-171。

書,有段期間也維持在封底印中外圖書統一分類法類號的傳統做法。[33]

　　《中外圖書統一分類法》的三項特點爲:一是導源於古今中外圖書分類法的對比研究,一是體現的中西合璧的文化溝通,一是試圖將圖書分類與圖書出版相結合。[34]原涵芬樓的圖書分類系統是依中西文語文別及新書舊籍別,各自運用中國傳統分類法及國外引進的西洋分類法。因讀者查檢不便,且潮流所趨,故王雲五新研發的分類法具融通古今、中西合璧的特點。

　　王雲五對《中外圖書統一分類法》的推廣,採取與圖書出版結合的作法,可看出他在經營商務出版並兼顧圖書館發展的睿智及專業。除了前述《萬有文庫》一二集共 4,000 冊的圖書書脊上印有該分類法的分類號及著者號外,另如《叢書集成初編》4,000 冊、《幼兒文庫》、《兒童文庫》等,都把分類號印在每一冊的封面上。當時商務出版數種文庫形式的大部頭叢書,因內容豐富,主題多元,且售價合理,成爲各圖書館樂於採購的標的,藉此也影響當時的許多圖書館界因勢採用《中外圖書統一分類法》。《萬有文庫》隨書還附贈數千張按四角號碼註明號碼的書名卡片,方便購置的圖書館進行管理及提供讀者查閱。王雲五這種安排不但大大提昇圖書館採購這些圖書的意願,相對也促銷了商務這些大部頭圖書的發行量,藉此也推廣了王雲五《中外圖書統一分類法》的運用範圍,可謂一舉多得,面面俱到。

　　王雲五將分類號及著者號印製於圖書上的作法,以現在看來,恰與現在圖書資訊學界的圖書預行編目(Cataloging in Print, CIP)頗爲類

---

[33] 郭太風,《王雲五評傳》,頁 124。

[34] 王建輝,《文化的商務－王雲五專題研究》,(北京:商務印書館,2000 年),頁 154-156。

似。他雖然未如 CIP 般提供多項書目資訊欄位，但分類號、著者號的給訂與卡片的製作，較屬專業領域範圍，非專業訓練的館員較難完成。商務的作爲恰能協助當時許多新設圖書館，解決人力物力不足的窘境。此舉對提倡近代圖書館的成立與發展，確實具有極大的貢獻與影響。

商務將圖書出版與圖書館服務融合，運用館藏組織的便利制度來爲圖書館界服務，而圖書館界則回報以大量的圖書購藏。商務出版的圖書在選題、品質及內涵上，又恰是諸多草創圖書館所需；一般讀者無力購置的大套叢書，經由圖書館的採購，得以借閱查檢。在此良性互動機制下，出版社、圖書館及讀者三方皆蒙其利。而王雲五的《中外圖書統一分類法》正作爲此三方連結的基礎。

另王雲五的分類法主要依西方杜威十進分類法修訂而成，其作法是否合乎邏輯，雖仍有爭議。但許多圖書館藉由商務出版物連結分類法整合行銷的作法，除無形中接受並運用了該項分類法，但更重要的是：杜威十進分類法架構的基底思維，影響了日後中國圖書分類仍不脫沿襲杜威十進分類的知識架構。如目前我國臺灣地區採行相當普遍由賴永祥編訂的《中國圖書分類法》。此法最早由前南京金陵大學圖書館館長劉國鈞編訂，以「杜威分類法」爲基礎，擴增有關中國圖書的類目，以便適合我國的需要，此法初成於民國 18 年，民國 25 年再版；頗獲我國圖書館界的重視。民國 38 年以前，大陸圖書館採用此法者，包括國立北平圖書館在內已達 200 餘所，民國 53 年賴永祥根據劉國鈞原著增訂，並編索引，經多次增訂後發展成現在的《中國圖書分類法》。

王雲五的《中外圖書統一分類法》迄今雖幾無圖書館沿用，但在

我國圖書分類趨於合理的發展過程中，具有階段性的作用。對我國的
圖書分類發展史、圖書館學及目錄學上，仍具有重要的一席地位。

（二）四角號碼檢字法

　　約民國 20 至 30 年代，興起對漢字單字或片語排序方法的研究，
這些研究又稱之爲「漢字檢字法」。漢字排檢法除用於詞典、百科全書
等工具書的編排外，還普遍用於字順目錄、索引以及文書、檔案中各
種名稱等的排序。當時先後出現較著名的漢字檢字法有：高夢旦的「改
良部首法」、林語堂的「漢字索引制」、杜定友的「漢字形位元排檢法」、
沈祖榮和胡慶生的「12 種筆畫檢字法」及王雲五的「四角號碼檢字法」
等。據蔣一前<中國檢字法沿革史略>一文統計，至 1933 年共有檢字
法 77 種。[35]當時檢字法之盛行，另可由 1958 年修訂出版的盧震京《圖
書館學辭典》看出，他在前人統計的基礎上予以增補，列新檢字法多
達 104 種，數字呈現 20 至 30 年代中國檢字法的革新，處於蓬勃的高
峰期，尤其是 20 年代，平均每年竟有 4.2 種檢字法問世，而「四角號
碼檢字法」在當時百家爭鳴的大環境下，能突出並流傳絕非易事。

　　「四角號碼檢字法」是王雲五極爲得意的人生成就之一。他投入
檢字法研究的動機：「…是感於部首檢字法之費時多而仍不易確定，因
爲康熙字典所收字爲四萬餘，而部首只有二百十四，平均每部所容字
數約二百，…何況部首的界限極不分明。…但直接鼓起我的研究興趣

---

[35] 著者不詳，<漢字排檢法>，http://www.coovol.com/wiki/%E6%B1%89%E5%AD%97%
E6%8E%92%E6%A3%80%E6%B3%95，2007.6.17 檢索。

者，便是林語堂先生。」[36]

　　林語堂早年即從事新檢字法的研究[37]，蔡元培說：「林君玉堂有鑒於是，乃以西文之例，應用於華文之點畫，而有漢字索引之創制。」[38]林語堂將漢字分爲 5 母筆 28 子筆，從字的首筆研究；後覺得未必簡捷，又擬改由末筆研究。商務因出版發行許多工具書，對檢字法極爲關心，因此與林語堂訂約津貼研究費用，暫訂一年爲期。蔡元培雖曾看過林語堂的檢字法，但因林語堂一直未正式發表推廣，故未見其便利的程度。但因林語堂逐期對商務的進度報告，反而鼓舞了王雲五的研究興趣。王雲五因對舊有部首檢字法不滿意，但又體認檢字法難易和讀書難易有關；其他圖書目片、人名目錄、商業名簿、電話簿及其他種種索引，都是按字檢查，所以檢字法的難易也影響經濟效益。但王雲五由林語堂按月提交的檢字法研究報告中，認爲部首改革法很難有具體成果。於是引發王雲五的好奇心、好勝心及研究精神，自己投身檢字法的研究中。

　　王雲五投入檢字法的研究時間，要比分類法長得多。《岫廬八十自述》稱自 13 年 11 月開始，「我對於檢字法之研究發生濃厚的興趣，從此鍥而不舍，接連數年，於成而復敗，精益求精之下，卒底於成」。但其過程絕非一蹴即成，他自民國 13 年 11 月由一本電碼書開始研究號碼途徑的檢字法。「…遂從此悉心研究，朝斯夕斯，甚至夢寐求之。結

---

[36] 王雲五，<檢字法與分類法>，《岫廬八十自述節錄本》，(臺北：臺灣商務印書館，2003年)，頁 55。

[37] 林語堂時任職清華大學，於研究檢字法初有心得後，於民國 13 年夏與高夢旦聯繫希望能獲得商務經費上的支助，高氏因原已研究部首改革多年，故欣然應諾並徵得王雲五同意。

[38] 王建輝，《文化的商務－王雲五專題研究》，頁 146。林語堂本名林玉堂。

果，於次年(民國 14 年)3 月，無意中發明所謂號碼檢字法。」[39]。他隨即於商務發行的《東方雜誌》22 卷 12 期(民國 14 年 6 月)中發表。「號碼檢字法」與後來的「四角號碼檢字法」其架構完全不同。

所謂「號碼檢字法」是將筆法分為五類，欲檢某字時，先計算該字所含第一類筆法之數，記在第一位；次計算第二類筆法之數，記在第二位；如此記至第五位，即得該字號碼。若有某類筆法全缺者，以 0 記之，若某類筆法超過九數者，仍以 9 記之。[40]因「號碼檢字法」同碼字甚多，且每字號碼需經 5 次計算，頗耗費時間，檢查困難，因此王雲五於發表後隨即放棄。但依筆劃形狀與數碼掛鉤的思路仍予保留，而改以字型的四個角作為取碼依據，因而發明了「四角號碼檢字法」的早期版本。他於民國 14 年 11 月撰寫了<四角號碼檢字法>一文刊登於《東方雜誌》23 期 3 月(民國 15 年 2 月)上。他於此兩篇介紹檢字法的文末均註明：「本檢字法有發明著作權，未經著者同意不得採用或翻印。著者已經照本檢字法編成字典詞典數種在排印中」。對於他急於發表始完成的半成品，大陸學者郭太風認為「雖有急功好名之嫌，但也含有防備他人侵犯著作權之深意。…所謂已經在用新的檢字法排印字典，是王雲五虛張聲勢，其用意在於阻止他人非法使用他發明的檢字法。」[41]

中國漢字的檢字法大致可粗分為可分為：義序排檢法、形序排檢法和音序排檢法等 3 種類型。而其中形序排檢法最為盛行，由此衍生的檢字法又有部首法、筆畫與筆順法、號碼法多種。多種號碼法中王

---

[39] 王雲五，<檢字法與分類法>，《岫廬八十自述節錄本》，頁 55-56。

[40] 引自萬國鼎，<各家新檢字法述評>，《圖書館學季刊》(第 2 卷第 4 期，民國 17 年 12 月)，頁 547。

[41] 郭太風，《王雲五評傳》，頁 129。

雲五所發明的檢字法，在當時可謂開風氣之先，因此與其說他急功好名，不如說是欣喜若狂，急於公諸世人，分享成果。至於宣告著作權歸屬，是否也隱涵他認為產品尚未成熟，仍多有改善空間，因此雖初步提出檢字法之緣由與內容，但仍不希望外界援引運用，造成困擾。

王雲五持續進行四角號碼檢字法的修訂，一方面延請當時的學術界名人評論，如民國 15 年 4 月出版的《四角號碼檢字法》，有蔡元培、胡適、高夢旦、吳稚暉分別作序。如胡適肯定：「我以為王先生新發明的法子確是最容易、最方便，應用最廣的法子。依我看來，這個法子是可以普通採用的。」他稱王雲五發明四角號碼檢字法是「學術界的大恩人」，「大慈大悲救苦救難的工作」；蔡元培說：「這種鉤心鬥角的組織，真是巧妙極了。而最難得的，是與他自己預定的八原則，都能絲絲入扣。王先生獨任其勞，而給我們有永逸的享用，我們應如何感謝呢！」。[42]

王雲五自稱：「我的四角號碼檢字法，則於 15 年 8 月初步就緒，17 年 10 月才增訂完成。」[43]。《四角號碼檢字法》一書於民國 15 年 4 月初版，民國 17 年 5 月修訂再版，同年 10 月再次修訂再版。另商務於民國 20 年及民國 23 年發行《四角號碼檢字法學習法》(1 冊，26 頁)，作者一註為王雲五，另一為趙景源。同時商務函授學校亦編印有《圖書分類法》一書，應作為函授教材使用，該書附錄有 1.四角號碼檢字法，2.中外圖書統一分類法，3.分類表及英文索引等，全書 1 冊計 257

---

[42] 王雲五，於<四角號碼檢字法・自序>中認為理想中的漢字排列法，必須合乎的原則：1.人人都能明白，2.檢查迅速，3.必須一檢便得，不要轉了許多彎曲；4.不必知道筆順；5.每字的排列有一種當然的次序，不必靠著索引上所註的頁數或其他武斷的號碼，便能檢查；6.不可有繁瑣的規則；每自有一定的地位，絕無變動；7.每字有一定的地位，絕無變動；8.無論如何疑難之字必能檢得。

[43] 王雲五，《岫廬八十自述節錄本》，頁 54。

頁。王雲五自稱對四角號碼檢字法的投入，由民國 13 年 11 月開始至民國 17 年 9 月底止，「爲時不下四年」。[44]；自民國 14 年底發表後，仍精益求精花費兩年時間實驗改訂，據稱共改訂七十餘次，直至 17 年 10 月才底定。

現臺灣商務印書館發行之《四角號碼檢字法－附檢字表》，其版本爲「1933 年 12 月初版、1967 年 2 月臺一版第一次印刷、2000 年 6 月臺一版第十六次印刷」。該版本應屬較後期的完整版。內容除凡例、參考表、採用本法機關及出版物、統計(單字同碼統計、詞語同碼統計、單字檢查速率表、詞語檢查速率表)、詞語排列法外，附有蔡元培、胡適、高夢旦、吳敬恒等人序及王自序。檢字法外另附錄相關出版品運用四角號碼檢字法樣張 16 種及中外著者統一排列法說明。

臺灣學者喬衍琯師在<中文檢字法漫談>一文稱：「該書(《四角號碼檢字法》)在 15 年分別刊有中英文單行本。第二次改訂於 17 年 5 月出版(蔡元培有一序文)，修改很多，幾等於新著作。同年 10 月印行三版第二次改訂本後，復略有修改。56 年 2 月在臺重印，列爲《人人文庫》253 號。幾十年來仍陸陸續續小有修訂…」[45]

由喬師所述，則晚年遷臺後王雲五仍持續於四角號碼檢字法的修訂，其堅毅執著之用心頗令人感佩。

早在王雲五之前，商務人對檢字法也具研究興趣的另一人爲高夢旦(鳳謙，福建長樂縣人)。[46]他因《康熙字典》檢查困難，苦思力索後

---

[44] 王雲五，《岫廬八十自述節錄本》，頁 58。

[45] 該文原載《廣文月刊》1 卷 8/9 合刊，民國 58 年 7 月，著者署名張義德，爲喬衍琯先生代撰。此引自張錦郎，《中國圖書館事業論集》，頁 172。

[46] 高夢旦原擔任大學堂留學監督，率學生十餘人赴日本考察教育年餘。後解職歸國擬

新創「百部部首法」。王雲五曾介紹高氏的檢字法以字形部首爲主，方法爲但管字形，不管字義，將舊字典二百十四部，就形式相近者併爲八十部，並確定上下左右之部居；因高氏自以爲不徹底而未發表。[47]

　　四角號碼檢字法由王雲五發明的說法，部分商務內部人員似乎有不同的見解。代表人物爲莊俞、鄭貞文兩人。莊俞稱：「(高夢旦)又因《康熙字典》檢查困難，苦思力索，創爲百部部首法，研究十餘年，屢易其稿，終不愜意。會王君雲五亦抱斯志，乃悉以其稿畀之。王因別創制四角號碼檢字法，在屬草時與公面商或電商幾無虛日。王氏之書，今已通行全國，而公勿與也。」[48]另稱「…後黎錦熙、錢玄同輩實行注音字母，王雲五氏創制四角號碼檢字法，公樂爲贊成，且爲之鼓吹。四角號碼檢字法今日已行諸全國，公實與有力焉。」[49]莊俞極力讚許高夢旦對檢字法研究投入之深，並隱然傳達王雲五的四角號碼檢字法似乎來自高夢旦得協助與啓發，但高氏功成不居。莊俞雖仍不否認王雲五「創制四角號碼檢字法」，但隱含對高夢旦的不平之鳴。

　　另一商務人鄭貞文對王雲五的說法更爲不堪。他稱：「高夢旦…苦思力索，初創爲『百部部首法』，後改爲『號碼檢字法』，研究多年。他曾經把這個理想告訴所中同人，引起大家的興趣。有幾位同事各就

投身編輯小學教科書。當時商務編譯所初創，張元濟新任所長因此延攬入商務任國文部部長，編輯小學教科書。高夢旦爲商務終身奉獻，張元濟倚重如左右手，於公司規畫，無不參與；後接替張元濟任編譯所所長，至民國 8 年五四運動的新思潮，他自認外文能力不足，自動請辭擬以胡適接替所長一職，後胡適推薦王雲五接任。除了改良檢字法外，他早年認爲漢字筆劃太繁複，因此曾與勞乃宣一起研究漢字改革方法，成就勞氏的簡字成功。

[47] 王雲五，〈四角號碼檢字法導言〉，《岫廬論學》，(臺北：臺灣商務印書館，民國 64 年二版)，頁 121。

[48] 莊俞，〈高公夢旦傳〉，《商務印書館九十五年》，頁 54。

[49] 莊俞，〈悼夢旦高公〉，《商務印書館九十五年》，頁 61。

所見，提出一種方法，自行試驗。」[50]鄭氏又謂：「王雲五來館後，也
參加這個研究隊伍，提出四角號碼檢字法。…高給他很多指示，解決
了許多問題。尤其是高提出的補充第五角，非常得力。到了四角號碼
檢字法成為一個可用的方案時，高本著成功不居的素志，讓王以個人
名義發表，王遂大肆誇張以獨創的發明人自居，當時館內同人都在暗
中竊笑。」[51]此說對王雲五的發明，無疑為極大的攻詰。

　　此說有不少矛盾錯誤處，應不可取。[52]鄭貞文稱「號碼檢字法」
由高夢旦發明。應誤。因高夢旦的部首改良法在當時的圖書館學期刊
上，已見載錄，但均歸屬於部首改良的性質；故其思維與四角號碼檢
字法以筆法為識別依歸，兩者在學理基礎上差異極大。因此謂高夢旦
對四角號碼檢字法的醞釀過程，給予王雲五全力的支持與協助為是，
但稱該檢字法源自高夢旦則又與事實不符。民國 15 年 4 月 27 日高夢
旦為《四角號碼檢字法》所書序文中，比較王雲五檢字法與他家新舊
檢字法之優劣，結論稱：「舊法既不得不變；則對於新法，宜用十分之
同情心，加以研究。須知凡百事務，草創之初，必難遽臻完善，吾人
當以討論修飾為己任。總期比較的良法，有成功之一日。…」當時四
角號碼屬初創階段，高序中完全未有四角號碼檢字法由他啟動或發明
的描述。臺灣商務於民國 15 年 9 月翻印出版之《四角號碼檢字法》，
於書首均標示：「高夢旦君為本檢字法附角之發明者，且對於本檢字法
種種問題，為雲五解決不少。本檢字法能有現在之成績，多賴高先生
之力。謹此致謝。」故高夢旦對四角號碼檢字法的貢獻在於「附角」

---

[50] 郭太風，《王雲五評傳》，頁 135。原引自：鄭貞文，<我所知道的商務印書館編譯所>，
　　《文史資料選輯》第 53 輯。
[51] 郭太風，《王雲五評傳》，頁 135。原引自：鄭貞文，<我所知道的商務印書館編譯所>，
　　《文史資料選輯》第 53 輯。
[52] 郭太風，《王雲五評傳》，頁 136-137。

的發明。此外高夢旦對王雲五醞釀研究四角號碼檢字法的過程，也多所參與，如對檢字法後續的修訂及推廣，也熱心推行贊助。[53]故可證明王雲五應不致掠高夢旦之功。魯迅於民國 26 年(1935)3 月 30 日致鄭振鐸信函中[54]，提及商務《小說月報》及王雲五相關事宜，信中稱他為「四角號碼王公」。可見四角號碼檢字法由王雲五發明應無疑問。

「四角號碼檢字法」的內容已於第五章中敘述，王雲五自稱該檢字法的優點共有五點：(一)是最徹底的方法；(二)是最迅速的方法；(三)是最自然的方法；(四)是最直接的方法；(五)是粗而密的方法。[55]喬衍琯也舉出這種方法的優點是：(一)不用部首，不計劃數，不論筆順。免除部首法等所產生的困難；(二) 號碼記憶容易，編成的方法很簡明；(三)按號碼順序排列，位置固定，排列和檢查都很方便；(四)同碼字不多，再以橫筆等分，簡明易曉。[56]

但任何檢字法難臻完善，故推出後當時仍有不同意見。如民國 17 年(1928)《民國日報》「覺悟」專欄的討論中，吳鐵聲、林憾指出，「四角號碼檢字法並不如王雲五所說的那樣易於掌握。」[57]；同年 12 月，萬國鼎於<各家新檢字法述評>文中認為，當時新檢字法 40 種，雖各

---

[53] 王雲五，<我所認識的高夢旦先生>，《舊學新探－王雲五論學文選》，頁 160。王雲五提及高夢旦埋怨他對四角號碼檢字法太不熱心，笑稱：「姓王的所養的兒子四角檢字法，已經過繼給姓高的了。」

[54] http://72.14.235.104/search?q=cache:hiVm7TCHvOcJ:vrt.ncl.edu.tw/hypage.cgi%3FHYPAGE%3Dknowledge_detail.htm%26idx%3D1879%26libraryid%3D9+%E5%A4%A7%E9%99%B8%E5%9C%96%E6%9B%B8%E9%A4%A8%E5%9B%9B%E8%A7%92%E8%99%9F%E7%A2%BC&hl=zh-TW&ct=clnk&cd=3&gl=tw，2007.6.19 檢索。原引自《魯迅全集》第 13 卷(1981)。

[55] 王雲五，<四角號碼檢字法導言>，《岫廬論學》，頁 129-131。

[56] 原載喬衍琯，<中文檢字法漫談>，此引自張錦郎，《中國圖書館事業論集》，頁 174。

[57] 鄧詠秋，<漫議四角號碼檢字法>,http://www.hmkj.cn/main/ArticleShow.asp?ArtID=ArtClassID=7，2007.6.19 檢索。

有短長,但稱得上完善的沒有一種。他認為四角號碼檢字法:「四角號碼,一望即可報出,不必一一計數。故熟練後,其便捷遠過前法(指王雲五先此發明的號碼法)。複筆亦頗有研究價值。…推算號碼雖快,終係間接方法,在排字時,尤其在排列詞語時,須將號碼一一注出,費時不少。四角亦非固定基礎。雖有人為的規定,頗涉細碎,易生誤會。…總之,王先生此法,已達相當便捷,尚非澈底辦法,字典可以採用,在書目索引等,即感不便。」[58]

「四角號碼檢字法」研訂成功後,王雲五放棄著作權並全力推廣。他於《四角號碼檢字法》扉頁上標記「本檢字法有發明及著作權。但發明及著作者為促進文化與能率,自願不受報酬公諸於世。無論何人得依左列條件採用之。…」因此只要註明「採用王雲五氏四角號碼檢字法」字樣、不更改割裂檢字法、採用前用書面請求發明及著作者同意並獲承諾,即可免費利用該檢字法。民國 22 年底曾向商務申請接洽機關有黨部(15 部門)、圖書館(24 所)、學校(9 所)及其他機關(8 所),合計 56 個單位。地域上除國內的機關、學校外,還包括美國燕京大學圖書館、哈佛大學圖書館、加利福尼亞大學圖書館及馬來西亞中學校等海外機構。另「商務印書館各機關」也列其中,可見「四角號碼檢字法」的著作權與所有權歸王雲五個人所有,似與商務無涉。另申請使用的出版物多達 41 種,其中 37 種屬商務的工具書出版品。[59]

---

[58] 萬國鼎,<各家新檢字法述評>,《圖書館學季刊》第 2 卷第 4 期,民國 17 年 12 月,頁 547。

[59] 此依民國 22 年 12 月出版之《四角號碼檢字法》所載,另據錢伯城,<四角號碼七十年>一文,http://culchina.net/bbs/dispbbs.asp?boardID=6&ID=8049&page=2,2007.06.19 檢索,1933 年 5 月採用四角號碼名單,機關有 12(包括交通部、實業部),圖書館有 27(包括哈佛大學、加利福尼亞大學圖書館),學校有 7(包括清華大學),其他有 4(包括中國銀行及各省分行),出版物有 24(包括各種辭書及圖書編目法)。

為驗證該檢字法優於其他檢字法，王雲五通過多種途徑舉辦檢字比賽。參加者使用筆劃法、注音字母拼讀法、四角號碼法以及各類部首檢字法分別競賽，使用四角號碼者均遙遙獲勝。「此種檢字法經上海中小學校實地測驗、東方圖書館暑期研習會之實驗、商務印書館發報處十四家訂戶之排列實驗等，均證明迅速、簡易、正確。」[60]

前述「四角號碼檢字法」也運用於商務出版的工具書檢字。如修訂原商務出版的依部首排印的《國音學生字匯》，另編成依四角號碼順序檢字的《王雲五大辭典》，逐漸打開銷路後；他另修訂簡化內容為《王雲五小詞匯》，適用於中小學生及教育程度普通的廣大讀者；抗戰期間於重慶也出版一部《王雲五新辭典》仍非常暢銷，藉此「四角號碼檢字法」因而普及。其他商務發行的工具書，也多運用四角號碼檢字法。尤其是清康熙年間編纂以音韻排列的大型工具書《佩文韻府》，其本意為便於寫詩作文尋找典故用。因一般讀者不熟音韻排檢法，故該書幾乎至民國期間少有使用者。王雲五運用四角號碼檢字法重新編排該書的索引，致使此書「復活」重新成為常用的工具書。

王雲五發明檢字法的緣由，原先是針對改善原有工具書的查檢便利性，但發明初期的成果，大量運用的對象卻為東方圖書館的目片排列。為提供東方圖書館的館藏查檢，因而製成了書名、著者、類別、譯者、叢書等卡片 30 餘萬張，「人皆稱便」。[61]除運用於卡片排檢外，該檢字法與後續的分類法、排架法、索引法等圖書館館藏技術規範密切相關。因檢字法在東方圖書館運用成功，故圖書館界也成為推廣檢字法的重要對象。

---

[60] 郭太風，《王雲五評傳》，頁 131。
[61] 莊俞，<三十五年來之商務印書館>，《商務印書館九十五年》，頁 727。

　　民國 15 年夏天，東南大學暑期學校設圖書館科，由王雲五主講四角號碼檢字法；民國 17 年 7 月在商務舉辦的暑期圖書館學講習會上，也特別講授該法的使用；民國 19 年 7 月商務另開辦兩班名為「四角號碼檢字法編製索引實習所」的暑期圖書館學講習班；甚至民國 17 年 5 月 15 日「全國教育會議」通過，請大學院通令全國盡量採用該檢字法，則是透過全國性共同決議，將該檢字法推廣至全國，可見當時檢字法的影響性。張錦郎提及趙景源於民國 20 年撰寫《四角號碼檢字法教學法》一書[62]，書後附有應用說明 8 項，如編排字典與辭典、編製索引、編排圖書卡片、編排電報號碼、編卷、編排戶口錄、編排電話簿、編排各種名冊等。檢字法經大力推行的結果，全國各機關、學校、出版社及圖書館，採用者甚多，張錦郎認為是「民國以來新發明的檢字法中，最成功的一種。」[63]

　　對於王雲五推廣四角號碼檢字法，部分人士卻持反感，如 1964 年鄭貞文認為四角號碼檢字法的廣泛使用是王雲五利用商務印書館強制通行的結果：「當時社會上提出新檢字法方案的，不下數十種。全國圖書館專業正打算作一個正確的比較研究。王雲五見此形勢，恐怕於他不利，急利用商務這個最大書業機關，把四角號碼檢字法，應用到新出版書籍的編號和索引上去，強使社會上通行。」；張風也嘲諷王雲五為小小一個檢字法使商務印書館耗費巨大的金錢。但徐祖友於《王雲五與四角號碼檢字法》也辯駁指出：「當時有人說，四角號碼法之得以普及，是王雲五利用了商務印書館的優勢積極宣傳推行的結果。當然，這是四角號碼法迅速普及的原因之一，但並非唯一的原因。任何

---

[62] 其他相關書目記載書名為《四角號碼檢字法學習法》，民國 20 年版作者為王雲五，民國 23 年版作者為趙景源。
[63] 引自張錦郎，《中國圖書館事業論集》，頁 174-175。

檢字方法都是需要宣傳和試驗的…(當時的新法創制者)其中也不乏在政治上、財政上、出版力量上有實力者，佼佼者如陳立夫，他在 1928 年 1 月發表五筆檢字法；陸費逵、舒新城 1930 年 12 月公佈了四筆計數檢字法。他們都分別在某些方法擁有實力，也曾或多或少利用這種實力宣傳過各自的檢字法，但這些檢字法今天已不爲人所知曉。」[64]此說甚是。四角號碼檢字法、商務印書館及圖書館界三者之間，互相依託、相互成就且交互影響的錯綜關係，實非單一因素能釐清。

張錦郎於該檢字法發明 50 年後，根據民國 64 年當時臺灣地區 64 所大專院校圖書館所採用的著者號，加以統計，用該法者有 32 所，佔百分之五十。王振鵠教授於民國 77 年稱：「…四角號碼檢字法數十年來一直成爲中學國文課文必教的補充教材；即便在今日電腦發達時代，中文輸入方法之一的三角編號亦系受到四角號碼的啓發而編訂，因此吾人不能不謂雲五先生這項發明之影響深遠。」[65]可見其風行範圍及時期既廣且長。現因圖書館館藏目錄多藉助資訊檢索資料庫方式進行，卡片目錄式微，故四角號碼於圖書館的運用較爲少見。

當時相關工具書應用四角號碼排列索引者，如商務的《辭源》、《中國人名大詞典》、《中國古今地名大詞典》、《教育大詞書》、《四庫全書總目提要》、《續四庫全書總目提要》、《十通》、《佩文韻府》及《雲五社會科學大詞典》等；其他出版社的工具書也採用者，如開明書店《二十五史人名索引》、紀昀《四庫全書簡明目錄》、日人諸橋轍次《漢和大詞典》等；也有直接用來編排字典或書目的，如商務《王雲五小詞

---

[64] 上述鄭貞文、張鳳與徐祖友說法，引自鄧詠秋，<漫議四角號碼檢字法>，http://www. hmkj.cn/main/ArticleShow.asp?ArtID=411&ArtClassID=7，2007.6.19 檢索。
[65] 引自鄧詠秋，<漫議四角號碼檢字法>。

典》、華國出版社《王雲五綜合詞典》、楊家駱《四庫大詞典》及《叢書大辭典》、印尼黃昌懷氏《華巫字典》、美國人 J.A. Herring 之 "*Four Square Chinese-English Dictionary*"、國立北平圖書館《滿文書籍聯合目錄》等。[66]

四角號碼檢字法也運用於商務內部的管理上。如 1920 年代商務為強化與讀者的連繫,建立調查和管理讀者意見的辦法—「讀者調查卡片」。該項運作在 1930 年代漸趨成熟:「每一所學校,每一個圖書館,每一個客戶,每一個學者,名人都一一登記在卡片上,總計卡片 32 萬多張。…為了調查統計研究推銷營業,把大宗卡片採用四角號碼編號,分類整理,整理好的卡片順序安放在木台中。如果要了解某一號卡片登記的內容,或某校用書的情況,在 32 萬多張卡片中立即可取,好像探囊取物一樣的便利,毫不費力。」[67]此一以反映商務建立客戶資料,努力與讀者保持連繫掌握讀者需求的作為;但也反映四角號碼檢字法廣於商務內部行政作業所採用。透過現今先進之資訊科技及全文檢索功能來管理 32 萬筆客戶資料已非難事,但以 70 餘年前如此巨量的卡片,僅透過四角號碼檢字法就能像「探囊取物一樣的便利,毫不費力」,確實也展現四角號碼檢字法的實務功效。

早年臺灣地區也運用四角號碼檢字法於其他資料檢索,包括中國國民黨黨員姓名卡、臺灣省人口戶簿片、國防部若干單位及臺灣省出入境人士檢書片、日本京都大學許多學者的索引片、圖書館書目卡片

---

[66] 此處參考:王雲五,《商務印書館與新教育年譜》,頁 214;張錦郎,《中國圖書館事業論集》,頁 175。

[67] 李家駒,《商務印書館與近代知識文化的傳播》,頁 236。引自鄒尚熊,《我與商務印書館》,頁 9。

等。[68]

　　大陸地區對於四角號碼檢字法的運用情況見解各異。如大陸商務印書館官方網站上刊載 1997 年鄧雲鄉撰<王雲五在商務印書館>一文，稱四角號碼檢字法「是按漢字的四個角，編為四個號碼。使用熟練的人，按號碼查字典一翻就是，比部首、拼音檢字都方便。但一直沒有推行開。現在商務《辭源》後面還附有四角號碼檢字表。」[69]鄧氏認為四角號碼檢字法並未廣為推行。

　　但事實上 50 年代大陸地區使用四角號碼者仍多。如 1949 年後的商務，因大環境經濟不景氣，民眾購買能力下降，舊時出版的書缺乏銷路，未來出版方針未訂，商務內部為能持續存活，經決議於 1950 年 8 月編印《四角號碼新辭典》及《四角號碼學生小辭典》，結果因銷路極佳而使商務度過經濟危機。「四角號碼檢字法」在大陸地區似仍持續修訂；如 2004 年北京商務出版由 2003 年大陸中國社會科學院語言研究所修訂之《新華字典》第 10 版（該書首次於 1953 年發行），書末仍附有四角號碼檢字表，包括(一)四角號碼查字法、(二)新《四角號碼查字法》和舊《四角號碼檢字法》比較，主要修改的項目、(三)新舊四角號碼對照表、(四)檢字表。[70]因大陸現通行簡體字，不知此《新華字典》第 10 版中的新舊四角號碼檢字法、對照表差異為何，是否與繁簡字體相關，有待進一步瞭解。此外，近期由復旦大學圖書館古籍部編，2007 年 5 月上海古籍出版社發行之《四庫系列叢書目錄、索引》。

---

[68] 王雲五，《商務印書館與新教育年譜》，民國 62 年 3 月，頁 214；王雲五，《岫廬八十自述》，頁 92。

[69] 鄧雲鄉，<王雲五在商務印書館>，http://www.cp.com.cn:8246/b5/www.cp.com.cn/ht/newsdetail.cfm?iCntno=564，2007.06.14 檢索。

[70] http://www.cp.com.cn:8246/b5/www.cp.com.cn/scrp/bookdetail.cfm?iBookNo=2183，2007.06.19 檢索。

收錄四庫相關大型影印叢書，共 7,000 餘冊，所含子目 15,000 種以上。其中《四庫系列叢書索引》則爲上述各叢書 18,200 餘條子目的綜合索引，也是採用四角號碼檢字法（含筆畫、拼音對照），可由書名、著者（包括參見、互著款目）途徑，檢索各書所在的叢書及冊數。[71]

大陸網站登載提供網友免費下載四角號碼 27,585 字字碼的訊息。[72]提供者自稱：「這大概是網上最準確的四角號碼編碼資料了，字數大概也是最多的。最初我將目標定爲 1%的差錯率，後來提升爲 1‰，即錯誤的編碼不要超過 27 個，或許已經接近這個目標。至少說，這份資料作爲全國各大圖書館的書名檢索基礎資料是可用的。…」；另推薦漢語大詞典出版社之《康熙字典(標點整理本)》一書(1706 頁，ISBN：754321165)，提及這本《康熙字典》附錄四萬餘個漢字的四角號碼編碼，歡迎參考云云。依據此則訊息，則大陸對四角號碼檢字法的運用，除用於紙本發行的工具書上，另結合資訊科技，嘗試與部分輸入法結合，提供資訊查檢用，甚至已有探討四角號碼檢字法在中文題名檢索的應用的專文。[73]

三、培育圖書館專業人才

除前述專業性圖書出版及館藏管理作業規範訂定之貢獻外，商務

---

[71] 姜小玲，<為古籍找尋探路《四庫系列叢書目錄、索引》出版>，原引自《解放日報》，2007.07.12。中國國家圖書館網站：http://www.nlc.gov.cn/GB/channel55/58/200707/12/3526.html，2007.11.2 檢索。

[72] 徐孟羅，2006 年 9 月 5 日，下載地址：http://free5.ys168.com/?xml00，引自 http://www.pkucn.com/viewthread.php?tid=182253&extra=page%3D10&page=1，2007.06.19 檢索。

[73] 曹福元、沈鳴，<四角號碼在中文題名檢索中的應用>，《電腦系統應用》(1994 年 7 期)，頁 39-41。

對近代中國圖書館人才培育方面也投入參與。主要透過開辦圖書館講習班及圖書館函授學校兩項來達成。

我國近代圖書館教育在人才培育方面，主要發展在於大專圖書館專科科系、各地圖書館短期講習會、函授學校及公費留學等方面。大專圖書館學科系有文華圖書館學專科學校、國立社會教育學院圖書博物館學系、金陵大學文學院圖書館專科、上海國民大學圖書館學系及國立北京大學圖書館專修科。其中除文華圖書館學專科學校開辦較早，完成圖書館教育人數較多，其餘因時局動盪或學校停辦，故畢業人數較少。[74]

除正式學校科系外，圖書館界及教育文化界為增進圖書館從業人員專門知識與技能，也舉辦許多短期的講習班或研習課程。如民國 9 年北平高等師範學校暑期圖書館學講習會，各省均派員與會、民國 11 年廣東圖書館館李員養成班、民國 12 年南京東南大學暑期學校圖書館講習班、民國 13 年成都、河南、上海舉辦之圖書館講習會、民國 14 年中華圖書館協會暑期學校圖書館學組、民國 15 年東吳大學暑期學校圖書館學組、民國 16 年湖北教育廳暑期圖書館學講習班。

透過短期講習班或研習課程的辦理，能稍稍補充正規學校以外對圖書館學專業訓練需求之不足。但以當時幅員廣大，辦理地點分散，大多數講習班每期參加及結訓人數僅約數十名，對當時廣大的圖書館職場而言，其需求仍有所不足。故商務於民國 17 年 7 月也投入開辦暑

---

[74] 嚴文郁，《中國圖館發展史》，頁 187-197。文華大學圖書館科民國 11－30 年畢業人數 127 人、專科民 31-36 年畢業人數 72 人、講習班民國 20－27 年 49 人；國立教育學院民國 34－36 年畢業人數 62 人；金陵大學民國 29 年起辦 2 期畢業學生 16 人；國民大學民國 14 年起開辦，民國 15 年停辦；北京大學專修科於民國 36 年始開辦，學程 2 年。其餘大學亦有開辦圖書館學課程但時辦時輟。

期圖書館學講習所，參加講習者「由各機關及各學校選派」[75]，共計146人，講習時期共六個星期，聽講 1 星期(7 月 10 日－7 月 16 日)另實習 5 星期(7 月 17 日－8 月 20 日)。課程由王雲五講授檢字法、編卷法、中外圖書統一分類法、著者排列法、圖書館行政用具及圖書選擇法等，另邀請陳友松、沈丹泥、孫心磐、陳伯達、宋景祁等五人演講圖書館及其他應用學術。實習分派至東方圖書館、商務編譯所、總務處等處，參加受訓者共有來自88個機關共146人。[76]商務此次花費2,900餘元費用。參與講授此次暑期研習班者，除上述陳友松等五人之外，還包括當時學術名人胡適。他在民國 17 年講習班演講中，告知學員「要懂得書⋯檢字方法、分類方法、管理方法，比較起來是很容易的。⋯但懂得方法而不懂書，是沒有用的。」[77]所謂「懂得書」就是圖書館員需具備淵博的學識，除了為讀者找到書，更能指導讀者研究的門徑。這種觀念與現今知識社會中強調圖書館員應擔任「知識領航員」角色的說法完全相符，可見當時商務的圖書館學暑期研習班授課內容之豐富與前瞻，確實為專業人才的培養有所貢獻。

另民國 17 年 7 月 9 日至 8 月 18 日專為圖書館服務人員及大學二

---

[75] 此依<上海暑期圖書館講習班紀略>，《教育雜誌》(第 20 卷第 11 號)，(民國 17 年 11 月 20 日)，頁 7。但王雲五於《商務印書館與新教育年譜》，頁 230，謂參加者為「大中學生及機關人員」，參加者似為學生及機關人員等。依嚴文郁說法，則為「由東方圖書館邀請全國大中學及公私立圖書館，各選派一人參加。」則參加者似均為學校及公私立圖書館從業人員。參見嚴文郁，《中國圖書館發展史》，頁 195。說法各不同。因《教育雜誌》之報導與講習班之召開僅隔數月，應較可信。

[76] 參考嚴文郁，《中國圖館發展史》，頁 195-196，及張錦郎、黃淵泉，《中國近六十年來圖書館事業大事記》，頁 59，引《中華圖書館協會會報》4 卷 1 期，頁 15。另參考<上海暑期圖書館講習班紀略>，《教育雜誌》第 20 卷第 11 號，頁 7，民 17 年 11 月 20 日，88 個單位屬大學二十七校、中學三十六校、公共機關二十五處。如大學院、中央黨部、上海地方法院、淞滬警備司令部、上海郵政總局及豫浙皖各省立圖書館。

[77] 著者不詳，引自 http://www.qiantu.org/?m=200406&paged=2，原文摘自胡適，<中國書的收集法>，《中華圖書館協會會報》，1934 年(5)：1-8。

年級肄業生定額四十名，開設四角號碼檢字法及實用圖書館學。第一
星期上午聽講，下午實習，第二星期起接連五星期全日實習，晚間聽
講。[78]此說僅見於《中國近七十年來教育記事》。因課程開設日期與前
述講習課程幾乎重疊，頗懷疑是否真另開此班。如果確如文獻所載，
則此種因材施教的教學規畫，更反映商務在人才培育課程的用心。

商務在課程安排上，館務實習時間遠多於課程講授時間，似特別
強調實務操作訓練。且以東方圖書館為實習場所，可想像當時館員面
對上百名實習學員，需相對提供的時間與心力，必相當可觀。「十七年
夏，開辦圖書館學講習所，學員二百餘人，卒業後，分派本館各部辦
事外，餘皆服務於國內各大學，各圖書館。」[79]故講習班不只為當時
圖書館界訓練了一批圖書館的專業人員，甚至也為商務訓練並招募了
新進職工。

有文獻提及「1928 年和 1929 年，王雲五在東方圖書館舉辦了兩
期暑期圖書館學講習班。第一期學員有 150 人，第二期學員有 200 多
人。…通過兩個講習班就把東方圖書館原來按流水號排列的圖書全部
改為按《中外圖書統一分類法》統一分類、編目、排架，並製作分類、
書名、著者、叢書等四種目錄…。」[80]此謂王雲五利用研習班學員，
進行東方圖書館圖書分類、編目體系更替工作的說法，頗值得商榷。
一因未見其他文獻有 1929 年(民國 18 年)商務開設講習班的記載；另
王雲五於「中外圖書統一分類法」發明時自述：「…有了這樣新補充的

---

[78] 張錦郎、黃淵泉，《中國近六十年來圖書館事業大事記》，頁 59，引丁致聘編，《中國
近七十年來教育記事》，頁 168。此講習班訊息僅此處記載。

[79] 王雲五，《商務印書館與新教育年譜》，頁 308。此處二百餘人與前述 140 餘人數目不
符，推測或許是加總 146 人及後面之 40 人。

[80] 張喜梅，<王雲五對圖書館事業的貢獻>，《國家圖書館學刊》2001 年第 3 期，頁 91。

（我不敢冒稱為發明）分類法，我遂開始督同涵芬樓各同人，把原藏及新增的中外圖書，彼時合計不下五十萬冊者，除了善本孤本向不公開閱覽者照原狀保管外，所有準備公開者一律依中外圖書統一分類法實行分類編目，…」[81]足見依新分類法整理館藏書籍者，應該還是涵芬樓時期的商務人員。研習班學員應該僅是實習課程的實作與協助而已。

　　民國 19 年 7 月商務開辦兩班名為「四角號碼檢字法編製索引實習所」的暑期圖書館學講習班，主題為四角號碼檢字法。兩班實習日期分別為二週，第一班自 7 月 7 日起自 7 月 20 日止；第二班自 7 月 23 日起至 8 月 5 日止。資格以全國中等以上學生，分保送及投考兩種，每校保送以四名為限，兩名供膳，兩名膳宿兼供，實習完畢每名並提供津貼 15 元為酬勞。兩班共計有來自 14 省 209 所學校實習員 377 名。[82]

　　張元濟當年應夏瑞芳之邀進入商務，與夏瑞芳相約「吾輩當以扶持教育為己任」，故商務日後的諸多經營均與社會教育事業相關。除編印教科書供全國使用外，也實際投入教育事業，自民國前 7 年（1905）至民國 20 年所籌辦的公共教育事業幾乎從未間斷，如前述之圖書館學暑期講習班也是商務諸多社會教育的一環。自 1905 年商務陸續創辦小

---

[81] 王雲五，<我的圖書館生活>，《舊學新探－王雲五論文選輯》(上海：學林出版社，1997 年)，頁 36。

[82] 參見《教育雜誌》22 卷 8 號，民國 19 年 8 月 20 日所載。時距活動舉辦時間較近的報導，故所說應較為正確。參加之 377 人中屬中學程度者 307 人、大學者 63 人、機關代表 7 人。男性 316 人、女性 61 人；另莊俞，<三十五年來之商務印書館>，《商務印書館九十五年》，頁 734。稱「五周完畢各學校機關人員聽講者四百餘人。…花費經費 1,500 餘元。」參加人數與前說稍有出入；另嚴文郁，《中國圖館發展史》，頁 196，引丁致聘編，《中國近七十年來教育記事》，頁 168。稱此次實習員高達 200 餘人。似亦不完全正確。

學師範講習所、商業補習學校、國語講習所、國語師範學校、師範講習社，以及尚公小學、養真幼稚園；1915 年(民國 4 年)函授學社開辦英語科，開啓了商務後續開辦算術科、國語科、國文科、商業科各學科的函授學社。1910 年 8 月商務創辦的師範講習社，開始了中國人自己創辦函授教育的歷史；而 1915 年創設的函授學社，則是我國函授教育首次以「函授」爲名的開始，在商務函授教育約 30 年的發展歷程中，在辦學規模、招生範圍、專業性及時間長度上，當時國內其他函授教育機構無人能出其右。[83]函授學社於民國 22 年(1933)京上海市教育局批令改名爲「上海市私立商務印書館函授學校」，函授學校遲至民國 26 年 7 月才設圖書館學科，由徐亮擔任科主任。教授科目包括圖書館行政、目錄學、圖書分類法、圖書編目法、圖書選擇法、圖書應用法等。[84]函授學校期間並出版圖書館學專書如：《圖書選擇》、《圖書編目法》、《圖書運用法》等函授教材。[85]民國 27 年 6 月商務擴充函授學校規模，修訂函授學校章程，改設中學部及大學部。圖書館學科設於中學部課程中。[86]

在商務工作達 40 年的老商務人黃警頑曾代表商務攜帶圖書至鄰近偏遠地區提供閱讀，爲商務圖書巡迴文庫的主要執行者之一。他回憶進入商務印書館的經過：「1907 年，我十四歲，便參加了商務印書館第一屆學徒考試。…這一屆連我在內，一共錄取了三十多名。…錄

---

[83] 肖永壽，<中國早期函授教育的產生和發展－商務印書館函授教育的歷史回顧>，《四川師範學院學報》(第 3 期，1995 年 5 月)，頁 92。

[84] 張錦郎，<王雲五先生與圖書館事業>，《中國圖書館事業論集》，頁 187。

[85] 上海市地方志辦公室網站，http://www.shtong.gov.cn/node2/node2245/node4457/node 55960/node55962/index.html，2007.06.19 檢索。

[86] 莊俞，<三十五年來之商務印書館>，《商務印書館九十五年》，頁 659。中學部設有國文、日文、英文、算學、自然、史地、圖書館等七科；大學部設 15 個系，60 餘門課程。

取以後，先進商務印書館主辦的上海圖書學校學習兩年。這所學校設在福建路、海寧路附近的商務書棧裏，名義上由蔣維喬任校長，由編輯員任教員。主要學習『書目內容』、『圖書提要』等書店店員所必須的基本知識。」[87]據此可知商務對入館新進職工的訓練，早年還主辦「上海圖書學校」提供職工學習相關圖書資訊。黃氏研習的課程，名義上雖屬於圖書學校，但廣義而言，學習與圖書相關的基本知識，已屬圖書館學教育的一環。

四、製作圖書館用品與展覽

商務印書館為近代重要的出版機構，在發展上除了紙本書刊的出版外，一向採取多角化複合式經營方向。如在教育方面，除了是清末民初獨佔鰲頭的教科書編印發行機構，另外還跨足幼稚園、尚公小學、函授學校等實體教育機構的經營，甚至對輔助教學的教具、學校用品等，亦均屬於營業項目。如清宣統二年(1910)3 月張元濟啓程作環球之旅，參觀英國幼稚園見「需用教育物品頗有向所未見之物⋯購歸仿製」，參觀德國盲啞學堂等則「另寄回書籍、資料及盲人打字機」。[88]凡此均可見商務領導階層，在開發商務營業項目方面，向來均抱持積極拓展的態度。為掌握先進發展資訊，甚至遠赴重洋進行學習之旅，在教學教具方面如此，在圖書館事業發展方面亦然。

商務印書館於印刷所下設圖書館部，英文名稱爲"Commercial Printing Company, Library Supplies Department"，專門經營圖書館相關

---

[87] 黃警頑，<我在商務印書館的四十年>，《商務印書館九十年》，頁 89。
[88] 張樹年主編，《張元濟日記》，頁 85, 88。

用品的製作與販售。圖書館部成立的時間不詳，但於民國 15 年始發行的《圖書館學季刊》期刊上，可看到商務印刷所圖書館部所載多篇全頁廣告，並自稱「商務印刷所圖書館部是國內唯一專辦圖書館用品的機關」。廣告文案稱：「邇來國內圖書館事業氣象蓬勃，大有蒸蒸日上之勢。惜乎國內尚無專辦圖書館用品之組織。敝所有鑒於斯，特添設圖書館部，專接印刷圖書館各種卡片，承辦一切圖書館必需品。開辦業已數載。各大學及公立圖書館之與敝所往來者，無不滿意。」據此則推估圖書館部成立的時間約在民國 12－13 年間。

　　商務廣告詞稱該項業務是「國內唯一專辦」除開風氣之先，另由廣告內容看來其營業規模似乎不小。「現新出目錄內容豐富，計有各種標準用品六十餘種。」除了透過當時的圖書館學期刊廣告來推銷該項業務外，商務也透過自家編輯發行的圖書來宣傳營業。如商請當時知名的圖書館學大師杜定友先生編輯出版《圖書館表格與用品》一書。書中蒐集「圖書館用品及卡片表格凡六十餘種，每種詳載其圖樣、用途用法及購訂辦法，並附中學圖書館民眾圖書館之簡便管理方法。非獨對於各種卡片格式多所訂定，且對於圖書館之管理方法，亦多實際的指示。…茲得專家品定，並詳爲指示，實爲我國圖書館界之福音也。」[89]此書不只可供圖書館經營實務參考，更重要的是由專家編輯審閱的權威性，連帶也爲商務印刷所圖書館部相關營業用品的品質優異性及必要性旁加肯定。此外，隨書還附贈書內所述各種表格樣式精印樣張一套，其廣告性及推廣性更強。商務對於營業項目廣告經營的努力，此爲一例。

---

[89] 《圖書館學季刊》，第 2 卷第 2 期內頁廣告。

　　商務對圖書館經營的用心與投入，也透過舉辦圖書館文件展覽呈現。民國 14 年 5 月商務發函全國各地圖書館，徵集圖書館文件，內容包括章程、規則、成立小史、組織概況、圖書目錄等均在徵集之列；另於民國 15 年 3 月再次發函徵集，並於同年 5 月 24 日舉行圖書館文件展覽會，文件計 110 件，商務並製作各種表格予以點綴。展期時間一個月。[90]東方圖書館正式開幕啓用日期在民國 15 年 5 月 3 日。因此商務第一次發函徵集圖書館文件，主要應是爲東方圖書館開館準備參考。但商務將這些全國圖書館文件，於東方圖書館甫開館即辦理相關展覽，除充分運用資源，另也呈現東方圖書館經營上的大氣魄與展望，非僅限一私人企業圖書室的小格局而已。

第二節　圖書館重要館藏來源

　　圖書館是文化界中與出版界關係最密切的機構之一，在前述探討新圖書館運動的章節中，新圖書館運動與民國時期的出版業兩者間，互有水幫魚與魚幫水的依存關係。綜合而言，圖書館採購圖書成爲出版業的重要客戶，有助於擴大圖書市場的份額；圖書館同時也成爲出版業發行成果的展示櫥窗；圖書館爲出版業造就廣泛的讀者群，因此也爲出版業開關更廣大的消費市場。因此，出版業在組織出版及選題方面也需納入圖書館需求方向的考量，這些均爲圖書館影響出版業的因素。

---

[90] 張錦郎，<王雲五先生與圖書館事業>，《中國圖書館事業論集》，頁 187。

圖書館組成的三個基本要素爲館舍、館藏與館員，缺一不可。民國初年新圖書館運動的蓬勃，造就當時各級圖書館的大量成立。圖書館服務的基礎爲館藏，首要工作爲訪求圖書。民國 4 年(1915)7 月及11 月，南京政府教育部分別頒布《通俗圖書館規程》及《圖書館規程》，明訂各省治、縣治應設圖書館，「儲集各種圖書，供大眾之閱覽。」另《教育公報》刊登：「爲咨行事，查各省、縣設立圖書館，爲社會教育之要務。收藏各書，除採集中外圖籍外，尤宜注意於本地人之著述。」[91]民國 17 年(1928)全國教育會議大會通過，請當時的大學院(即今之教育部)除通令各學校設置圖書館，每年需由學校經費提領 5%作爲購書費用。藉以保障圖書館每年購置館藏的基本規模，因此圖書館與出版業的關聯性更形緊密。

圖書館對於普及智識、啓迪民智具有效益另一因素爲圖書館的「入覽卷」金額很低，可令無力購書者亦可飽覽書刊。當時如《京師圖書館暫定閱覽章程》則設有特別入覽券(閱書 50 冊，銅幣 4 枚)和普通入覽券(閱書 20 冊，銅幣 2 枚)，商務的東方圖書館如前述亦有收費。此相對於現今國內公私立圖書館多採免費入館制度，頗覺差異，但當時風氣所致，對廣大民眾而言，已多裨益。

如前述出版界爲供應圖書館館藏最主要與重要的來源之一，以商務居中國近代出版行業的龍頭地位，其豐富多元的出版成果，更成爲近代許多圖書館的館藏基礎與依據。這也成爲商務對中國近代圖書館發展的另一項重要貢獻，許多圖書館因商務的出版品而得以設置成

---

[91] 李家駒，《商務印書館與近代知識文化的傳播》，(北京：商務印書館，2005 年)，頁39，原引自袁咏秋、曾季光編，《中國歷代國家藏書機構及名家藏讀敍傳選》，(北京：北京大學出版社，1997 年)頁 69-72。

立，或藉由商務所發行的主題多元且質優量多的出版品，而提升館藏內涵，強化讀者閱覽服務品質。故稱商務為中國近代圖書館發展的重要推手之一，應非過譽。本節擬探討商務出版品的數量與當時出版市場現況，以突顯商務對當時各圖書館館藏的影響性；另擇其出版品中專為圖書館界量身訂做的《萬有文庫》，探討其編輯緣由及效益。

一、豐富多元的出版成果

商務為中國近代最重要的出版機構，由清末創立到民國時期，在成立編譯所之後，其經營方向從印刷作坊到出版重鎮。其出版品內容型態多元，在出版數量方面，除因戰亂等天災人禍因素干擾外，均呈大幅增長趨勢。由張元濟到王雲五，一是傳統文人和士紳階級，一是典型自學的新知識份子，兩者相加，造就了商務的全部品格。[92]由清末到民國時期，商務在圖書及期刊的出版發行上，當家主政的領導者，展現了睿智的選題眼光，不只合乎時代需求，且能契合企業經營獲利的前題。

為瞭解商務出版品對圖書館的影響，將商務的出版情況與當時整體出版界加以比較檢視，更能突顯商務出版品的內涵與數量。有關商務清末至民國期間以來出版品的統計，許多學者均研提相關數據佐證，甚至由商務人的回憶中也有書刊出版的數量描述。李家駒先生在《商務印書館與近代知識文化的傳播》一書中，專章對商務的書籍出版產量統計進行全面蒐集與分析，最為周延深入。[93]誠如李氏的研析，

---

[92] 李家駒，《商務印書館與近代知識文化的傳播》，頁 49。原引自：王建輝，《文化的商務》，頁 282。
[93] 李家駒，《商務印書館與近代知識文化的傳播》，頁 143-190。

不同時期的經營者，有不同的統計方式，導致傳世的數據有極大的偏差。因此採取「通過圖書目錄來瞭解一個大概情況」。[94]爲掌握某時期出版數量的重要途徑。因此李氏蒐集不同的說法，包括：商務人李澤彰[95]及王雲五的統計[96]；以及商務的官方統計，包括：北京商務印書館《商務印書館圖書目錄(1897－1949)》(1981年版)及<商務五十年──一個出版家的生長及其發展(未定稿，1950年)>一文[97]兩種；另參考1997年香港商務印書館慶祝商務百年所發行之紀念光碟《商務印書館與廿世紀中國光碟》內所附「圖書目錄」(簡稱《百年書目》)。其中李氏推崇「百年書目」的記載是「統計商務出版量最完整、最具可用性材料」。李澤彰統計1902年商務編譯所自成立以來至1930年以來出版的圖書(含雜誌)數量如表5-2。

表 5-2 李澤彰商務印書館出版品數量統計(1902－1930年)

年　代	種　類　數	冊　數
1902	15	27
1903	51	60
1904	35	103
1905	49	142
1906	111	205
1907	182	435
1908	169	261
1909	126	420
1910	127	389
1911	141	583

---

[94] 方厚樞，《中國出版史話》，(北京：東方出版社，1996年)，頁359。
[95] 李澤彰，<三十五年來之中國出版業>，《最近三十五年之中國教育》，頁390-392。
[96] 王雲五於<十年來的中國出版事業>、《商務印書館與新教育年譜》、<苦鬥與復興>、<五十年來的出版趨勢>等文內容均提及出版統計。
[97] 收錄於《商務印書館九十五年》，頁764-775。

1912	132	407
1913	219	565
1914	293	634
1915	293	552
1916	234	1,169
1917	322	641
1918	422	640
1919	249	602
1920	352	1,284
1921	230	772
1922	289	687
1923	667	2,454
1924	540	911
1925	553	1,049
1926	595	1,210
1927	297	535（842）[98]
1928	456	544（854）
1929	451	724（1,040）
1930	439	703（957）
1931		（787）
1932		（61）
1933		（1,430）

　　表 5-2 的統計數據，亦刊載於早年《圖書館雜誌》[99]中，但分為 10 大類別，分別統計每年度各類別圖書數量。今引用各類別合計並分析其百分比數據如表 5-3，由此可看出商務初期出版圖書的類別分布。

---

[98] 括弧內之出版數量，引自戴仁，《上海商務印書館，1897－1949》，頁 99，戴氏稱引自：王雲五，<抗戰前十年的中國出版事業>，《出版月刊》1965 年第 1 期。

[99] 著者不詳，《圖書館雜誌》，<商務出版分類統計表>。

表 5-3　商務印書館出版品數量統計表(光緒 28 年－民國 19 年)
(1902－1930)(依類別)

類名	種數	百分比%	冊數	百分比%	依種數排名
總類	831	10	2,767	15	3
哲學	320	4	466	2	9
宗教	245	3	878	5	10
社會科學	2,390	30	5,064	27	1
語文學	439	5	791	4	8
自然科學	579	7	642	3	5
應用技術	452	6	516	3	6
藝術	518	6	1,021	5	6
文學	1,661	21	4,663	25	2
史地	604	8	1,900	10	4
合計	8,039	100	18,708	100	

另<商務五十年>一文[100]中將出版數量統計及類別依年代分為 5 個
時期列述，各時期出版數量統計如表 5-4。

表 5-4　商務印書館出版品數量統計表（光緒 28 年－民國 39 年）
(1902－1950)(依時期)

年　度	出　版　數　量	
1902－1910	種數	865
	冊數	2,042
1911－1920	種數	2,657
	冊數	7,087
1921－1930	種數	4,417
	冊數	9,589

（續下頁）

---

[100] <商務五十年——一個出版家的生長及其發展>(未定稿，1950 年 9 月出版)，《商務印書
館九十五年》，頁 764-775。

1931－1940	種數	5,377
	冊數	7,221
1941－1950	種數	1,800
	冊數	2,119
總　　　計	種數	15,116
	冊數	28,058

　　如將<商務五十年>所刊之統計表，如改依各類別統計呈現，可得類別統計表如表 5-5。

表 5-5　商務印書館出版品數量統計表(光緒 28 年－民國 39 年)(1902－1950)(依類別)

類名	種數	百分比%	冊數	百分比%	依種數排名
總類	1,197	8	3,437	12	6
哲學	728	5	910	3	8
宗教	314	2	964	3	10
社會科學	4,535	30	8,139	29	1
語文學	656	4	1,168	4	9
自然科學	1,299	9	1,442	5	4
應用技術	1,351	9	1,493	5	4
藝術	915	6	1,467	5	7
文學	2,576	17	5,878	21	2
史地	1,545	10	3,160	11	3
合計	15,116	100	28,058	100	

　　整合表 5-3 及表 5-5，可得知 1930－1950 年間此 20 年商務的出版品數量及其類別數消長。

表5-6　商務印書館出版品數量及分類排名比較表(1902－1950)
(依類別)

類名	種數 (1902－1930)	排名	種數 (1902－1950)	排名	種數 (1931－1950)	排名	排名 增減 101	平均 排名
總類	831	3	1,197	6	366	8	5	5.5
哲學	320	9	728	8	408	6	-3	7.5
宗教	245	10	314	10	69	10	0	10
社會科學	2,390	1	4535	1	2,145	1	0	1
語文學	439	8	656	9	217	9	1	8.5
自然科學	579	5	1,299	4	720	5	0	5
應用技術	452	6	1,351	4	899	2	-4	4
藝術	518	6	915	7	397	6	0	6
文學	1,661	2	2,576	2	915	2	0	2
史地	604	4	1,545	3	941	2	-2	3
合計	8,039		15,116		7,077			

　　依表 5-6 內容可知商務的出版品各時期看來均以社會科學類主題為首，其次是文學、史地類主題的出版品，最少的是宗教類的出版品。前期(1902－1930)及後期(1931－1950)排名不變的是社會科學(第一)、文學(第二)、自然科學(第五)、藝術(第六)及宗教(第十)，顯示這些類別在商務的出版規畫中，所佔的比例各時期均相同。前後期差距較大者為總類(減少)、應用技術及哲學兩類後期比前期的出版數量比例均有明顯成長，尤其是應用技術類其成長數量增加將近 1 倍，因此排名也大幅提升。

---

101 此處排名之增減，係以該類別於 1902－1930 及 1931－1950 兩期間的排名名次作比較。

今取表 5-2 及表 5-4 兩表比較，該兩表各取相近年代來比較，則<商務五十年>(1902－1930)爲 7,939 種，18,718 冊；李澤彰的統計數爲 8,039 種，18,708 冊。兩者僅差 100 種，10 冊。因李澤彰的數據包括雜誌數量，如扣除雜誌種數，則兩者相差數據應不算太大。[102]

透過逐年翻檢《商務印書館與新教育年譜》一書，可整理出王雲五認爲的商務出版統計數據。該書以編年方式逐年記載商務及當時教育界的重要動態。1902－1930 年商務逐年的出版數量與上列李澤彰所列完全相符；民國 19 年商務成立逢 35 年時，總結過去之出版成果爲 8,039 種，18,708 冊。1931 及 1932 年之出版數量未見，1933 年載錄當年新出版圖書 292 種，327 冊，另重版書 2,214 種，2,531 冊；1935 年出版新書 1,689 種，3,499 冊；另預約書 805 種，3,089 冊。1936 年王雲五並自稱該年爲商務出版最盛的一年，全國出版 9,438 冊，商務當年出版 4,938 冊，約佔全國出版之 52%。

另一項有關商務的出版統計數據爲香港商務印書館慶祝商務百年，所製作發行的光碟中所附之《百年書目，1897－1949》。其對商務出版的年度統計如表 5-7：

---

[102] 李家駒於此處稱<商務五十年>的數量爲 7,939 種，16,676 冊。見《商務印書館與近代知識文化的傳播》，頁 153。李氏所算之冊數數量不知如何算出，其引用數字似乎有誤。

表 5-7　香港商務印書館發行《百年書目》光碟中商務
歷年出版品統計[103]

年份	商務出版種數	佔商務總體百分比％
年份及種數不詳	3,718	24.56
年份不詳	82	0.54
1903	4	0.03
1904	6	0.04
1905	3	0.02
1906	14	0.09
1907	34	0.22
1908	49	0.32
1909	31	0.20
1910	29	0.19
1911	51	0.34
1912	90	0.59
1913	163	1.08
1914	210	1.39
1915	160	1.06
1916	122	0.81
1917	141	0.93
1918	137	0.91
1919	128	0.85
1920	157	1.04
1921	116	0.77
1922	229	1.51
1923	369	2.44
1924	366	2.42
1925	407	2.69
1926	302	2.00
1927	215	1.42
1928	311	2.05

（續下頁）

---

[103] 引自李家駒，《商務印書館與近代知識文化的傳播》，頁 157。

1929	241	1.59
1930	477	3.15
1931	453	2.99
1932	78	0.52
1933	514	3.40
1934	629	4.16
1935	880	5.81
1936	865	5.71
1937	920	6.08
1938	403	2.66
1939	289	1.91
1940	355	2.35
1941 ·	164	1.08
1942	65	0.43
1943	170	1.12
1944	181	1.20
1945	177	1.17
1946	166	1.10
1947	193	1.28
1948	217	1.43
1949	56	0.37
合計	15,137	100.00

　　有關商務出版品數量之說法多元，除上述統計表外，以下彙整各相關文章或目錄中曾提及之全國出版圖書數量及商務出版圖書數量加以比照。另為呈現各數據間之相對關係及商務出版品佔全國出版數量的比例，故擷取年度相近之數目予以並列比較。

表 5-8　中國近代商務印書館出版與全國出版數量對照表

資料年代起迄	統計標的	出版數量	資料來源
1897─1926	商務出版數量	5,700 種 13,320 冊	王雲五，<十年來的中國出版事業>[104]
1902─1926	商務出版數量	6,376 種	李澤彰，<三十五年來之中國出版業>，王雲五，《商務印書館與新教育年譜》
1897─1926	商務出版數量	3,318 種(扣除年份不詳之數量)，4663 種(含年份不詳之數量)	光碟版的《百年書目》
1903─1930	商務出版數量	4,562 種(扣除年份不詳之數量)，8,362 種(含年份不詳之數量)	光碟版的《百年書目》
1902─1930	商務出版數量	7,939 種 18,718 冊	<商務五十年>
1897─1930	商務出版數量	8,039 種 18,708 冊 （不含雜誌）	李澤彰，<三十五年來之中國出版業>，王雲五，《商務印書館與新教育年譜》(逐年加總)及頁 292
1911─1949	商務出版數量	14,885 種	光碟版的《百年書目》
1911─1950	商務出版數量	14,251 種 26,016 冊	<商務五十年>
1911─1949	全國出版數量	124,040 種	《民國時期總書目》
1903─1931	商務出版數量	8,327 種 18,384 冊	蔣復璁，《王雲五先生與近代中國》
1903─1913	商務出版數量	1,342 種 3,570 冊	蔣復璁，《王雲五先生與近代中國》
1914─1925	商務出版數量	4,344 種 10,395 冊	蔣復璁，《王雲五先生與近代中國》

（續下頁）

---

[104] 王雲五，《岫廬論學》，頁 387-400。

1926－1931	商務出版數量	2,641 種 4,419 冊	蔣復璁,《王雲五先生與近代中國》
1927－1936	商務出版數量	9,654 種 18,003 冊	王雲五,＜十年來的中國出版事業＞
1927－1936	商務出版數量	7,118 種	光碟版的《百年書目》
1932－1936	商務出版數量	5,788 種 13,515 冊	蔣復璁,《王雲五先生與近代中國》
1921－1935	商務出版數量	16,725 種 35,664 冊	郭太風,《王雲五評傳》,頁 113
1921－1935	商務出版數量	5,587 種	光碟版的《百年書目》
1921－1940	商務出版數量	8,419 種	光碟版的《百年書目》
1921－1940	商務出版數量	9,794 種 16,810 冊	＜商務五十年＞
1927	全國出版數量	1,323 冊	王雲五,＜十年來的中國出版事業＞
1927－1931	全國出版數量	12,862 冊	王雲五,＜十年來的中國出版事業＞
1927－1931	商務出版數量	2,614 種 4,480 冊	王雲五,＜十年來的中國出版事業＞
1927－1931	商務出版數量	1,697 種	光碟版的《百年書目》
1932－1936	全國出版數量	29,856 冊	王雲五,＜十年來的中國出版事業＞
1932－1936	商務出版數量	7,040 種 13,523 冊	王雲五,＜十年來的中國出版事業＞
1932－1936	商務出版數量	2,966 種	光碟版的《百年書目》
1933	商務出版數量	514 種	光碟版的《百年書目》
1933	商務出版數量	292 種 327 冊	王雲五＜苦鬥與復興＞

（續下頁）

1934	商務出版數量	629 種	光碟版的《百年書目》
1934	商務出版數量	2,793 冊[105]	王雲五<苦鬥與復興>
1934	商務出版數量	834 種	王雲五《中國年鑑》
1934	全國出版數量	6,197 冊[106]	王雲五<苦鬥與復興>,<十年來的中國出版事業>
1935	商務出版數量	880 種	《百年書目》
1935	商務出版數量	4,293 冊	王雲五<苦鬥與復興>,戴仁,頁 100。
1935	商務出版數量	913 種	王雲五《中國年鑑》
1935	全國出版數量	9,223 冊	王雲五<苦鬥與復興>,<十年來的中國出版事業>,戴仁,頁 100。
1936	商務出版數量	865 種	《百年書目》
1936	商務出版數量	4,938 冊	王雲五<苦鬥與復興>
1936	商務出版數量	1,164 種	王雲五《中國年鑑》
1936	全國出版數量	9,438 冊	王雲五<苦鬥與復興>,<十年來的中國出版事業>
1941	商務出版數量	164 種	光碟版的《百年書目》
1941	全國出版數量	1,891 冊	王雲五,<五十年來的出版趨勢>,《岫廬論學》,頁 446
1942	商務出版數量	65 種	光碟版的《百年書目》

（續下頁）

---

[105] 郭太風《王雲五評傳》,頁 20,引王雲五<苦鬥與復興>將出版單位記為「種」。以下 1934、1935 年同。

[106] 王雲五,<五十年來的出版趨勢>,《岫廬論學》,頁 446,載 1934 年之出版數字為 6,191 冊。

1942	全國出版數量	3,879 冊	王雲五，<五十年來的出版趨勢>，《岫廬論學》，頁 446
1943	商務出版數量	170 種	光碟版的《百年書目》
1943	全國出版數量	4,408 冊	王雲五，<五十年來的出版趨勢>，《岫廬論學》，頁 446

由上表可知擬精確掌握商務各年度出版圖書的數量，相當不易。各家統計數量差距極大。原因是年代跨越數十年之長，且商務商品多元，叢書、教科書及重版書等，各資料類型統計之基準點未必一致。但大致可看出趨勢－王雲五的數目多大於光碟版《百年書目》的統計數量。

李家駒先生引用《民國時期總書目》作爲此期間出版數量的基礎。該《書目》共收錄北京、上海、重慶三家圖書館所藏 1911 年到 1949 年 9 月的各類中文圖書計 124,040 種[107]另以光碟版《百年書目》爲商務出版圖書的統計依據。《百年書目》中列出 1897 年至 1949 年商務出版的書名及作者的出版種數計 15,137 種。如扣除 1897－1910 時期及出版年代不詳者，則 1911 至 1949 年商務的出版種數爲 14,885 種。李氏以此推論，商務於 1911 年至 1949 年期間整體的出版品佔全國出版總量的 12%。李氏所得數據遠低於一般文獻所載；今如另以<商務五十年>(1911－1950)14,251 種比對則比例仍爲 11.5%，與前項數據差距不大。但是否據此可論定商務出版圖書約佔全國出版總數之 12%左右，似仍待其他文獻佐證。

---

[107] 方厚樞，《中國出版史話》(北京：東方出版社，1996 年)，頁 366-368。方氏認爲此數量定仍有缺漏，但與實際出版情況應相差不多。

　　另彙整上表中出版年代相同之統計數據交互比對，條列如下，藉此可瞭解各資料來源間數據之矛盾不一，及與全國出版數量之比例：

(1) 1927－1936 年：王雲五，<十年來的中國出版事業>與光碟版的《百年書目》各爲 9,654 種(18,003 冊)及 7,118 種，相差 2536 種，差距極大。

(2) 1921－1940 年：王雲五，<十年來的中國出版事業>與光碟版的《百年書目》各爲 9,794 種(16,810 冊)及 8,419 種，相差 1,375 種，差距頗大。

(3) 1927－1931：商務出版 2,614 種(4,480 冊)，全國出版數爲 12,862 冊，依冊數商務出版佔全國出版比例 35%。

(4) 1932－1936：王雲五，<十年來的中國出版事業>記出版數量爲 7,040 種(13,523 冊)，光碟版的《百年書目》爲 2,966 種，兩者在出版種數相差將近一倍以上。而全國出版數量爲 29,856 冊，以王雲五之冊數比對，佔全國 45%。

　　由上項比較，可知王雲五的數字均多於《百年書目》所載。李家駒先生認爲這是王雲五故意誇飾功績的結果。[108]李氏認爲原因是商務遭一二八事件，損失慘重，元氣大傷，王雲五力主停業，並藉此進行改革整頓。此舉遭館內外極大的反感與反對，王雲五深感壓力。因此如能儘速恢復商務的業績與出版量，甚至超越以往的紀錄再造輝煌成果，對鞏固企業經營與個人威信非常重要，因此再三宣揚並誇大改革期間的成果。

---

[108] 李家駒，《商務印書館與近代知識文化的傳播》，頁 165-166。

但針對李氏的推論，王雲五於民國 26 年 5 月發表<十年來的中國出版事業>一文，當時商務的出版產能已超越過往歷史紀錄。該文中除列述商務的出版數量，還包括中華書局及世界書局 10 年來的出版統計比較。如王雲五僅為鞏固經營地位，而以倍數誇示商務的出版數量，則用來對比且出版數量差距商務極多的中華及世界兩書局，豈能無有反彈？至於為何與光碟版的《百年書目》數量差距很大，此可能因兩者計算基礎不同所致。

商務出版書刊的總量在王雲五接任編譯所所長後，更呈現大幅度的提升。從 1921 年王雲五進商務到 1935 年，商務推出新書 16,725 種，35,664 冊，營業額達 15687.5303 萬銀元。商務的出版在 30 年代中期，不但保持為國內第一的地位，同時與 Mcmillan 與 McCraw-Hill 為世界三大出版業之一。[109]1932 年一二八之役商務遭受極大損失，相關生財機器、紙張及廠房毀於炮火祝融之中，但在王雲五領導的復興計畫下，商務於同年 11 月 1 日便宣布商務將「日出一書」，亦即每天出版新書一種。到 1933 年底，商務的出版能力完全恢復，出版數量也此進入商務有史以來的最高峰時期。商務、中華書局與世界書局並稱為當時國內的三大出版單位，三家合計出版數量約佔全國總出版量的 65%，1927年至 1936 年此三家出版單位的出版數量如表 5-9：

---

[109] 郭太風，《王雲五評傳》，頁 113，引自徐有守，<王雲五與商務印書館－述介王著《商務印書館與新教育年譜》一書>，《東方雜誌》第 7 卷第 1 期。

表 5-9　民國 16－25 年(1927－1936)中國三大出版社的出版數量表[110]

年代	商務(冊)	商務佔全國數量%	中華書局(冊)	中華佔全國數量%	世界書局(冊)	世界佔全國數量%	三家冊數合計	全國總量推估	三家總量佔全國出版%
1927	842	41	159	8	322	16	1323	2035	65.01
1928	854	35	356	15	359	15	1569	2414	65.04
1929	1040	33	541	17	483	15	2064	3175	65.01
1930	957	34	527	19	339	12	1823	2805	65.03
1931	787	32	440	18	354	15	1581	2432	65.05
1932	61	4	608	40	317	21	986	1517	65.00
1933	1430	41	262	8	571	16	2263	3482	64.99
1934	2,793(843種)[111]	45	482	8	511	8	3786	6,197	61.11
1935	4.293(913 種)	47	1068	12	391	4	5752	9,223	62.38
1936	4,938(1,164種)	52	1548	16	231	2	6717	9,438	71.18

　　由上列統計表，商務的出書數量及比率，均多於其他居第二及第三名的兩家書局總合。王雲五佔算 1936 年為中國新出版物最多的一年，其中商務一家獨占是年全國新出版物百分之五十二；他並核計商務「前三十年的出版物共約 5,700 種，13,320 冊，後十年的出版物約

---

[110] 引自王雲五，<十年來的中國出版事業>，《岫廬論學》(臺北：臺灣商務印書館，民國 60 年)，頁 388。將格式略加修訂。
[111] 1934－1936 年此三年之種數係參考：戴仁，《上海商務印書館，1897－1949》，頁 100 所載加註。

共 9,654 種,18,003 冊。以最近十年而論,前五年(即民國 16 年至 20 年)的出版物為 2,614 種,4,480 冊;後五年(即民國 21 年至 25 年)的出版物為 7,040 種,13,523 冊。換言之,即該館一二八劫後復興五年間之新出版物,種數約當一二八以前三十五年全部出版物百分之八十五,冊數約當一二八以前三十五年全部出版物百分之七十六。」[112]商務出版品數量與年度相關比例如上,故民國 16 年至民國 25 年約十年期間,為商務出版的巔峰期。

除了傲人的出版數量外,商務的出版品主題豐富多元,品質好樣式多,且涵蓋各年齡層閱讀需求,價格合理,因此成為民國初年以來蓬勃興起之各級圖書館,在徵購充實館藏時,最重要的選擇來源。因此,「提供質精量豐的圖書館館藏重要來源」為商務對中國近代圖書館事業發展的另項重要貢獻。

評介商務出版成就的論著極多,但均不脫對商務的兩任掌舵者—張元濟及王雲五的探討。由 1904 年起張元濟掌編譯所開始編印教科書起家,到 1921 年王雲五接掌編譯所,透過出版書刊,不只成就了企業的茁壯與成功,同時使商務成為中國近代出版史上,不容忽略的耀眼角色。商務的出版品不只是合乎時代潮流,滿足民眾需求;更重要的是經常具有激動潮流,影響社會風潮的震撼力。商務的出版方針,誠如莊俞所述:「本館深知出版物之性質,關係中國文化之前途,故慎重思考,確定統一之出版方針,即一方面發揚固有文化,保存國粹;一方面介紹西洋文化,謀中西之溝通,以促進整個中國文化之光大。」[113]故其無論出版類型為何,均依循「發揚固有文化」及「促進文化光大」

---

[112] 王雲五,《商務印書館與新教育年譜》,頁 625。

[113] 莊俞,〈三十五年來之商務印書館〉,《商務印書館九十五年》,頁 735。

兩項出版方針。有關商務出版品的探討，多依其出版性質區分，約有：教科書、兒童讀物、自然科學和應用技術書、工具書、大部叢書、定期刊物、外國學術著作和中外語辭典、古籍及文史著作等項。[114]每一種出版類型下均有許多優異卓越的出版物，各自發揮其文化傳播及啓發民智的功能；在出版數量上佔全國出版市場的相當比例；其營業額與全國出版業相比，清末時佔全國三分之一、民國初年佔全國十分之三至四、1930 年代期間占全國十分之三。[115]因此商務在出版事業方面的成就，有目共睹，無庸置疑。

商務爲一私人出版機構，其出版成就對當時文化與教育的貢獻，廣爲各界肯定，但在此崇高的理想下，商務仍屬一企業經營體，因此鞏固企業穩當經營、投資獲利、業績成長仍是基本目標。故研究商務的出版品時，它如何在「曲高」及「和眾」兩者之間兼顧，落實發揚固有文化、促進文化光大的經營方針，爲文化與教育界提供優質服務；但另方面又能獲利茁壯，成爲當時的模範企業之一，確實值得探究。因此學者以「迎合與塑造：近代圖書市場」的視野，來探討商務的出版是很具創意的觀察。[116]「圖書」它既是「商品」也是「文化」。商務在出版事業上，一方面「迎合」近代歷史社會因素而影響的圖書市場變化，因而展現合乎圖書市場需求的多元出版面貌；但另一方面它也因出版事業的偉大成就，進而「塑造」當時圖書市場的大氛圍。

---

[114] 久宣，《出版巨擘商務印書館－求新應變的軌跡》，(臺北縣：寶島社，2002 年)，頁104-167。

[115] 陸費逵，<六十年來中國之出版業與印刷業>，http://www.china1840-1949.com/forum/view.asp?id=750，2007.11.17 檢索。陸氏稱：清末全國書業營業額大約每年不過四五百萬元：商務印書館約占三分之一…民國初年約一千萬元，商務印書館占十分之三至四…近年(指 1932 年以前)約三千萬元，商務印書館約占二十分之六。另參考李家駒，《商務印書館與近代知識文化的傳播》，(北京：商務印書館，2005 年)，頁 194。

[116] 李家駒，《商務印書館與近代知識文化的傳播》，頁 191-276。

　　探討商務對近代圖書市場的迎合，需先掌握當時影響圖書市場變化的諸多因素。一般認為影響圖書事業造成重大影響的原因有三項，包括科舉制度的廢除(晚清新教育的改革)、啟蒙運動的勃興以及圖書館的興起。1905 年 9 月清廷宣布廢除科舉制度，產生了教科書及教材市場的市場缺口，因而造就圖書市場參與教科書及教材的契機。換句話說，現代出版業的發展與科舉制度的變革關係密切，如早期商務即是因參與教科書市場才得以崛起勃興。此外，兒童讀物的市場，也因新教科書強調新知識，因而創造市場空間。

　　啟蒙運動重點在於開啟一般民眾的知識，當時一般知識份子運用來「開民智」的手段包括出版、宣講、講報、演說等。[117]因啟蒙運動對知識的需求擴大，且要求的主題更形多元，因此影響出版市場的走向。啟蒙運動的另一項重要活動為民國初年「新圖書館運動」的開展。圖書館成為圖書出版業的新客戶，閱讀圖書的讀者群因圖書館運動中，強調開放全民使用而大為擴展，圖書館客戶群所必須滿足的閱讀對象，相較於學校的教科書市場更為多元。因此如何配合近代的讀者群，進而努力抓住讀者，成為商務迎合及形塑文化的重點。

　　商務由早期涵芬樓的建立到後來東方圖書館的經營，尤其在東方圖書館的創設過程中，商務恰逢「新圖書館運動」的激發影響，由館舍的建立、館藏書刊的蒐集、館藏資料的組織、整理，以及對民眾開放閱覽服務等等事項中，商務透過對圖書館業務的實際運作，必然對圖書館此一客戶群的特性與需求更加瞭解。如東方圖書館對進出讀者的統計，不單只統計各日圖書及期刊之借閱數量，同時也對到訪讀者

---

[117] 李家駒，《商務印書館與近代知識文化的傳播》，頁 206。

進行職業別的分析(詳如附錄 5)；另外對讀者閱覽的圖書類別也作了分析，如民國 18 及 19 年東方圖書館讀者閱覽圖書分類統計表詳如附錄 14。依附錄 14 之統計數據，另彙整分析該兩年之讀者閱覽圖書狀況分析如表 5-10。讀者類型及閱讀圖書兩項分類統計，一可掌握圖書館讀者服務績效，另外對圖書館讀者服務策略之訂定亦為重要參考；館藏使用分析更可作為圖書館徵購書刊、建置館藏時的首要依據。

　　但這些統計對商務而言，更具意義。以民國 18 及 19 年的閱覽圖書分類比較表，兩年合計文學類佔 35.7%，社會學類佔將近 20%，此兩類的圖書合計讀者調閱的比例超過當年總數的一半。這說明以啓發民智及文化典藏為企業成立及發展價值的商務而言，東方圖書館在館藏主題分布上，或許仍較偏重人文及社會科學主題的典藏；相對的，這對於商務在出版書刊的選題上，讀者閱覽圖書分類的比例分布，應該也是評估及佐證的重要依據。參閱前述之表 5-3 及表 5-5 兩項依主題類別來統計商務出版品，可瞭解商務出版最多的類別依序為社會科學、文學、史地及應用技術等類，而此恰與民國 18 及 19 年東方圖書館讀者的閱覽圖書主題排名相符，因此或可證明商務的出版選題及讀者閱覽需求兩者之間的微妙關連。

表 5-10　東方圖書館民國 18 及 19 年份讀者閱覽圖書分類比較表

年份	總類	哲學	宗教	社會學	語文學	自然科學	應用技術	美術	文學	歷史地理	雜誌	合計
民國 18 年	921	838	176	3,640	658	1030	2106	729	6829	1707	40	18674
民國 19 年	1480	2579	560	9,071	1870	3494	4448	2194	16103	3713	5	45517

（續下頁）

合計	2401	3417	736	12711	2528	4524	6554	2923	22932	5420	45	64191
排名	9	6	10	2	8	5	3	7	1	4		
百分比%	3.7	5.3	1.1	19.8	3.9	7.0	10.2	4.6	35.7	8.4	0.1	100.0
民19年成長量	559	1741	384	5431	1212	2464	2342	1465	9274	2006	-35	26843
民19年成長%	60.7	207.8	218.2	149.2	184.2	239.2	111.2	201.0	135.8	117.5	-87.5	143.7
成長率排名	10	3	2	6	5	1	9	4	7	8		

資料來源：筆者依附錄14彙整分析

讀者閱覽圖書的數量，民國19年僅10個月的閱覽數總量(參見附錄14)，相較於前一年12個月期(參見附錄14)的數據增加許多，成長率達143%有餘，而實際年度成長率應高於150%，且民國19年各學科圖書的閱讀量均較前一年有大幅提昇。

商務在東方圖書館館藏書刊的組織、整理及管理等實務運作過程中，也深刻體會當時圖書館經營所面臨的實務難題－經費不足、專業館員缺乏，在缺錢、缺人的情況下，對館藏的篩選、採購及整理更為不易。因此王雲五特別針對圖書館界需求，順勢推出對圖書館界最具影響性的代表性叢書－《萬有文庫》。

二、《萬有文庫》的編印

商務發行的出版品其質量之豐富多元如前節所述。在張元濟及王雲五主持商務編譯所期間，兩人各自對出版發行的選題規畫各有特

色。但在商務的諸多出版品中，與近代圖書館發展最具影響性者，首推《萬有文庫》的編印。《萬有文庫》的發行是王雲五規畫商務一系列叢書出版計畫成果的再延伸，也是商務一系列叢書出版的集大成之作。

（一）緣起

王雲五接任商務編譯所所長之初，除了推動科學化管理制度，並進行編譯所人事汰舊換新大調整，雖引起部分舊人反彈，但也使商務編譯所一時人才濟濟展現新貌，他隨即調整商務書刊出版方針。以往商務的出版物較側重教科書及舊學，因此「加強新知新學」成為新的出版目標。其實商務以往也有以新學為主題的圖書出版，但零散無系統。因此他將編輯學術性、通俗性兩者兼顧的現代叢書列為工作重點之一。「擬從治學門徑著手，換句話說，就是編印各科入門之小叢書。」[118]

中國「叢書」的起源甚早，最早的叢書據說完成於宋甯宗嘉泰元年(1201)由俞鼎孫、俞經編輯的《儒學警悟》，後盛行於明清，依據上海圖書館刊行的《中國叢書綜錄》統計，從宋到清出版的叢書不下 2,000 種。

《中國大百科全書‧新聞出版》卷將「叢書」定義為：「彙集多種重要著作，依一定的原則、體例編輯的書。所謂叢書指彙集多種重要著作，依一定的原則、體例編輯的書」。[119]另《中國大百科》[120]對叢書

---

[118] 郭太風，《王雲五評傳》，頁 102。

[119] 劉辰，<叢書、類書、百科全書及其比較>，《出版科學》2001 年第 3 期，http://72.14.235.104/search?q=cache:uW0reWemTkMJ:www.cbkx.com/2001-3/109.shtml+%E5%8F%A2%E6%9B%B8%E5%AE%9A%E7%BE%A9&hl=zh-TW&ct=clnk&cd=1&gl=tw，2007.

的定義為:「在一個總書名下匯集多種單獨著作為一套,並以不編號或編號方式出版的圖書。它通常是為了特定用途,或針對特定的讀者對象,或圍繞一定主題內容而編纂。」另外對叢書的外在形式更說明:「一套叢書一般有相同版式、書型、裝幀等,且多由一個出版者出版,除少數叢書一次出齊外,多數為陸續出版。」叢書因較具策劃性,故比單本出版品有更明確的出版緣起及目標,更能傳達出版者的意圖。[121]

1923 年起由王雲五主導所編印的小叢書,深受各界歡迎。以第一部編輯的《百科小叢書》為例,<本館四十年大事記>(1936)中介紹:「本叢書以百科知識為介紹之對象,每題一書,由國內專家分任執筆,深入淺出,敘述務求簡明,其性質在當時之我國尚屬創見。…本叢書創意與主編者為王雲五君。迄今已出版者多至 400 種,其後續出國學、師範、自然科學、醫學、體育、農學、工學、史地各種小叢書,雖係分科編輯,體例實與此大同小異。」[122]

當時屬商務出版的極盛時期,故此謂「在當時之我國尚屬創見」的說法,將商務叢書的編印完全歸功為王雲五的創舉。在此之前,商務對叢書的編印可遠推至清末 1902 年由一批出洋留學生組織的「出洋學生編譯所」負責編纂的《帝國叢書》,後來商務對叢書的編纂未曾間斷。「…50 年間一共出版過 7,668 套,題材和內容可謂包羅萬有。叢書的規模和種數極見參差,最多有 381 種,最少的則只有 1 種。其中種數超過 80 種以上的叢書就有 20 項。」[123]另統計《商務印書館圖書目

7.15 檢索。

[120] 電子資料庫版,http://dblin.ncl.edu.tw/web/Content.asp?ID93&Query=1,2007.7.17 檢索。

[121] 李家駒,《商務印書館與近代知識文化的傳播》,頁 240。

[122] <本館四十年大事記>(1936),《商務印書館九十五年》,頁 691。

[123] 此說引自李家駒,《商務印書館與近代知識文化的傳播》,頁 241。他統計香港商務發

錄 1897－1949》書末所附「叢書目錄」之叢書書名僅只 266 種。又，該《圖書目錄》頁 3「叢書」項下備註：「本館印行叢書，計凡二百三十餘種，科目齊備，書名已散見各類。」則此處所稱又與書末「叢書目錄」實際所載略有不同。

其實早於王雲五之前，張元濟對叢書的編印，也很有興趣。如《張元濟日記》1920 年 1 月 5 日[124]下「編譯」項記載「昨與夢(筆者按：指高夢旦)談，擬仍編小叢書。夢意，每冊約三四萬字，酬資約二百元。擬先約胡明復一談。本日余又告夢：字數較多，恐題目有限，余意仍以小種爲宜。夢謂小本另是一事，大本者可分哲學、教育、科學，選西人名著，仿《文明協會叢書》之例，即託胡適之等人代爲主持。余意只以新思潮一類選十種八種；至小叢書可仍託胡明復擔任試辦。」民國 9 年 3 月梁啓超來商務，張元濟、高夢旦、陳叔通與其晤談，商編小本知識叢書等事。張元濟認爲選題宜窄，使讀者易於瞭解；梁啓超認爲叢書「分兩種，一爲此類，一爲歷史類，每冊約十萬言。」民國 10 年 6 月商務董事會第 263 次會議，董事黃炎培提出：「吾國教育未能遍及，故普遍常識多未通曉，深冀本館多編常識叢書，以助文化。」張元濟雖支持黃炎培的建議，但因編輯人才難得而未成。[125]

民國 10 年夏胡適到商務拜訪時，張元濟也曾請教他叢書編印事宜。「菊生與夢旦來談編纂《常識小叢書》事。[126]…下午到編譯所，爲

行之百年紀念光碟中《百年書目》內容，將書目中凡注有系列名稱者，皆歸入「叢書」而得出此數。此處所謂 7,668 套應指各叢書下子目的總數。

[124] 張元濟著，張人鳳整理，《張元濟日記》，下冊，頁 930。

[125] 吳方，《仁智的山水－張元濟傳》，頁 180。

[126]《胡適日記全集》民國 10 年 7 月 22 日，頁 223。

他們擬了一個《常識小叢書》的計畫，並擬了二十五個題目。」[127]故
編印叢書，實在不能稱是王雲五的創舉，但卻是王雲五主持編譯所時
期的一項重要出版特色與功蹟。我們可以推想，王雲五入主商務編譯
所初期，推動進行許多叢書系列的編印，一是實踐了深受商務重視的
學者胡適，對商務所提的建議；另方面也落實張元濟及高夢旦當初的
規畫（張、高兩人前述規畫的大小本叢書，應未出版）。因此王雲五能
於入館初期就獲得商務高層的支持，順利開展叢書系列的編印。

　　王雲五自稱經營商務的出版及圖書館事業，係傳承自張元濟之
後。「不佞…踵張菊生(元濟)、高夢旦二公之后，見襄印《四部叢刊》，
闡揚國粹，影響至深且鉅。思自別一方面植普遍圖書館之基。數歲以
還，廣延專家，選世界名著多種而廣譯之。並編印各種治學門徑之書，
如百科小叢書、國學小叢書…，陸續刊行者，既三四百種…」[128]。《四
部叢刊》是商務民國 8 年至 11 年間編印集結經史子集四部書中之必要
古籍，可說是一部精選善本古籍叢書，內容收書 323 種，8,573 卷，2,120
冊。王雲五所謂「踵張菊生(元濟)、高夢旦二公之后」的說法，說明
了他對張、高兩人的敬重與傳承的思維，但傳承之餘王雲五另以「思
自別」三字，傳達他擬別立蹊徑，區隔發展的意圖，張元濟的古籍叢
書重在文化保存；王雲五的治學門徑叢書則重在啓發民智，植普遍圖
書館之基。小叢書的出版，因內容深入淺出，形式簡便且價格低廉，
適合社會大眾對於新文化新科學及新知識的需求，被譽爲是「出版界
在新文化運動影響下對於出版思路的一次成功的調適。」[129]

---

[127] 《胡適日記全集》民國 10 年 7 月 22 日，頁 224。
[128] 王雲五，<創編萬有文庫的動機與經過>，《岫廬論學》，(臺北：臺灣商務印書館，民國 66 年)，頁 155。
[129] 王建輝，《文化的商務》，頁 107。

在王雲五主持下先後完成的小叢書包括《百科小叢書》、《農業小叢書》、《商業小叢書》、《師範小叢書》、《體育小叢書》、《算學小叢書》、《新時代史地叢書》以及《國學小叢書》、《學生國學叢書》等。依計畫各叢書編寫「百數十種」，三四年內編印完成，「各種小叢書以深入淺出的方法，就萬有的知識，各別命題，分請各該科專家執筆，以二萬字爲一單冊，四萬字爲一複冊。」[130]自民國 10 年王雲五入主商務編譯所以來五六年間，「陸續刊行者也不下三四百種」[131]

叢書的編印成功，讓王雲五進一步構想編印一套由國人編寫的百科全書。因當時中國尚無類似歐美大型百科全書的編製，爲出版文化界之恥辱，因此他想以商務的財力與人力編輯發行，以「爲國增光」。[132]他先以美國"Book of Knowledge"爲藍本，要求編譯所人員參考該書編寫全套《少年百科全書》，於 1924 年 2 月出版共 20 冊。另編譯所於 5 月組成百科全書委員會，依據美國"New International Encyclopedia"爲主要藍本，並參考英德法日等他國的百科全書；屬中國事務條文則由專家另稿撰寫。但此一計畫因時程趕促，歷時一年，終因翻譯者眾，各詞條譯稿品質不一，無法達預期質量要求而停擺，勉強整理完成的5,000 萬字文稿，僅能束之高閣，後燬於一二八之役戰火中。[133]

編印百科全書的失利，讓王雲五瞭解：以單一詞條爲單位之百科全書編輯不易，其失敗關鍵在於太依賴外文原稿。當時參與之譯員能力不足，導致譯稿無法獲致應有水準。此次經驗頗類似商務初創成立，

---

[130] 王雲五，《商務印書館與新教育年譜》，頁 119-120。
[131] 《商務印書館與新教育年譜》，頁 469。王雲五亦曾自稱民國 11 年至 16 年間完成各類叢書數量高達 500 多種，但依據《商務印書館圖書目錄，1897-1949》中所列商務發行叢書目錄僅 266 種，叢書發行數量的說法相差甚多。
[132] 章錫琛，<漫談商務印書館>，《商務印書館九十年》。
[133] 郭太風，《王雲五評傳》，頁 103。

夏瑞芳追隨時尙,請人翻譯外文書籍擬予出版。因譯稿品質就教於時任職南洋公學的張元濟。後來張元濟雖然也動員公學人員協助修訂譯稿,但終因譯稿品質不佳而作罷。王雲五此時的工程規模更甚當時不知千萬倍,因此更難透過事後的審稿修稿達成目標。

但王雲五仍期望編印內容類似百科全書,能匯集多種學科知識,全面反映當代中國文化成果的大部頭叢書。因此他將出版規畫的思維,轉回原先頗受歡迎的「小叢書」路線,但此次的構想規畫更加宏大-以商務已出版的叢書爲基礎,另增補修訂新書,匯集成種類齊全的大型綜合性叢書。

該叢書初命名爲《千種叢書》後易名爲《萬有文庫》。王雲五改「千種」爲「萬有」,係因「嗣思千種之數猶有未足,乃定名爲萬有文庫。分集編印,以一萬冊爲最後目標,平均每冊以六萬字計,全書出齊,當括有六億字之優良讀物,等於四庫全書著錄全部字數三分之二。」[134] 故王雲五編輯出版的背後,隱然有與《四庫全書》並駕齊驅之志。「萬」所指是預期發行的冊數,在字義背後也深具涵義。因古籍中「萬有」一詞有「概舉宇宙間所有之意」,故也宣告該書內容包羅萬象,包含萬有多元的知識內涵,以人類全部的知識爲範圍;同時也有介紹世界所有出版物菁華的涵義。在《萬有文庫第一集一千種目錄》預約簡章上載有:「總期圖書界得就此狹小範圍,對於世界之萬有學術,各嘗其一臠。」[135] 因此他以「萬有學術」爲收錄對象,也充分展現了王雲五對該書賦予類似百科全書爲知識總集的期許。

---

[134] 王雲五,《岫廬論學》,頁 154。
[135] 此引自:惠萍,<王雲五與《萬有文庫》>,《開封教育學院學報》(第 25 卷第 4 期,2005 年 12 月 20 日),頁 33。但詳審該目錄之預約簡章共十三條,均未見此段引文。恐該文作者所註之出處有誤。

「文庫」的概念，應是受日本影響而來。日本明治時代(約 1867－1912)出版圖書時，凡屬期待讀者將其全數買入、收藏的全集或叢書，策劃時會冠以「文庫」用語。至昭和年代(1926－1989)開始，「文庫」演變成一種廉價且外型便於攜帶，以普及爲目的的小開本出版型態。[136]

王雲五此處改以「文庫」命名的緣由不詳，但據稱中國近代最早以「文庫」命名者，是由王雲五及李聖五主編，商務出版的《東方文庫》。它是爲紀念《東方雜誌》創刊 20 年，匯整該期刊中相同主題的文章成單本論文集計 82 種，仿叢書體例輯成。《東方文庫》之後還有《東方文庫續編》的發行。[137]《東方文庫》的外型僅 15cm x 10.1cm，軟紙封面，依國家圖書館現存唯一一冊屬《東方文庫》的圖書－《近代社會主義》((美)Louis Levine 等著，民國 13 年，再版。)，全書僅99 頁，紙張輕薄，觸手輕巧易攜，與日方的文庫本概念相符。足見當時「叢書」與「文庫」的意義頗爲相近，都是匯珠成串的出版方式，但「文庫」在開式方面更爲輕巧，易於攜帶。

《萬有文庫》之後商務後續也有採以「文庫」爲名的叢書的策劃與發行。如王雲五於民國 22－26 年間主編出版之《小學生文庫》[138]、民國 23 年 10 月底出版之《幼童文庫》第一集[139]、民國 36 年出版之《新

---

[136] 《維基百科全書》電子資料庫 http://zh.wikipedia.org/w/index.php?title=%E6%96%87%E5%BA%AB&variant=zh-tw，2007.7.17 檢索。在日本被稱為文庫的出版品，一般都是平裝，A6 大小，105 x 148mm 的版面，這種形式也被稱為「文庫本」。

[137] 見《商務印書館圖書目錄，1897－1949》所載，《東方文庫續編》收錄圖書 46 種，50 冊。

[138] 該文庫規模較大，共收錄 500 種，綜合性，品種齊全。

[139] 引自 http://www.book.sh.cn/shpub/hisdoc/BookContent.asp?id=156&itype=2，2007.7.20 檢索。該《文庫》於 1934－1935 年間出版由王雲五、徐應昶策劃主編，共 200 部。以小學低年級為物件，與《小學生文庫》相銜接。

中學文庫〉、民國 36 年出版之《新小學生文庫第一集》(基本上根據《小學生文庫》修訂重印 200 種)、民國 37 年朱經農、沈百英編之《國民教育文庫》[140]及民 37 年出版《修訂幼童文庫初編》等也都是匯集諸書而成。上述文庫形式的出版品,在印刷形制上也均屬高僅 18-19 公分的小開本。甚至民國 55 年王雲五在臺灣商務印書館編印出版的大型叢書《人人文庫》(共出版至 2,251 冊),彙輯了我國古典及近代的名家、名作,其印刷形制也是採 18 公分的小開本形式。

故推論商務將《萬有文庫》由原先以「叢書」為名改採以「文庫」為名,應與其外在裝幀形制的短小輕巧的規畫有關。依據規畫《萬有文庫》的裝幀規格「每冊一律長六吋又八分之七,廣四吋又八分之五,用六十鎊道林紙印刷。外加大本圖書十鉅冊,內容約一千五百萬字。」[141]每冊長、廣規格換算約為 17.5 公分及 11.7 公分,5 號字體排版,封面及內頁採典雅素樸風格,輕巧易攜。

《萬有文庫》第一集附 10 鉅冊,依<萬有文庫編譯凡例>記載,該 10 鉅冊為「四開本,長 9 吋,寬 6 吋」。按現今四開本的規格為 39.3 公分 x 54.5 公分,與此處 9 吋 x 6 吋(22.8 公分 x 15.2 公分)不符。今查臺灣地區部份圖書館蒐有商務於民國 19 年出版之《建國方略》(初版),書籍高度為 23 公分。《萬有文庫》第一集所收之 10 鉅冊圖書中也包括《建國方略》。現存之 19 年版《建國方略》是否為《萬有文庫》第一集所附之鉅冊之一?所謂「鉅冊」會不會非真屬大開本,而是相對於正編的小開本而言?《萬有文庫》第二集的印製格式與第一集相同,但所附參考鉅籍,版式特別加大印成三開本,高市尺 8 寸,寬市

---

[140] 共收錄圖書 60 種。
[141] <萬有文庫編譯凡例>,《萬有文庫第一集一千種目錄》,頁 2。

尺 5 吋 7 分(約 26.6 公分 x18.9 公分)，布面精裝，每冊厚約一千面。

　　商務當時編印「文庫」的風氣，也影響當時其他出版機構吹起「文庫風」。如中華書局於民國 25－26 年間出版《小朋友文庫》(共 450 種，其中半數爲兒童文學讀物，並包括知識、美術、音樂、工藝勞作等。)、世界書局民國 20－26 年年間出版《世界少年文庫》(近 50 種，係兒童文學譯叢，包括《安徒生童話集》等) 及中國兒童圖書出版公司民國 37 年出版《世界童話文庫》10 集等，以上出版品的形制也均爲高度僅約 19cm 的出版品。故約可歸納出當時認定以「文庫」爲名的出版品，在印刷形制上約採取 32 開本的規格(紙幅約高 19 公分，寬 13 公分)。

（二）動機及目的

　　有關王雲五編印《萬有文庫》的動機及經過，一般多引用他的自述：「我創編萬有文庫的動機，一言以蔽之，不外是推己及人；就是顧念自己所遭歷的困難，想爲他人解決同樣的困難，我少年失去入校讀書的充分機會，可是不甘失學，以努力自學補其缺憾。讀書、愛書與聚書之癖也就與日俱增。久而久之，幾於無書不讀；因愛書而聚書，既漫無限制，精力物力也就不免有許多非必要的浪費。中年以後，漸有覺悟。適主持商務印書館編譯所，兼長東方圖書館。後者以數十萬冊的私藏圖書公開於讀書界，前者又有以優良讀物供應讀書界的可能。自從東方圖書館以專供商務印書館編譯所同人參考的涵芬樓爲基礎，而改組公開以後，我的次一步驟，便想把整個的大規模東方圖書館化身爲千萬個小圖書館，使散在於全國各地方、各地方、各學校、各機關，甚至許多家庭，以極低的代價，創辦具體而微的圖書館，並

使這些圖書館的分類編目及其他管理工作極度簡單化；得以微小的開辦費，成立一個小規模的圖書館後，其管理費可以降至於零。這一事經過了約莫兩年的籌備，卒於民國 18 年 4 月具體化，而開始供應於全國。這便是萬有文庫的印行。」[142]

　　王雲五將《萬有文庫》的編印與普及社會建立圖書館的理想緊密結合，他策劃《萬有文庫》的出版理念簡言之，是以較完備的圖書、較低廉的價格和簡樸的裝幀形式來裝備小型圖書館或私人藏書。在《萬有文庫》編譯凡例即明訂「以最廉之價將各科必備之書，供給於圖書館或私人藏書者。凡中等以下學校或中等學生、小學教師等購此文庫全部，即成立一規模粗備之圖書館。」換言之，王雲五編印《萬有文庫》目的在於用最經濟與適用的編印方法，以整個圖書館用書貢獻於社會。他認為圖書館的成立與近代中國教育之成就密切相關，當時「基本圖書之缺乏」及「圖書館設置之未廣」兩項因素影響，導致全國興學未臻理想，故出版《萬有文庫》，欲藉「基本圖書之粗備」與「圖書館設置之簡易」，來補助教育之普及。[143]

（三）編印內容及經過

　　王雲五在<印行《萬有文庫》第一集緣起>中，說明產生過程及主要內容：「不佞近主商務印書館編譯所，…數載以還，廣延專家，選世界名著多種而漢譯之，並編印各種至學門徑之書，如百科小叢書、國

---

[142] 王雲五，《商務印書館與新教育年譜》，(臺北：臺北商務印書館，民國 62 年 3 月)，頁 250；另收錄於《岫廬論學》，頁 153。

[143] 王雲五，<導言>，《最近三十五年之中國教育》，收錄於《民國叢書》，第二編，v.45，頁 6。

學小叢書、新時代史地叢書，與夫農、工、商、師範、算學、醫學、體育各科小叢書等，陸續刊行者既三、四百種。今廣其組織，謀爲更有系統之貢獻。除就漢譯世界名著及上述各叢書整理擴充外，並括入國學基本叢書及種種重要圖籍，成爲《萬有文庫》，冀以兩年有半之期間，刊行第一集一千有十種，都一萬一千五百萬言，訂爲二千冊，另附十巨冊。」[144]

《萬有文庫》第一集內容：「以人類全部的知識爲範圍，以系統的編次爲標準，第一集包含十三種叢書。…凡國學基本要籍，世界百科名著，及各種治學門徑之書，無不應有。」[145]此次入選的書籍，均經王雲五反覆篩選，「存精去蕪，並嚴定系統。」其選錄圖書的原則爲：「所收書籍以必要者爲準。編著新書，務求提綱挈領，要言不煩；翻印舊書，擇註疏精當，少有訛誤之本；迻譯外國書籍，則慎選各大家之代表著作，以信達之筆，譯爲國文。」因此所收各書有舊作亦包含部份新書。[146]第一集所收 13 種叢書名稱及收錄情況如表 5-11。

另附重要圖籍 10 鉅冊，名目爲《三民主義與建國大綱》、《建國方略》、《國民政府法令大全》、《國際條約大全》、《辭源》、《中國人名大辭典》、《中國地名大辭典》、《歷代名人生卒年表》、《中國形勢一覽圖》、《世界形勢一覽圖》。

---

[144] 王雲五，《岫廬論學》，頁 155。
[145] 商務印書館編，《商務印書館圖書目錄，1897－1949》，叢書目錄頁 1。
[146] 如作家施蟄存回憶，民國 18 年(1929)受任職商務編輯的鄭振鐸之邀，參與《世界短篇小說大系》出版，協助翻譯重要國家短篇小說。按國別分卷，每一卷約 20 至 30 萬字。施氏遲至民國 21 年夏完成譯稿交付，時恰逢一二八之役後商務蒙重大損失，故譯稿雖幸未於炮火中灰飛湮滅，但已無力完成計畫。民國 24 年商務將這批譯稿刪修成 10 萬字左右編入《萬有文庫》第二集中。參見：施蟄存，<關於《世界短篇小說大系》>，http://www.millionbook.net/xd/s/shizhecun/szcw/124.htm，2007.07.27 檢索。

表 5-11 《萬有文庫》第一集收錄叢書名稱及數量統計

叢書名	種數	冊數	每冊字數	字數總計
國學基本叢書初集	100	900	5-10 萬	5000 萬
漢譯世界名著初集	100	300	5-10 萬	2000 萬
學生國學叢書	60	60	4-10 萬	
國學小叢書	60	60	4-10 萬	1200 萬
新時代史地叢書	80	80	4-10 萬	
百科小叢書	300	300	2-4 萬	
農學小叢書	50	50	2-4 萬	
工學小叢書	65	65	2-4 萬	
商學小叢書	50	50	2-4 萬	
師範小叢書	60	60	2-4 萬	1800 萬
算學小叢書	30	30	2-4 萬	
醫學小叢書	30	30	2-4 萬	
體育小叢書	15	15	2-4 萬	
合計	1,000	2,000		1 億

　　《萬有文庫》第一集自民國 18 年 4 月開始發行，中歷經一二八之役，在艱辛下至民國 22 年底才全部出齊。隨即於民國 23 年 9 月起開始編纂《萬有文庫》第二集，內容所收各書與第一集銜接，「相同者原以竟未竟之功，相異者自可彌往昔之闕。」[147]但範圍更為廣。「在基本讀物方面，則加重《國學基本叢書》與《漢譯世界名著》之數量；在治學入門書方面，則以《自然科學小叢書》與《現代問題叢書》而代第一集之農工商醫學等小叢書；在參考書方面，則收入《十通》及《佩文韻府》。」[148]《國學基本叢書》增至 300 種（第一集 100 種），《漢譯世界名著》選錄 150 種（第一集 100 種）。

---

[147] 王雲五，《商務印書館與新教育年譜》，頁 450。

[148] 商務印書館編，《商務印書館圖書目錄，1897－1949》，(北京：商務印書館，1981 年)，叢書目錄頁 1。

　　第二集規畫收錄的叢書名稱及數量如表 5-12，與第一集內容相比較，各學科比例明顯變化；一般認為第二集國學古籍的數量為第一集的 3 倍，多認為第二集有「厚古薄今」的趨勢，但如依所收古籍佔整體比例看來則各約 42%及 32%，其實差距不算太大。

表 5-12　《萬有文庫》第二集收錄叢書名稱及數量統計

叢書名	種數	冊數	每冊平均字數	字數總計	備註
國學基本叢書初集	300	1,200	6 萬	8,000 萬	共分成 56 類，與第一集銜接，除 14 種外餘皆為各家國學入門書目所在必要之書。
漢譯世界名著	150	450	5 萬	2,400 萬	共分成 28 類，包括英、美、德、法及其他各國名著；古典佔 1/3，現代約 2/3。
自然科學叢書初集	200	300	4 萬	1,200 萬	共分成 10 類，取材以通俗為主。
現代問題叢書	50	50	5-15 萬	400 萬	分為中國之部(24 種)及世界之部(26 種)兩部分。每冊專述一問題。
合計	700	2,000		1.2 億[149]	

　　有關《萬有文庫》第一及第二集的裝帙總冊數量說法極不一致。前述第一集所收的種數及冊數，係引用王雲五的說法，第一集收錄 1,010 種，2,000 冊，另附 10 巨冊；「第二集之全體字數，約共一億九千萬…至於兩集合計，括有新舊圖書千七百種，都四千冊。」[150]；北

---

[149] 此處字數依上項數字合計，但王雲五的說法為 1.9 億。

[150] 王雲五，<由一個圖書館化身為無量數小圖書館>，《岫廬八十自述節錄本》(臺北：臺

京商務官方網站(http://www.cp.com.cn/ht/newsdetail.cfm?iCntno=4341)
稱「《萬有文庫》從 1928 年開始籌備，第一集從 1929 年起陸續出版，
計收入圖書 1,010 種，2,000 冊，初版印了 5,000 套。第二集從 1934
年開始出版，收入圖書 700 種，也是 2,000 冊」；《商務印書館圖書目
錄，1897－1949》的說法爲：第一集「…凡一千種…分訂兩千冊，另
附大本參考書十種，十二冊。」；第二集「…正編分裝二千三百餘冊；
參考書分裝二十八巨冊。」。此外，其他文獻也呈現不全相同的統計數
量。如劉桂珍、陳福季[151]列舉許多出處的不同說法，如有「兩集共收
1,710 種，4,000 冊。」、「兩集共 4 千種」、「正書 4,300 冊，參考書 40
冊」等說法。劉氏爲此事特詢問大陸學者汪家熔先生。他的回覆爲：「《萬
有文庫》第一集 1,000 種，訂成 2,000 冊；加大本書 10 種 10 冊，共
1,010 種 2,010 冊。《萬有文庫》第二集 700 種，訂成 2,403 冊；加大本
書 2 種 28 冊，共 702 種，2,431 冊。兩共 1,700 種，訂成 4,403 冊；加
大本書 12 種 38 冊，共 1,712 種，4,441 冊。」他並強調「這是據當年
書目逐一計算的，…不會錯。」

　　汪先生的說法與王雲五、北京商務網站說法的差異處，在於第一
集收錄種數相差 10 種，今檢索「全國圖書書目資訊網」資料庫
(http://nbinet.ncl.edu.tw)，臺灣各圖書館中現存屬《萬有文庫》的圖書不
少，部分圖書的叢書名均記爲「萬有文庫，第一集；1000 種」。王雲
五的說法將所附 10 巨冊納入計算，故有差異。且汪家熔先生的計算結
論中強調是依「當年書目逐一計算」，所謂書目即商務配合《萬有文庫》
的發行所編印之單行本書目。目前國家圖書館館藏中有《萬有文庫第

灣商務印書館，2003 年)，頁 67。

[151] 劉桂珍、陳福季，<館藏《萬有文庫》究竟有多少種、冊書爲全帙－從一篇糾錯文章
說起>《圖書館建設》，2000 年 5 月，頁 95-96。

一集一千種目錄》(上海：商務，民 18[1929])一冊(館藏地：參庫中文，索書號：R 083.53 8434-2(021))，故第一集所收圖書應爲 1,000 種無誤。國家圖書館館藏另有《萬有文庫第二集七百種》(王雲五主編，上海市：商務，民 26[1937]) 一書，故第二集共收錄 700 種圖書的說法亦可藉此驗證。故汪家熔的說法應算是較具權威的結論。

王雲五於<我的圖書館生活>(原寫於民國 41 年 4 月)中，稱：「…不料《文庫》二集與《叢書集成初編》尚未出齊，中日戰事已發生；在戰爭初期，雖仍小規模繼續印行，惟完成之功卻遲至民國三十五年戰後，此則由於戰爭阻礙無可如何者也。」[152]。但王雲五於<印行萬有文庫薈要緣起>中謂：「在抗戰前一年，萬有文庫第一二集均已全部出版，第一集售出約八千部，第二集約六千部，而憑藉該文庫以成立新圖書館在二千以上。」[153]對於《萬有文庫》第二集完成出版的時間，兩種說法雖出自同一人，竟相互矛盾。

《萬有文庫》原以萬冊爲發行的目標，在第一、二集計畫發行後，民國 24 年 3 月至民國 26 年另編印發行《叢書集成初編》，內容收錄百部叢書。所收古籍去除重複者，實存四千一百種，約兩萬卷，亦仿《萬有文庫》形式裝訂成四千冊，另將此四千一百種叢書依中外圖書分類法分爲 541 類。《叢書集成初編》所收錄叢書來源，係東方圖書館復興時期蒐羅之數百種叢書及涵芬樓舊藏善本孤本的燼餘叢書數十種，予以分類編輯，堪稱是近代最大一部古籍叢書。但因抗日戰爭爆發，時局所限，只出版了 3,467 冊(尚缺 533 冊)。王雲五原視此爲達成「萬冊

---

[152] 王雲五於<我的圖書館生活>，《舊學新探－王雲五論學文選》，頁 39-40。另胡建軍，
<《萬有文庫》始末>，《編輯之友》2001 年 4 期，頁 64，亦稱第二集「斷斷續續直
到抗日戰爭勝利後才勉強完成，前後歷時近十載。」
[153] 王雲五，《商務印書館與新教育年譜》，頁 905。

出版」的項目之一。他原想將《叢書集成初編》與《萬有文庫》一二兩集合得八千冊。俟《萬有文庫》二集完成後，續印《萬有文庫》三集二千冊，湊成萬冊之數。但因抗戰軍興，上海淪陷，商務資產嚴重流失，編輯實力亦隨之削弱，致使王雲五原預計於民國 30 年完成萬冊的目標，始終未能實現，而《萬有文庫》第三集的編印計畫也因此停擺。但商務對叢書系列出版品的發行仍持續進行。

民國 26 年抗日戰爭全面展開，商務於 9 月 1 日對外刊登啓事告知：「…本年八一三之役，敝館上海各廠，因在戰區以內，迄今無法工作，書棧房亦無法提貨，…自滬戰發生之日起，所有日出新書及各種定期刊物、預約書籍等，遂因事實上之不可能，一律暫停出版。…決自十月一日起，恢復新出版物。…邦人君子鑒於敝館今日處境之困難，始終爲文化奮鬥之誠意，當能垂諒一切也。」[154]足見當時商務處境之困頓與出版業務推動之困難。但當年度商務在叢書之發行上仍有相當豐富的成果。如《中國文化史叢書》80 種(1 月創編)、《大學叢書》、《元明善本叢書》、《民衆基本叢書》、《抗戰小叢書》26 種(10 月創編)、《戰時常識叢書》15 種(10 月創編)、《抗戰經濟叢書》、《抗戰叢刊》等，仍頗具生產力。

民國 28 年王雲五避於香港，因考慮商務出版能力下降及讀者購書能力衰退，另「鑑於後方各省內遷學校，圖書散失，遂就萬有文庫第一二集，精選其需要較切者 1,200 冊，訂爲萬有文庫簡編，廉價發售。」《萬有文庫簡編》共集結 13 種叢書 500 種圖書。該《簡編》的選書方法是某種學問一、二集中收有多種著作者，選取一種。如與《易》相

---

[154] <商務印書館啓事>，《商務印書館百年大事記，1897－1997》，1937 年條下引。

關之著作版本,擇一收錄;或《辭源》上下冊及續編合排,勘誤、重排加索引。[155]為配合戰時內地運輸困難及物資貧乏的現實,《簡編》採用當時一種質量較輕且價廉的礬紙來印製,但因裝訂延誤等因素,致使《簡編》未及運至內地,因此未能普遍流通。

民國 32 年(1943)商務於重慶出版《中學文庫》。該文庫雖然以中等學生為對象,但取材自《萬有文庫》第一二集者達 117 冊,採自抗戰以來其他出版物而重印者 105 冊,另有 178 冊為當時近 3 年尤其是在重慶出版的新書,經修訂適合現狀後彙整成一 400 冊的文庫形式出版品。《中學文庫》雖然在名稱上並無《萬有文庫》字樣,但其內容上卻有約近三成屬於舊有《萬有文庫》的內涵。可視作是《萬有文庫》的另一化身。

此後沉寂約四分之一個世紀,民國 56 年王雲五被選為臺灣商務印書館董事長,亟思重振臺灣商務,因此取材手邊殘存之《萬有文庫簡編》,予以增補刪除、刪去其中史地、科技及現代問題等不合時宜的叢書,新增圖書 220 種,共收叢書 8 種圖書 400 種,裝訂成 1,200 冊,仿《四庫全書薈要》取名《萬有文庫薈要》。《萬有文庫》的發展歷史由民國 18 年到民國 56 年跨越將近 40 年,至此告一段落。

學者曾以「好書、小刊本、價廉、內容駁雜」短短數語描述《萬有文庫》的特色[156],因此除上述介紹諸項特色外,「價格低廉」也是《萬有文庫》特色之一。如前所述王雲五在編印動機中說明要「以極低的

---

[155] 汪家熔,〈抗日戰爭時期的商務印書館〉,《商務印書館史及其他－汪家熔出版史研究文集》,頁 164。

[156] 龔鵬程,＜四庫全書的故事＞,《鵬程隨筆》,http://www.fgu.edu.tw/~kung/post/p0525.htm,2007.7.20 檢索。

代價,創辦具體而微的圖書館」,故「本文庫第一集內容各書,通行版本,共需價一千五百元以上,現今彙刊劃一版本,祇售預約價三百六十元。」[157]按此則預約價爲原價的 2.4 折,確實深具吸引力。他在印行緣起中補充云:「本文庫之目的,一方在以整個的普通圖書館用書貢獻於社會,一方則採用最經濟與適用之排印方法,俾前此一二千元所不能致之圖書,今可三、四百元致之。」但以商務爲私人經營之出版機構,在商言商,豈有賠本之理,因此可以想見《萬有文庫》的整體成本必然不會太高。價格的訂定除了反映成本,同時也需兼顧預設客戶對象的採購能力與反應。此套叢書所以採取低價政策,一是因爲所收許多書先前均曾由商務發行過,屬舊版新印性質,當時著作權觀念或許不如今日發達,故商務不需另支付作者版權費用,成本相對較低;另因《萬有文庫》起始就將客戶對象定位爲支援圖書館成立或館藏充實,當時一般中小型圖書館的購書預算大多偏低,因此低價位的《萬有文庫》才能符合客戶購買能力,引起購買慾望。

另外在採購方式上,也提供分期付款的彈性。一次付清的預約售價爲 360 元,分四期支付者支付總價爲 420 元。[158]《萬有文庫》第二集預約售價亦爲 360 元;如不購參考鉅冊者僅 300 元。

(四)爲圖書館的加值設計

《萬有文庫》第一集及第二集均強調編印的目的,「一方在以整個的普通圖書館應藏之圖書供獻於社會、一方則采用最經濟與適用之排

---

[157] 《萬有文庫第一集一千種目錄》,(上海:商務印書館,民國 18 年),頁 3。
[158] 分期支付方案為:第一次一百二十元於定書時交付、第二次一百元於取第一期書時交付、第三次一百元於取第二期書時交付、第四次一百元於取第三期書時交付。

印方法,更按中外圖書統一分類法,刊類號於書脊,每書復附書名片,除解決圖書供給之問題外,將使購書費節省十之七八。管理困難,亦因而大減。」[159]

在創編《萬有文庫》的動機與經過中,他也提及:「…我的理想便是協助各地方、各學校,各機關,甚至許多家庭,以極低的代價,創辦具體而微的圖書館,並使這些圖書館的分類編目及其他管理工作極度簡單化;得以微小的開辦費,成立一個小圖書館後,其管理費可以降至於零。…在那時候,我國的圖書館為數不多。…尤其是分類編目均賴專材,而由於圖書館人才之短缺,得人既非易事,即幸而得之,其經常開支勢必占據了購書費的重要部份。但是雖有圖書而無適當的分類編目,圖書的效用也就不免要打一個大折扣。…由於該文庫每書都按照我的中外圖書統一分類法一一分類,並供給各種互見的書名片,那就未曾受過圖書館專業訓練的人大都可以擔任管理。」[160]

《萬有文庫》之所以能成為當時的暢銷書,與王雲五將圖書發行與圖書館管理的加值服務兩者結合,有密切關聯。如前所述《萬有文庫》每種書上均有分類號及著者號,分類依中外圖書統一分類法編碼,著者依四角號碼檢字法編碼,兩組號碼,均印於書脊上。每種書另備有書名的印刷目錄卡(Printed Catalog Card)。這是我國第一套購書且隨書附送印刷式編目卡片的做法。

《萬有文庫》逐書列印分類號及著者號,並加贈書名卡片給購買

---

[159] 王雲五,<印行萬有文庫第二集緣起>,《商務印書館與新教育年譜》,(臺北:臺灣商務印書館,民國62年),頁449。

[160] 王雲五,<印行萬有文庫的動機與經過>,《商務印書館與新教育年譜》,(臺北:臺灣商務印書館,民國62年),頁251。

客戶的做法，此一方面可落實廣告文案中購書可節省圖書館管理人力
的說詞；另方面更增加銷售產品的質感與內涵，使客戶有物超所值的
感受，激發購買意願；另方面王雲五也藉此大部頭叢書的發行，將他
所發明的「中外圖書統一分類法」及「四角號碼檢字法」推廣給圖書
館及廣大民眾，可謂水幫魚，魚幫水，兩者相得益彰。對於商務後續
出版業績的擴展，及其在社會、文化與教育界的形象提升確具效益。

　　王雲五在商業行銷、規劃與執行上，深具靈活與聰捷的手腕，透
過相關產品的整合與包裝，讓商務名利兼具，而他個人也因此成為具
影響力的社會賢達，尤其在圖書館界參與許多相關組織。如他先後擔
任上海圖書館協會委員和委員長、中華圖書館協會執行長、上海市圖
書館籌備委員會委員、臨時董事會副董事長等職。在 1928 年 5 月由大
學院召集的全國教育會議上，他提出兩項提案，一為「提議請大學院
通令全國各學校均設置圖書館，並於每年全校經費中，提出百分之五
以上，為購書費案」；另一為「提議請大學院從速設立中央圖書館，並
以該館指導全國圖書館之責任案」。後國民政府教育部果於 1933 年委
任蔣復璁先生為國立中央圖書館籌備處主任，因而展開我國國家圖書
館創立的序曲，足見他的建議確受當時國民政府重視。[161]時任上海圖
書館協會委員長的王雲五，後修改在全國教育會議之提案為三點；分
別為頒布相關圖書館編準、確定學校圖書館經費及增設圖書館專科案
等[162]，均對圖書館事業發展深具影響。

　　當時圖書館界對於商務將《萬有文庫》各書分類，並編印目錄卡

---

[161] 張雪峰，<王雲五的圖書館實踐及其貢獻>，《圖書館理論與實踐》，(2004 年第 6 期)，
　　頁封三。
[162] 著者不詳，<上海圖書館協會之提案>，《圖書館學季刊》，(第 2 卷第 3 期)，(民國 17
　　年 6 月)，頁 501-502。

片隨書附送的做法，頗為認同，認為是商務熱心提倡圖書館事業的另一具體成果。但此舉所運用的規範主要為「中外圖書統一分類法」及「四角號碼檢字法」，如前述當時部分圖書館界人員對規範本身已認為有可議之處，今運用於《萬有文庫》上則更有疑慮。

　　如金敏甫曾專文條列其中的錯誤，在分類方面有：歸類之失妥、書碼之相同、著者號碼之錯誤、書碼之錯誤等；在編目方面有：對卡片之格式、著者款目、書名款目、主題款目、合訂書、參照法、跟查(記明該書所編卡片類型，以備該書撤銷或改編時參檢)、排卡問題等。[163]檢視金氏的評語，有關分類號碼之歸屬判斷，見解因人而異，較難論定是非；至於編目方面金氏所提諸多格式上的不妥處，確實頗有道理。但因當時尚無編目作業的標準條例可循，格式因人而異。金敏甫在<印刷目錄卡述略>一文，再次提及：「上海商務印書館，於其所輯《萬有文庫》，刊印卡目錄以附行，惜其卡片款式，與通常編目條例，諸多不符，未足為法。」[164]顯見他對商務編印的卡片頗具微詞。商務於民國 13 年(1924)曾出版由金敏甫翻譯之《現代圖書編目法》一書(1 冊,108 頁，W.W. Bishop:*"Practical Handbook of Modern Library Cataloging"*)。該書內容今未及見，但商務於《萬有文庫》編目時是否曾參考該書內容進行？或商務當時進行如此大規模的編目作業時，是否曾請益當時的圖書館專業館員或參考相關專業圖書，亦已未知。但瑕不掩瑜，商務在《萬有文庫》的分類與編目作業，確實為當時圖書館節省許多管理的成本。

---

[163] 金敏甫，<論萬有文庫之分類與編目>，《圖書館學季刊》，(第 4 卷第 3/4 期，民國 19 年 12 月)，頁 535-543。

[164] 金敏甫，<印刷目錄卡述略>，《圖書館學季刊》，(7 卷 1 期，民國 22 年 3 月。)

（五）發行與推廣

　　商務對《萬有文庫》在選題取材、印製形制、附加管理加值設計及價格優惠等各方面均慎重規畫，但爲營業銷路推廣，也進行許多推銷作法。如印贈《萬有文庫第一集一千種目錄》小冊子，內含預約簡章、預約定單、預約樣本、印行緣起、編譯凡例、各叢書收錄說明及目錄、樣張等，更具特色的部分爲附錄「萬有文庫對於各種圖書館之適用計畫」。附錄中將圖書館分爲地方圖書館、學校圖書館及家庭圖書館三種。依此三種圖書館爲經，圖書館設立時的館屋、裝置、藏書、編目、管理、經費等各問題爲緯，來規畫此三種不同類型圖書館，如僅購置一套《萬有文庫》作爲館藏時之適用方法。此附錄內容雖僅短短三頁餘，但毋寧說是此三種圖書館的設立規畫書。對於館舍空間的大小、油漆裝修費用；書架、書桌規格及價格；編目規則建議等，規畫出各館每年僅需管理員薪水至多百元；另並合計上項經費所需開銷總計。由附錄中對於三種圖書館的開辦規畫，可瞭解距今將近 80 年前，商務在行銷上已經以顧客的需求爲導向，這種先進的經營觀念是商務能成功的重要因素之一。藉此也能看出商務推銷《萬有文庫》的行銷主軸，是以當時各級圖書館爲首要客戶。

　　另外商務在當時重要的報紙媒體《申報》上也刊載大量的廣告來推銷《萬有文庫》。大陸學者將《申報》上有關《萬有文庫》的廣告蒐集分析，認爲這些廣告反映了中國近代書業廣告的水準，並分析歸納這些廣告的特點有：廣告目標訴求明確、讀者定位準確；有整體的廣告戰略部署；注重強調有特色和個性化服務；注重借助時勢造勢等。[165]

---

[165] 楊宜穎、陳信男，<《萬有文庫》的廣告特色>，《出版發行研究》2004 年第 4 期，頁

商務對《萬有文庫》報紙廣告的用心，也展現了商務的廣告行銷能力及其對《萬有文庫》此項大成本投資的重視。

《萬有文庫》第一集發行前在印行數量的討論上，曾引起商務內部高層不同意見，部分人員認為印行數量過多，銷售如不理想將影響獲利。[166]但在王雲五堅持下仍規畫印行 5,000 部。初期雖然展開了一系列的預約及推銷作業，但預約銷售未如預期，頗令當初堅持大量印製的王雲五焦慮不安。

後浙江省財政廳廳長錢新之，因需支用手中一筆公款餘額，經友人推介採購《萬有文庫》。他在索閱樣張評估後，決定採購 105 部[167]分送給縣內圖書館各一部－原有舊館可藉此充實館藏；尚無圖書館者可藉此奠定初基。王雲五馬上把握此良機，於民國 18 年 10 月 5 日在《申報》上以專幅版面介紹浙江省大批採購《萬有文庫》訊息，此一方面為浙江省政府進行了義務宣傳，樹立該省政府重視地方教育發展的良好形象；另方面也希望激起其他政府機關群起效尤。他期望透過政府機關的大量採購，為《萬有文庫》的效益與價值背書。

浙江省政府的大量採購讓王雲五振奮之餘，激發他著手擬定集體預約辦法，分別按合購部數給予折扣；另分函各地門市，速向各該省教育廳及主管機關接洽，並舉浙省之先例。此舉頗為奏效，各省集體訂購者至少 50 部，至多一二百部。如民國 18 年 8 月湖南省教育廳經省政府議會通過成立全省各縣民眾圖書館，並以省款預購《萬有文庫》

78-80。

[166] 當時反對者為總務處的盛桐蓀，參見：王雲五，<由一個圖書館化身為無量數小圖書館>，《岫廬八十自述節錄本》，頁 66。

[167] 此依《申報》廣告所登數量，《岫廬八十自述》記為 80 餘部。

84 部,作為各縣圖書館的基本圖書。[168]而商務也比照前例,相繼在《申報》上介紹遼寧省政府、山東省政府、湖南教育廳、江蘇省圖書館購置的情形[169],此舉更加推廣了《萬有文庫》的銷路,預約期滿訂數達六千餘部,後延長預約期,總訂數高達八千部;第二集的銷售也高達六千部。

(六)效益與影響

王雲五於《萬有文庫第一集》緣起中的自述,「萬有文庫之目的,一方在以整個的普通圖書館用書供獻於社會,一方則採用最經濟與適用之排印方法,俾前此一二千元所不能致之圖書,今可三四百元致之。更按拙著中外圖書統一分類法,刊類號於書脊,每書復附書名片,依拙著四角號碼檢字法注明號碼,故由本文庫成立之小圖書館,祇需以認識號碼之一人管理之,已覺措置裕如,其節省管理之費不下十之七八。」[170]

王雲五於《萬有文庫第二集》緣起中,更補充說《萬有文庫》的編印與當時圖書館界的關係。因近年國內圖書館運動盛起,而成績不多覯,究其故,一由於經費支絀,一由於人才缺乏,而相當圖書之難致,亦其一端。王氏此說突顯《萬有文庫》對於當時圖書館發展時,所面臨之經費、人才與館藏三項問題均能獲得良好的解決。因此無論是第一集或第二集的發行,《萬有文庫》均再三強調對圖書館界的協助

---

[168] 張錦郎、黃淵泉合編,《中國近六十年來圖書館事業大事記》,頁 86。

[169] 楊宜穎、陳信男,<《萬有文庫》的廣告特色>,《出版發行研究》(2004 年第 4 期),頁 78-80。

[170] 王雲五,《岫廬論學》,(臺北:臺灣商務印書館,民國 54 年),頁 155。

與效益。

民國 20 年王雲五在《最近三十五年之中國教育》[171]一書的導言，也說：「萬有文庫，用最經濟與適用之編印方法，以整個圖書館供獻於社會；蓋以圖書館之有裨文化，與學校等，而全國興學三十年，其成績止於此者，原因雖複雜，要以基本圖書之缺乏與圖書館設置之未廣為主。故本館之出版萬有文庫，欲藉基本圖書之粗備，與圖書館設置之簡易，而補助教育之不足」。

民國 32 年王雲五在《中學文庫》緣起，更具體地說「…相繼印行萬有文庫第一二集各二千冊，彙集中等以上學校當讀之書於一處，使中等以上學校及各地所設立之圖書館，皆可藉萬有文庫而奠立藏書基礎。」

《萬有文庫》的編印確實與當時的圖書館運動關係緊密。因大部頭圖書的銷售對象，仍以機關及圖書館為主，個人與家庭購置能力有限。所以由王雲五的編印動機敘述，可看出他非常瞭解該書發行的對象仍以圖書館為主，因此發行規畫上，諸多設計均由圖書館管理及典藏的角度出發，給予貼心的便利考量。

依據調查戰前中學以上學校圖書館，無不備有該文庫，視為是學生閱讀參考的主要書籍。全國各地所設的圖書館，賴該文庫成立的有千餘所。根據教育部統計，19 年度全國各省市公、私立圖書館共 2,935 所，王雲五認為「上開圖書館之大量增加，藉萬有文庫之力者多至千

---

[171] 《最近三十五年之中國教育－商務印書館創立三十五年紀念特刊》，1931 年 9 月出版。《最近三十五年之中國教育》，(上海市：上海書店，1989 第一版(影印本)，集叢名：民國叢書。第二編；v.45)。

餘所,尤以民眾圖書館、學校圖書館,藉一部萬有文庫而創立者不少」[172]
另《新目錄學之一角落》一書序文,他也說《萬有文庫》「不僅佔據了
每一個已成立的圖書館的書架,而且專賴這部書而成立的圖書館,多
至千餘所」;於<萬有文庫薈要緣起>一文又稱:「…萬有文庫第一二
集…,而憑藉該文庫以成立新圖書館在二千以上。」[173]兩說數字頗有
差異,但藉此可看出其影響力之深遠,及其對圖書館事業發展之功績。
「朋儕及教育界人士來自各省內地者,輒稱道本文庫對於新興圖書館
之貢獻,謂爲始意不及料。」[174]王雲五曾自稱:「我在學校的時期很短,
在圖書館的時期卻很長。我不是職業的圖書館員,但我大半生消磨於
圖書館的時間恐怕比一般職業館員尤多。一個職業的圖書館員至多與
一二十所圖書館發生關係,而與我有關的圖書館至少有幾千所。」[175]這
主要就是指《萬有文庫》的發行對當時圖書館界的廣泛影響。

　　2005 年 11 月 3 日大陸長沙市第十五中學宣稱,經過古籍保護專
家歷時半年的修復,有 1 萬 6 千多冊珍貴藏書日前向全校師生開放,
其中有完整的《萬有文庫》。新聞稿中並陳述:「長沙市十五中收藏的
《萬有文庫》,係上世紀二三十年代商務印書館出版,它精選中國古代
的經、史、哲等書籍和西方的各科著名讀物,共 1,700 多種,4,000 餘
冊,所出之書在當時學術界、教育界影響巨大,現在保存完整的全套
十分罕見。」[176]此可證明當時《萬有文庫》的發行,確實深入基層圖

---

[172] 王雲五,《商務印書館與新教育年譜》,頁 367。
[173] 引自《商務印書館與新教育年譜》,頁 905。
[174] 王雲五,《商務印書館與新教育年譜》,頁 450。
[175] 王雲五,<我的圖書館生活>,《王雲五論學文選》(上海:學林出版社,1997 年),頁
　　26-43。
[176] <《萬有文庫》死裏逃生免劫難>,新華網長沙 11 月 3 日專電,引自 http://news.
　　xinhuanet.com/book/2005-11/04/content_3728678.htm,2007.06.27 檢索。

書館，連當時的中學圖書館也完整典藏。

　　由於《萬有文庫》銷售成功，王雲五增強了出版此類圖書的信心，只是改以小學生及中學生為對象，如前述根據國內兒童需要，於民國23年2月編印《幼兒文庫》二百冊及《小學生文庫》五百冊各一套。同《萬有文庫》一樣，也是各科具備。每種書特備一種封面，表示各類的特性，期藉此養成科學分類的概念，各書封面均印有分類號及著者號。希望以該文庫而成立的小學圖書館，儘可由學生輪流管理，無須專人主持。[177]「一方面在以整個的圖書館用書貢獻於小學校，一方面採用經濟的與適當的排印方法，俾小學校得以四五十元之代價獲得五百冊最適合兒童需要的補充讀物，而奠立圖書館的基礎。」[178]當時商務的廣告中也強調：「自民國二十二年本館編印《小學生文庫》第一集之後，國內小學校及家庭因此而成立的兒童圖書館，多至萬餘。」[179]

　　《萬有文庫》因出版的卷帙數量大，且發行範圍廣，對當時教育界、文化界及出版界必然造成一定的影響。學者汪家熔提出後世對於王雲五編印《萬有文庫》呈現兩極的看法。一種以魯迅<書的還魂與趕造>[180]一文為代表；一種認為他主持商務時「出版了近六七十種叢書」因數量大故貢獻多而予肯定。他認為兩者極不相同的評價，源於對文化、對傳播保存文化的功過無一定標準；另外對評論叢書標準

---

[177] 《小學生文庫》的出版年份於《商務印書館百年大事記，1897－1997》一書列於1933年項下；另盛巽昌文中引用商務早年廣告亦稱為民國 22 年編印。《商務印書館與新教育年譜》，頁 417 的說法。

[178] 王雲五，《商務印書館與新教育年譜》，頁 417。

[179] 盛巽昌，<舊中國兒童圖書館斷片>，《圖書館雜誌》，1989 年第 4 期，頁 53-54。

[180] 引自：http://www.millionbook.net/mj/l/luxun/qjtz1/029.htm，2007.8.1 檢索，原刊於 1935年 3 月 5 日《太白》半月刊第 1 卷第 12 期，署名長庚。

也未統一。[181]魯迅於該文中先是肯定叢書的好處－「把研究一種學問的書匯集在一起，能比一部一部的自去尋求更省力；或者保存單本小種的著作在裏面，使它不易於滅亡。」但話鋒一轉，對叢書的出版，則指出有些是出版社牟利的「新花樣」，以「大」或「多」或「廉」誘人；另對讀者盲目閱讀及圖書館員減省選書心思，任由出版社操作的景況，也頗不以爲然。魯迅此說主要在於呼籲出版業界對編印叢書應予慎重，否則淪爲炒冷飯的大雜燴，所說甚是。叢書或文庫此種大部頭的出版品，被彙集的各單書內容品質與適合性爲最重要的精髓所在。

至於《萬有文庫》是否達到魯迅的標準？王雲五在各次《萬有文庫》出版時，均一再強調其選書的重點在於「必要性」。所收書籍應是現代中國人必讀的書、圖書館必藏的書。故大陸學者李家駒認爲：「《萬有文庫》可說是現代最有組織、最龐大的將學科知識重組和整理的一次努力，企圖將世界知識有系統地推介到中國。是項工程完成於商務手中，《萬有文庫》成爲中國讀者與民眾認識世界的重要工具，一套書的威力不可小看。」[182]對《萬有文庫》的價值與貢獻可謂推崇至極。其他相關研究文獻也多持與李氏相仿的看法，肯定商務叢書的編輯發行，對文化智識的整理、匯集及保存的重大貢獻，甚至還有將《萬有文庫》視爲是商務延續東方圖書館功能的具體表徵。

---

[181] 汪家熔，《近代出版人的文化追求》(南寧：廣西教育出版社，2003 年)，頁 312。
[182] 李家駒，《商務印書館與近代知識文化的傳播》，頁 251。

結　　論

　　具有百年歷史的商務印書館，在中國近代出版事業上締造了許多第一，[1]這些具開創性與前瞻性的紀錄，歸納起來主要包括新式印刷技術的啓用、具現代形式的圖書出版的濫觴，紙本以外其他形式出版物的發行、與世界齊步發展的教具製作及漢字打字機的研發等；另外在經營出版、編輯業務上也執行了具世界觀的新制度與新嘗試。造就商務能成就如許卓然貢獻的因素很多，近年來諸多對商務的研究，均環繞在探討商務成功的原因及它對中國近代文化、社會、教育等多方面環境的影響。

　　商務的成就是多方面的，尤其是對企業獲利較無助益，商業價值較低的圖書館事業，更具意義。商務不但參與其中，且造就了許多具開創性及前瞻性的成就，對中國近代圖書館事業的發展造成相當程度的影響。對一由私人成立，且講求「在商言商」的企業而言，它在經

---

1 如第一個作為文化企業引進外資，第一個作為民間企業聘請外國技術專家(印刷技術專家)，第一個編印近代意義的中小學教科書，第一個創辦現代意義的一系列雜誌，第一個系統地介紹西方學術論著，第一個導入近代出版社的機制，創立一處三所的典型模式，第一個倡導「聯合」集團式的結構，第一個將小說導入「上流社會」，第一個編輯現代意義的百科辭典《辭源》和雙語詞典。引自：吳相，《從印刷作坊到出版重鎮》，頁 371-372。原始出處為陳原，《黃昏人語》，(上海：上海遠東出版社)，頁127-128，1996 年。吳相另整理商務的第一還有：首次使用紙型印書(1900)、首次使用著作權印花(1903 年)、第一部漢字橫排書《英文漢詁》出版(1904)、第一部新式教科書《最新教科書》出版(1904)，首次採用珂羅版印刷(1907)，中國最早童話故事－孫毓修編《童話》出版(1909)、中國最早百科辭典－《漢譯日本法律經濟辭典》出版(1909)，中國對外合作出版嘗試－與英國泰晤士報社協印《萬國通史》(1909)，首次採用電鍍銅版(1912)、首次使用自動鑄字機(1913)，首次製造教育幻燈片(1914)、首次使用膠版彩印(1915)，中國第一部專科辭典－《植物學大辭典》(1917)，中國生產的第一部漢字打字機(1919)，我國第一部動畫廣告片(1919)、中國首次出版世界語課本(1922)。以上參見吳相，《從印刷作坊到出版重鎮》，頁 372-373。

營圖書館事業時的思維與過程，實饒富探討意義。爲探究商務投身圖
書館事業經營的緣由、歷程、成就及影響，本文首先掌握它的歷史環
境背景，其後介紹商務的崛起至 1949 年前後的企業發展簡史，而後介
紹由商務設立的前後期圖書館－涵芬樓及東方圖書館的建置歷程與內
涵。除了實體圖書館的經營外，商務的其他業務與研發，對當時中國
圖書館事業發展也具有「推手」的功能角色。

　　商務誕生於 1987 年戊戌維新的時代高潮中，有關它的誕生與成
功，許多研究都認爲是時代發展與因緣際會。因當時中國傳統的書院
或書坊出版，以及近代出現的傳教士與洋務派出版均無法負載新出版
的歷史使命，因此提供了商務爲代表的新出版業應運而起。在中國近
代圖書館發展事業上，與出版業的發展類似，清末也正是由傳統封閉
專用的藏書樓，轉換成供眾開放的新式圖書館發展的蛻變期。晚清的
圖書館發展，藏書開放思想已萌芽；另早年西方傳教士在中國建立的
「藏書樓」及相關著作的引進，對於啓迪中國對藏書文化有一定的影
響，部分學者也引進國外新式圖書館概念的論著，使當時諸多具先進
思想的知識份子，逐漸體認圖書館對啓發民智，傳播知識文化的重要
性。這對於商務之所以參與圖書館事業的緣由，具極大影響。因爲商
務成立初期的主政者張元濟，即因接觸西學，體認圖書館對民眾教育
功能的重要性，因此在進入商務任編譯所所長，隨即成立商務編譯所
專屬的圖書室。在當時的背景環境下，這種作法，是屬特例或是常態？
相關文獻中並未發現當時商務成立圖書室是誰的主張？張元濟 1902
年進入商務，1903 年商務引進日方外資，1904 年成立圖書室。因此影
響商務成立圖書室者最有可能就是張元濟或是日方制度的沿用。但協
助編譯工作而成立的圖書室，成爲商務發展圖書館事業的基礎，由小

小的企業內部圖書室竟發展成為當時全國私人最具規模的新式圖書館，聲名遠播海外，使國內公立的圖書館相形遜色，則商務人的作為與經營應是最重要的因素。

清末蓬勃發展的公共圖書館運動，使新式圖書館的雛型在全國各處成立，在經營型態與功能上雖然未臻理想，但新式圖書館的職能觀念藉此傳播。民國初年的新圖書館運動掀起中國近代圖書館發展師法美國圖書館的潮流，經由留美歸國留學生沈祖榮、胡慶生的宣傳推廣，更具體的使新式圖書館的制度與經營方式，成為當時圖書館界採行的依據。民國 7 年武昌文華大學創辦圖書科，使培育圖書館專才，也成為當時圖書館發展的課題之一。

商務面對清末至民初以來圖書館相關藏書開放觀念變革、各地各類型圖書館的設立及圖書館社會教育功能的強調、國外新制度、新思維的引進等最新發展現況，必然非常清楚。因出版界與圖書館兩者間具有必然性相輔相成的功能關連。出版業發行的書刊，如能有大量的圖書館購藏，則出版業的銷售業績增加，故圖書館是出版界的重要客戶；圖書館知識傳播及文化典藏職能的發揮，又需依賴出版業優質書刊的產出提供，才能達成；圖書館也是展示出版界出版成果的櫥窗，讀者瀏覽圖書館藏書之餘，往往也成為出版業的客戶。因此，以商務向來對客戶需求的精準眼光看來，商務對圖書館界的發展現況，必然相當清楚。但商務瞭解客戶(圖書館)的需求，是否就必然投入參與圖書館的經營，這還是有邏輯上差異。

商務由 1904 年成立編譯所圖書室到 1909 年將圖書室更名為「涵芬樓」，此期間與圖書室有關的重大事件為陸氏皕宋樓藏書為日人島田

瀚購歸東渡。由文獻中可見張元濟描述對此事的憤慨痛惜，但張元濟
獲悉陸氏書將售的訊息，卻來自於商務創辦者之一且擔任商務總管事
務的夏瑞芳。透過此一事件，除呈現商務當時對保存中國傳統古籍文
化資產的用心與決心，同時也證明商務高層當時對編譯所圖書室的看
法，已不再侷限於僅供編輯參考使用的原始功能。透過此事件更可看
出商務落實以扶持教育、啓發民智，保存傳統固有文獻的文化企業經
營理念。而此文化理念的堅持，絕非只是外來的張元濟一人的堅持所
能貫徹，後續商務透過張元濟及孫毓修等人的協助，擴大徵購涵芬樓
的館藏，其豐富精善的善本舊籍及達全國百分之八十以上地區的地方
志書蒐集，使當時的學術界、文化界及圖書館界，甚至聲譽卓越的私
人藏書家，幾乎無法忽視商務如此卓越突出的館藏。各界與張元濟藉
由蒐書、藏書、鈔書、校書、借書等事項連繫往來頻繁，此時期的涵
芬樓更加強化了除出版業務之外，商務與學術界間的良好密切關係。

　　涵芬樓能成就如此多元豐富的館藏，除了憑藉張元濟豐富的傳統
學識外，商務的雄厚財力爲主要後盾。但如前所述，商務高層與董事
會等若無文化理想的企業經營作爲基底，則豈願爲購置舊籍一事予以
支持。由胡適考察商務期間，看涵芬樓藏書後，對涵芬樓重視舊籍但
西文圖書太少的不平衡現象提出質疑，甚至對商務花二千元鉅資買一
本古籍，很有微詞看來，商務當局對張元濟爲保存固有文化資產不惜
財力給予全面支持的可貴。涵芬樓所蒐的諸多舊籍，透過張元濟的擘
畫整理後，重新翻印出版，將此中國傳統文化資產化身千萬而流傳。
但站在商業利益的考量，古籍出版銷售所得，應遠不及原始投資數額，
若不是商務基於文化扶持理念與保存國故理想的堅持，以營利性的私
人企業而言，實在是很矛盾的決策。

　　涵芬樓時期在管理上僅限商務編輯及少部分受邀學術界人士可以使用藏書。透過日後許多商務人的回憶，涵芬樓當年在協助編輯工作上的參考，確實很有助益；同時也對涵芬樓的豐富圖書成為他們早年自我學習時的重要場所，深懷感激。涵芬樓時期雖未開放供外界使用，圖書館業務的重點主要在於質量兼備的館藏徵集與蒐藏；另方面對於商務職工閱覽及參考服務的職能亦有達成。而它運用館藏古籍進行校印出版的做法，不只具文化保存與傳播的意義，這也是現今圖書館將珍希館藏予以重製、分析、加值後出版，以擴大服務層面的作法相彷。

　　民國 8 年五四運動的新思潮除了衝擊商務的出版業務；另該時期伴隨的新圖書館運動的啓動，也影響商務對圖書館的經營規畫。前述商務在出版事業能成功主要因素為：它是一個具有洞察時代發展，檢討調整經營規畫，以合乎時代潮流及客戶需求的企業體。在新圖書館運動理念的衝擊下，當時商務對涵芬樓的經營，應該也有所醒思。胡適－這位深受商務高層倚重的學者，在商務考察報告上也明確指出，以商務當時的文化學術地位，應辦理一新式的圖書館以發揮它在文化傳播及民眾教育的影響力。所以，王雲五未入商務之前，張元濟已對董事會提出建立新式公共圖書館的建議。

　　民國 10 年冬王雲五進入商務，時值商務同意張元濟之議，開始新式圖書館的規畫與建設。王雲五任編譯所所長一職，因涵芬樓歸編譯所管理，故新圖書館的建設主要在王雲五的監督規畫下完成。王雲五為新圖書館取名東方圖書館，理由是「聊示與西方並駕，發揚我國固有精神之意。」民國 15 年東方圖書館開放成為當時文教界盛事。商務對東方圖書館的理想，是期望成為新圖書館運動中現代化圖書館的典範。因此它在建築、藏書、經費、服務規章、館藏組織及推廣方面，

莫不悉心擘畫，以期提供最優質的服務。後續兒童閱覽室的開放、流通部的設立等，均可見商務對圖書館事業經營上，追求卓越，造就典範的努力。甚至還爲圖書館專業人才的培育盡心盡力，開設暑期講習班，並於函授學校中設立圖書館專業學科。這些已遠超過一般圖書館的經營內涵，更何況東方圖書館僅是一出版機構下附設的組織而已。

東方圖書館的運作由王雲五主導，除了經營東方圖書館的成功外，他個人在近代圖書館學上也有貢獻。主要在於研發了《四角號碼檢字法》、《中外圖書統一分類法》、《中外著者統一排列法》等對索引檢字及圖書館館藏組織整理的方式，當時除東方圖書館依循採用外，也影響其他圖書館的館藏組織方式。他另出版專供圖書館購置的廉價大套叢書－《萬有文庫》。該文庫各單冊上均印有他發明的中外圖書統一分類法類號，並，隨書贈送依四角號碼檢字法排列的編目卡片。解決當時圖書館缺經費、缺人力、缺專業人員的窘境，因爲《萬有文庫》而成立的圖書館據稱多達一千餘所。

商務此舉一方面服務了廣大的圖書館社群，爲當時發展初期尚待扶持的許多圖書館，給予極人的協助；但另方面也將王雲五研發的館藏管理制度及商務的出版品發行，兩者與全國圖書館事業緊密結合。透過商務強大的銷售能力與發行網，許多圖書館均購置了商務的《萬有文庫》。當時圖書館的經營，已朝面向廣大社會群眾開放來發展，商務此舉無疑是藉由圖書館這項途徑的媒介，將商務大量的出版品及管理制度，更廣泛的推廣至全國各界民眾。這種文化擴散力之深遠與廣闊，及其所造成的影響力，將非常驚人。所謂「文化的商務」與「商務的文化」，此爲另一例證。

　　商務從涵芬樓到東方圖書館，其經營發展的歷程，受大環境時代潮流的影響，由封閉到開放的服務模式，可說是中國近代圖書館事業發展歷程的縮影。但商務的可貴處在於：它雖隨時代潮流發展，與時俱進，但以商務多元的文化經營策略、優異的人才智慧與企業雄厚的財力後盾，使商務在圖書館事業經營上，卻又展現出它激動潮流的許多影響力，如圖書館專業書刊的發行、館藏管理制度的研發、大套低價學術性叢書的出版、專業人才培育與實體公共圖書館的經營等，均成為中國近代圖書館發展史中的重要事件，也成為近代圖書館事業發展上耀眼的重要成就。若不是因戰火摧殘與時局混亂，商務在中國圖書館事業的成就與貢獻上，將無可限量。

附 錄 目 次

附錄 1
通藝學堂圖書館章程[1]

第一條 本館專藏中外各種有用圖書,凡在堂同學及在外同志均可隨時入館觀覽。(開放讀者閱覽範圍)

第二條 中國書籍專擇其有關政教者藏之,其瑣碎蕪雜者概不收錄。(中文書籍方面所收錄及不收錄的內容主題說明)

第三條 中國翻譯西書,凡同文館製造局及各教會所印行者,現已購備全份,其最要各種幷多備數部,以供衆覽。(針對同文館、製造局及各教會所出版翻譯之西文圖書,因同其圖書的學術價值,故全份購置;甚至擇選重要者購置多部,頗似現今圖書館對於重要書刊或使用頻率較高的書刊,購置多份,以備典藏及運用所需。)

第四條 西文圖籍現擇其淺近切要者購備參考,餘俟同人學業所造,酌量添置。(說明西文圖籍的購置範圍,因顧慮均以初習英文學生爲多,故以淺近切要爲採購原則。其餘亦依學習程度狀況,可調整採購西文圖書之深淺程度。可見其在圖書徵集之策略上,可確實依讀者需求彈性調整,非常進步。)

第五條 本館設館正一人,即由同學兼理,專司搜采,檢查等事仍由司事襄辦。另用書傭一名,每日將看書人數暨借出繳還書數登簿,呈交司事查驗。館正暨總理隨時抽查,如有遺失,責成書傭賠償。(說明圖書館的組織及其人員權責劃分。館正類似館長,負責館藏書刊徵集采購,但因由南洋公學同學兼理,因此

---

[1] 原文引自:張元濟,《爲設立通藝學堂呈各國事務衙門文》,《張元濟詩文》,頁107-109。各條文後括弧內之文字說明,係筆者附加。

館正除規劃搜采內容外，推想可能無暇參與實際的購書瑣碎作業，購書及檢查等事務，或許由專職的司事負責。值得一提者為書傭需擔負圖書遺失之責，而非歸責讀者，此舉與現行一般狀況不同。)

第六條　書籍概存櫃中，另設書目，分類登載。來閱者即可取館中所備提單，開明卷數，簽名其上，交書傭提取。閱畢交還，始准將原單收回。(說明讀者借閱書刊的方式與程式，圖書館采閉架式閱覽方式。)

第七條　同人取閱書籍，如有遺失，應償原價二倍。若僅污損，則償原價，仍將原書繳還。俟補購到日即將此書給予本人。(說明遺失圖書或污損圖書實賠償方式。)

第八條　凡同學之不駐堂者，准將書籍借歸閱者。此外不得援例辦理。(說明圖書外借歸閱的條件，僅限不駐堂的學生。因此駐堂學生，似乎僅限於圖書館中閱書。)

第九條　西文圖籍，現議概不得借歸閱看。(規範西文圖籍不得外借閱覽。此或因當時西文圖籍的數量較少，採購不易，且價格也較昂貴等因素所致。)

第十條　借書歸閱，卷帙不得過兩冊，時限不得過四日。違者罰書價四分之一。(為保護圖書館館藏圖籍，因此對於歸閱借書者，訂定借閱冊數限制及違規罰款。)

第十一條　在外同志願來館讀書者，應倩同學作保，再由本館贈一憑單。凡得有憑單者，本堂一律優待。惟此憑單不得轉借轉送。(通藝學堂此一規定，可能為當時私人圖書館首次開放公眾閱覽創舉。)

第十二條 應備圖書甚多,現因經費支絀未能廣爲收羅。尚望四方宏達
　　　　之士隨時投贈,庶臻美備,並擴見聞。(經費支絀,但對於後
　　　　續館藏資料的擴充及徵集,仍期望外界多加奧援。)

附錄 2
涵芬樓借閱圖書規則[2]

一、本館圖書現祇備編譯所同人編譯時參考之用,由編譯所兼管。(規
　　範涵芬樓開放使用對象及其組織歸屬。商務組織龐大,據此除編
　　譯所同人外,似乎印刷所、發行所同人無法提閱圖書。)

二、借閱者可查照目錄所載名稱、冊數、號數,用借書單按格填寫,
　　由窗口交管理員檢取,切勿入內自行抽閱。 (非開架形式,而需
　　填單由管理員提調。)

三、以後續置圖書,未及編入目錄者,由管理員隨時通告,並造片目,
　　依類納入櫃中,以備檢查。(可知涵芬樓應編有紙本目錄及卡片
　　目錄兩種。)

四、檢閱片目,宜依照次序歸還原位,切勿隨手插放,致有紊亂。(當
　　時涵芬樓應的卡片目錄,應屬插卡形式。卡片未固定於卡片盒中
　　以插銷固定。)

五、館中圖書區爲八門,開列如下:

---

[2] 李希泌、張椒華編,《中國古代藏書與近代圖書館史料(春秋至五四前後)》(北京:中
　　華書局,1982 年),頁 381-382。本《規則》文末稱「錄自《涵芬樓書目》」,因《涵
　　芬樓藏書目錄》於 1914 年(民國 3 年)出版,故該規則之訂定應不晚於 1914 年;依據
　　《涵芬樓藏書目錄》「續刊」前所附之「借閱圖書規則」標明是「民國 8 年 6 月改訂
　　本」,故《規則》應曾經過多次修訂,但此處所錄不詳為哪一年度的版本內容。各條
　　規定後括弧內之文字說明,係筆者附加。

　　天字　舊書

　　地字　教科書及教科參考書

　　元字　東文書

　　黃字　英文書

　　宇字　日報、雜誌、章程

　　宙字　地圖、掛圖、雜畫

　　洪字　照片、明信片

　　荒字　碑帖

　(涵芬樓館藏排架方式大約即分成此八類分置。)

六、館中所儲精本爲目錄所不載者，除由總編譯長特別認可外，概不借閱。(此處所謂總編譯長推測應是張元濟。依此條字面文字，則當時館藏部份善本精本似未納入所編館藏目錄中，而應另有善本目錄。且該目錄所載，非經張元濟認可，亦不納入供商務同人調閱參考範圍。涵芬樓的職能，似已由當初供同人編譯參考的單純目的，部分轉而兼具商務善本精品財產典藏庫房。)

七、借閱時刻，除編譯所假期停止外，每日自午前八時半起至十二時止，午後一時起至五時止。略比編譯所中早起遲散，藉便同人公餘之際從容瀏覽。(訂定涵芬樓每日開放時間起迄及理由，所謂「公餘之際從容瀏覽」，頗鼓勵商務同人公餘時間自修學習。)

八、管理員憑單借書，歸還時，應取還原單，自行銷毀。如將所借圖書先還若干，(專指一單上所借圖書而言)管理員先於單上注明，俟全部繳齊，方能將原書交還本人。(此條規範憑借書單借書歸還之作業細節。)

九、借閱圖書未能遽還者，上半年以暑假爲期，下半年以年假爲期。如本人有事遠離，務當先行檢還，以便他人借閱。(規範借閱圖書

376

應歸還之最晚期限,以半年爲期核計。)

十、如遺失借閱圖書,應照時價賠償。如係難得之本,由總編譯長臨時另定辦法。至繙閱之際,或偶勘得誤處,或欲發抒己見,祇可另繕片紙,夾入書內,切勿任意塗抹。(此條規範圖書外借歸還期限,以及圖書遺失賠償規範。另對借閱圖書之愛護珍惜亦予提醒規範。)

附錄 3
東方圖書館閱覽章程[3]

第一章　　閱覽時間

　　第一條　閱覽時間每日下午二時至五時,六時半至九時半,星期日無夜班。

　　第二條　停止閱覽日期,臨時預告。

第二章　　閱覽場所

　　第三條　閱覽場所分爲圖書閱覽室及雜誌報章閱覽室。

第三章　　閱覽手續

　　第四條　本館設售券處,入覽者交銅元二枚,向售券人取閱覽券上樓,照下列程序入覽。長期閱覽券,每半年一期,售洋一元。有本館同人俱樂部丙級丁級會證者,可不購閱覽券。

　　第五條　閱覽券先交辦事處辦事員,隨取題名簿,自塡行姓名職業並閱覽券號數,再領銅牌,入室閱覽。銅牌分甲乙兩

---

[3]　錄自:吳相,《從印刷作坊到出版重鎮》,頁 228-230。

種，各兩個，均編號數，以便檢查人數。甲種，用於圖書閱覽室，乙種，用於雜誌報章閱覽室。入覽者，欲領何種，需先告明，將銅牌兩個領出，入室時，以一個交室內辦事員，一個留備查對。

第六條　圖書閱覽室陳列架上之書，可以自由取閱。閱畢，交辦事員，經辦事員查對無誤後，向辦事員取回銅牌出室，將銅牌兩個換取出門券。

第七條　未在架上陳列之書，得按圖畫片目號數，開複寫正附借書條各一紙，向閱覽室辦事員借書。閱畢，將書交還辦事員，經辦事員檢查無誤後，向辦事員取回銅牌出室，其換取出門券手續同前項。

第八條　閱覽雜誌報章者，向辦事處取乙種銅牌二個入閱，一切照第六條辦理。

第九條　甲乙兩種銅牌，不能同時領用，需交還一種，再換一種。

第十條　室內人數滿時，不發銅牌，俟有人出室，再按入覽券號數先後以次酌發。

第四章　　附則

第十一條　閱覽人不得入藏書室。

第十二條　無論何項圖書，不得在書上圈點批評(但如查見書中錯誤者，得另紙書明書名卷數頁數，交由辦事員告知本館更正)及割裂，如有損壞圖書情事，應照原書全部價值賠償。

第十三條　閱覽室禁止高聲誦讀、談話及吸煙等事。

第十四條　衣帽及零件等，須交寄物處寄存，不得攜入室內。

第十五條　閱覽圖書同時不得取二種。

第十六條　閱覽者，如欲摘抄書籍，不得用毛筆墨汁，以自備鉛
　　　　　筆爲限。

第十七條　全書未閱完，次日須接閱者，不得折角爲記，須向辦
　　　　　事員領用夾籤。

附錄 4
東方圖書館公開閱覽辦事細則[4]

一、 閱覽室

甲、 圖書閱覽室辦事員二人，掌管下列事件。

　1.閱覽人入室，應先查對甲種銅牌，銅牌有兩個，查後，先
　　以一個交還閱覽人，其一個，俟閱覽畢，再交還。無甲種
　　銅牌者，婉拒入覽。

　2.閱覽人自由取閱架上之書，閱畢，應一一代爲歸架。

　3.閱覽人欲借閱藏書室之書，應以複寫借書條二紙，附閱覽
　　人，照片目號數開正附借書條，由辦事員統交辦事處，向
　　藏書室借書。藏書室將附張存查，取所借之書，並正張交
　　辦事處，轉閱覽室辦事員。辦事員將正張抽出，一面將書
　　付閱覽人，俟閱覽人還書時，檢對無誤，即將正張借條交
　　還原借書人，其交還各書，應即匯齊(至遲不得過半小
　　時)，繳還藏書室，取回附張借條俾對於每書編制借閱統
　　計。

　4.閱覽人向藏書室借書，同時至多以五冊爲限，但前借各書

4　引自：吳相，《從印刷作坊到出版重鎮》，頁 230-233。

繳還後,方得續借他種。

5.閱覽人出室後,所有架上之書及目錄、卡片等均須由辦事員一一照原狀整理,如有未歸架之書,即按號歸入,不可延至下次歸架。

6.關於閱覽章程中各條之附則,應隨時注意。

乙、 雜誌報章閱覽室

1.查對乙種銅牌,照甲條 1 項辦理。

2.任閱覽人自由閱覽,但關於甲條第 2、5、6 各項事件應加注意。

二、 閱覽室之外,設辦事處辦事員二人,職掌如下:

甲、 檢查閱覽券。

乙、 監視題名簿記載。

丙、 給發甲(乙)種銅牌,並注意收回銅牌。

丁、 核發出門券。

戊、 管理借書還書事項。

己、 經售長期閱覽券。

庚、 招待閱覽人。

辛、 照料寄物處事件。

三、 售券處一人,專司售券並查驗出門券。

閱覽券,每枚銅元二枚,一次為限,由售券處發券收款。每日所收之款,即繳庶務員點收,繳款時,須並未受之券,隨同查驗。

四、 附則

甲、 凡上列一、二、三各項職員均應於閱覽時間十五分鐘以前到館,將本管事件,預為整理。如因病請假,應先時商明庶務員酌撥替人。

乙、 每一星期內，上午每人准輪流給假一次，其日期抽籤定之。

丙、 凡派定職員之外，遇閱覽人多，事務繁時，由館長或副館長就館內職員，加派辦事員。

丁、 凡與閱覽章程有關係事件，未爲本細則所列舉者，臨時應就各人職掌權限內，分別擔任。

附錄 5
東方圖書館民國 18 年及 19 年閱覽人數統計表(依身份別)

東方圖書館民國 18 年各界閱覽人數統計表(依身份別)

月份	學界	商界	工界	政界	女界	外國人	共計	備註
一月	1,771	265	209	9	12	18	2,284	停止閱覽 3 天
二月	1,416	169	76	11	16	13	1,701	停止閱覽 8 天
三月	1,568	332	256	11	6	15	2,218	
四月	1,643	375	260	7	9	8	2,302	
五月	1,436	284	354	16	8		2,098	
六月	1,251	1,047	36	9	1		2,344	
七月	1,769	811	94	10	6		2,690	
八月	2,012	978	83	15	11	2	3,101	
九月	1,440	1,088	103	18	6		2,655	
十月	1,829	1,411	98	7	14		3,359	
十一月	1,597	1,599	83	7	4		3,290	
十二月	461	477	17		2		957	停止閱覽 20 天
共計	18,223	8,836	1,699	120	95	56	28,999	

東方圖書館民國 19 年各界閱覽人數統計表（依身份別）

月份	學界	商界	工界	政界	女界	外國人	共計	備註
一月	791	639	21	2			1,453	停止閱覽 16 天
二月	1,353	1,605	61	18	16		3,053	停止閱覽 4 天
三月	1,122	1,612	57	16	2		2,809	
四月	979	2,072	48	10	3		3,112	
五月	1,142	2,027	19	10	4	1	3,203	
六月	1,523	2,050	42	8	4	1	3,628	
七月	2,626	1,386	107	5	10	4	4,138	
八月	1,928	1,592	45	3	1		3,569	
九月	1,453	1,565	62	20	10	5	3,115	
十月	1,298	1,766	41	4	8	9	3,126	
十一月	1,437	1,816	63	2		6	3,324	
十二月	910	1,325	31	2	2		2,270	停止閱覽 8 天
共計	16,562	19,455	597	100	60	26	36,800	

附錄 6
東方圖書館參觀規則[5]

一、　團體參觀需先期通知，候答覆後，訂期招待。

二、　個人參觀需有介紹。

三、　參觀時需先填題名簿。

四、　參觀人由招待員引導。

---

[5]　引自：吳相，《從印刷作坊到出版重鎮》，頁 233。

五、　參觀人在藏書室內勿自行檢視書籍。

六、　參觀人欲閱覽圖書，照閱覽室規則辦理。

七、　星期日或停止閱覽日謝絕參觀。

附錄 7
東方圖書館復興委員會章程
(民國 22 年 4 月 29 日商務董事會議決)

第一條　　本委員會受商務印書館董事會之委託，主持東方圖書館復

　　　　　興事宜。

第二條　　本委員會之職權如左：

　　　　　(一)計畫及籌備東方圖書館之復興。

　　　　　(二)使用東方圖書館基金，復興東方圖書館。

　　　　　(三)為東方圖書館募捐書籍財物。

　　　　　(四)為東方圖書館規定適當辦法，以其藏書，供公眾之閱覽。

　　　　　(五)為商務印書館保存東方圖書館財產。

第三條　　本委員會設委員五人至九人，由商務印書館董事會就董事

　　　　　及中外學術界實業界中聘任之。

第四條　　第一屆委員會，先由商務印書館董事會聘請委員五人組織

　　　　　之，其餘委員，由委員會推定後，經商務印書館董事會之

　　　　　同意，仍由商務印書館董事會聘任之。

第五條　　委員任期，至東方圖書館正式成立公開時為止，但成立公

　　　　　開之時，在三年以後者，滿三年時，依第四條之規定，由

　　　　　商務印書館董事會另行聘任，連聘者連任。

第六條　　委員在任期內辭職，或不能任職時，原由商務印書館董事

會逕行聘任者，仍由商務印書館董事會逕行補聘之，其原由委員會推定後，再由商務印書館董事會聘任者，仍按原定辦法補聘之。

第七條　本委員會設主席一人、常務委員二人、由委員互選之。

第八條　本委員會為募捐書籍之便利，得於中外重要地點，各組織一贊助委員會，其組織及章程，由本委員會規定之。

第九條　各地贊助委員會委員，由本委員會推選聘任之。

第十條　本章程未經規定之事，由本委員會與商務印書館董事會協商辦理之。

　　　　本章程由商務印書館董事會訂之，修改時亦同。

附錄 8
東方圖書館各地贊助委員會章程
(1933 年 6 月 17 日復興委員會議決)

1. 本委員會依東方圖書館復興委員會第八條及第九條之規定組織之。

2. 本委員會之職權如下：

   甲、代表復興委員會為東方圖書館捐募書籍。

   乙、備復興委員會之顧問。

   丙、在預算範圍內之支付必需之款項。

3. 本委員會設委員三人至十五人，由復興委員會就中外學術界實業界聘任之。

4. 本委員會先由復興委員會聘請委員若干人組織之，其餘委員由聘定之委員提名，經復興委員會之同意仍由復興委員會聘任之。

5. 本委員會委員任期至東方圖書館正式成立公開時為止。

6. 本委員會期滿解散時由復興委員會敬致名譽之感謝。

7. 本委員會設主席一人，常務委員一人至二人，由委員會互選之。

8. 本委員會募得書籍先行出具臨時收據，俟復興委員會點收後再由復興委員會出具正式收據。

9. 本委員會募得書籍由復興委員會負保管之責，專供東方圖書館公開閱覽之用。

10. 本委員會應將募捐書籍成績每月終向復興委員會報告一次。

11. 本委員會為通信及寄遞書籍所需費用，得開具預算提交復興委員會通過後撥給之。

12. 本委員會應將一切開支每月終向復興委員會報告一次。

13. 本章程未經規定之事由本委員會與復興委員會協商辦理之。

14. 本章程由復興委員會訂定，修改時亦同。

附錄 9
東方圖書館募集圖書章程
(1933 年 6 月 17 日復興委員會議決)

1. 東方圖書館募集圖書分為捐贈及定期借用兩種。

2. 募捐圖書包括中外新舊圖書雜誌報章碑帖等。

3. 捐贈之圖書其所有權完全屬於東方圖書館。

4. 定期借用之圖書其所有權仍屬於借與人，並於書面特別標明，以示區別。

5. 東方圖書館應將所有捐贈及借用圖書專供公開閱覽。

6. 募集圖書除上海一地由復興委員會直接辦理外，其他各地均由各該

地贊助委員會辦理之。

7. 除借用圖書應由各地贊助委員會商得復興委員會同意再行接受外，所有捐贈之圖書得由各地贊助委員會逕行接受。

8. 所有捐贈及借用圖書於決定接受後，均先由各該地贊助委員會出具臨時收據，俟復興委員會點收後再出具正式收據。

9. 正式收據應由復興委員會主席及常務委員一人簽字。

10. 所有捐贈及借用圖書於正式收據發出後，即由復興委員會負保管之責。

11. 各地捐贈或借用圖書所需運輸費用得由復興委員會擔任，但其寄遞之法應由各該地贊助委員會於事前與復興委員會商定。

12. 復興委員會應在上海籌設藏書室，為臨時保管之用。

13. 各書經復興委員會點收後應即保火險。

14. 捐贈或借用圖書之人由復興委員會以適當方法表示感謝。

15. 復興委員會應將募集圖書情形無定期刊行報告，但每年至少兩次。

16. 本章程由復興委員會議決，修改亦同。

附錄 10
東方圖書館之組織及捐助書籍之保管原則
(1933 年 8 月 31 日商務董事會議決)

1. 東方圖書館設理事會及監察會。理事會在東方圖書館復興前，以東方圖書館復興委員會代行職權。

2. 理事會受商務印書館董事會之委託，處理東方圖書館一切事務。

3. 監察會受各地方贊助委員會之委託，監察各贊助委員會為東方圖書館募捐之書籍，永供公開閱覽，不使任何人作其他之處分。

4. 理事會由商務印書館董事會選聘若干人組織之,理事任期若干年, 期滿另行選聘。

5. 監察會由各地方贊助委員會選聘九人組織之,每二年更選三分之 一,第一次由監察會抽籤決定,任期期滿由監察會共同票選,連選 得連任。

   前項監察以住居上海及其附近地方者爲原則,不限國籍,由東方圖 書館理事會提出三倍於定額之候補人,由各地方贊助委員會票選 之,但各地方贊助委員會得於候補人外另行選舉。

6. 監察辭職或不能任職時由其他監察共同選舉補充之。

7. 監察會章程由東方圖書館理事會起草,提交各地方贊助委員會通過 後施行之。

8. 東方圖書館萬一因意外事故而停辦時,除屬於商務印書館捐助之財 產書籍由理事會處置外,其餘財產書籍由監察會議決,改捐於中國 境內的其他公立圖書館。

附錄 11
商務印書館出版圖書館學專書書目清單(1897－1949)[6]

序號	書　　名	作者	叢書名/價格	出版者	出版年	備註
1	圖書館管理法 (1 冊,179 頁)	朱元善		上海商務	1917	

(續下頁)

---

[6] 筆者依據《全國總書目：3》、《商務印書館圖書目錄(1897－1949)》、《圖書館學論著 資料總目：清光緒十五年－民國五十七年》及張錦郎,<王雲五先生與圖書館事業> 一文彙整。

2	圖書館學 (2 冊)	楊昭悊	一元二角；尚志學會叢書	上海商務	1923	
3	兒童圖書館之研究(1 冊,108 頁)	陳逸譯，日本金澤慈梅著	三角	上海商務	1924	一說為「陳逸群」（盛巽昌，<舊中國兒童圖書館斷片>）
4	現代圖書編目法(1 冊,108 頁) W.W.Bishop: Practical Handbook of Modern Library Cataloging	金敏甫譯	圖書館學叢書	上海商務	1924	《商務印書館圖書目錄》載為《現代圖書館編目法》；另有記載該書發行於 1937 年
5	著者號碼編製法	杜定友		上海商務	1925	
6	圖書館通論	杜定友	教育叢書第 3 集/二角五分；上海圖書館協會叢書	上海商務	1925	
7	古書源流	李繼煌		上海商務	1926	
8	四角號碼檢字法(1 冊,76 頁)	王雲五	百科小叢書	上海商務	1926	
9	東方圖書館概況(1 冊 36 頁)			上海商務	1926	
10	圖書選擇法(1 冊,46 頁)	杜定友	二角五分；上海圖書館協會叢書	上海商務	1926	

（續下頁）

11	圖書館組織與管理 (1 冊,160 頁)	洪有豐	一元，再版價為一元四角	上海商務	1926, 1935 再版	
12	圖書目錄學	杜定友	上海圖書館協會叢書/四角	上海商務	1926	部分記為 1927
13	圖書館學概論	杜定友		上海商務	1927	
14	中外圖書統一分類法	王雲五		上海商務	1928	《萬有文庫》第一集亦收錄
15	中外著者統一排列法	王雲五		上海商務	1928	
16	四角號碼檢字法	王雲五		上海商務	1928	5 月、10月各一版
17	中國目錄學史	姚名達		長沙商務	1928	
18	中國史部目錄學 (1 冊,237 頁)	鄭鶴聲		上海商務	1928	
19	現代圖書館序說	馬宗榮	中華學藝社學藝匯刊	上海商務	1928	
20	現代圖書館經營論	馬宗榮	中華學藝社學藝匯刊	上海商務	1928	
21	學校圖書館學 (1 冊,173 頁)	杜定友		上海商務	1928	
22	圖書館員之訓練: Training for librarianship	楊昭悊、李燕亭合譯, J. A. Friedel	尚志學會叢書	上海商務	1929	《商務印書館圖書目錄》載為 《圖書館學之訓練》
23	中國版本學	張元濟	百科小叢書	上海商務	1929	《萬有文庫》第一集
24	檢字法	王雲五	百科小叢書	上海商務	1929	《萬有文庫》第一集

（續下頁）

25	圖書館學	王雲五	百科小叢書	上海商務	1929	《萬有文庫》第一集
26	索引和索引法 (1冊,100頁)	錢亞新	文華圖書科叢書/一冊三角	上海商務	1930,1935 二版	
27	圖書館九國名詞對照表 (據 Axel Moth's Glossary of Library Terms 編譯)一冊87頁	徐能庸編譯	圖書館學叢書	上海商務	1930	
28	中國書史	查孟濟		上海商務	1931	
29	中國圖書編目法 (1冊,119頁)	裘開明		上海商務	1931	
30	四角號碼檢字法學習法 (1冊,26頁)	王雲五	小學生文庫	上海商務	1931	《商務印書館圖書目錄》載本書作者為「趙景源編」
31	校讎學	胡樸安,胡道靜		上海商務	1931	
32	東方圖書館紀略 (1冊)			上海商務	1933	
33	版本通義 (1冊,90頁)	錢基博		上海商務	1933	
34	國立中央大學圖書館西文圖書編目規則(1冊)	桂質柏		上海商務	1933	
35	圖書館表格與用品(1冊,127頁)	杜定友		上海商務印書館印刷所	1933	

（續下頁）

36	兒童圖書館 (1 冊,40 頁)	徐能庸編	小學生文庫	上海商務	1934	一說出版於 1933,一說出版於 1929 王京生譯[7]
37	四角號碼檢字法學習法 (1 冊,26 頁)	趙景源		上海商務	1934	
38	目錄學 (一冊,244 頁)	姚名達	國學小叢書	上海商務	1934	
39	目錄學研究 (1 冊,178 頁)	汪辟疆		上海商務	1934	
40	簡明圖書(館)管理法	呂紹虞		商印所	1934	
41	中國文獻學概要	鄭鶴聲等編		上海商務	1935	
42	圖書館利用法: The Library Key: an Aid in Using Books and Library (1 冊,181 頁)	呂紹虞譯 (Z. Brown)	圖書館學叢書	上海商務	1935	
43	校讎學史	蔣元卿		上海商務	1935	
44	鄉村巡迴文庫經營法(1 冊,49 頁)	趙建勛		上海商務	1935	
45	清代圖書館發展史(英文本): The Development of Chinese Libraries under the Ching Dynasty, 1644-1911	譚卓垣 (C.W. Taam)	二版一冊 一元二角	上海商務	1935 二版	部分文獻載為《清代圖書館發達史》應誤

（續下頁）

---

[7] 依據：盛巽昌,<舊中國兒童圖書館斷片>,《圖書館雜誌》(第 8 卷第 4 期,1989 年),頁 53-54。

46	小學圖書館概論 (1 冊,227 頁)	盧震京		上海商務	1936	
47	中文參考書指南	何多源			1936	
48	圖書流通法	喻素昧	圖書館學叢書	上海商務	1936	《商務印書館圖書目錄》另有同名書,但記為〔美〕勃朗著、呂紹虞譯
49	圖書館	杜定友		上海商務	1936	
50	古今典籍聚散考 (1 冊,544 頁)	陳登原		上海商務	1936	
51	圖書館 (一冊,71 頁)	劉伍夫、陳友松		上海商務	1937	
52	圖書館學函授講義				1937	
53	民眾閱報處 (1 冊,55 頁)			上海商務	1937	
54	中國目錄學史	姚名達		上海商務	1938	
55	近代印刷術	賀盛鼐		長沙商務	1940	
56	圖書館	杜定友		長沙商務	1940	
57	圖書館大辭典(2 冊)	盧震京		上海商務	1940	《商務印書館圖書目錄》載為書名《圖書館學大辭典》
58	大學圖書館行政	徐亮譯;〔美〕藍登著		上海商務	1941	
59	圖書館與民眾教育	徐旭		長沙商務	1941	

（續下頁）

60	圖書館概論	杜定友	百科小叢書	上海商務	1941	
61	中國目錄學年表	姚名達		長沙商務	1942	
62	新目錄學的一角落	王雲五		重慶商務	1943	
63	校讎學	向宗魯		商務	1944	
64	國立中央圖書館中文圖書編目規則	國中央圖書館編		商務	1946	
65	鄭樵校讎略研究	錢亞新		上海商務	1948	
66	中國地方誌綜錄(手寫本)(三冊)	朱士嘉		上海商務		
67	太平御覽索引	錢大新		上海商務		
68	文淵閣書目			上海商務		
69	古書校讀法	陳鐘凡		上海商務		
70	目錄學	商務印書館函授學校		商務印書館函授學校		
71	先秦經籍考(據日本內藤虎次郎，狩野直喜諸人著書編譯)	江俠菴編譯		上海商務		
72	書誌學	馬導源編譯，日本小見山泉壽海著書譯述	百科小叢書	上海商務		
73	重印四部叢刊書錄	孫毓修編		上海商務		
74	崇文總目	(宋)王堯臣等編,(清)錢東垣等輯譯	國學基本叢書	上海商務		

（續下頁）

75	圖書分類法,附錄(一)四角號碼檢字法,(二)中外圖書統一分類法,(三)分類表及英文索引 (1 冊,257 頁)	上海商務印書館函授學校編印		上海商務		
76	國立中央大學圖書館中文圖書編目規則 (1 冊,173 頁)			上海商務		
77	圖書編目法			上海商務印書館函授學校		
78	圖書學大辭典	盧震京		商務		抗戰期間
79	圖書館行政			上海商務		
80	新漢字檢字法及拼音法	王景春		商務		
81	漢書藝文志講疏	顧實	東南大學叢書	上海商務		
82	英國圖書館 (1 冊,50 頁)	蔣復璁譯述;〔英〕L.R.麥考溫丁·累維著	英國文化叢書	上海商務		
83	英美教育書報指南(1 冊)	鄭宗海編	三角	上海商務		

394

附錄 12
商務印書館《教育雜誌》刊載之圖書館學論著清單[8]

序號	篇　　名	作　者	卷　期	日　期	類別/內容
1	設立兒童圖書館辦法	蔡文森輯	1:8	1909. 7.25	兒童圖書館
2	圖書館	孫毓修	1:11 1:12 1:13 2:1 2:8 2:9 2:10 2:11	1909.10.25 1909.11.25 1909.12.25 1910.1.10 1910.8.10 1910.9.10 1910.10.10 1910.11.10	圖書館學
3	兒童圖書館		2:2	1910. 2.10	兒童圖書館
4	學步奏擬訂京師及各省圖書館通行章程摺		2:2	1910. 2.10	圖書館學
5	歐美圖書館之制度	服部教一著,蔡文森譯	2:5	1910.5.10	普通圖書館
6	巴黎國民圖書館撮影		3:4	1911.4.10	圖書館建築/插圖四幅
7	圖書館主義之教育	天心	10:10	1918.10.20	圖書館學
8	圖書館之範圍功用與設備				9
9	圖書館管理法	日本文部省著,王懋鎔譯	5:2 5:4 5:5 5:8 5:10 5:12	1913.5.10 1913.7.10 1913.8.10 1913.11.10 1914.1.10 1914.3.10	圖書館管理與用人

（續下頁）

8　筆者摘錄自吳美瑤等編,《教育雜誌(1909－1948)索引》,(臺北：心理出版社,2006年),650 頁。

9　本篇目見於書末所附「主題索引欄」,但原書漏列刊載之卷期。但由該書「篇目索引」及「作者索引」中均未見此條目。

10	英國圖書館與小學校之聯絡設施	巽吾	5:4	1913.7.10	圖書館學
11	參觀北京圖書館記略	莊俞	6:4	1914.7.15	普通圖書館
12	無錫圖書館攝影		7:2	1915.2.15	圖書館建築/插圖一幅
13	美國之兒童圖書館	(美)達普留哈巴脫, 太玄錄	7:7	1915.7.15	兒童圖書館
14	中國全國圖書館調查表	沈紹期	10:8	1918.8.20	普通圖書館
15	圖書館與教育	常道直	14:6	1922.6.20	圖書館學
16	林肯學校圖書館		15:5	1923.5.20	圖書館建築/插圖一幅
17	柏林的音響圖書館		16:6	1924.6.20	普通圖書館
18	中國各省圖書館概況一覽表		16:12	1924.12.10	普通圖書館
19	兒童圖書館在小學教育上之地位	胡叔異	18:2	1926.2.20	兒童圖書館
20	對於兒童圖書館的我見	李振枚	18:3	1926.3.20	兒童圖書館
21	兒童圖書館在教育上之價值	楊鼎鴻	18:3	1926.3.20	兒童圖書館
22	兒童圖書館問題	杜定友	18:4	1926.4.20	兒童圖書館
23	東方圖書館書庫一攝影		18:6	1926.6.20	圖書館建築/插圖一幅
24	東方圖書館書庫二攝影		18:6	1926.6.20	圖書館建築/插圖一幅
25	東方圖書館閱覽室攝影		18:6	1926.6.20	圖書館建築/插圖一幅
26	東方圖書館正面攝影		18:6	1926.6.20	圖書館建築/插圖一幅
27	圖書館學的內容和方法	杜定友	18:9, 18:10	1926.9.20, 1926.10.20	圖書館學
28	日本京都圖書館全景攝影		19:1	1927.1.20	圖書館建築/插圖一幅

（續下頁）

29	日本京都市立日比谷圖書館普通閱覽室撮影		19:1	1927.1.20	圖書館建築/插圖一幅
30	日本京都市立日比谷圖書館兒童室撮影		19:1	1927.1.20	圖書館建築/插圖一幅
31	日本東洋文庫前面撮影		19:1	1927.1.20	圖書館建築/插圖一幅
32	日本東京帝國大學新築圖書館遠望撮影		19:1	1927.1.20	圖書館建築/插圖一幅
33	日本東洋文庫前面撮影		19:1	1927.1.20	圖書館建築/插圖一幅
34	日本東京市立名古屋圖書館正面撮影		19:1	1927.1.20	圖書館建築/插圖一幅
35	日本圖書館參觀記	杜定友	19:1,19:3	1927.1.20, 1927.3.20	普通圖書館
36	論兒童圖書館與兒童文學書	葉公樸	20:6	1928.6.20	兒童圖書館
37	兒童參考書研究	杜定友	20:6	1928.6.20	
38	上海商務印書館暑期圖書館講習班撮影		20:11	1928.11.20	圖書館學/插圖一幅
39	上海東方圖館附設之兒童圖書館		20:11	1928.10.20	兒童圖書館/插圖二幅
40	上海暑期圖書館講習班紀略		20:11	1928.11.20	
41	中華圖書館協會年會紀略		21:3	1929.3.20	圖書館學
42	全國圖書館協會代表招待德國國際出版品交換局代表撮影		21:3	1929.3.20	
43	丹麥公立圖書館運動	雷賓南	21:7	1929.7.20	普通圖書館
44	南京市市立第一通俗圖館撮影(四幅)		21:12	1929.12.20	圖書館建築/插圖四幅
45	暹羅他巢華僑啟明學校之圖書館		22:3	1930.3.20	圖書館建築/插圖二幅
46	杜威對於現代學校之影響		22:5	1930.5.20	

（續下頁）

47	商務印書館四角檢字法編製索引實習所		22:8	1930.8.20	插圖一幅
48	商務印書館創辦暑期四角檢字法編製索引實習所之經過		22:8	1930. 8.20	
49	日本大正六年至昭和元年圖書館統計表		23:7	1931. 7.20	普通圖書館
50	各國圖書館事業的大勢	田惜庵	25:4	1935. 4.10	普通圖書館
51	社教統計(五)圖書館		25:4	1935. 4.10	
52	法國公益慈善會贈書東方圖書館		25:8	1935. 8.10	
53	圖書館教育之意義與使命	姜琦	26:2	1936. 2.10	圖書館學
54	圖書館法在教育研究中的地位	陳選善	26:2	1936. 2.10	
55	全國研究所學術團體及圖書館的統計－各省市最近圖書館數		26:4	1936. 4.10	
56	如何增加大學圖書館圖書的應用	W.H. Cowley 著,何清儒譯	26:6	1936. 6.10	圖書館學
57	中國民眾圖書館之改造	謝春滿	26:7	1936. 7.10	圖書館學
58	各項教育統計－全國圖書館統計		26:9	1936. 9.10	
59	各國圖書館事業的新設施	田惜庵	26:10	1936.10.10	圖書館學
60	學校圖書館管理員應有的任務		27:2	1937. 2.10	
61	二十四年度全國圖書館之概況		27:2	1937. 2.10	

（續下頁）

62	浙江省立圖書館		27:4	1937.4.10	圖書館建築/插圖二幅
63	教育文化史新頁－丹麥的公共圖書館		27:4	1937.4.10	
64	圖書館的應允及其實施	Louis R. Wilson, 鍾魯齋譯	28:10	1938.10.10	
65	教育短訊－上海中國流通圖書館開幕		28:10	1938.10.10	
66	教育短訊－上海圖書館戰時損失		29:4	1939.4.10	
67	介紹美國的小學圖書館	曾昭森	30:4	1940.4.10	兒童圖書館

附錄 13
商務印書館《東方雜誌》刊載之圖書館學論著清單[10]

序號	篇　名	作　者	卷　期	出版日期	專欄名
1	論保存古學宜廣勵藏書(本社撰稿)	蛤笑	4:8	1907.10.2	社說
2	近代圖書館制度	章錫琛	9:5	1912.11.1	
3	圖書館規程		12:12	1915.12.10	法令
4	通俗圖書館規程		12:12	1915.12.10	法令
5	沈紹期君在報界俱樂部演說圖書館事業		14:6	1917.6.15	內外時政

（續下頁）

---

[10] 筆者摘錄自三聯書店編輯部編，《東方雜誌總目－1904年3月～1948年12月》(北京：三聯書店出版，1957年；上海：上海書店重印，1980年)，580頁。

6	美京華盛頓國會圖書館紀略		14:12	1917.12.15	內外時政
7	美國之圖書館		15:8	1918. 8.15	內外時政
8	學校文庫及簡易圖書館經營法	李明澈	15:9	1918. 9.15	內外時政
9	小圖書館與大文化運動	壽毅成	18:2	1921. 1.25	最錄
10	編制中文書籍目錄的幾個方法	查修	20:22	1923.11.25	
11	編制中文書籍目錄的幾個方法	查修	20:23	1923.12.10	
12	號碼檢字法	王雲五	22:12	1925. 6.25	
13	漢字母筆排列法	萬國鼎	23:2	1926. 1.25	
14	四角號碼檢字法	王雲五	23:3	1926. 2.10	
15	單字檢字法	何公敢	25:4	1928. 2.25	
16	比利時魯文大學劫後重興的圖書館	哲生	25:15	1928. 8.10	新語林
17	西藏兩大佛書流入美國國會圖書館	哲生	26:1	1929. 1.10	新語林
18	圖書館統計與近代文化	杜定友	26:11	1929. 6.10	
19	滿鐵沿線的日本圖書館統計(補白)		28:7	1931. 4.10	
20	楊氏海源閣藏書概況與劫後之保存	劉階平	28:10	1931. 5.25	
21	圖書館與教育	Edward Green	28:14	1931. 7.25	
22	商務印書館被燬記略	何炳松	29:4	1932.10.16	
23	世界第二個大圖書館		31:22	1934.11.16	

（續下頁）

24	新漢字檢字法	王景春	38:12	1941. 6.16	
25	中文排字改革的報導	王雲五	39:11	1943. 8.15	
26	北平北堂圖書館小史	方豪	39:18	1943.11.30	
27	兩千年來中國圖書之厄運	祝文白	41:19	1945.10.15	
28	中國目錄學部類之趨勢	鍾肇鵬	42:20	1946.10.15	

附錄 14
東方圖書館民國 18 年及民國 19 年讀者閱覽圖書分類統計表

民國 18 年東方圖書館讀者閱覽圖書分類統計表

月份	總類	哲學	宗教	社會學	語文學	自然科學	應用技術	美術	文學	歷史地理	雜誌	合計
一月	57	13	7	133	27	50	127	59	609	105		1187
二月	34	10	5	94	14	27	119	56	405	64		828
三月	28	25	19	179	35	72	133	92	480	140		1203
四月	32	32	7	142	27	26	89	53	559	78		1045
五月	97	45	8	166	39	24	109	56	493	105		1142
六月	106	40	11	237	28	46	111	58	377	97	3	1114
七月	41	42	14	135	29	51	125	50	318	75	23	903
八月	47	25	4	138	41	108	136	57	406	31	12	1005
九月	43	38	8	147	29	31	127	59	394	39	1	916
十月	155	252	36	941	178	262	420	108	1180	356	1	3889
十一月	197	222	42	1018	160	259	483	13	1183	458		4035
十二月	84	94	11	310	51	74	127	68	425	159		1403
合計	921	838	172	3640	658	1030	2106	729	6829	1707	40	18670

民國 19 年東方圖書館讀者閱覽圖書分類比較表

月份	總類	哲學	宗教	社會學	語文學	自然科學	應用技術	美術	文學	歷史地理	雜誌	合計
一月												
二月	113	250	43	812	169	285	423	117	1528	414		415
三月	153	167	25	902	181	208	501	165	1277	371	2	395
四月	98	165	29	913	125	155	375	179	1542	248		382
五月	168	151	44	910	103	241	302	159	1504	291		387
六月	145	239	76	798	201	437	378	266	1139	364	1	404
七月	187	316	138	850	282	653	587	401	1870	501	2	578
八月	130	275	72	978	213	407	420	187	1514	349		454
九月	106	180	25	675	129	202	325	163	1548	236		358
十月	104	323	27	767	129	320	364	233	1462	262		399
十一月	194	323	56	864	163	331	440	183	1564	375		449
十二月	82	190	25	602	175	255	333	141	1155	302		326
共計	1480	2579	560	9071	1870	3494	4448	2194	16103	3713	5	455

主要參考資料

一、專書

丁致聘編,《中國近七十年來教育記事》,《民國叢書》,第二編,第45集(上海市：上海書店,1989年第一版),1冊。

三聯書店編輯部編,《東方雜誌總目－1904年3月－1948年12月》(北京：三聯書店出版,1957年；上海：上海書店重印,1980年),580頁。

久　宣,《出版巨擘商務印書館：出版應變的軌跡》(臺北縣：寶島社,2002年),265頁。

中國人民政治協商會議浙江省海鹽縣委員會文史資料工作委員會編,《張元濟軼事專輯》(浙江：編者,1990年),171頁。

中國圖書館學會主編、《建築創作》雜誌社編,《百年文萃－空谷餘音》(北京：中國城市出版社,2005年第1版),328頁。

中華書局編輯部,《回憶中華書局》(北京：中華書局,1987年),2冊。

戈公振,《中國報學史：插圖整理本》(上海：上海古籍出版社,2003年第1版),240頁。

方厚樞,《中國出版史話》(北京：東方出版社,1996年),428頁。

王子舟,《杜定友和中國圖書館學》(北京：北京圖書館出版社,2002年),315頁。

王　征、杜瑞青編,《圖書館學論著資料總目：清光緒十五年－民國五十七年,1889－1968》(臺中市：文宗出版社,民58年),190頁。

王建輝,《文化的商務－王雲五專題研究》(北京：商務印書館,2000年),300頁。

王飛仙，《期刊、出版與社會文化變遷：五四前後的商務印書館與《學生雜誌》》(臺北，國立政治大學歷史學系研究部碩士論文，民 91 年 6 月)，193 頁。

王紹曾，《目錄版本校勘學論集》(上海：上海古籍出版社，2005 年第 1 版)，1,068 頁。

王紹曾，《近代出版家張元濟》(北京：商務印書館，1984 年第 1 版)，141 頁。

王雲五，《十年苦鬥記》(臺北：臺灣商務印書館，2005 年)，145 頁。

王雲五，《中外圖書統一分類法》(不詳：商務印書館，民 36 年)，1 冊。

王雲五，《四角號碼檢字法》(臺北：臺灣商務印書館，1933 年初版，2000 年臺一版第 16 刷)，約 161 頁。

王雲五，《岫廬八十自述》(臺北：臺灣商務印書館，民 56 年)，1,104 頁。

王雲五，《岫廬論學》(臺北：臺灣商務印書館，民 64 年增訂本三版)，538 頁。

王雲五，《商務印書館與新教育年譜》(臺北：臺灣商務印書館，民 62 年)，1101 頁。

王雲五，《萬有文庫第一集一千種目錄》(上海：商務印書館，民 18 年)，1 冊。

王雲五，《談往事》(臺北：傳記文學出版社，民 53 年)，216 頁。

王雲五，《舊學新探－王雲五論學文選》(上海：學林出版社，1997 年)，363 頁。

王雲五著；王學哲編，《岫廬八十自述節錄本》(臺北：臺灣商務印書館，2003 年)，313 頁。

王壽南、陳水逢編，《王雲五與近代中國》(臺北：臺灣商務印書館，民 76 年)，378 頁。

王學哲、方鵬程編，《勇往向前－商務印書館百年經營史》(臺北：臺

灣商務印書館，2007 年)，229 頁。

包天笑，《釧影樓回憶錄》(臺北：龍文出版社，民 79 年)，3 冊。

北京圖書館編，《民國時期總書目(1911－1949)：綜合性圖書》(北京：
　　文獻出版社，1986 年)，1 冊。

史春風，《商務印書館與近代文化》(北京：北京大學出版社，2006 年)，
　　224 頁。

平心編，《全國總書目：3》，《民國叢書》，第三編，第 100 集綜合類，
　　(上海市：上海書店，1991 年版)，依據 1935 年版影印。

吳　方，《仁濟的山水－張元濟傳》(新店：業強出版社，1995 年)，293
　　頁。

吳芹芳，《張元濟圖書事業研究》(華中師範大學歷史文獻學，碩士論
　　文，2004 年 5 月)，約 59 頁。

吳　相，《從印刷作坊到出版重鎮》(南寧：廣西教育出版社，1999 年)，
　　384 頁。

吳美瑤等編，《教育雜誌(1909－1948)》(臺北：心理出版社，2006 年)，
　　650 頁。

吳　晞，《從藏書樓到圖書館》(北京：書目文獻出版社，1996 年)，160
　　頁。

宋建成，《清代圖書事業發展史》(臺北：文化大學圖書資訊研究所，
　　碩士論文，民 61 年)，178 頁。

李白堅，《中國出版文化概觀》(南寧市：廣西教育出版社，1999 年第
　　1 版)，446 頁。

李西寧，《人淡如菊－張元濟》(香港：中華書局，1999 年)，165 頁。

李希泌、張椒華編，《中國古代藏書與近代圖書館史料》(北京：中華
　　書局，1982 年)，546 頁。

李家駒，《商務印書館與近代知識文化的傳播》(北京：商務印書館，
　　2005 年)，361 頁。

李雪梅,《中國近代藏書文化》(北京:現代出版社,1999 年),377 頁。

汪　凌,《張元濟－書卷中歲月悠長》(鄭州市:大象出版社,2002 年),93 頁。

汪家熔,《近代出版人的文化追求》(南寧:廣西教育出版社,2003 年),434 頁。

汪家熔,《商務印書館史及其他－汪家熔出版史研究文集》(北京:中國書籍出版社,1998 年第 1 版),512 頁。

來新夏,《來新夏書話》(臺北:臺灣學生書局,2000 年),370 頁。

來新夏等著,《中國近代圖書事業史》(上海:上海人民出版社,2000 年),416 頁。

周　武,《張元濟:書卷人生》(上海:上海教育出版社,1999 年),280 頁。

金敏甫,《中國現代圖書館概況》(廣州:廣州圖書館協會,民 18 年),110 頁。

阿英編著,《一代名人張元濟》(濟南:濟南出版社,1992 年),137 頁。

俞君立主編,《中國文獻分類法百年發展與展望》(武漢市:武漢大學出版社,2002 年),261 頁。

俞筱堯、劉彥捷編,《陸費逵與中華書局》(北京:中華書局,2002 年),535 頁。

姚名達,《中國目錄學史》(臺北:臺灣商務印書館,2002 年臺一版第十刷),429 頁。

柳和城,《張元濟傳》(南京市:南京大學出版社,1996 年),429 頁。

胡志亮,《王雲五傳》(臺北:漢美出版社,2001 年),619 頁。

胡　適,《胡適日記全集》(臺北市:聯經出版社,2004 年),10 冊。

范並思等,《20 世紀西方與中國的圖書館學:基於德爾斐法測評的理論史綱》(北京:北京圖書館出版社,2004 年),359 頁。

香港商務印書館編,《商務印書館與廿世紀中國》(香港:商務印書館,1998 年),光碟一片。

徐有守,《出版家王雲五》(臺北:臺灣商務印書館,2004 年),278 頁。

徐凌志主編,《中國歷代藏書史》(南昌:江西人民出版社,2004 年),487 頁。

海鹽縣政協文史資料委員會、張元濟圖書館編,《出版大家張元濟-張元濟研究論文集》(上海:學林出版社,2006 年),796 頁。

馬　嘶,《1937 年中國知識界》(北京:北京圖書館出版社,2005 年第 1 版),385 頁。

商務印書館百年大事記編寫組編,《商務印書館百年大事記,1897-1997》(北京:商務印書館,1997),1 冊。

商務印書館編,《商務印書館一百年,1897-1997》(北京:商務印書館,1998 年),742 頁。

商務印書館編,《商務印書館九十五年,1897-1992:我和商務印書館》(北京:商務印書館,1992 年第 1 版),775 頁。

商務印書館編,《商務印書館九十年,1897-1987:我和商務印書館》(北京:商務印書館,1987 年),639 頁。

商務印書館編,《商務印書館圖書目錄(1897-1949)》(北京:商務印書館,1981 年),263 頁。

商務印書館編,《最近三十五年之中國教育-商務印書館創立三十五年紀念刊》,1931 年 9 月出版。收錄於《民國叢書》,第二編;v.45,上海市:上海書店,1989 年第一版(影印本)。

張人鳳,《智民之師:張元濟》(濟南:山東畫報出版社,1998 年),255 頁。

張人鳳編,《張元濟古籍書目序跋匯編》(北京:商務印書館,2003 年),3 冊。

張人鳳編著,《張菊生先生年譜》(臺北:臺灣商務印書館,1995 年版),

447 頁。

張人鳳整理，《張元濟日記(1912 年－1949 年)》(石家莊市：河北教育
　　出版社出版，2001 年)，二冊。

張元濟，《涉園序跋集錄》(臺北：臺灣商務印書館，民 68 年)，228 頁。

張元濟，《張元濟日記－公元 1912－1926 年》(北京：商務印書館，1981
　　年)，2 冊。

張元濟，《張元濟致王雲五的信札，1937 年至 1947 年》(臺北：臺灣
　　商務印書館，2007 年)，1 冊。

張元濟，《張元濟書札》(北京：商務印書館，1981 年)，278 頁。

張元濟，《張元濟詩文》(北京：商務印書館，1986 年)，388 頁。

張元濟、傅增湘，《張元濟傅增湘論書尺牘》(北京：商務印書館，1983)，
　　392 頁。

張舜徽，《中國文獻學》(臺北：木鐸出版社，民 72)，368 頁。

張榮華，《張元濟評傳》(南昌：百花文藝出版社，1997 年)，220 頁。

張學繼，《出版巨擘－張元濟傳》(杭州：浙江人民出版社，2003 年)，
　　305 頁。

張曉唯，《蔡元培與胡適(1917－1937)－中國文化人與自由主義》(北
　　京：中國人民大學出版社，2003 年)，295 頁。

張樹年、張人鳳編，《張元濟蔡元培來往書信集》(臺北：臺灣商務印
　　書館，民 81 年)，252 頁。

張樹年主編，《張元濟年譜》(北京：商務印書館，1991 年)，647 頁。

張錦郎，《中國圖書館事業論集》(臺北：臺灣學生書局，民 73 年)，
　　590 頁。

張錦郎、黃淵泉編，《中國近六十年來圖書館事業大事記》(臺北：臺
　　灣商務印書館，民 63 年)，280 頁。

張靜廬輯,《中國現代出版史料丁編下》(北京:中華書局,1955 年)。

張靜廬輯,《中國近代出版史料》(北京:中華書局,1957 年),2 冊。

曹伯嚴整理,《胡適日記全集》(臺北:聯經出版社,2004 年),10 冊。

許紀霖、田建業編,《一溪集:杜亞泉的生平與思想》(北京:三聯書店,1999 年),324 頁。

郭太風,《王雲五評傳》(上海:上海書店出版社,1999 年),476 頁。

郭譽嬿,《從早期商務印書館的出版活動看張元濟的出版思想》(蘇州大學傳播學編輯出版碩士論文,2002 年 4 月),1 冊。

陳源蒸、張樹華、畢世棟編,《中國圖書館百年紀事:1840－2000》(北京:北京圖書館出版社,2004 年),410 頁。

陳燮君、盛巽昌編,《二十世紀圖書館與文化名人》(上海:上海社會科學院出版社,2004 年),474 頁。

宋應離編,《20 世紀中國著名編輯出版家研究資料匯輯,第 2 冊》(開封:河南大學出版社,2005 年),462 頁。

程煥文,《晚清圖書館學術思想史》(北京:北京圖書館出版社,2004 年),349 頁。

著者不詳,《商務印書館圖書彙報第 119 期》(上海:商務印書館,民 17 年),1 冊。

賀平濤,《王雲五－一個需要重新認識的出版家》(蘇州大學新聞傳播編輯出版,碩士論文,2003 年 5 月),1 冊約 39 頁。

馮陳祖怡編,《上海各圖書館概覽》(上海:中國國際圖書館出版,世界書局印刷,民 23 年),152 頁。

黃宗忠,《圖書館學導論》(武漢:武漢大學出版社,1988 年),398 頁。

黃良吉,《東方雜誌之刊行及其影響》(臺北:臺灣商務印書館,民 58 年),174 頁。

黃建國、高躍新主編,《中國古代藏書樓研究》(北京:中華書局,1999

年)，445頁。

楊立誠、金步瀛編，《中國藏書家考略》(上海：上海古籍出版社，1987
年第1版)，427頁。

楊亮功等，《我所認識的王雲五先生》(臺北：臺灣商務印書館，民65
年二版)，520頁。

楊　揚，《商務印書館：民間出版業的興衰》(上海市：上海教育出版
社，2000年)，180頁。

楊寶華、韓德昌編著，《中國省市圖書館概況，1919－1949》(北京：
書目文獻出版社，1985年)，408頁。

溫楨文，《抗戰時期商務印書館之研究》(新竹：國立清華大學歷史研
究所，碩士論文，民91年度)，188頁。

葉宋曼瑛著，張人鳳、鄒振環譯，《從翰林到出版家－張元濟的生平與
事業》(香港：商務印書館，1992年)，310頁。

榮　遠，《張元濟教科書編輯與出版經營思想研究》(河南大學新聞學
研究所，碩士論文，2005年4月)，1冊約29頁。

熊月之、高綱博文主編，《透視老上海》(上海：上海社會科學院出版
社，2004年)，137頁。

臺灣商務印書館編，《商務印書館100週年/在臺50週年》(臺北：臺
灣商務印書館，1998年)，113頁。

劉曾兆，《清末民初的商務印書館－以編譯所為中心之研究(1902－
1932)》(政治大學歷史研究所，碩士論文，民86年9月)，192
頁。

潘宗周，《寶禮堂宋本書錄》，(臺北縣：文海出版社，民52年)，77頁。

蔣復璁，《王雲五先生與近代中國》，(臺北：臺灣商務印書館，民76
年)，378頁。

鄭彭年，《文學巨匠茅盾》，(北京：新華出版社，2001年)，300頁。

鄭逸梅，《書報話舊》，(北京：中華書局，2005年)，283頁。

盧震京,《圖書學大辭典》,(臺北:臺灣商務印書館,民 60 年臺一版),
　　186 頁。

戴仁著,李桐實譯,《上海商務印書館:1897－1949》,(北京:商務印
　　書館,2000 年),156 頁。

謝灼華等,《中國圖書和圖書館史》(武漢:武漢大學出版社,2005 年),
　　454 頁。

韓錦勤,《王雲五與臺灣商務印書館(1964－1979)》(國立臺灣師範大學
　　歷史研究所,碩士論文,民 88 年),1 冊。

嚴文郁,《中國圖書館發展史:自清末至抗戰勝利》(臺北:中國圖書
　　館學會,民 72 年),272 頁。

蘇　精,《近代藏書三十家》,(臺北:傳記文學雜誌社,民 72 年),261
　　頁。

顧廷龍,《顧廷龍文集》,(上海:上海科學技術文獻出版社,2002 年),
　　797 頁。

二、專文

王中忱,<探訪《涵芬樓藏書目錄》>,《中華讀書報》,2006 年 4 月 5
　　日 , http://www.fjsow.com/dushu/ArticleShow.asp?ArticleID=
　　3079。

王中忱,<關於《涵芬樓藏書目錄》>,http://www.booyee.com.cn/
　　bbs/thread.jsp?threadid=316375&forumid=84,2007.10.18。

王旭明,<20 世紀新圖書館運動述評>,《圖書館》(2006 年第 2 期),
　　頁 22-25。

王建輝,<舊時商務印書館內部關係分析>,《武漢大學學報(人文科學
　　版)》,(第 55 卷第 4 期,2002 年 7 月),頁 503-509。

王建輝,<近代出版的群體研究>,《江漢論壇》(1999 年第 4 期),頁
　　69-72。

王振鵠,<王雲五先生與中國圖書館事業>,《王雲五先生與近代中

國》,(臺北:臺灣商務印書館,民76年),頁43-68。另載於《東方雜誌》(第20卷第12期,民76年6月),頁13-19。

王　益,<中日出版印刷文化的交流和商務印書館>,《編輯學刊》(1994年第1期),頁1-8。

王紹曾,<《近代出版家張元濟》增訂本餘話>,《目錄版本校勘學論集》,(上海:上海古籍出版社,2005年第1版),頁758-774。

王紹曾,<小綠天善本書輯錄>,《目錄版本校勘學論集》,(上海:上海古籍出版社,2005年第1版),頁117-125。

王紹曾,<東方圖書館小志>,《目錄版本校勘學論集》,(上海:上海古籍出版社,2005年第1版),頁862-876。

王紹曾,<記張元濟在商務印書館辦的幾件事>,《商務印書館九十五年》,(北京:商務印書館,1992年第1版),頁23-35。

王紹曾,<商務印書館校史處的回憶>,《目錄版本校勘學論集》,(上海:上海古籍出版社,2005年第1版),頁734-725。

王紹曾,<試論張元濟先生對我國文化事業和目錄學的貢獻>,《目錄版本校勘學論集》,(上海:上海古籍出版社,2005年第1版),頁135-178。

王惠敏,<20世紀初葉「新圖書館運動」的作用及興起原因>,《甘肅社會科學》(1999年),頁69-70。

王雲五,<十年來的中國出版事業>,《岫廬論學》(臺北:臺灣商務印書館,民64年增訂三版),頁387-400。

王雲五,<五十年來的出版趨勢>,《岫廬論學》(臺北:臺灣商務印書館,民64年增訂三版),頁441-448。

王雲五,<四角號碼檢字法導言>,《岫廬論學》(臺北:臺灣商務印書館,民64年增訂三版),頁119-131。

王雲五,<本館被難記>,《商務印書館與新教育年譜》(臺北:臺灣商務印書館,民62年),頁354-355。

王雲五，<由一個圖書館化身爲無量數小圖書館>，《岫廬八十自述節錄本》(臺北：臺灣商務印書館，2003 年)，頁 65-68。

王雲五，<印行萬有文庫的動機與經過>，《商務印書館與新教育年譜》(臺北：臺灣商務印書館，民 62 年)，頁 250-253。

王雲五，<印行萬有文庫第二集緣起>，《商務印書館與新教育年譜》(臺北：臺灣商務印書館，民 62 年)，頁 449-451。

王雲五，<我所認識的高夢旦先生>，《舊學新探－王雲五論學文選》(上海：學林出版社，1997 年)，頁 150-162。

王雲五，<我的圖書館生活>，《談往事》，(臺北：傳記文學出版社，民 53 年)，頁 1-15。另收錄於《舊學新探－王雲五論學文選》(上海：學林出版社，1997 年)，頁 26-43。

王雲五，<法贈書東方圖書館>，《傳記文學》(第 33 卷第 3 期=第 64 期，民 56 年 9 月)，頁 26。

王雲五，<苦鬥與復興>，《岫廬八十自述節錄本》(臺北：臺灣商務印書館，2003 年)，頁 99-103。

王雲五，<張菊老與商務印書館>，《傳記文學》(第 4 卷第 1 期=第 20 期，民 53 年 1 月)，頁 15-18。

王雲五，<創編萬有文庫的動機與經過>，《岫廬論學》(臺北：臺灣商務印書館，民 64 年增訂三版)，頁 153-158。

王雲五，<蔡孑民先生與我>，《傳記文學》(第 2 卷第 2 期，民 52 年 2 月)，頁 7-14。

王雲五，<檢字法與分類法>，《岫廬八十自述節錄本》(臺北：臺灣商務印書館，2003 年)，頁 54-58。

王壽南，<王著《商務印書館與新教育年譜》讀後>，《中華文化復興月刊》(第 6 卷，第 6 期，民 62 年 6 月)，頁 59-62。

王雲五，<初長商務印書館編譯所與初步整頓計畫>，《20 世紀中國著名編輯出版家研究資料匯編》(開封：河南大學出版社，2005 年)，頁 345-349。

王齊、盧仁龍，<商務印書館與《四庫全書》的影印傳播>，http://www. people.com.cn/GB/14738/14754/14765/2014757.html，2006.05. 27 檢索。

王衛國，<留學生與中國近代的圖書館事業>，《農業圖書情報學刊》(第 17 卷第 3 期，2005 年 3 月)，頁 103-106。

王　震，<陸費逵：出版家的圖書館構建>，收錄於：陳燮君、盛巽昌 主編，《二十世紀圖書館與文化名人》(上海：上海科學院出 版社，2004 年)，頁 53。

王蘧常，<我對商務印書館之回憶>，《商務印書館九十年》(北京：商 務，1987 年)，頁 412-413。

出版之友編輯部，<出版界的常青樹－九十多年來致力於教育與出 版：商務印書館>，《出版之友》(第 10 卷第 52 期，民 79 年 10 月)，頁 16-19。

左玉河，<典籍分類與近代中國知識系統之演化>，http://jds.cass.cn/ Article/2006031040708.asp，2006.05.27 檢索。

皮爾茲著，邵建譯，<張元濟：傳統與現代之間>，《史林》(2003 年第 6 期)，頁 99-106。

石永貴，<講義的人生：世紀奇人王雲五>，《講義》(第 26 卷第 1 期， 民 88 年 10 月)，頁 126-129。

仲玉英，<張元濟的文化觀及其教育主張>，《杭州師範學院學報》(1998 年第 1 期)，頁 125-127。

全根先，<蔡元培與中國近代圖書館事業>，《山東圖書館季刊》(2004 年第 3 期)，頁 18-22。

印永清，<近代中國圖書館事業對外開放的歷程>，《情報資料工作》 (2001 年第 5 期)，頁 74-76。

安向前，<胡適對圖書館事業的貢獻>，《圖書館建設》(2006 年 2 月)， 頁 21-23。

朱士嘉，<方志之名稱與種類>，《禹貢半月刊》(第 1 卷第 2 期，民 23

年 3 月)，頁 26-30。

朱天策，<中國近代圖書館文明的傳播者－林則徐與魏源>，《國際人才交流》(2000 年第 8 期)，頁 46-47。

朱淵清，<王雲五的新目錄學及其實踐>，《上海師範大學學報》(1997 年第 3 期)，頁 110-116。

朱聯保，<關於世界書局的回憶>，《中國出版史料(現代部分)第一卷上冊》(濟南市：山東教育出版社，2001 年)，頁 230-266。

何炳松，<商務印書館被燬紀略>，《商務印書館九十五年》，(北京：商務，1987 年)，頁 237-249。另收錄於《中國出版史料(現代部分)，第一卷下冊》，(濟南：山東教育出版社，2001 年)，頁 42-54。原載於《東方雜誌》(第 29 卷第 4 期，1932 年)。

何慶善，<評《知不足齋叢書》的文獻價值和歷史意義>，《安徽大學學報(哲學社會科學版)》(2001 年 06 期)，頁 35-39。

吳永貴，<以出版配合推動圖書館事業的發展－論商務印書館對我國近代圖書館事業的貢獻(之一)>，《圖書館雜誌》(2001 年第 7 期)，頁 51-54。

吳永貴，<我國私立圖書館的典範－論商務印書館對我國近代圖書館事業的貢獻(之二)>，《圖書館雜誌》(2001 年第 8 期)，頁 55-59。

吳永貴，<著眼全國圖書館發展大局－論商務印書館對我國近代圖書館事業的貢獻(之三)>，《圖書館雜誌》(2001 年第 9 期)，頁 54-55+29。

吳永貴，<陸費逵與中華書局對中國文化的貢獻>，《陸費逵與中華書局》(北京：中華書局，2002 年)，頁 168-214。

吳永貴、陳幼華，<新圖書館運動對近代出版業的影響>，《出版發行研究》(2000 年第 7 期)，頁 94-95。另刊登於《圖書館雜誌》，(2000 年第 6 期)，頁 58-60。

吳　迪，<王雲五與中國出版業>，《編輯之友》(1998 年第 2 期)，頁 63-64。

吳稌年，<中國近代圖書館的學術轉型－以杜定友、劉國鈞為中心>，
　　　《圖書館情報工作》(第 48 卷第 10 期，2004 年 10 月)，頁
　　　52-54+102。

吳稌年，<中國近代圖書館發展之三階段>，《晉圖學刊》(2001 年第 3
　　　期，2001 年 9 月)，頁 34-36。

吳稌年，<中國近代圖書館精神的形成>，《圖書與情報》(2005 年 1 月)，
　　　頁 36-37+41。

吳稌年，<國學大師對中國近代圖館事業的貢獻>，《圖書與情報》(2005
　　　年 2 月)，頁 2-5+32。

吳稌年，<整理國故運動對近代圖書館建設的促進>，《圖書與情報》
　　　(2006 年第 4 期)，頁 126-131。

吳稌年，<藏書樓的興衰探源>，《圖書與情報》(2001 年 1 月)，頁 71-72。

吳稌年，<藏書樓無法孕育近代圖書館>，《圖書與情報》(1999 年 3 月)，
　　　頁 25-26。

吳稌年，<關於「新圖書館運動」的概念>，《圖書館情報知識》(總第
　　　113 期，2006 年 9 月)，頁 54-55。

吳　燕，〈民國初期中華書局與商務印書館聯合談判始末〉，《南京政治
　　　學院學報》，(2005 年第 6 期=總 124 期)，頁 73-76。

吳栢青，<張元濟在商務印書館與其圖書館事業>，《國家圖書館館訊》
　　　(第 87 卷第 4 期=總 78 期)，(民 87 年 11 月)，頁 13-18。

呂長君，<商務印書館的涵芬樓>，《出版史料》(2004 年第 3 期)，頁
　　　102-105。

孝侯、公叔，<經濟文章憶拔翁>，《商務印書館九十五年》(北京：商
　　　務印書館，1987 年)，頁 108-111。

宋建成，<岫廬先生與東方圖書館>，《中國圖書館學會會報》(第 31
　　　期，民 68 年 12 月)，頁 93-104。

宋原放，<五四運動開創的近代出版傳統創新>，《新聞出版交流》(1999

年第 3 期)，頁 30。

宋縹，<商務印書館與中國現代出版文化>，《出版科學》(2004 年第 5
期)，頁 71-74。

李小緣，<公共圖書館之組織>，《圖書館學季刊》(第 1 卷第 4 期，民
15 年 12 月)，頁 609-636。

李小緣，<全國圖書館計畫書>，《圖書館學季刊》(第 2 卷第 2 期，民
17 年 3 月)，頁 209-234。

李小緣，<圖書館建築>，《圖書館學季刊》(第 2 卷第 3 期)，頁 385-400。

李仁淵，<新式出版業與知識份子：以包天笑的早期生涯為例>，《思
與言》，(第 43 卷第 3 期，2005 年 9 月)，頁 53-105。

李伯嘉，<商務印書館復業的奮鬥>，《中國出版史料(現代部分)，第一
卷下冊》，(濟南：山東教育出版社，2001 年)，頁 55-59。

李性忠，<周子美與施韻秋－記南潯嘉業藏書樓的兩任主任>，《圖書
館研究與工作》(2007 年第 1 期=總第 109 期)，頁 73-75。

李宣龔，<戰後視閘北館址感作>，《碩果亭詩》卷下，民 29 年 2 月刊
印。

李映輝，<論商務印書館早期成功之道>，《長沙大學學報》(第 17 卷第
3 期，2003 年 9 月)，頁 54-57。

李　爽，<『新圖書館運動』質疑>，《圖書情報知識》(總第 104 期，
2005 年 4 月)，頁 90-92。

李　超，<日本侵華戰爭對中國圖書館事業的摧殘>，《山東圖書館季
刊》(2005 年第 2 期)，頁 12-15。

李　輝，<王雲五與東方圖書館>，《江蘇圖書館學報》(1999 年第 2 期)，
頁 33-36。

李　輝，<王雲五與蔡元培的交往>，《文史月刊》(2005 年第 8 期)，頁
35-38。

李澤彰，<三十五年來中國之出版業：1897－1931 年>，《最近三十五

年之中國教育》，收錄於《民國叢書》，第二編，v.45，頁 259
－277。另收於《中國現代出版史料丁編下》，頁 381-394。

杜澤遜，<張元濟與《寶禮堂宋本書錄》>，《古籍整理研究學刊》(1995
年第 3 期)，頁 13-16+12。

沈百英，<我與商務印書館>，《商務印書館九十年》(北京：商務印書
館，1987 年)，頁 284-302。

汪家熔，<抗日戰爭時期的商務印書館>，《商務印書館史及其他－汪
家熔出版史研究文集》(北京：中國書籍出版社，1998 年第 1
版)，頁 131-175。

汪家熔，<主權在我的合資>，《商務印書館史及其他－汪家熔出版史
研究文集》，(北京：中國書籍出版社，1998 年第 1 版)，頁
21-31。

汪家熔，<抗日戰爭時期的商務印書館>，《商務印書館史及其他－汪
家熔出版史研究文集》(北京：中國書籍出版社，1998 年第 1
版)，頁 131-175。

汪家熔，<近代出版三巨頭：選題想得早還要做得好>，《出版發行研
究》(1999 年第 6 期)，頁 51-53。

汪家熔，<商務印書館的老檔案及其出版品>，《檔案與史學》(1999 年
第 6 期)，頁 72-76。

汪家熔，<商務印書館的經營管理>，《商務印書館史及其他－汪家熔
出版史研究文集》，(北京：中國書籍出版社，1998 年第 1 版)，
頁 37-88。

汪家熔，<商務印書館創業諸君>，《商務印書館史及其他－汪家熔出
版史研究文集》，(北京：中國書籍出版社，1998 年第 1 版)，
頁 7-19。

汪家熔，<商務印書館編譯所考略>，《商務印書館史及其他－汪家熔
出版史研究文集》，(北京：中國書籍出版社，1998 年第 1 版)，
頁 89-117。

汪家熔，<涵芬樓和東方圖書館>，原載於 1997 年 8 月 5 日《讀者導

報 》，http://www.cp.com.cn/ht/newsdetail.cfm?iCntno=569，
2005.07.16 檢索。

汪耀華，<一個成就夢想的文化聯合體，記老商務、中華的多元經營>，
http://www.pubhistory.com/img/text/7/1217.htm，2005.11.15 檢
索。

肖永壽，<中國早期函授教育的產生和發展－商務印書館函授教育的
歷史回顧>，《四川師範學院學報》(第 3 期)(1995 年 5 月)，
頁 91-94。

肖永壽、陳淑容，<二十世紀中國早期函授教育的創始者－張元濟>，
《船山學刊》(2004 年第 3 期)，頁 139-142。

邵友亮，<商務印書館與民國時期圖書館學>，《江蘇圖書館學報》(1996
年第 3 期)，頁 42-44。

周　武，<文化市場與上海出版業(1912－1921)>，《透視老上海》(上
海：上海社會科學院出版社，2004 年)，頁 187-209。

周　武，<張元濟與近代文化>，《透視老上海》，(上海：上海社會科學
院出版社，2004 年)，頁 69-95。

周　武，<從張、傅往來書信看張元濟與傅斯年暨歷史語言研究所之
關係>，http://www.chinese-thought.org/shgc/003832.htm，2007.
12.07 檢索，原刊登於《新學術之路─中央研究院歷史語言研
究所七十周年紀念文集》(上冊)，1998 年。

周　武，<論民國初年文化市場與上海出版業的互動>，《史林》(2004
年第 6 期)，頁 1-14。

房鑫亮，<國難後商務印書館的復興>，《探索與爭鳴》(2005 年第 8 期)，
頁 49-53。

林象平，<王雲五與中國圖書館事業>，《津圖學刊》(1998 年第 3 期)，
頁 147-154。

林　靜，<商務印書館與近代教科書的出版>，《津圖學刊》(1994 年第
2 期)，頁 56-60。

邸永君，<學有淵源　士林耆碩>，《中國社會科學院院報》(2006 年 1
　　月 25 日)，http://jds.cass.cn/Article/20070320175828.asp，2007.
　　10.13 檢索。

金敏甫，<印刷目錄卡述略>，《圖書館學季刊》(第 7 卷 1 期，民 22
　　年 3 月)，頁 97-108。

金敏甫，<評王雲五的中外圖書統一分類法>，《圖書館學季刊》(3 卷
　　1/2 期合刊，民 18 年 6 月)，頁 279-288。

金敏甫，<論萬有文庫之分類與編目>，《圖書館學季刊》(第 4 卷第 3/4
　　期，民 19 年 12 月)，頁 535-543。

長　洲，<商務印書館的早期股東>，《商務印書館九十五年》(北京：
　　商務印書館，1992 年第 1 版)，頁 642-655。

俞筱堯，<陸費伯鴻與中華書局>，《陸費逵與中華書局》(北京：中華
　　書局，2002 年)，頁 215-280。

洪兆鉞，<王雲五先生在圖書館學上的貢獻>，《中國圖書館學會會報》
　　(第 31 期，民 68 年 12 月)，頁 90-92。

姜小玲，<為古籍找尋探路《四庫系列叢書目錄、索引》出版>，原引
　　自《解放日報》，2007 年 7 月 12 日。中國國家圖書館網站：
　　http://www.nlc.gov.cn/GB/channel55/58/200707/12/3526.html，
　　2007.11.2 檢索。

施蟄存，<關於《世界短篇小說大系》>，http://www.millionbook.net/
　　xd/s/shizhecun/szcw/124.htm，2007.07.27 檢索。

柳和城，<平湖藏書家葛嗣浵>，http://www.housebook.com.cn/
　　2k11/16.htm，2007.12.07 檢索。原刊登於《書屋》2000 年第
　　11 期。

柳和城，<近代圖書館學奠基者>，http://www.unity.cn/2737/cc2.htm.

柳和城，<張元濟的一封軼札－兼談南洋公學譯書院「歸併」說>，《出
　　版史料》(2005 年第 3 期)，頁 42-47。

柳和城，<張元濟與羅家倫>，《中外雜誌》(第 56 卷第 3 期，民 83 年

11 月)，頁 57-65。

秋　翁，<三十年前之期刊>，《中國出版史料(現代部分)第一卷上冊》，
(濟南市：山東教育出版社，2001 年)，頁 401-408。

紀曉平、王鳳華，<王雲五及其「新目錄學」>，《圖書館學研究》(2004.9)，
頁 94-95+90。

胡俊榮，<中國近代圖書館學著作的出版>，《圖書與情報》(2000 年第
3 期)，頁 74-77

胡俊榮，<西方傳教士對中國近代圖書館的影響>，《圖書館》(2002 年
第 4 期)，頁 88-91+85。

胡俊榮，<晚清知識份子創建中國近代圖書館的歷程>，《四川圖書學
報》(2000 年第 5 期)，頁 61-66。

胡建軍，<《萬有文庫》始末>，《編輯之友》(2001 年 4 期)，頁 62-64。

胡道靜，<上海圖書館協會十二年史>，《蔡柳二先生壽辰紀念集》，收
錄於《民國叢書》第二編(上海：上海書店，1989 年)，頁
171-205。

胡道靜，<外國教會和外國殖民者在上海設立的藏書樓和圖書館>，《中
國古代藏書與近代圖書館史料》，頁 511-524。

胡道靜，<孫毓修的古籍出版工作和版本目錄學著作>，《商務印書館
九十五年》(北京：商務印書館，1992 年第 1 版)，頁 69-82。

茅　盾，<商務印書館編譯所和革新《小說月報》的前後>，《商務印
書館九十年》，(北京：商務印書館，1987)，頁 140-197。

唐　絅，<印有模與商務印書館>，《商務印書館九十五年》，(北京：商
務印書館，1992 年第 1 版)，頁 594-597。

孫　娟，<五四時期的張元濟與商務印書館>，《民國春秋》(2001 年第
4 期)，頁 48-51。

孫慧敏，<翰林從商－張元濟的資源與實踐(1892－1926)>，《思與言》
(第 43 卷第 3 期，2005 年第 3 期，2005 年 9 月)，頁 15-51。

徐有守，<王雲五先生與中國出版事業>，《東方雜誌》(第 20 卷第 12 期，民 76 年 6 月)，頁 29-45。

徐有守，<王雲五與商務印書館－述介王著《商務印書館與新教育年譜》一書>，《東方雜誌》(第 7 卷第 1 期，民 62 年 7 月)，頁 62-77。

徐祖友，<王雲五與四角號碼檢字法>，《20 世紀中國著名編輯出版家研究家研究資料匯編》(開封：河南出版社，2005 年)，頁 369-376。

徐雁平，<一九二一年的文人與圖書出版業>，《書目季刊》(第 32 卷第 3 期，民 87 年 12 月)，頁 24-31。

時保吉，<梁啓超對中國近代圖書館學發展的影響>，《四川圖書館學報》(2003 年 6 期，總 136 期)，頁 77-80。

晏積綱，<介紹法國學人新著「上海商務印書館」(1897－1949 年)>，《東方雜誌》(第 12 卷第 1 期，民 67 年 7 月)，頁 63-66。

珞 琳，<東方圖書館被焚紙灰從閘北落到滬西>，http://china.sina.com.tw/news/cul/2005-01-06/2898.html，2006.02.01 檢索。

高生記，<王雲五的出版理論與實踐>，《山西師大學報(社會科學版)》(第 29 卷第 2 期，2002 年 4 月)，頁 143-147。

高踐四，<三十五年來中國之民眾教育>，《最近三十五年之中國教育》，收錄於《民國叢書》，第二編，v.45，頁 153-174。

高學安，<古越藏書樓與中國近代圖書館事業>，《浙江學刊(双月刊)》(1998 年第 3 期＝總第 110 期)，頁 121-123。

高學安、蔣替征，<徐樹蘭和古越藏書樓的故事>，http://news.xinhuanet.com/book/2003-03/26/content_800348.htm#，2005.08.18 檢索。

高翰卿，<本館創業史>，《商務印書館九十五年》(北京：商務印書館，1992 年第 1 版)，頁 1-13。

張人鳳，<戊戌到辛亥期間的張元濟>，《史林》(2001 年第 2 期)，頁 64-70。

張人鳳，<為國難而犧牲，為文化而奮鬥－抗日時期的商務印書館>，
　　《商務印書館一百年》，頁 501-510。

張人鳳編，<涵芬樓燼餘書錄‧序>，《張元濟古籍書目序跋匯編》(北
　　京：商務印書館，2003 年)，頁 343-346。

張子文，<關於張菊生先生>，《傳記文學》(第 301 號，民 76 年 6 月)，
　　頁 61-62。

張元濟，<為設立通藝學堂呈各國事務衙門文>，《張元濟詩文》(北京：
　　商務印書館，1986 年)，頁 97-109。

張元濟，<《寶禮堂宋本書錄》‧序>，《寶禮堂宋本書錄》，(民 28 年 2
　　月 1 日)，(臺北縣：文海，民 52)。

張元濟，<戊戌政變的回憶－1949 年 9 月>，《張元濟詩文》，(北京：
　　商務印書館，1986 年)，頁 232-237。

張元濟，<東方圖書館概況‧緣起>，《商務印書館九十五年》，(北京：
　　商務印書館，1992 年第 1 版)，頁 21-22。

張元濟，<影印百衲本二十四史>，《涉園序跋集錄》(臺北：臺灣商務
　　印書館，民 68 年)，頁 34-36。

張元濟，<題嘉慶十年路錞續修《平湖縣志》後>(1945 年)，《張元濟古
　　籍書目序跋彙編》，頁 1099-1100。

張元濟，<續修滕縣志>，《涉園序跋集錄》(臺北：臺灣商務印書館，
　　民 68 年)，頁 135-136。

張元濟，<續修滕縣志序>(1933 年)，《張元濟古籍書目序跋彙編》，(北
　　京：商務印書館，2003 年)，頁 1100。

張石紅，<張元濟與中國近代函授教育>，《文史雜志》，(1997 年第一
　　期)，頁 38-39。

張其昀，<六十自述>，《傳記文學》(第 43 卷第 7 期=第 280 號，1985
　　年 9 月)，頁 21-27。

張俐雯，<《叢書集成初編》及其相關叢書考述>，《東吳中文研究集

刊》,(第 8 期,2001 年 6 月),頁 21-48。

張曼玲、肖東發,<近代出版發展脈絡之比較研究>,《北京印刷學院學報》(第 14 卷第 1 期,2006 年 2 月),頁 43-46。

張國功,<有所不爲方有所爲—從張元濟、胡適對商務印書館的不同抉擇看現代知識分子的人生>,http://epsalon.com/ShowArticle.asp?ArticleID=1796,2003.01.22 檢索。

張雪峰,<王雲五的圖書館實踐及其貢獻>,《圖書館理論與實踐》(2004 年第 6 期),頁封三。

張喜梅,<王雲五和近代圖書館>,《太原師範專科學校學報》(1999 年第 2 期),頁 82-84。

張喜梅,<王雲五對圖書館事業的貢獻>,《國家圖書館學刊》(2001 年第 3 期),頁 89-92。

張喜梅、楊　杰,<張元濟．東方圖書館．地方志>,《滄桑》(2002 年 3 月),頁 55-56。

張　翔,<張元濟與涵芬樓>,《大學圖書情報學刊》(1988 年第 1 期),頁 59-60+62。

張葆箴,<中國圖書館運動>,《文華圖書館學專科學校季刊》(第 4 卷第 2 期,1932 年 6 月),頁 119-138。

張榮華,<張元濟與近代辭書出版事業>,《辭書研究》(1997 年第 5 期),頁 112-116。

張樹年,<先父張元濟與圖書館事業>,《出版大家張元濟—張元濟研究論文集》(上海:學林出版社,2006 年),頁 529-531。

張樹年,<我與商務印書館>《商務印書館九十五年》(北京:商務印書館,1992 年),頁 287-291。

張錦郎,<介紹國立中央圖書館藏的「教育雜誌」>,《教與學》(第 2 卷第 2 期,民 57 年 10 月),頁 33-35。

張錦郎,<王雲五先生與圖書館事業>,《中國圖書館事業論集》(臺北:

臺灣學生書局,民 73 年),頁 159-193。另收錄於《圖書與圖書館》(第 1 卷第 1 期),頁 3-36。

張蟾芬,<余與商務初創時之因緣>,《商務印書館九十五年》(北京:商務印書館,1992 年第 1 版),頁 14-16。

曹冰巖,<張元濟與商務印書館>,《商務印書館九十年》(北京:商務印書館,1987 年),頁 20-39。

曹福元、沈　鳴,<四角號碼在中文題名檢索中的應用>,《電腦系統應用》(1994 年 7 期),頁 39-41。

盛巽昌,<胡道靜:「三點一線」的讀書人>,http://www.pubhistory.com/img/text/0/2070.htm,2006.10.30 檢索。

盛巽昌,<舊中國兒童圖書館斷片>,《圖書館雜誌》(第 8 卷第 4 期,1989 年),頁 53-54。

莫偉鳴、何　瓊,<王雲五與圖書館>,《圖書館》(2003 年第 3 期),頁 91-92。

莊　俞,<三十五年來之商務印書館>,《商務印書館九十五年》(北京:商務印書館,1992 年第 1 版),頁 721-763。

莊　俞,<高公夢旦傳>,《商務印書館九十五年》(北京:商務印書館,1992 年),頁 51-57。

莊　俞,<悼夢旦高公>,《商務印書館九十五年》(北京:商務印書館,1992 年),頁 58-62。

許廣平,<魯迅與中國木刻運動>篇,原載 1940 年 4 月《耕耘》雜誌,http://www.wenyipub.com/news/news_detail.asp?id=2895,2006.12.8 檢索。

郭太風,<日本的「文化侵略」與中國出版業的命運－以商務印書館為例>,《史林》(2004 年第 6 期),頁 30-37。

郭太風,<王雲五與胡適的師生之誼>,《民國春秋》(2001 年第 2 期),頁 4-8。

陳　凡，<張元濟的藏書與影印>，《中國歷史教學參考》(1998 年 11 期)，頁 30-31。

陳仲獻、錢子惠，<有關中華書局圖書館的情況>，《回憶中華書局》，(北京：中華書局，1987 年)，頁 172-176。

陳　江，<中國童話的開山祖師孫毓修先生>，《商務印書館九十五年》，(北京：商務印書館，1992 年第 1 版)，頁 586-593。

陳紅彥整理，<王重民學術生平>，《文津流觴》(第 11 期，2003 年 9 月)，http://www.nlc.gov.cn/old/old/wjls/html2003/11_09.htm，2007.10.13 檢索。

陳　原，<中國知識界的驕傲：讀《張元濟年譜》>，http://www.booktide.com/news/20020625/200206250026.html，2006.10.8 檢索。

陳達文，<胡適與商務印書館－胡適日記和書信中的商務資料>，《商務印書館九十年》(北京：商務印書館，1987 年)，頁 573-600。

陳應年，<涵芬樓的文化名人>，《縱橫》(1997 年第 2 期)，頁 8-18。

陳　璐，<新圖書館運動>，《河南圖書館學刊》(第 24 卷第 3 期，2004 年 6 月)，頁 83-84+89。

陸費逵，<六十年來中國之出版業與印刷業>(民 21 年 6 月 1 日)，《中國近代出版史料補編》(上海：中華書局，1957 年)，頁 273-284。又見於 http://www.china1840-1949.com/forum/view.asp?id=750，2007.11.17 檢索。

陶希聖，<商務印書館編譯所見聞記－王雲五先生的魄力與信心>，《傳記文學》(第 35 卷第 3 期，民 68 年 9 月)，頁 46-50。

章錫琛，<漫談商務印書館>(刪節版)，《商務印書館九十年》(北京：商務印書館，1992 年第 1 版)，頁 102-124。

章錫琛，《從商人到商人》，《20 世紀中國著名編輯出版家研究資料匯輯，第 2 冊》(開封：河南大學出版社，2005)，頁 454-465。

傅振倫，<方志之性質>，《禹貢半月刊》(第 1 卷第 10 期，民 23 年 7 月)，頁 27-29。

惠　萍，<王雲五與《萬有文庫》>，《開封教育學院學報》(第 25 卷第 4 期，2005 年 12 月 20 日)，頁 32-33。

景海燕，<近百年來我國圖書館學譯作出版情況概析>，《圖書館》(2000 年第 5 期)，頁 18-21。

曾建華、王開寧，<商務印書館與東方圖書館>，《出版科學》(2002 年第 2 期)，頁 59-61。

曾濟群，<博士之父>，《幼獅月刊》(423 期，民 77 年 3 月)，頁 26-29。

程煥文，<百年滄桑‧世紀華章－20 世紀中國圖書館事業回顧與展望>(上下)，《圖書館建設》(2004 年第 6 期)，頁 10-12；2005 年第 1 期，頁 15-21。

著者不詳，<上海商務印書館職工的經濟鬥爭－1925 年(民 14 年)>，《中國現代出版史料(甲編)》(北京：中華書局，1954 年)，頁 444-457。

著者不詳，<中國圖書館事業百年的路這樣走過>，http://www.ldxy.com.cn/tushug/gytd/tsgsy.htm，2006.05.27 檢索。

著者不詳，<教科書發刊概況－1919－1925 年>，《中國現代出版史料(甲編)》(北京：中華書局，1954 年)，頁 260-268。

著者不詳，<《萬有文庫》死裏逃生免劫難>，新華網長沙 11 月 3 日專電，http://news.xinhuanet.com/book/2005-11/04/content_3728678.htm，2007.6.27 檢索。

著者不詳，<「一二八」商務印書館總廠被燬記－1932 年>，張靜廬編，《中國現代出版史料丁編下》，頁 423-428。

著者不詳，<『書裏書外』王雲五的意義>，http://bbs.chiname.cn/bbs_show.asp?id=28258，2006.01.14 檢索。(按：2007.12.4 再查詢該網站，已遭刪除。)

著者不詳，<上海暑期圖書館講習班紀略>，《教育雜誌》(第 20 卷第 11 號)，(民 17 年 11 月 20 日)，頁 7。

著者不詳，<上海圖書館協會之提案>，《圖書館學季刊》(第 2 卷第 3

期)，(民 17 年 6 月)，頁 501-502。

著者不詳，<市教育局籌劃圖書館>，《圖書館學季刊》(第 2 卷第 2 期，民 17 年 3 月)，頁 327。

著者不詳，<東方圖書館>，http://www.shtong.gov.cn/node2/node4/node2249/zabei/node40628/node63408/，2006.5.27 檢索。

著者不詳，<東方圖書館之浩劫>，《圖書館學季刊》(第 2 卷第 1 期，民 16 年 12 月)，頁 173。

著者不詳，<東方圖書館恢復後之事業>，《圖書館學季刊》(第 2 卷第 2 期，民 17 年 3 月)，頁 325。

著者不詳，<東方圖書館開幕>，《圖書館學季刊》(第 1 卷第 2 期，民 15 年 6 月)，頁 361-362。

著者不詳，<法國公益慈善會贈書東方圖書館>，《教育雜誌》(第 25 卷第 8 號)，(民 24 年 8 月 10 日)，頁 123-126。

著者不詳，<商務五十年－一個出版家的生長及其發展>(未定稿，1950 年)，《商務印書館九十五年》(北京：商務印書館，1987 年)，頁 764-775。

著者不詳，<商務印書館創辦暑期四角檢字法編製索引實習所之經過>，《教育雜誌》(第 22 卷第 8 號)，(民 19 年 8 月 20 日)，頁 137。

著者不詳，<商務印書館試行編譯工作報酬標準辦法糾紛記－1931 年>，《中國現代出版史料丁編》(北京：中華書局，1955 年)，頁 414-422。

著者不詳，<圖書館與出版業遭日寇摧折>，http://www.cxybook.com/NewsShow.aspx?RUID=20051020113002687 8029，2006.11.24 檢索。

著者不詳，<漢字排檢法>，http://www.coovol.com/wiki/%E6%B1%89%E5%AD%97%E6%8E%92%E6%A3%80%E6%B3%95，2007.6.17 檢索。

費孝通，<憶《少年》祝商務壽>，《商務印書館九十年》(北京：商務印書館，1987 年)，頁 375-377。

賀聖鼐，<三十五年來中國之印刷術>，張靜廬輯，《中國近代出版史料》，(北京：中華書局，1957 年)，頁 266。

越　寧，<張元濟與中國圖書館事業>，《炎黃春秋》(2006 年第 11 期)，頁 34-36。

黃元鵬，<王雲五先生的出版與編輯思想>，《出版界》(54 期，民 87 年 5 月)，頁 50-59。

黃警頑，<我在商務印書館的四十年>，《商務印書館九十年》，(北京：商務印書館，1987 年)，頁 88-96。

惲茹辛，<紀念張元濟先生－兼爲先生生卒年歲辨>，《東方雜誌》(第 9 卷第 5 期，民 64 年 11 月)，頁 60-63。

傳記文學編輯部，〈韋棣華女士與文華圖書館學校〉，《傳記文學》(第 18 卷第 5 期，民 60 年 5 月)，頁 17-19。

楊宜穎、陳信男，<《萬有文庫》的廣告特色>，《出版發行研究》(2004 年第 4 期)，頁 78-80。

楊寶華、韓德昌編著，<上海東方圖書館>，《中國省市圖書館概況，1919－1949》(北京：書目文獻出版社，1985 年)，頁 145-159。

萬國鼎，<各家新檢字法述評>，《圖書館學季刊》(第 2 卷第 4 期，民 17 年 12 月)，頁 545-580。

葉　新，<從《張元濟日記》看商務印書館的對外交流與合作>，《中華讀書報》，2000.11.22，第 10 版。

葛伯熙，<徐家匯藏書樓簡史>，《圖書館雜誌》(1982 年第 2 期)，頁 69-70。

賈平安，<記商務印書館創始人夏瑞芳>，《商務印書館九十五年》(北京：商務印書館，1992 年第 1 版)，頁 541-553。

褚婷婷，<踏訪文化飄香的商務印書館>，http://big5.chinabroadcast.cn/

gate/big5/gb.chinabroadcast.cn/3601/2005/08/18/1266@665814.
htm，2006.06.22 檢索。

趙宗頗，<一個企業家的氣質：商務印書館創辦人夏瑞芳>，《上海師
範大學學報》(1994 年第 4 期)，頁 55-60。

趙長林，<論民國時期出版業發展中圖書館的作用>，《出版史研究》
(1995 年第 4 期)，頁 46-47。

趙　玲，<張元濟的藏書思想>，《圖書館界》(2005 年第 3 期，2005
年 9 月)，頁 17-21。

趙萬里，<從天一閣說到東方圖書館>，1934 年，《中國古代藏書與近
代圖書館史料》，頁 490-495。

劉作忠，<1932 中國典籍大劫難：文化寶藏全毀日軍炮火之下>，
http://cul.sina.com.cn，2005 年 11 月 22 日，引《申報》1934
年 2 月 6 日報導。

劉　辰，<叢書、類書、百科全書及其比較>，《出版科學》(2001 年第
3 期)，http://72.14.235.104/search?q=cache:uW0reWem TkMJ:
www.cbkx.com/2001-3/109.shtml+%E5%8F%A2%E6%9B%B8
%E5%AE%9A%E7%BE%A9&hl=zh-TW&ct=clnk&cd=1&gl=
tw，2007.7.15 檢索。

劉怡伶，<近代變局下的另類選擇－張元濟的文化思考與實踐>，《中
極學刊》(第 1 輯，2001 年 12 月)，頁 160-188。

劉怡伶，<有關張元濟的若干問題考辨>，《中國文化月刊》(第 276 期，
2003 年 12 月)，頁 24-48。

劉洪權，<王雲五與商務印書館的古籍出版>，《出版科學》(2004 年第
2 期=總第 48 期)，頁 51-59。

劉洪權，<民國時期古籍出版業對圖書館建設的貢獻>，《圖書情報知
識》(2004 年第 2 期)，頁 94-96。

劉桂珍、陳福季，<館藏《萬有文庫》究竟有多少種、冊書為全帙－
從一篇糾錯文章說起>《圖書館建設》(2000 年 5 月)，頁 95-96。

劉茲恒、余訓培,<「新圖書館運動」的精神實質－對圖書館「民眾」
概念的回顧與反思>,《圖書館》(2005 年第 5 期),頁 1-4。

劉國鈞,<中國現在圖書分類法之問題>,《圖書館學季刊》(第 2 卷第
1 期,民 16 年 9 月),頁 73-77。

劉應芳,<王雲五,中國現代圖書館的奠基人>,《圖書與情報》(2005
年第 2 期),頁 89-92。

潘文年,<20 世紀前半期的商務印書館給我國現代出版企業的啟示>,
《出版科學》(2007 年第 2 期),頁 90-92。

潘文年,<商務印書館的文化貢獻>,《我所嚮往的編輯－第三屆未來
編輯盃獲獎論文集》,2003 年,頁 355-366。

稻岡胜,<初期商務印書館的源流－美華書館、修文書館、岸田吟香、
金港堂>,《出版與印刷》(1994 年第 2 期),頁 39-43。

編者不詳,<本館四十年大事記(1936)>,《商務印書館九十五年》(北
京:商務印書館,1992 年第 1 版),頁 678-720。

蔣一前,<漢字檢字法沿革史略及近代七十七種新法表>,《圖書館學
季刊》(第 7 卷第 4 期)(民 22 年 12 月),頁 631-653。

蔣復璁,<我所認識的王雲五先生>,《傳記文學》(第 35 卷第 3 期=第
208 號,民 68 年 9 月),頁 43-45。

蔣維喬,<夏君瑞芳事略>,《商務印書館九十年》(北京:商務印書館,
1987 年),頁 3-5。

蔣維喬,<創辦初期之商務印書館與中華書局>,《中國現代出版史料
丁編》,(北京:中華書局,1955 年),頁 395-400。

蔡淑敏,<新圖書館運動淺析>,《清海大學學報(自然科學版)》(21 卷
第 2 期,2003 年 4 月),頁 100-102。

諸葛蔚東,<早期商務印書館與日本出版商的一段合作>,《日本學》(第
12 輯),(北京:北京大學出版社,2004 年第一次印刷),頁
405-417。

鄭貞文，<我所知道的商務印書館編譯所>，《商務印書館九十年》(北京：商務印書館，1987)，頁 201-217。

鄭逸梅，<毀於戰火的東方圖書館>，《書報話舊》(北京：中華書局，2005 年)，頁 10-13。

鄧詠秋，<漫議四角號碼檢字法>，http://www.hmkj.cn/main/ArticleShow.asp?ArtID=411&ArtClassID=7，2007.6.19 檢索。

鄧雲鄉，<王雲五在商務印書館>，http://www.cp.com.cn:8246/b5/www.cp.com.cn/ht/newsdetail.cfm?iCntno=564，2007.6.14 檢索。

魯　迅，<書的還魂與改造>，http://www.millionbook.net/mj/l/luxun/qjtz1/029.htm，2007.8.1，原刊於 1935 年 3 月 5 日《太白》半月刊第 1 卷第 12 期，署名長庚。

魯　毅，<張元濟學案>，《中國文化月刊》(第 252 期，2001 年 3 月)，頁 37-59。

樽本照雄，〈辛亥革命時期的商務印書館和金港堂之合資經營〉，《大阪經大論集》(第 53 卷第 5 號，2003 年 1 月)，頁 141-153。

衡　門，<商務印書館憶往>，《出版界》(第 25 期，78 年 11 月)，頁 36-42。

錢伯城，<四角號碼七十年>，http://culchina.net/bbs/dispbbs.asp?boardID=6&ID=8049&page=2，2007.6.19 檢索。

錢益民，<1920－1921 年商務印書館的改革>，《浙江師範大學學報(社會科學版)》(第 27 卷，2002 年第 3 期)，頁 54-58。

謝明志，<「一二八松滬戰役」述評>，《黃埔學報》(第 50 期，民 95 年)，頁 61-70。

謝菊曾，<商務編譯所與我的習作生活〉，《商務印書館九十五年》(北京：商務印書館，1987 年)，頁 127-139。

謝剛主，<三吳回憶錄(上)>，《古今文史半月刊》(第 15 期，民 32 年 1 月 16 日)，頁 1-9。

韓文寧，<張元濟對中國近代圖書館事業的貢獻>，《圖書與情報》(1998年第 2 期)，頁 73-76。

韓文寧，<張元濟與《百衲本二十四史》>，《江蘇圖書館學報》(1998年第 1 期)，頁 51-54。

藍乾章，<我國早期的圖書館學>，《圖書館學刊(輔大)》(第 10-13 期，民 70-73 年。)

羅久芳，<「張菊生先生年譜」序>，《傳記文學》(第 67 卷第 4 期=第401 號，民 84 年 10 月)，頁 119-121。

羅家倫，<今日中國之雜誌界－1919 年(民 8 年)>，《中國現代出版史料(甲編)》(北京：中華書局，1954 年)，頁 79-86。

譚世芬、胡俊榮，<中國近代圖書館發展遲緩原因探析>，《圖書與情報》(2002 年第 4 期)，頁 11-12。

關國煊，<評介高平叔先生的「蔡元培年譜長編」>，《傳記文學》(第73 卷第 1 期=第 434 號)，(民 87 年 7 月)，頁 95-100。

嚴文郁，<民國人物小傳：何炳松>，《傳記文學》(第 28 卷第 5 期，民65 年 5 月)，頁 119-120。

嚴文郁，<記趙萬里和王重民>，《傳記文學》(第 49 卷第 5 期，民 75年 11 月)，頁 31-34。

嚴如平，<試論王雲五在中國近代出版史中的地位>，《20 世紀中國著名編輯出版家研究資料匯編》，(開封：河南出版社，2005 年)，頁 376-388。

蘇　精，<梁啓超與中國近代圖書館事業>，《中國圖書館學會會報》，(第 31 期，1979 年)，頁 80-85。

蘇　精，<中西書目的發展與比較>，《書目季刊》(第 35 卷第 1 期)，(民90 年 6 月)，頁 1-11。

蘇　精，<藏書家的鄭振鐸>，《傳記文學》(第 40 期第 5 期，民 71 年5 月)，頁 59-64。

蘇　精，<藏書校書印書的張元濟>，《傳記文學》(第 40 卷第 1 期，民
　　71 年 1 月)，頁 97-101。

蘭天陽，<論維新派與中國近代圖書館的產生>，《圖書館工作與研究》
　　(1997 年第 5 期)，頁 26-28。

顧廷龍，<張元濟與合眾圖書館>，《顧廷龍文集》(上海：上海科學技
　　術文獻出版社，2002 年)，頁 555-547。

顧廷龍，<我與商務印書館>，《顧廷龍文集》(上海：上海科學技術文
　　獻出版社，2002 年)，頁 587-589。

顧其生，<張元濟與東方圖書館>，《出版大家張元濟－張元濟研究論
　　文集》(上海：學林出版社，2006 年)，頁 595-598。

顧微微，<中國近代圖書館與文化之變遷>，《圖書與情報》(2000 年第
　　4 期)，頁 10-12。

顧關元，<王雲五與商務印書館>，《瞭望新聞週刊》，(1996 年第 4 期)，
　　頁 39。

龔鵬程，<四庫全書的故事>，《鵬程隨筆》，http://www.fgu.edu.tw/~kung/
　　post/p0525.htm，2007.7.20 檢索。

商務印書館 中國圖書館發展的推手

作　　　者◆蔡佩玲

發 行 人◆王學哲

總 編 輯◆方鵬程

主　　　編◆葉幗英

責任編輯◆吳素慧

美術設計◆吳郁婷

出版發行：臺灣商務印書館股份有限公司

臺北市重慶南路一段三十七號

電話：（02）2371-3712

讀者服務專線：0800056196

郵撥：0000165-1

網路書店：www.cptw.com.tw

E-mail：ecptw@cptw.com.tw

局版北市業字第 993 號

初版一刷：2009 年 9 月

定價：新台幣 400 元

 **ISBN 978-957-05-2404-8**

商務印書館：中國圖書館發展的推手／蔡佩玲
著. --初版. -- 臺北市：臺灣商務, 2009. 09
　　面 ；　公分
　　參考書目：面
　　ISBN 978-957-05-2404-8(精裝)

1.商務印書館　2.圖書館事業

487.78　　　　　　　　　　　　98012924

ISBN 978-957-05-2404-8 (487)

9 789570 524048
01758020　　　　　　NT$400